Höhere Mathematik für Ingenieure

Klemens Burg · Herbert Haf · Friedrich Wille ·
Andreas Meister

Höhere Mathematik für Ingenieure

Band III: Gewöhnliche Differentialgleichungen, Distributionen, Integraltransformationen

6., aktualisierte Auflage

Bearbeitet von
Prof. Dr. rer. nat. Herbert Haf, Universität Kassel
Prof. Dr. rer. nat. Andreas Meister, Universität Kassel

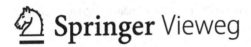 Springer Vieweg

Klemens Burg
Kassel, Deutschland

Friedrich Wille
Kassel, Deutschland

Herbert Haf
Gudensberg, Deutschland

Andreas Meister
Kassel, Deutschland

ISBN 978-3-8348-1943-7
DOI 10.1007/978-3-8348-2334-2

ISBN 978-3-8348-2334-2 (eBook)

Die Deutsche Nationalbibliothek verzeichnet diese Publikation in der Deutschen Nationalbibliografie; detaillierte bibliografische Daten sind im Internet über http://dnb.d-nb.de abrufbar.

Springer Vieweg
© Springer Fachmedien Wiesbaden 1985, ..., 2002, 2009, 2013

Gedruckt auf säurefreiem und chlorfrei gebleichtem Papier.

Springer Vieweg ist eine Marke von Springer DE. Springer DE ist Teil der Fachverlagsgruppe Springer Science+Business Media
www.springer-vieweg.de

Vorwort

Der Inhalt dieses dritten Bandes gliedert sich in drei Themenkreise: Gewöhnliche Differentialgleichungen, Distributionen und Integraltransformationen. Dabei stehen hier, wie auch in den übrigen Bänden, Anwendungsaspekte im Mittelpunkt. Insbesondere erfolgt die Motivierung für die o.g. Schwerpunkte jeweils aus konkreten Situationen, wie sie in Technik und Naturwissenschaften auftreten. Die Übertragung der entsprechenden Fragestellungen in die Sprache der Mathematik (»Mathematisierung«) stellt hierbei den ersten Schritt dar. Ihm folgt die mathematische Präzisierung und Einbettung in allgemeinere mathematische Theorien sowie die Bereitstellung von Lösungsmethoden. Den Verfassern ist sehr wohl bewusst, dass Mathematik für den Ingenieur in erster Linie Hilfsmittel zur Bewältigung von Problemen der Praxis ist. Dennoch halten wir eine Abgrenzung von reiner »Rezeptmathematik« für unentbehrlich: Zu einer soliden Anwendung von Mathematik gehört auch ein Wissen um die Tragweite einer mathematischen Theorie (unter welchen Voraussetzungen gilt ein bestimmtes Resultat; welche Konsequenzen ergeben sich aus dem Ergebnis usw.) Eine überzogene Betonung der theoretischen Seite andererseits, etwa durch zu abstrakte Behandlung, würde die Belange des Praktikers verfehlen. Wir haben uns bemüht, einen Mittelweg zu beschreiten und zu vermeiden, dass der Eindruck »trockener Theorie« entsteht. Ein Beispiel hierfür ist der Existenz- und Eindeutigkeitssatz von Picard-Lindelöf (vgl. Abschn. 1.2.3), ein zentrales Resultat in der Theorie der gewöhnlichen Differentialgleichungen. Dieser Satz wird in den sich anschließenden Überlegungen unmittelbar in Anwendungsbezüge gestellt, etwa bei der Diskussion von ebenen Vektorfeldern (vgl. Abschn. 1.2.4) oder im Zusammenhang mit der Frage, wie sich Ungenauigkeiten bei Anfangsdaten (z.B. ungenaue Messdaten) oder Parameter (z.B. nicht exakte Materialkonstanten) auf das Lösungsverhalten von Anfangswertproblemen auswirken (vgl. Abschn. 1.3.2). Das Kapitel »Gewöhnliche Differentialgleichungen« endet mit einem Ausblick in ein modernes mathematisches Gebiet, nämlich einem kleinen Exkurs in die Verzweigungstheorie. Diese hat in den letzten Jahrzehnten erhebliche Bedeutung gewonnen.

Etwas ungewöhnlich im Rahmen einer Mathematik für Ingenieure ist der Abschnitt über Distributionen. Diese erweisen sich immer mehr als ein wichtiges Hilfsmittel auch für den Ingenieur. Zur Aufnahme wurden wir durch Kollegen anderer Hochschulen ermuntert. Wir beschränken uns auf die Behandlung von »Distributionen im weiteren Sinne«. Dieses Gebiet wird auch für den interessierten Ingenieur-Studenten »zumutbar«, und zwar aufgrund einer vereinfachten Darstellung, die topologische Aspekte ausklammert. Bereits auf dieser Ebene ist es möglich, einen Einblick in Wesen und Anwendungsmöglichkeiten von Distributionen zu gewinnen.

Gegenstand des letzten Abschnitts »Integraltransformationen« sind die Fourier- und die Laplace-Transformation. Dabei wurde ein klassischer, vom Lebesgue-Integral freier, Zugang gewählt. Für den Beweis des Umkehrsatzes für die Fourier-Transformation (s. Abschn. 8.2) beschränken wir uns auf den Raum $\mathfrak{S}$ (= Raum der in $\mathbb{R}$ beliebig oft stetig differenzierbaren Funktionen mit entsprechendem Abklingverhalten). Dadurch wird der im allgemeinen Fall recht komplizierte und umfangreiche Beweis besonders einfach und übersichtlich.

Unser Dank gilt in besonderer Weise Herrn Prof. Dr. P. Werner (Universität Stuttgart). Seine wertvollen Anregungen und Hinweise haben diesen Band mitgeprägt. Weiterhin danken möchten wir Herrn A. Heinemann für seinen Beitrag bei der Ausarbeitung von Übungsaufgaben, Herrn K. Strube für die Herstellung der Figuren, den Herren M. Steeger und K. H. Dittmar für Korrekturlesen und Frau E. Münstedt bzw. Frau M. Gottschalk für die sorgfältige Erstellung des Schreibmaschinenmanuskriptes bzw. einer typographisch ansprechenden Druckvorlage. Auch dem Teubner-Verlag haben wir wiederum für die ständige Gesprächsbereitschaft, Rücksichtnahme auf Terminprobleme und Gestaltungswünsche zu danken.

Kassel, März 1985   *Herbert Haf*

Vorwort zur fünften Auflage

Die vorliegende fünfte Auflage dieses Bandes stellt eine Überarbeitung und Erweiterung der vorangehenden Auflage dar. Den modernen Ansprüchen der Ingenieurmathematik folgend, wurden wichtige Aspekte der Numerischen Mathematik integriert. So werden neben einer anwendungsorientierten Herleitung und Analyse grundlegender Verfahren im Bereich der Numerik gewöhnlicher Differentialgleichungen die wesentlichen Ideen der diskreten Fouriertransformation (DFT) und der schnellen Fouriertransformation (FFT) deutlich ausführlicher beschrieben und ihre algorithmische Umsetzung präsentiert. Die bisherigen Mathematica-Programme werden im Zuge einer für alle Bände einheitlichen Darstellung der numerischen Verfahren durch MATLAB-Algorithmen ersetzt und erweitert. Die einzelnen MATLAB-Verfahren sind dabei analog zu den ersetzten Mathematica-Programmen im Rahmen des Online-Services verfügbar, siehe

```
http://www.mathematik.uni-kassel.de/BHWM_3
```

Die Verfasser hoffen nun, dass dieser dritte Band unseres sechsteiligen Gesamtwerkes »Höhere Mathematik für Ingenieure« auch weiterhin eine freundliche Aufnahme durch die Leser findet. Für Anregungen sind wir dankbar.

Unser Dank gilt insbesondere Herrn Dr.-Ing. Jörg Barner für die Erstellung der hervorragenden LATEX-Vorlage, ferner Herrn Walter Arne für sein gewissenhaftes Korrekturlesen. Erneut besteht Anlass, dem Verlag Vieweg+Teubner für eine bewährte und angenehme Zusammenarbeit zu danken.

Kassel, Januar 2009   *Herbert Haf, Andreas Meister*

Vorwort zur sechsten Auflage

Die vorliegende Neuauflage dieses Bandes unterscheidet sich inhaltlich nur geringfügig von der vorhergehenden Auflage. Es wurden lediglich kleinere Veränderungen und Fehlerkorrekturen vorgenommen. Unser Dank gilt in besonderer Weise einem aufmerksamen Leser aus Österreich, der uns dabei wesentlich unterstützt hat.

Nicht zuletzt danken wir dem Springer Vieweg Verlag für die bewährte und angenehme Zusammenarbeit.

Kassel, Dezember 2012   *Herbert Haf, Andreas Meister*

Inhaltsverzeichnis

Band I: Analysis (F. Wille[†], bearbeitet von H. Haf, A. Meister)

Teil I

Gewöhnliche Differentialgleichungen

1 Einführung in die Gewöhnlichen Differentialgleichungen

Differentialgleichungen sind für den Ingenieur und Naturwissenschaftler ein unentbehrliches Hilfsmittel. Zahlreiche Naturgesetze und technische Vorgänge lassen sich durch Differentialgleichungen beschreiben.

1.1 Was ist eine Differentialgleichung?

1.1.1 Differentialgleichungen als Modelle für technisch-physikalische Probleme

Unser Anliegen in diesem Abschnitt ist es, einfache Vorgänge aus Ingenieurwissenschaften und Physik zu mathematisieren, d.h. in die Sprache der Mathematik zu übersetzen. Die dabei gewonnenen Modelle besitzen, wie wir sehen werden, eine gemeinsame mathematische Struktur: die einer »Differentialgleichung«.

Beispiel 1.1:

(*Der radioaktive Zerfall*) Wir wollen den zeitlichen Ablauf des Zerfalls von radioaktiven Substanzen beschreiben. Hierzu sei $m(t)$ die zum Zeitpunkt t vorhandene Menge eines radioaktiven Stoffes und $h > 0$ ein »kleiner« Zeitabschnitt. Die Erfahrung zeigt

$$m(t + h) - m(t) \sim m(t) \cdot h \,, \quad [1]$$

also, mit dem Proportionalitätsfaktor $k > 0$,

$$m(t + h) - m(t) = -km(t) \cdot h \,.$$

Nach Division durch h erhalten wir

$$\frac{m(t + h) - m(t)}{h} = -km(t) \,.$$

Der Grenzübergang $h \to 0$ liefert dann

$$\frac{dm(t)}{dt} = -km(t) \,,$$

kurz

$$m'(t) = -km(t) \tag{1.1}$$

---

[1] Mit $f \sim g$ (»f proportional g«) drücken wir aus, dass die Funktionen f und g bis auf eine multiplikative Konstante gleich sind.

geschrieben. Gleichung (1.1) stellt ein mathematisches Modell für den zeitlichen Ablauf des Zerfalls eines radioaktiven Stoffes mit der Zerfallskonstanten k dar.

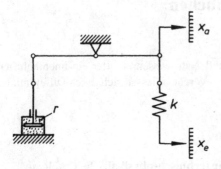

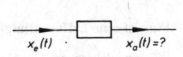

Fig. 1.1: Regelkreisglied eines verzögerten Gestänges

Fig. 1.2: Ein- und Ausgangsgrößen bei einem
Regelkreisglied

Beispiel 1.2:

(*Regelkreisglied eines verzögerten Gestänges*) Gegeben sei ein Regelkreisglied, bestehend aus einer Feder (Federkonstante k) und einem Dämpfungselement (Dämpfungskonstante r), die über einen drehbar gelagerten Hebel gekoppelt sind (Fig. 1.1). Zu bestimmen ist die Übergangsfunktion $x_a(t)$ (t: Zeitvariable) bei vorgegebener Eingangsgröße $x_e(t)$ (Fig. 1.2). Wir setzen kleine Werte x_e voraus.

Verhalten der Feder: Federkraft $\sim$ Auslenkung der Feder

$$K_f(t) = k(x_e(t) - x_a(t)), \quad k > 0.$$

Verhalten des Dämpfungselementes: Dämpfungskraft $\sim$ Geschwindigkeit des Kolbens

$$K_d(t) = r\frac{dx_a(t)}{dt} = r\dot{x}_a(t), \quad r \geq 0.[2]$$

Gleichgewichtsbedingung:

$$K_f = K_d \quad \text{bzw.} \quad K_f - K_d = 0.$$

Setzt man die obigen Ausdrücke für K_f bzw. K_d ein, so ergibt sich

$$k[x_e(t) - x_a(t)] - r\dot{x}_a(t) = 0$$

und hieraus

---

2 Bei Ableitung einer Funktion f nach der Zeit t schreibt man anstelle von $f'(t)$ häufig auch $\dot{f}(t)$.

$$\dot{x}_a(t) + \frac{k}{r} x_a(t) = \frac{k}{r} x_e(t) \tag{1.2}$$

Durch Gleichung (1.2) ist ein mathematisches Modell für das Regelkreisglied gemäß Fig. 1.1 gegeben.

Beispiel 1.3:

(*Abkühlung eines Körpers*) Wir wollen den Abkühlvorgang eines Körpers, etwa eines erhitzten Metallstückes an der Luft, untersuchen. Der Körper habe die Masse m, die Oberfläche F und sei homogen mit konstanter spezifischer Wärme c. Zur Vereinfachung nehmen wir an, die Temperatur T_a der Umgebung des Körpers sei konstant und das Newtonsche[3] Abkühlungsgesetz in dieser Situation gültig. Wir wollen eine Gliederung für den Temperaturverlauf $T(t)$ als Funktion der Zeit t aufstellen.

Newtonsches Abkühlungsgesetz:

$$cmT(t+h) - cmT(t) \sim F \cdot (T(t) - T_a)h$$

mit kleiner Zeitspanne $h > 0$. Bezeichne k den konstanten Proportionalitätsfaktor; es gilt dann

$$cmT(t+h) - cmT(t) = -kF(T(t) - T_a)h.$$

Hieraus folgt nach Division durch h und Grenzübergang $h \to 0$

$$T'(t) + \frac{kF}{cm} T(t) = \frac{kFT_a}{cm} \tag{1.3}$$

Gleichung (1.3) stellt ein mathematisches Modell für die Abkühlung eines Körpers dar.

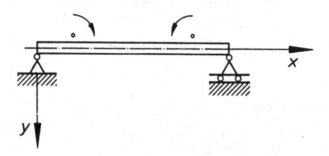

Fig. 1.3: Durchbiegung eines Balkens bei Einwirkung eines Biegemoments

Beispiel 1.4:

(*Durchbiegung eines Balkens*) Ein Balken mit konstantem Querschnitt sei auf zwei Stützen gelagert (Fig. 1.3) und werde durch ein positives Moment M auf Biegung beansprucht. Es soll eine

---

3 I. Newton (1642–1727), englischer Mathematiker und Physiker

Beziehung für die Durchbiegung y des Balkens als Funktion des Abstandes x vom ersten Lager aufgestellt werden. Bei der Durchbiegung des Balkens werden dessen »obere« Schichten auf Druck bzw. »untere« Schichten auf Zug beansprucht, während eine dazwischen liegende Schicht spannungsfrei ist: die neutrale Faser. Seien

E :   Elastizitätsmodul des Balkenquerschnitts

I :   axiales Flächenträgheitsmoment des Balkenquerschnittes

$M(x)$:   Biegemoment

σ :   Normalspannung

ε :   Dehnung.

Ferner setzen wir konstante Biegesteifigkeit $E \cdot I$ voraus. Wir greifen für die weitere Untersuchung ein Balkenelement heraus (Fig 1.4). Es gelten folgende Zusammenhänge:

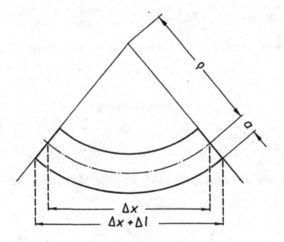

Fig. 1.4: Balkenelement

(a) Geometrische Beziehungen

$$\frac{\Delta x}{\varrho} = \frac{\Delta l}{a} ; \quad \varrho = -\frac{(1 + [y'(x)]^2)^{\frac{3}{2}}}{y''(x)}$$

(ϱ = Krümmungsradius)

(b) Physikalische Beziehungen

Hookesches Gesetz: $\Delta l = \varepsilon \Delta x = \frac{\sigma}{E} \Delta x$;   Biegespannung: $\sigma = \frac{M \cdot a}{I}$.

Insgesamt erhalten wir

$$\varrho = -\frac{(1+[y'(x)]^2)^{\frac{3}{2}}}{y''(x)} = \frac{\Delta x}{\Delta l}a = \frac{\Delta x \cdot aE}{\sigma \Delta x} = \frac{aE \cdot I}{Ma} = \frac{EI}{M},$$

also

$$y''(x) + \frac{M}{EI}(1+[y'(x)]^2)^{\frac{3}{2}} = 0. \qquad (1.4)$$

Mit Gleichung (1.4) ist ein mathematisches Modell für die Durchbiegung eines Balkens unter dem Einfluss eines positiven Momentes M gegeben.

Bemerkung 1: In der Formel für den Krümmungsradius tritt das negative Vorzeichen auf, da bei positivem Moment M der Anteil y'' negativ sein muss. (Warum?)

Bemerkung 2: Für den Fall kleiner Durchbiegungen kann $[y'(x)]^2$ vernachlässigt werden. Die Tangentensteigung $y'(x)$ an die gesuchte Kurve ist dann klein und (1.4) geht in die einfachere lineare Beziehung

$$y''(x) = -\frac{M}{EI} \qquad (1.5)$$

über.

Beispiel 1.5:

(*Ein mechanisches Schwingungssystem*) Die Reihenschaltung von Masse, Feder und Dämpfung (Fig. 1.5) erweist sich als ein in der Technik häufig auftretendes Bauelement.

Sei m die Masse des Systems, die wir uns auf einen Punkt P konzentriert denken; r sei die Dämpfungskonstante und k die Federkonstante. Das System werde durch eine (vorgegebene) zeitabhängige äußere Kraft $K(t)$ in Bewegung gesetzt. Wir suchen eine Beziehung für die Bewegung $x(t)$ des Punktes P längs der x-Achse.

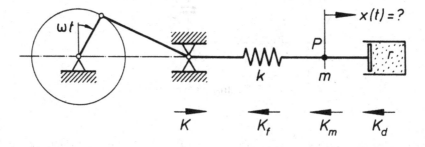

Fig. 1.5: Mechanisches Schwingungssystem

Verhalten der Masse:

beschleunigende Kraft = Masse · Beschleunigung

$$K_m(t) = m\frac{d^2 x(t)}{dt^2} = m\ddot{x}(t) \quad \text{(Newtonsches Grundgesetz)}.$$

Für das Dämpfungselement und die Feder gelten (s. Beisp. 1.2):

$$K_d(t) = r\dot{x}(t), \quad K_f(t) = kx(t).$$

Gleichgewichtsbedingung:

$$K_m(t) + K_d(t) + K_f(t) = K(t).$$

Setzt man die obigen Beziehungen für die Kräfte ein, so ergibt sich

$$m\ddot{x}(t) + r\dot{x}(t) + kx(t) = K(t) \tag{1.6}$$

Gleichung (1.6) ist ein mathematisches Modell für einen eindimensionalen mechanischen Schwingungsvorgang.

Bemerkung 3: Häufig ist die äußere Kraft periodisch, im einfachsten Fall von der Form

$$K(t) = K_0 \cos \omega t \quad (K_0 \text{ konstant, Kreisfrequenz } \omega \text{ konstant}),$$

so dass (1.6) in die Beziehung

$$m\ddot{x}(t) + r\dot{x}(t) + kx(t) = K_0 \cos \omega t \tag{1.7}$$

übergeht.

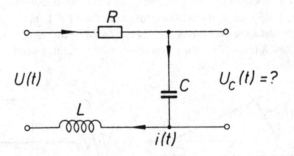

Fig. 1.6: Elektrischer Schwingkreis

Beispiel 1.6:
(*Ein elektrischer Schwingkreis*) Wir betrachten die Reihenschaltung eines Ohmschen[4] Widerstandes (der Größe R), eines Kondensators (Kapazität C) und einer Spule (Induktivität L). Es

---

4 G.S. Ohm (1789–1854), deutscher Physiker

werde eine zeitabhängige Erregerspannung $U(t)$ gemäß Fig. 1.6 angelegt. Wir suchen eine Beziehung für den Spannungsverlauf $U_C(t)$ am Kondensator.

Es bezeichne $i(t)$ die Stromstärke, $U_R(t)$ und $U_L(t)$ die Spannungen am Ohmschen Widerstand und an der Spule.

Verhalten des Ohmschen Widerstandes:

$$\text{Spannung} \sim \text{Stromstärke} \quad \text{bzw.} \quad U_R(t) = i(t) \cdot R \quad (\text{Ohmsches Gesetz}).$$

Verhalten des Kondensators:

$$\text{Stromstärke} \sim \text{»Spannungsänderung«} \quad \text{bzw.} \quad i(t) = C \frac{dU_C(t)}{dt}.$$

Verhalten der Spule:

$$\text{Spannung} \sim \text{»Änderung«} \text{ der Stromstärke} \quad \text{bzw.} \quad U_L(t) = L \frac{di(t)}{dt}.$$

Das Kirchhoffsche [5] Gesetz liefert

$$U_L(t) + U_C(t) + U_R(t) = U(t).$$

Mit Hilfe der obigen Formeln drücken wir U_R und U_L durch U_C aus:

$$U_R(t) = Ri(t) = RC \frac{dU_C}{dt} \quad \text{bzw.}$$

$$U_L(t) = L \frac{di(t)}{dt} = L \frac{d}{dt} \left(C \frac{dU_C(t)}{dt} \right) = LC \frac{d^2 U_C}{dt^2}$$

und erhalten damit nach Division durch C für $U_C(t)$ die Beziehung

$$LU_C''(t) + RU_C'(t) + \frac{1}{C} U_C(t) = U(t) \cdot \frac{1}{C} \tag{1.8}$$

Mit Gleichung (1.8) ist ein mathematisches Modell für einen elektrischen Reihenschwingkreis gegeben.

Bemerkung 4: Wird die Wechselspannung

$$U(t) = U_0 \cos \omega t \quad (U_0 \text{ konstant, Frequenz } \omega \text{ konstant})$$

angelegt, so lautet die (1.8) entsprechende Gleichung

$$LU_C''(t) + RU_C'(t) + \frac{1}{C} U_C(t) = \frac{U_0}{C} \cos \omega t \tag{1.9}$$

---

5 G.R. Kirchhoff (1824–1887), deutscher Physiker

Allgemeine Bemerkungen zum Abschnitt 1.1.1

(1) Ein Vergleich der Modelle (1.6) und (1.8) macht eine interessante Analogie zwischen mechanischen und elektromagnetischen Größen deutlich:

$x(t)$:	Lage des Massenpunktes	$\simeq$	$U_C(t)$:	Spannung
m:	Masse	$\simeq$	L:	Induktivität
r:	Dämpfungskonstante	$\simeq$	R:	Ohmscher Widerstand
k:	Federkonstante	$\simeq$	$\frac{1}{C}$:	reziproke Kapazität

Es ist demnach ausreichend, *eine* der Gleichungen (1.6), (1.8) zu lösen. Schon diese Tatsache weist auf die Bedeutung möglichst umfassender Kenntnisse der Methoden und Resultate aus verschiedenen Ingenieur-Disziplinen hin. Dies ist nicht zuletzt aus ökonomischen Gründen vorteilhaft.

(2) Die Beispiele 1.1 bis 1.6 verdeutlichen, dass die Übersetzung von technischen oder physikalischen Sachverhalten in mathematische Beziehungen, also das Erstellen von mathematischen Modellen, sowohl solide mathematische Grundkenntnisse erfordert, als auch solche aus dem jeweiligen Anwendungsgebiet (z.B. die Beherrschung der entsprechenden physikalischen Gesetze).

(3) Die gewonnenen Modelle besitzen eine zweifache Bedeutung: Einmal dienen sie direkt der besseren Erfassung der Anwendungssituation (z.B. Interpretation, Analogieschlüsse, asymptotische Aussagen; vgl. auch Üb. 1.22). Zum anderen können sie als Bestimmungsgleichungen für die entsprechenden Funktionen, die dort im Allgemeinen zusammen mit ihren Ableitungen bis zu einer gewissen Ordnung auftreten, aufgefasst werden.

1.1.2   Definition einer gewöhnlichen Differentialgleichung n-ter Ordnung

Ein Vergleich der verschiedenen Modelle aus Abschnitt 1.1.1 zeigt eine formale Übereinstimmung der Modelle (1.2), (1.3) sowie (1.6), (1.8), während sich (1.1) als Spezialfall von (1.2), (1.3) erweist (man setze z.B. in (1.2) $x_e(t) \equiv 0$). Es treten also nur Gleichungen mit der mathematischen Struktur

$$y'(x) + cy(x) + g(x) = 0 \quad ^6$$

bzw.

$$Ay''(x) + By'(x) + Cy(x) + h(x) = 0$$

mit vorgegebenen Konstanten c, A, B, C und vorgegebenen Funktionen g, h auf. Diese beiden Gleichungen sind offensichtlich Spezialfälle, die in dem folgenden allgemeinen mathematischen Modell enthalten sind:

---

6 Der Buchstabe y tritt hier als Zeichen für eine Funktion auf: $x \rightarrow y(x)$. Diese Bezeichnung ist in der Theorie der Differentialgleichungen üblich.

Definition 1.1:

Es sei $D \subset \mathbb{R}^{n+2}$ ($n \in \mathbb{N}$ fest) und $F: D \to \mathbb{R}$ eine vorgegebene Funktion. Eine Beziehung der Form

$$F(x, y(x), y'(x), \ldots, y^{(n)}(x)) = 0, \tag{1.10}$$

in der neben der (unabhängigen) Variablen x und der (gesuchten) Funktion $y(x)$ Ableitungen von $y(x)$ bis zur Ordnung n auftreten, nennt man eine *gewöhnliche Differentialgleichung* (kurz: *Differentialgleichung*)[7] *der Ordnung n*. Eine auf einem Intervall I n-mal differenzierbare Funktion $y(x)$ heißt *Lösung* von (1.10) in I, wenn für alle $x \in I$ gilt: $(x, y(x), y'(x), \ldots, y^{(n)}(x)) \subset D$ und $y(x)$ erfüllt (1.10).

Bemerkung: Die Ordnung einer DGl ist also durch die Ordnung des höchsten in ihr auftretenden Differentialquotienten gegeben.

Beispiel 1.7:
Für DGln 1-ter Ordnung: Gleichungen (1.1) bis (1.3), siehe Abschnitt 1.1.1;

Beispiel 1.8:
Für DGln 2-ter Ordnung: Gleichungen (1.4) bis (1.9), siehe Abschnitt 1.1.1: z.B. ist die Balkengleichung (1.4)

$$y''(x) + \frac{M}{EI}(1 + [y'(x)]^2)^{\frac{3}{2}} = 0$$

eine DGl 2-ter Ordnung.

Die Aufgabe der Theorie der gewöhnlichen DGln besteht darin, sämtliche *Lösungen* $y(x)$ von (1.10) zu bestimmen und ihre Eigenschaften zu untersuchen. Diese Aufgabe wird dadurch erschwert, dass es keine geschlossene Lösungstheorie für DGln gibt. Stattdessen gibt es eine Vielzahl von Methoden und Techniken, die jeweils für gewisse Klassen von DGln entwickelt worden sind. Wir werden im Folgenden einige davon kennenlernen.

Übungen

Übung 1.1*

Ein Massenpunkt P der Masse $m = 2$ bewege sich längs der x-Achse und werde in Richtung des Ursprungs $x = 0$ von einer Kraft K, die proportional zu x ist (Proportionalitätsfaktor 8), angezogen. Zum Zeitpunkt $t = 0$ befinde sich P an der Stelle $x = 10$ in Ruhelage.

(a) Gib ein mathematisches Modell für den Fall an, dass

(α) keine weiteren Kräfte auf P einwirken;

(β) zusätzlich eine Dämpfungskraft berücksichtigt wird, deren Betrag den achtfachen Wert der augenblicklichen Geschwindigkeit hat.

---

7 Wir verwenden nachfolgend meist die Abkürzung DGl

(b) Zeige: Lösungen von Teil (a) sind durch $x(t) = 10\cos 2t$ bzw. $x(t) = 10\,e^{-2t}(1 + 2t)$ gegeben. Man skizziere die zugehörigen Kurven.

Übung 1.2*

Ein Kondensator der Kapazität C sei mit der Spannung U_0 aufgeladen. Gib ein mathematisches Modell für den zeitlichen Verlauf der Ladung $Q(t)$ als Funktion der Zeit t an, wenn der Kondensator zum Zeitpunkt $t = 0$ über einen Ohmschen Widerstand entladen wird.

Übung 1.3*

Ein Körper der Masse m fällt in einem Medium. Der Reibungswiderstand sei proportional zum Quadrat der Fallgeschwindigkeit. Erstelle ein mathematisches Modell für den zeitlichen Verlauf dieser Fallgeschwindigkeit und diskutiere anhand der physikalischen Situation die Frage, ob eine eindeutige Lösung der aufgestellten Gleichung zu erwarten ist.

Übung 1.4*

Gegeben sei ein (mathematisches) Pendel der Länge l und der Masse m.

(a) Gib ein mathematisches Modell für die Auslenkung $\alpha = \alpha(t)$ als Funktion der Zeit t an. Hierbei ist α der Winkel zwischen dem frei aufgehängten und dem ausgelenkten Pendel.

(b) Wie vereinfacht sich dieses Modell für den Fall kleiner Auslenkungen (»Linearisierung«)?

1.2   Differentialgleichungen 1-ter Ordnung

Wir beschränken uns in diesem Abschnitt auf die Untersuchung von DGln 1-ter Ordnung. Diese sind geeignet, einige grundsätzliche Fragen bei DGln zu verdeutlichen.

1.2.1   Geometrische Interpretation. Folgerungen

Wir betrachten die DGl 1-ter Ordnung

$$F\left(x, y(x), y'(x)\right) = 0$$

und nehmen an, dass sich diese nach $y'(x)$ auflösen lässt:

$$y'(x) = f(x, y(x)) \quad \text{oder auch} \quad y' = f(x, y). \tag{1.11}$$

Geometrische Deutung der DGl $y' = f(x, y)$:

Durch die Beziehung $y' = f(x, y)^8$ wird jedem Punktepaar (x, y) in einem gewissen Bereich D, z.B. im Rechteck $\{(x, y) \mid a < x < b,\ c < y < d\}$, eine Richtung zugeordnet: Durch (x, y) tragen wir eine kurze Strecke mit der Steigung y' $(= f(x, y))$, ein sogenanntes *Linienelement* (s. Fig. 1.7), ab.

---

8 Man beachte die Doppelrolle der Buchstaben y und y'. Sie treten hier als Zeichen für reelle Variable und in (1.11) als Zeichen für Funktionen auf.

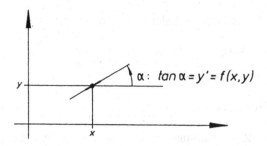

Fig. 1.7: Linienelement einer DGl 1-ter Ordnung

Beispiel 1.9:

$y' = x^2 + y^2 := f(x, y)$. Im Punkt $(2,1)$ besitzt das Linienelement die Steigung $f(2,1) = 2^2 + 1^2 = 5$. Dem entspricht ein Winkel α mit $\alpha \approx 79°$.

Die Menge aller Linienelemente nennt man das *Richtungsfeld*. Den Lösungen von $y' = f(x, y)$ entsprechen jetzt Kurven, die in das Richtungsfeld »passen«, die also in jedem Punkt gerade die durch das Richtungsfeld vorgegebene Steigung haben (vgl. Fig. 1.8).

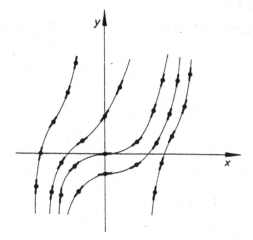

Fig. 1.8: Richtungsfeld und Lösungsschar der DGl $y' = x^2 + y^2$

Beispiel 1.10:

$y' = x^2 + y^2$ (s.o.), $D = \mathbb{R}^2$.

Folgerungen: Wir erkennen, dass die »*allgemeine«Lösung* einer DGl nicht aus einer einzigen Lösung besteht, sondern aus einer Schar von Lösungen. So beschreibt z.B. die DGl (1.6), Abschn. 1.1.1, sämtliche eindimensionalen Bewegungsabläufe, die mit dem Naturgesetz, d.h. der vorgegebenen Kraftverteilung, im Einklang stehen. Um eine *spezielle (= partikuläre) Lösung* eindeutig zu charakterisieren, sind zusätzliche Bedingungen erforderlich. Wir erläutern dies anhand der DGl für den radioaktiven Zerfall (Modell (1.1), Abschn. 1.1.1):

$$m'(t) = -km(t)\,, \quad \text{kurz:} \quad m' = -km\,.$$

Durch Einsetzen überzeugt man sich rasch, dass

$$m(t) = C\,\mathrm{e}^{-kt} \quad (C = \text{const.})$$

für beliebige Werte von C eine Lösung der DGl ist. Um aus den unendlich vielen Lösungen die für den beobachteten physikalischen Prozeß relevante Lösung von $m' = -km$ herauszufinden, benötigen wir zusätzliche Informationen. Eine sinnvolle Annahme ist, dass die zu Beginn der Beobachtung vorhandene Menge m_0 radioaktiver Substanz bekannt ist. Dann lässt sich die interessierende Lösung der DGl durch die *Anfangsbedingung*

$$m(t_0) = m_0\,, \quad t_0\colon \text{Anfangszeit}$$

charakterisieren. Dies geschieht dadurch, dass wir die Konstante C in unserem allgemeinen Lösungsausdruck so bestimmen, dass $m(t_0) = m_0$ erfüllt ist:

$$m_0 = m(t_0) = C\,\mathrm{e}^{-kt_0}\,.$$

Multiplizieren wir diese Gleichung mit e^{kt_0}, so ergibt sich die Konstante C zu

$$C = m_0\,\mathrm{e}^{kt_0}\,.$$

Wir erhalten damit die Lösung

$$m(t) = m_0\,\mathrm{e}^{kt_0} \cdot \mathrm{e}^{-kt} = m_0\,\mathrm{e}^{k(t_0-t)}$$

für das *Anfangswertproblem*

$$m'(t) = -km(t)\,, \quad m(t_0) = m_0\,.$$

Fig. 1.9 veranschaulicht diese Lösung.

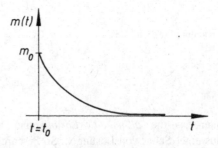

Fig. 1.9: Radioaktiver Zerfall bei vorgegebener Anfangsmasse

Bemerkung: Das oben behandelte Anfangswertproblem besteht also aus einer DGl 1-ter Ordnung und aus einer Anfangsbedingung.

1.2.2   Grundprobleme

Wir wollen den Fragen nachgehen, ob es möglich ist, für das Anfangswertproblem

$$y'(x) = f(x, y(x)), \quad y(x_0) = y_0, \tag{1.12}$$

bei vorgegebenen Anfangsdaten (x_0, y_0) und vorgegebener Funktion f, stets eine Lösung zu finden (*Existenzproblem*) und ob diese Lösung die einzige ist (*Eindeutigkeitsproblem*). Ferner interessiert uns die Frage, ob die Lösung eine »*lokale*«, d.h. eine nur in einer »kleinen« Umgebung von (x_0, y_0) vorhandene, ist, und ob sie sich auf einen »größeren Bereich« fortsetzen lässt (vgl. Abschn. 1.4.1). Wir orientieren uns an folgenden Beispielen, die von prinzipieller Bedeutung im Hinblick auf unsere Fragen sind:

Beispiel 1.11:

Gegeben sei die DGl

$$y' = f(x, y) = 1 + y^2.$$

Durch Nachrechnen bestätigt man sofort, dass

$$y(x) = \tan(x + C)$$

mit einer beliebigen Konstanten C der DGl genügt. Eine spezielle Lösung durch den Punkt $(x_0, y_0) = (0,0)$ (d.h. Anfangsbedingung: $y(0) = 0$) erhalten wir aus

$$y(0) = 0 = \tan C, \quad \text{oder} \quad C = k\pi \quad (k \in \mathbb{Z})$$

durch

$$y(x) = \tan x, \quad (C = 0).$$

(vgl. Fig. 1.10)

Obgleich die Funktion $f(x, y) = 1 + y^2$ in ganz $\mathbb{R}^2$ sogar beliebig oft differenzierbar ist, existiert die Lösung von $y' = 1 + y^2$ durch den Punkt $(0,0)$ nur im Intervall $\left(-\frac{\pi}{2}, \frac{\pi}{2}\right)$.

Dieses Beispiel zeigt, dass Existenzaussagen im allgemeinen nur lokal, also in einer genügend kleinen Umgebung des Anfangswertes x_0, gelten. Die Größe dieser Umgebung hängt von der DGl, d.h. von der Funktion f, und von der Lage des Punktes x_0 ab.

Beispiel 1.12:

Wir betrachten die DGl

$$y' = f(x, y) = \sqrt{|y|}.$$

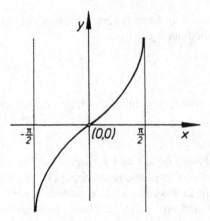

Fig. 1.10: Lokale Lösungsexistenz bei einer DGl 1-ter Ordnung

Eine Lösung ist sofort erkennbar:

$$y(x) = 0 \quad \text{für alle } x \in \mathbb{R}.$$

Weitere Lösungen sind für beliebige Konstanten C

$$y(x) = \begin{cases} \left(\dfrac{x-C}{2}\right)^2 & \text{für} \quad x \geq C \\[2mm] -\left(\dfrac{x-C}{2}\right)^2 & \text{für} \quad x < C, \end{cases}$$

was sich durch Einsetzen in die DGl leicht bestätigen lässt. Ist $(x_0,0)$ irgendein Punkt der x-Achse, so verlaufen durch diesen also mindestens zwei Lösungskurven (Fig. 1.11): Die triviale Lösungskurve (die x-Achse) und die durch

$$y(x) = \begin{cases} \left(\dfrac{x-x_0}{2}\right)^2 & \text{für} \quad x \geq x_0 \\[2mm] -\left(\dfrac{x-x_0}{2}\right)^2 & \text{für} \quad x < x_0 \end{cases}$$

gegebene Lösungskurve. Durch den Punkt $(x_0,0)$ verlaufen sogar unendlich viele Lösungskurven (welche?).

Für keinen Punkt der x-Achse liegt somit eine eindeutig bestimmte Lösung vor. Der Verlust der Eindeutigkeit der Lösung liegt darin begründet, dass die rechte Seite der Differentialgleichung, d.h. $f(x, y) = \sqrt{|y|}$ bei $y = 0$ nicht stetig partiell nach y differenzierbar ist. Voraussetzungen, die eine lokale Eindeutigkeit der Lösung implizieren, können dem folgenden Satz von Picard-Lindelöf entnommen werden.

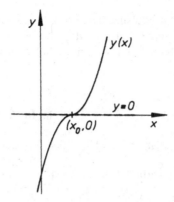

Fig. 1.11: Nicht eindeutige Lösbarkeit bei einer DGl 1-ter Ordnung

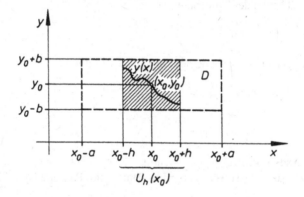

Fig. 1.12: Lösungsbereich beim Anfangswertproblem $y' = f(x, y)$, $y(x_0) = y_0$

1.2.3   Existenz- und Eindeutigkeitssatz

Motivierung: Wir haben im vorhergehenden Abschnitt gesehen, dass wir nicht für jedes Anfangs-wertproblem eine Lösung bzw. eine eindeutig bestimmte Lösung erwarten dürfen. Vor allem im Zusammenhang mit nichtlinearen Problemen (vgl. Abschn. 5.3) treten häufig mehrere Lösungen (»Lösungsverzweigungen«) auf. Die Klärung der folgenden Fragen ist daher von großer Bedeu-tung:

Für welche Klasse von Anfangswertproblemen

$$y' = f(x, y), \quad y(x_0) = y_0,$$

d.h. für welche Funktionen f und Punkte (x_0, y_0), können wir sicher sein, genau eine Lösung zu erhalten? Erst wenn wir Klarheit hierüber besitzen, ist es im Allgemeinen sinnvoll, nach Lösungs-methoden, etwa numerischen Verfahren, zu suchen, die zumeist die Lösungsexistenz vorausset-zen. Unser Ziel ist es, einfach nachprüfbare Kriterien zur Entscheidung dieser Frage anzugeben. Der folgende Existenz- und Eindeutigkeitssatz genügt dieser Forderung und liefert uns überdies eine Abschätzung für die Größe des Lösungsintervalls. Sein Beweis ist konstruktiv, d.h. wir gewinnen zugleich ein Verfahren zur Berechnung der Lösung. Dieser Satz wird sich zudem als wertvolles Hilfsmittel bei den für die Praxis wichtigen Abhängigkeitsfragen (vgl. Abschn. 1.3.2) erweisen.

Satz 1.1:

(*Picard-Lindelöf*)[9] Die Funktion $f : \mathbb{R}^2 \to \mathbb{R}$ sei im Rechteck

$$D := \{(x, y) \mid |x - x_0| \leq a, \ |y - y_0| \leq b; \ a, b \in \mathbb{R} \text{ fest}\}$$

stetig und dort nach y stetig partiell differenzierbar. Ferner seien M und h durch

$$M := \max_{(x,y) \in D} |f(x, y)| \quad \text{und} \quad h := \min\left(a, \frac{b}{M}\right) \quad [10]$$

erklärt. Dann gibt es in der Umgebung

$$U_h(x_0) := \{x \mid |x - x_0| < h\}$$

des Punktes x_0 genau eine Lösung des Anfangswertproblems

$$y' = f(x, y), \quad y(x_0) = y_0. \tag{1.13}$$

Beweis:

Dieser Beweis kann als Prototyp für ein wichtiges Prinzip der Analysis, nämlich des Banachschen Fixpunktsatzes, aufgefasst werden (s. Burg/Haf/Wille (Partielle Dgl.) [11]).

I. Existenznachweis

Es ist zweckmäßig, das Anfangswertproblem (1.13) durch die »Integralgleichung«

$$y(x) = y_0 + \int_{x_0}^{x} f(t, y(t)) \, dt \tag{1.14}$$

zu ersetzen. Beide Probleme sind auf $U_h(x_0)$ äquivalent: Sei $y(x)$ Lösung von (1.13). Dann folgt durch Integration unter Beachtung des zweiten Hauptsatzes der Differential- und Integralrechnung (s. Burg/Haf/Wille (Analysis) [13])

$$y(x) - y_0 = y(x) - y(x_0) = \int_{x_0}^{x} y'(t) \, dt = \int_{x_0}^{x} f(t, y(t)) \, dt.$$

---

9 E. Picard (1856–1941), französischer Mathematiker; E. Lindelöf (1870–1946), schwedischer Mathematiker
10 mit $\min(\alpha, \beta)$ bezeichnen wir die kleinere der beiden Zahlen α, β, mit $\max_{(x,y) \in D} |f(x, y)|$ das Maximum von $|f(x, y)|$ im Rechteck D.

Gilt umgekehrt (1.14), so erhalten wir durch Differentiation mit Hilfe des Hauptsatzes der Differential- und Integralrechnung (s. Burg/Haf/Wille (Analysis) [13])

$$y'(x) = 0 + \frac{\mathrm{d}}{\mathrm{d}x} \int\limits_{x_0}^{x} f(t, y(t)) \, \mathrm{d}t = f(x, y(x))$$

und

$$y(x_0) = y_0 + \int\limits_{x_0}^{x_0} f(t, y(t)) \, \mathrm{d}t = y_0 \,.$$

Wir sind daher berechtigt, zum Beweis von Satz 1.1 von der Integralgleichung (1.14) auszugehen. Wir konstruieren eine Lösung mittels sukzessiver Approximation: Hierzu gehen wir von der Anfangsnäherung

$$y_0(x) := y_0 \quad \text{für} \quad x \in U_h(x_0) \,,$$

also von der konstanten Funktion durch (x_0, y_0) aus.

Mit Hilfe dieser Näherungslösung bestimmen wir unter Beachtung der Integralgleichung eine weitere Näherung:

$$y_1(x) := y_0 + \int\limits_{x_0}^{x} f(t, y_0) \, \mathrm{d}t \,, \quad x \in U_h(x_0) \,.$$

Wir wenden diese Methode erneut an und erhalten

$$y_2(x) := y_0 + \int\limits_{x_0}^{x} f(t, y_1(t)) \, \mathrm{d}t \,, \quad x \in U_h(x_0)$$

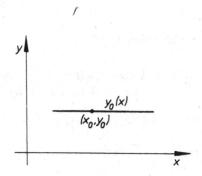

Fig. 1.13: Anfangsnäherung beim Iterationsverfahren nach Picard-Lindelöf

bzw. nach n-maliger Wiederholung

$$y_n(x) := y_0 + \int_{x_0}^{x} f(t, y_{n-1}(t))\, dt\,, \quad n \in \mathbb{N}, \quad x \in U_h(x_0)\,.$$

Dadurch gewinnen wir eine Folge von Näherungslösungen: $\{y_n(x)\}$.

(a) Wir zeigen mittels vollständiger Induktion zunächst, dass das obige Konstruktionsverfahren sinnvoll ist. Wir haben nämlich darauf zu achten, dass die Folge $\{y_n(x)\}$ nicht aus dem Definitionsbereich der Funktion f hinausführt, da sonst die Ausdrücke

$$\int_{x_0}^{x} f(t, y_n(t))\, dt$$

nicht erklärt sind.

Induktionsanfang ($n = 0$): Wegen $y_0(x) = y_0$ folgt $|y_0(x) - y_0| = 0 \le b$ für $x \in U_h(x_0)$.
Induktionsvoraussetzung: Für ein (festes) $n \in \mathbb{N}$ gelte auf $U_h(x_0)$

$$|y_n(x) - y_0| \le b\,.$$

Induktionsschritt: Für $x \in U_h(x_0)$ gilt aufgrund der Induktionsvoraussetzung

$$|y_{n+1}(x) - y_0| = \left| y_0 + \int_{x_0}^{x} f(t, y_n(t))\, dt - y_0 \right| \le \left| \int_{x_0}^{x} |f(t, y_n(t))|\, dt \right|\,.$$

Wegen der Beschränktheit von f durch M im Rechteck D und aus der Definition von h folgt hieraus

$$|y_{n+1}(x) - y_0| \le M \left| \int_{x_0}^{x} dt \right| = M|x - x_0| < Mh \le M\frac{b}{M} = b \quad \text{für} \quad x \in U_h(x_0)\,.$$

Die Folge $\{y_n(x)\}$ ist also wohldefiniert.

(b) Wir zeigen nun: Die Folge $\{y_n(x)\}$ konvergiert auf $U_h(x_0)$ gegen eine Lösung von (1.14) bzw. (1.13). Hierzu verwenden wir für $y_n(x)$ die Darstellung

$$\begin{aligned}
y_n(x) &= y_0 + (y_1(x) - y_0) + (y_2(x) - y_1(x)) + \cdots + (y_n(x) - y_{n-1}(x)) \\
&= y_0 + \sum_{j=1}^{n} (y_j(x) - y_{j-1}(x))\,,
\end{aligned} \tag{1.15}$$

da sich die Summe auf der rechten Seite besonders günstig abschätzen lässt. Es gilt nämlich für $x \in U_h(x_0)$

$$|y_j(x) - y_{j-1}(x)| = \left| y_0 + \int_{x_0}^{x} f(t, y_{j-1}(t)) \, dt - y_0 - \int_{x_0}^{x} f(t, y_{j-2}(t)) \, dt \right|$$

$$= \left| \int_{x_0}^{x} \left[f(t, y_{j-1}(t)) - f(t, y_{j-2}(t)) \right] dt \right| \qquad (1.16)$$

$$\leq \left| \int_{x_0}^{x} |f(t, y_{j-1}(t)) - f(t, y_{j-2}(t))| \, dt \right| .$$

Für den Integranden des letzten Integrals gibt es nach dem Mittelwertsatz der Differentialrechnung in zwei Veränderlichen eine Konstante $L > 0$ mit

$$|f(t, y_{j-1}(t)) - f(t, y_{j-2}(t))| \leq L|y_{j-1}(t) - y_{j-2}(t)| , \qquad (1.17)$$

wobei

$$L = \max_{(x,y) \in D} \left| \frac{\partial f(x, y)}{\partial y} \right| \qquad (1.18)$$

ist. Damit folgt aus (1.16) für $x \in U_h(x_0)$

$$|y_j(x) - y_{j-1}(x)| \leq L \left| \int_{x_0}^{x} |y_{j-1}(t) - y_{j-2}(t)| \, dt \right| .$$

Andererseits gilt nach Definition von M für $x \in U_h(x_0)$

$$|y_1(x) - y_0(x)| = \left| y_0 + \int_{x_0}^{x} f(t, y_0) \, dt - y_0 \right| = \left| \int_{x_0}^{x} f(t, y_0) \, dt \right|$$

$$\leq \left| \int_{x_0}^{x} |f(t, y_0)| \, dt \right| \leq M \left| \int_{x_0}^{x} dt \right| \leq M|x - x_0| , \qquad (1.19)$$

so dass wir die Abschätzung für $|y_j(x) - y_{j-1}(x)|$ »iterieren« können:

$$|y_2(x) - y_1(x)| \leq L \cdot M \left| \int_{x_0}^{x} |t - x_0| \, dt \right| = LM \frac{|x - x_0|^2}{2} < LM \frac{h^2}{2}$$

usw.

Durch vollständige Induktion lässt sich dann zeigen:

$$|y_j(x) - y_{j-1}(x)| < ML^{j-1}\frac{h^j}{j!} = \frac{M}{L}\frac{(Lh)^j}{j!}\,, \tag{1.20}$$

für alle $j \in \mathbb{N}$ und alle $x \in U_h(x_0)$. Dadurch erhalten wir auf $U_h(x_0)$ für die Reihe $\sum_{j=1}^{\infty}(y_j(x) - y_{j-1}(x))$ die konvergente Majorante (Exponentialreihe!)

$$\frac{M}{L}\sum_{j=1}^{\infty}\frac{(Lh)^j}{j!}\,. \tag{1.21}$$

Die Folge $\{y_n(x)\}$ konvergiert daher nach Burg/Haf/Wille (Analysis) [13] auf $U_h(x_0)$ gleichmäßig gegen

$$y(x) := y_0 + \sum_{j=1}^{\infty}(y_j(x) - y_{j-1}(x))\,. \tag{1.22}$$

Da die Funktionen y_n auf $U_h(x_0)$ sämtlich stetig sind, ist auch y als Grenzwert der gleichmäßig konvergenten Folge $\{y_n(x)\}$ dort stetig (s. Burg/Haf/Wille (Analysis) [13]). Wegen (1.17) gilt

$$|f(t, y_j(t)) - f(t, y_{j-1}(t))| \le L|y_j(t) - y_{j-1}(t)|\,.$$

Damit ergibt sich aus der gleichmäßigen Konvergenz der Folge $\{y_n(x)\}$ gegen $y(x)$ die gleichmäßige Konvergenz der Folge $\{f(t, y_n(t))\}$ gegen $f(t, y(t))$. Somit dürfen wir in der Beziehung

$$y(x) = \lim_{n\to\infty} y_n(x) = y_0 + \lim_{n\to\infty}\int_{x_0}^{x} f(t, y_{n-1}(t))\,dt$$

Grenzübergang $n \to \infty$ und Integration vertauschen (s. Burg/Haf/Wille (Analysis) [13]):

$$y(x) = y_0 + \int_{x_0}^{x} \lim_{n\to\infty} f(t, y_{n-1}(t))\,dt = y_0 + \int_{x_0}^{x} f(t, y(t))\,dt\,,$$

d.h. die Näherungslösungen $y_n(x)$ konvergieren gleichmäßig gegen eine Lösung des Anfangswertproblems (1.13).

II. Eindeutigkeitsnachweis

Wir nehmen an, $y(x)$ und $y^*(x)$ seien zwei beliebige Lösungen des Anfangswertproblems (1.13) bzw. der Integralgleichung (1.14). Wie oben zeigt man

$$|y(x) - y^*(x)| = \left| \int_{x_0}^{x} [f(t, y(t)) - f(t, y^*(t))] \, dt \right| \tag{1.23}$$

$$\leq \left| \int_{x_0}^{x} |f(t, y(t)) - f(t, y^*(t))| \, dt \right| \leq L \left| \int_{x_0}^{x} |y(t) - y^*(t)| \, dt \right|,$$

für $x \in U_h(x_0)$. Setzen wir für beliebiges $h_0 < h$

$$A := \max_{|x-x_0| \leq h_0} |y(x) - y^*(x)|, \tag{1.24}$$

so ergibt sich mit (1.23)

$$|y(x) - y^*(x)| \leq LA|x - x_0|, \quad x \in U_{h_0}(x_0).$$

Gehen wir damit erneut in die Ungleichung (1.23) ein, so folgt

$$|y(x) - y^*(x)| \leq L \cdot LA \left| \int_{x_0}^{x} |t - x_0| \, dt \right| = AL^2 \frac{|x - x_0|^2}{2}, \quad x \in U_{h_0}(x_0)$$

usw. Durch vollständige Induktion gewinnen wir für beliebiges $n \in \mathbb{N}$ die Abschätzung

$$|y(x) - y^*(x)| \leq AL^n \frac{|x - x_0|^n}{n!} < A \frac{(Lh)^n}{n!}. \tag{1.25}$$

In dieser Ungleichung ist die linke Seite unabhängig von n. Die rechte Seite ist das n-te Glied einer Exponentialreihe, strebt daher für $n \to \infty$ gegen null (notwendige Bedingung für die Konvergenz einer unendlichen Reihe!). Hieraus folgt: $y^*(x) = y(x)$ auf $U_{h_0}(x_0)$ bzw. wegen $h_0 < h$ beliebig, auf $U_h(x_0)$, womit die Eindeutigkeit der Lösung bewiesen ist. Insgesamt ist damit der Satz von Picard-Lindelöf bewiesen. $\qquad \square$

Bemerkung 1: Wir haben die Voraussetzung, dass f auf D stetige partielle Ableitungen bezüglich y besitzt, im Beweis nicht benutzt, jedoch die daraus folgende Ungleichung

$$|f(x, y) - f(x, \tilde{y})| \leq L|y - \tilde{y}|,$$

die man *Lipschitzbedingung* nennt. Der Satz von Picard-Lindelöf gilt also bereits für alle Funktionen f, die auf D stetig sind und dieser Lipschitzbedingung genügen.

Bemerkung 2: Die Frage, unter welchen Voraussetzungen sich die durch Satz 1.1 garantierte lokale Lösung des Anfangswertproblems (1.13) auf einen größeren Bereich fortsetzen lässt, wird in Abschnitt 1.4.1 behandelt.

Bemerkung 3: Bei konkreter Behandlung des Anfangswertproblems (1.13) nach Picard-Lindelöf gehe man wie folgt vor:

(1) Man prüfe die Voraussetzungen von Satz 1.1 (f, $\frac{\partial f}{\partial y}$ stetig auf einem geeigneten Rechteck D. Welches Rechteck kommt infrage?)

(2) Man berechne die Näherungslösungen $y_n(x)$ mit Hilfe der

Rekursionsformel   (Picard-Lindelöf)

$$y_0(x) := y_0$$

$$y_n(x) := y_0 + \int_{x_0}^{x} f(t, y_{n-1}(t))\, dt, \quad n \in \mathbb{N}. \tag{1.26}$$

Beispiel 1.13:

Wir betrachten das Anfangswertproblem

$$y' = f(x, y) = y, \quad y(0) = 1.$$

Wegen

$$f(x, y) = y, \quad \frac{\partial f(x, y)}{\partial y} = 1 \quad \text{in } \mathbb{R}^2$$

sind die Voraussetzungen des Satzes von Picard-Lindelöf in ganz $\mathbb{R}^2$ erfüllt. Wir erhalten folgende Näherungslösungen:

$$y_0(x) := 1$$

$$y_1(x) := 1 + \int_0^x f(t, y_0(t))\, dt = 1 + \int_0^x 1\, dt = 1 + x$$

$$y_2(x) := 1 + \int_0^x f(t, y_1(t))\, dt = 1 + \int_0^x (1 + t)\, dt$$

$$= 1 + \frac{(1 + x)^2}{2} - \frac{1}{2} = 1 + x + \frac{x^2}{2}, \quad \text{usw.}$$

Wir zeigen durch vollständige Induktion:

$$y_n(x) = \sum_{k=0}^{n} \frac{x^k}{k!} \quad \text{(für } n = 0 \text{ richtig: trivial)}$$

Induktionsvoraussetzung (n beliebig, fest):

$$y_n(x) = \sum_{k=0}^{n} \frac{x^k}{k!}.$$

Induktionsschritt:

$$y_{n+1}(x) = 1 + \int_0^x f(t, y_n(t))\,dt = 1 + \int_0^x y_n(t)\,dt$$

$$= 1 + \int_0^x \left(\sum_{k=0}^{n} \frac{t^k}{k!} \right) dt = 1 + \sum_{k=0}^{n} \frac{1}{k!} \int_0^x t^k\,dt$$

$$= 1 + \sum_{k=0}^{n} \frac{x^{k+1}}{(k+1)!} = \sum_{k=0}^{n+1} \frac{x^k}{k!}.$$

Die Folge $\{y_n(x)\}$ konvergiert daher auf jedem endlichen Intervall gleichmäßig gegen $\sum_{k=0}^{\infty} \frac{x^k}{k!}$, also gegen e^x (vgl. Fig. 1.14).

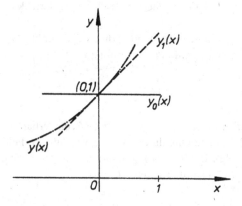

Fig. 1.14: Näherungslösungen und Lösungskurve des Anfangswertproblems $y' = y$, $y(0) = 1$

1.2.4 Anwendungen des Existenz- und Eindeutigkeitssatzes

Mit Hilfe von Satz 1.1 lässt sich eine wichtige Anwendung der Theorie der DGln auf die Diskussion von Vektorfeldern geben. Zum anderen erhalten wir einen einfachen Beweis des »Satzes über implizite Funktionen« (vgl. Burg/Haf/Wille (Analysis) [13]), den wir im Zusammenhang mit der Frage nach den Höhenlinien einer Funktion anwenden wollen.

Anwendung 1 (Feldlinien ebener Vektorfelder). Wir betrachten das ebene Vektorfeld $V : \mathbb{R}^2 \to$

$\mathbb{R}^2$ mit

$$V(x, y) = \begin{bmatrix} f(x, y) \\ g(x, y) \end{bmatrix}.$$

Wir können uns darunter z.B. eine ebene Strömung vorstellen. Zur Veranschaulichung von Vektorfeldern benutzt man häufig die Vorstellung von »Feldlinien«. Unter einer *Feldlinie* von V versteht man eine mit Richtungssinn versehene Kurve C, deren Tangentenrichtung in jedem Punkt (x, y) mit der Richtung des Feldvektors $V(x, y)$ übereinstimmt (s. Fig. 1.15). Die Kurve C besitze die Darstellung $(x, y(x))$.

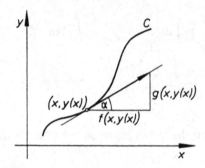

Fig. 1.15: Feldlinien eines ebenen Vektorfeldes

Die Bestimmung einer Feldlinie mit $y = y(x)$ durch den Punkt (x_0, y_0) führt unter Beachtung der Beziehung $\tan \alpha = y'$ auf das Anfangswertproblem

$$y'(x) = \frac{g(x, y(x))}{f(x, y(x))}, \quad y(x_0) = y_0.$$

Sei V stetig differenzierbar (also f und g stetig differenzierbar) und gelte $f(x_0, y_0) \neq 0$. Dann gibt es nach Satz 1.1 genau eine durch (x_0, y_0) verlaufende Feldlinie mit der Darstellung $(x, y(x))$. Entsprechend folgt: Ist $g(x_0, y_0) \neq 0$, so gibt es genau eine Feldlinie durch (x_0, y_0) mit der Darstellung $(x(y), y)$. Damit erhalten wir

Satz 1.2:

Sei $V: \mathbb{R}^2 \to \mathbb{R}^2$ ein stetig differenzierbares Vektorfeld. Dann verläuft durch jeden Punkt (x_0, y_0) mit $V(x_0, y_0) \neq \mathbf{0}$ genau eine Feldlinie, die sich in einer Umgebung von (x_0, y_0) in der Form $(x, y(x))$ bzw. $(x(y), y)$ darstellen lässt; $y(x)$ ergibt sich als Lösung des Anfangswertproblems

$$y'(x) = \frac{g(x, y(x))}{f(x, y(x))}, \quad y(x_0) = y_0. \tag{1.27}$$

Für $x(y)$ ist ein entsprechendes Anfangswertproblem zu lösen.

Beispiel 1.14:

Sei $V: \mathbb{R}^2 \to \mathbb{R}^2$ das Vektorfeld mit

$$V(x, y) = \begin{bmatrix} f(x, y) \\ g(x, y) \end{bmatrix} = \begin{bmatrix} y \\ x \end{bmatrix}.$$

Zur Bestimmung der Feldlinie durch einen Punkt (x_0, y_0) haben wir das Anfangswertproblem

$$y'(x) = \frac{x}{y(x)}, \quad y(x_0) = y_0$$

zu lösen. Die Voraussetzungen von Satz 1.2 sind nur für $V = 0$, d.h. für $x = y = 0$, verletzt. Durch jeden Punkt $(x_0, y_0) \neq (0,0)$ verläuft somit eine eindeutig bestimmte Feldlinie. Wir wollen die mit $(x_0, y_0) \neq (x_0, 0)$ bestimmen.

Wir schreiben $y'(x) = \frac{x}{y(x)}$ in der Form $y(x) \cdot y'(x) = x$ und integrieren beide Seiten:

$$\frac{1}{2} y(x)^2 = \frac{1}{2} x^2 + C.$$

Dabei bestimmt sich die Integrationskonstante C aus der Anfangsbedingung $y(x_0) = y_0$, d.h. es gilt

$$\frac{1}{2} y_0^2 = \frac{1}{2} x_0^2 + C \quad \text{bzw.} \quad C = \frac{1}{2}(y_0^2 - x_0^2).$$

Die Feldlinie durch $(x_0, y_0) \neq (0,0)$ ist dann die durch die Hyperbel

$$y^2 - x^2 = y_0^2 - x_0^2$$

gegeben. Wir erhalten das in der Fig. 1.16 dargestellte Feldlinienbild.

Beispiel 1.15:

Wir betrachten das Kraftfeld K der elastischen Bindung an den Nullpunkt:

$$K(x, y) = \begin{bmatrix} -kx \\ -ky \end{bmatrix}, \quad k \text{ Elastizitätskonstante.}$$

Für $(x_0, y_0) \neq (0,0)$ sind die Voraussetzungen von Satz 1.2 erfüllt, so dass durch alle diese Punkte genau eine Feldlinie verläuft. Wir gewinnen diese aus

$$y'(x) = \frac{-ky}{-kx} = \frac{y}{x}, \quad y(x_0) = y_0.$$

Durch Nachrechnen bestätigt man sofort, dass

$$y(x) = \frac{y_0}{x_0} \cdot x$$

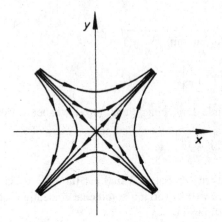

Fig. 1.16: Feldlinien des Vektorfeldes $V(x, y) = \begin{bmatrix} y \\ x \end{bmatrix}$

die gesuchte Lösung ist. Wir erhalten damit das folgende Feldlinienbild (s. Fig 1.17).

Anwendung 2 (Der Satz über implizite Funktionen. Höhenlinien einer Funktion) Wir fragen nach der Auflösbarkeit einer Funktion $f\colon \mathbb{R}^2 \to \mathbb{R}$ mit $f(x, y) = 0$ nach y. Antwort gibt der folgende

Satz 1.3:

Die Funktion $f\colon \mathbb{R}^2 \to \mathbb{R}$ sei in einer Umgebung des Punktes (x_0, y_0) 2-mal stetig differenzierbar und es gelte $f_y(x_0, y_0) \neq 0$ und $f(x_0, y_0) = 0$. Dann gibt es genau eine stetig differenzierbare Funktion y, die in einer Umgebung von x_0 die Bedingungen

$$f(x, y(x)) = 0 \quad \text{und} \quad y(x_0) = y_0$$

erfüllt; $y(x)$ kann als Lösung des Anfangswertproblems

$$y'(x) = -\frac{f_x(x, y(x))}{f_y(x, y(x))}, \quad y(x_0) = y_0 \tag{1.28}$$

gewonnen werden.

Beweis:

Sei $y(x)$ stetig differenzierbar und gelte $y(x_0) = y_0$ sowie $f(x, y(x)) = 0$ in einer Umgebung von x_0. Dann folgt mit Hilfe der Kettenregel (s. Burg/Haf/Wille (Analysis) [13])

$$f_x(x, y(x)) + f_y(x, y(x)) \cdot y'(x) = 0.$$

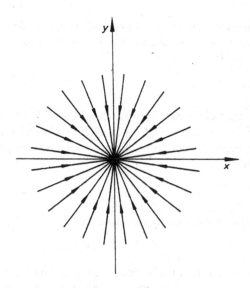

Fig. 1.17: Feldlinien des Kraftfeldes der elastischen Bindung an den Nullpunkt

In einer Umgebung von x_0 genügt $y(x)$ also der DGl

$$y'(x) = -\frac{f_x(x, y(x))}{f_y(x, y(x))}$$

und der Anfangsbedingung $y(x_0) = y_0$. Wegen $f_y(x_0, y_0) \neq 0$ folgt aus Satz 1.1, dass $y(x)$ eindeutig bestimmt ist. (Hier benutzen wir, dass f 2-mal stetig differenzierbar ist!)

Sei umgekehrt $y(x)$ Lösung des Anfangswertproblems

$$y'(x) = -\frac{f_x(x, y(x))}{f_y(x, y(x))}, \quad y(x_0) = y_0$$

und F durch $F(x) = f(x, y(x))$ erklärt. Dann gilt wieder aufgrund der Kettenregel

$$F'(x) = f_x(x, y(x)) + f_y(x, y(x)) \cdot y'(x)$$

bzw. aufgrund der DGl

$$F'(x) = 0, \quad \text{also} \quad F(x) = \text{const.}$$

Mit $F(x_0) = f(x_0, y(x_0)) = f(x_0, y_0) = 0$ folgt daher $F(x) = f(x, y(x)) = 0$ in einer Umgebung von x_0 und damit die Behauptung. ☐

Bemerkung 1: Ist in Satz 1.2 anstelle der Voraussetzung $f_y(x_0, y_0) \neq 0$ die Bedingung $f_x(x_0, y_0) \neq 0$ erfüllt, so kann die Gleichung $f(x, y) = 0$ nach $x = x(y)$ aufgelöst werden. Beide Situationen sind durch die Forderung grad $f(x_0, y_0) \neq \mathbf{0}$ erfasst.

Satz 1.3 lässt sich unmittelbar zur Beantwortung der Frage nach der Existenz und der Bestimmung von *Höhenlinien* einer Funktion heranziehen. Wir erinnern daran, dass sich eine Funktion $f \colon \mathbb{R}^2 \to \mathbb{R}$ mit Hilfe ihrer Höhenlinien

$$f(x, y) = \text{const} = c$$

besonders zweckmäßig veranschaulichen lässt (s. Burg/Haf/Wille (Analysis) [13]). Es entsteht die Frage, unter welchen Bedingungen an f durch einen Punkt (x_0, y_0) genau eine Höhenlinie verläuft und wie sich diese gegebenenfalls bestimmen lässt. Dies entspricht der Frage nach der Auflösbarkeit der Gleichung

$$f(x, y) - c = 0$$

nach y bzw. x. Aus Satz 1.3 und Bemerkung 1 folgt daher

Satz 1.4:

Unter den Differenzierbarkeitsvoraussetzungen an f in Satz 1.3 verläuft durch jeden Punkt (x_0, y_0) mit grad $f(x_0, y_0) \neq \mathbf{0}$ genau eine Höhenlinie. Sie kann z.B. im Fall $f_y(x_0, y_0) \neq 0$ mit Hilfe des Anfangswertproblems

$$y'(x) = -\frac{f_x(x, y)}{f_y(x, y)}, \quad y(x_0) = y_0 \tag{1.29}$$

bestimmt werden.

Bemerkung 2: Für grad $f(x, y) = \mathbf{0}$ kann der Fall eintreten, dass die Höhenlinie zu einem Punkt zusammenschrumpft. Dies zeigt das Beispiel $f(x, y) = x^2 + y^2$ und $(x_0, y_0) = (0,0)$ (Extremwert). Auch ist der Fall möglich, dass mehrere Höhenlinien durch einen Punkt verlaufen, z.B. für $f(x, y) = x^2 - y^2$ und $(x_0, y_0) = (0,0)$ (Sattelpunkt).

1.2.5   Elementare Lösungsmethoden

Nur selten ist es möglich, die Lösungen von DGln explizit durch elementare Funktionen darzustellen. Im Folgenden stellen wir einige Typen von DGln 1-ter Ordnung zusammen, die auf »Quadraturprobleme«, d.h. auf die Ermittlung von Stammfunktionen, zurückgeführt werden können. Die DGln gelten dann als gelöst.

A. DGln der Form $y' = f(x)$

Dies ist der einfachste Fall einer DGl: f hängt nur von x ab. Für stetiges f sind die Voraussetzungen von Satz 1.1 erfüllt. Ist F eine Stammfunktion von f, so lautet die allgemeine Lösung

$$y(x) = F(x) + C,$$

wobei die Integrationskonstante C den Anfangsdaten angepasst werden muss.

Beispiel 1.16:

Die DGl $y' = \sin x$ besitzt die allgemeine Lösung

$$y(x) = \int \sin x \, dx + C = -\cos x + C.$$

Die Lösung durch den Punkt $(\pi,0)$ lautet wegen $0 = y(\pi) = -\cos\pi + C = 1+C$ bzw. $C = -1$:

$$y(x) = -\cos x - 1.$$

B. DGln mit getrennten Veränderlichen

DGln der Form

$$y' = \frac{g(x)}{h(y)} = g(x) \cdot \frac{1}{h(y)} = f(x,y),$$

für die f sich als Produkt einer Funktion, die nur von x, und einer Funktion, die nur von y abhängt, darstellen lässt, heißen *DGln mit getrennten Veränderlichen*. Die Voraussetzungen an f in Satz 1.1 sind erfüllt, falls g stetig sowie h stetig differenzierbar und frei von Nullstellen sind. Seien G und H die Stammfunktionen

$$G(x) = \int_a^x g(t) \, dt, \quad H(y) = \int_b^y h(t) \, dt$$

von g und h. Ferner sei H^{-1} die Umkehrfunktion von H, d.h. es gilt

$$H^{-1}(H(y)) = y.$$

Nach Burg/Haf/Wille (Analysis) [13] existiert H^{-1}, falls $h = H'$ nirgends verschwindet. Dies haben wir gerade vorausgesetzt. Wir schreiben nun die DGl in der Form

$$h(y)y'(x) = g(x).$$

Hieraus folgt durch Integration nach x

$$H(y(x)) = G(x) + C,$$

was sich durch Differentiation sofort bestätigen lässt. Durch Anwendung der Umkehrfunktion H^{-1} erhalten wir dann mit

$$y(x) = H^{-1}[H(y(x))] = H^{-1}(G(x) + C)$$

die allgemeine Lösung unserer DGl. Auch hier ist C wieder der Anfangsbedingung anzupassen.

Lösungsschema:

(1) Man schreibe die DGl $y' = \frac{dy}{dx} = \frac{g(x)}{h(y)}$ in der Form $h(y)\,dy = g(x)\,dx$.

(2) Man integriere die linke Seite bezüglich y und die rechte Seite bezüglich x.

(3) Man löse die dadurch entstehende Gleichung

$$H(y) = G(x) + C$$

nach y auf.

Man nennt diese Methode auch *Separation der Variablen* oder spricht auch von der Methode der *Trennung der Veränderlichen*.

Beispiel 1.17:
Wir betrachten die DGl

$$y' = \frac{dy}{dx} = xy,$$

die wir in der Form

$$\frac{dy}{y} = x\,dx \quad (y \neq 0)$$

schreiben. Nun integrieren wir die linke Seite bezüglich y, die rechte bezüglich x und erhalten

$$\ln|y| = \frac{x^2}{2} + C,$$

also

$$|y| = e^{\frac{x^2}{2}+C} = e^C \cdot e^{\frac{x^2}{2}}.$$

Damit folgt

$$y(x) = \pm e^C \cdot e^{\frac{x^2}{2}} = C_1 e^{\frac{x^2}{2}} \quad (C_1 \in \mathbb{R} - \{0\} \text{ beliebig}).$$

Für $C_1 = 0$ erhalten wir die oben ausgeschlossene Lösung $y(x) = 0$.

Beispiel 1.18:
Eine chemische Reaktion erster Ordnung mit der Anfangskonzentration c_0 und der Geschwindigkeitskonstanten k wird durch die DGl

$$y' = \frac{dy}{dt} = k(c_0 - y)$$

beschrieben. Dabei bedeutet $y(t)$ die Konzentration der zum Zeitpunkt t umgesetzten Substanz. Für $t = 0$ sei $y = 0$: $y(0) = 0$. Dieses Anfangswertproblem lässt sich nach der Methode der

Separation der Variablen behandeln ($g(t) = k = $ const ., $h(y) = \frac{1}{c_0 - y}$):

Aus

$$\frac{dy}{c_0 - y} = k \, dt$$

folgt durch Integration

$$\int \frac{dy}{c_0 - y} = k \int dt + C \, ,$$

also

$$- \ln |c_0 - y| = \ln \frac{1}{|c_0 - y|} = kt + C \, .$$

Wir lösen diese Gleichung nach y auf und erhalten

$$\frac{1}{|c_0 - y|} = e^{kt+C} = e^C \cdot e^{kt}$$

bzw.

$$c_0 - y = \pm e^{-C} \cdot e^{-kt} = C_1 \, e^{-kt} \quad (C_1 \in \mathbb{R} - \{0\} \text{ beliebig}) \, .$$

Hieraus gewinnen wir die allgemeine Lösung

$$y(t) = c_0 - C_1 \cdot e^{-kt} \, , \quad t \geq 0 \, .$$

Wir bestimmen C_1 mit Hilfe der Anfangsbedingung $y(0) = 0$:

$$0 = y(0) = c_0 - C_1 \quad \text{oder} \quad C_1 = c_0 \, ,$$

und erhalten die gesuchte Lösung

$$y(t) = c_0 - c_0 \cdot e^{-kt} = c_0(1 - e^{-kt}) \, .$$

C. DGln der Form $y' = f\left(\frac{y}{x}\right)$ bzw. $y' = f(ax + by + c)$

Diese lassen sich mit Hilfe der Substitutionen

$$z = \frac{y}{x} \quad \text{bzw.} \quad z = ax + by + c \tag{1.30}$$

auf DGln mit getrennten Veränderlichen zurückführen.

(a): $y' = f\left(\frac{y}{x}\right)$: Ist f stetig differenzierbar, so sind die Voraussetzungen von Satz 1.1 erfüllt, falls $x \neq 0$. Mit

$$z = \frac{y}{x} \quad \text{oder} \quad y = x \cdot z \quad (x \neq 0) \tag{1.31}$$

gilt $y' = z + xz'$. Damit folgt aus der DGl $y' = f\left(\frac{y}{x}\right)$:

$$z + xz' = f(z), \quad \text{also} \quad z' = \frac{f(z) - z}{x} \quad (x \neq 0).$$

Diese DGl für $z(x)$ lässt sich durch Separation lösen.

Beispiel 1.19:
Wir betrachten die DGl

$$x^2 y' = x^2 + xy + y^2,$$

die wir in der Form

$$y' = \frac{x^2 + xy + y^2}{x^2} = 1 + \frac{y}{x} + \left(\frac{y}{x}\right)^2 =: f\left(\frac{y}{x}\right)$$

schreiben können (Typ (a)). Die Substitution $z = \frac{y}{x}$ führt auf die äquivalente DGl

$$z' = \frac{f(z) - z}{x} = \frac{1 + z + z^2 - z}{x} = \frac{1 + z^2}{x},$$

also, nach Trennung der Veränderlichen, auf

$$\frac{dz}{1 + z^2} = \frac{dx}{x} \quad \text{bzw.} \quad \int \frac{dz}{1 + z^2} = \int \frac{dx}{x} + C, \quad C \in \mathbb{R}.$$

Ausführung der Integration liefert

$$\arctan z = \ln|x| + C = \ln|x| + \ln C_1 = \ln(C_1|x|), \quad C_1 > 0. \quad [11]$$

Wir lösen diese Gleichung nach z auf:

$$z(x) = \tan(\ln(C_1|x|)).$$

Die gesuchte allgemeine Lösung der Ausgangsdifferentialgleichung ergibt sich dann mit $y = x \cdot z$ zu

$$y(x) = x \cdot \tan(\ln(C_1|x|)), \quad x \neq 0.$$

(b) $y' = f(ax + by + c)$: Für stetig differenzierbares f und für $b \neq 0$ sind die Voraussetzungen von Satz 1.1 erfüllt. Dabei können wir im Folgenden $b \neq 0$ voraussetzen, da der Fall $b = 0$

---

[11] Wir beachten: Jede reelle Zahl C lässt sich als Logarithmus einer positiven Zahl C_1 darstellen.

bereits durch Typ A abgedeckt ist. Setzen wir

$$z = ax + by + c,$$ (1.32)

so folgt mit $z' = a + by'$

$$y' = \frac{z' - a}{b} = f(z)$$

und damit eine (äquivalente) DGl vom Typ B:

$$z' = a + bf(z).$$

Beispiel 1.20:

Die DGl

$$y' = (2x + 3y)^2 =: f(ax + by + c)$$

(mit $a = 2$, $b = 3$, $c = 0$) geht durch die Substitution $z = 2x + 3y$ in die DGl

$$z' = a + bf(z) = 2 + 3z^2$$

über, die wir mittels Trennung der Veränderlichen lösen:

$$\frac{dz}{2 + 3z^2} = dx$$

bzw.

$$\int \frac{dz}{2 + 3z^2} = \int dx + C = x + C.$$

Mit der Substitution $t := \sqrt{\frac{3}{2}}z$ folgt

$$\int \frac{dz}{2 + 3z^2} = \frac{1}{2}\int \frac{dz}{1 + \left(\sqrt{\frac{3}{2}}z\right)^2} = \frac{1}{2}\sqrt{\frac{2}{3}}\int \frac{dt}{1 + t^2} = \frac{1}{\sqrt{6}}\arctan t = \frac{1}{\sqrt{6}}\arctan\left(\sqrt{\frac{3}{2}}z\right),$$

und damit

$$\arctan\left(\sqrt{\frac{3}{2}}z\right) = \sqrt{6}(x + C).$$

Durch Auflösen nach z erhalten wir

$$z(x) = \sqrt{\frac{2}{3}}\tan(\sqrt{6}(x + C))$$

und daraus, mit $z = 2x + 3y$,

$$y(x) = \frac{1}{3}(z(x) - 2x) = \frac{1}{3}\left[\sqrt{\frac{2}{3}} \tan\left(\sqrt{6}(x + C)\right) - 2x\right].$$

D. Lineare DGl 1-ter Ordnung

Man nennt $y' = f(x, y)$ eine *lineare DGl*, wenn f eine lineare Funktion in y ist, d.h. wenn eine DGl der Form

$$y' = g(x)y + h(x) \quad \text{bzw.} \quad y' - g(x)y = h(x), \tag{1.33}$$

mit vorgegebenen Funktionen g, h vorliegt. Sind g, h stetige Funktionen, so sind die Voraussetzungen von Satz 1.1 erfüllt. Ist $h(x) = 0$, so heißt die DGl *homogen*, andernfalls heißt sie *inhomogen*.

Bemerkung 1: Die DGln (1.1) bzw. (1.2), (1.3) in Abschnitt 1.1.1 sind Beispiele für homogene bzw. inhomogene lineare DGln 1-ter Ordnung.

(a) Die homogene lineare DGl. Diese ist von der Form

$$y' = g(x) \cdot y,$$

also vom Typ B (mit $h(y) = \frac{1}{y}$, $y \neq 0$), lässt sich somit nach der Methode der Trennung der Veränderlichen lösen:

$$\frac{dy}{y} = g(x)\,dx \quad \text{bzw.} \quad \int \frac{dy}{y} = \int g(x)\,dx + C_1,$$

also

$$\ln|y| = \int g(x)\,dx + C_1, \quad C_1 \in \mathbb{R}.$$

Auflösung nach y liefert die allgemeine Lösung

$$|y(x)| = e^{C_1} \cdot e^{\int g(x)\,dx}$$

bzw.

$$y(x) = \pm e^{C_1} \cdot e^{\int g(x)\,dx} = C \cdot e^{\int g(x)\,dx}, \quad C \in \mathbb{R} - \{0\}.$$

Die Lösung des Anfangswertproblems

$$y' = g(x) \cdot y, \quad y(x_0) = y_0 \tag{1.34}$$

ist dann durch

$$y(x) = y_0 \cdot e^{\int_{x_0}^{x} g(t)\, dt}$$ (1.35)

gegeben. Für $y_0 = 0$ ergibt sich die triviale Lösung $y(x) \equiv 0$.

(b) Die inhomogene lineare DGl. Wir bestimmen zunächst mit Hilfe der *Methode der Variation der Konstanten* eine spezielle Lösung der inhomogenen DGl

$$y' = g(x)y + h(x), \quad g, h \text{ stetig}.$$

Bei diesem Verfahren geht man von der allgemeinen Lösung der homogenen DGl aus. Diese lautet (vgl. (a)):

$$y_{\text{hom}}(x) = C \cdot e^{G(x)}$$

mit der Stammfunktion

$$G(x) = \int_{x_0}^{x} g(t)\, dt$$

von g. Man ersetzt nun die Konstante C durch eine stetig differenzierbare Funktion $C(x)$ und versucht, diese so zu bestimmen, dass

$$y(x) = C(x) \cdot e^{G(x)}$$ (1.36)

die inhomogene DGl löst. Hierzu setzt man diesen Ausdruck und seine Ableitung in die DGl ein:

$$C'(x)\, e^{G(x)} + C(x)G'(x)\, e^{G(x)} = g(x)C(x)\, e^{G(x)} + h(x).$$

Wegen $G'(x) = g(x)$ ergibt sich hieraus durch Multiplikation mit $e^{-G(x)}$ für $C(x)$ die Gleichung

$$C'(x) = h(x)\, e^{-G(x)}.$$

Damit folgt

$$C(x) = \int_{x_0}^{x} h(t)\, e^{-G(t)}\, dt + C_1.$$

Durch

$$y(x) = \left[\int_{x_0}^{x} h(t)\, e^{-G(t)}\, dt + C_1 \right] e^{G(x)}$$ (1.37)

ist dann für jede Konstante C_1 eine Lösung der inhomogenen DGl gegeben. Setzen wir $C_1 = y_0$, so löst

$$y(x) = \left[\int_{x_0}^{x} h(t)\, e^{-G(t)}\, dt + y_0 \right] e^{G(x)}, \qquad \text{mit} \qquad G(x) = \int_{x_0}^{x} g(t)\, dt\,,$$

das Anfangswertproblem

$$y' = g(x)y + h(x)\,, \quad y(x_0) = y_0\,.$$

Nach Satz 1.1 ist dies die einzige Lösung des Anfangswertproblems. Damit erhalten wir

Satz 1.5:

Die Funktionen g, h seien auf dem Intervall $I = (a, b)$ stetig. Ferner sei $(x_0, y_0) \in \mathbb{R}^2$ mit $x_0 \in I$. Dann besitzt das Anfangswertproblem

$$y' = g(x)y + h(x)\,, \quad y(x_0) = y_0 \tag{1.38}$$

in I die eindeutig bestimmte Lösung

$$y(x) = \left[\int_{x_0}^{x} h(t)\, e^{-G(t)}\, dt + y_0 \right] e^{G(x)} \tag{1.39}$$

mit

$$G(x) = \int_{x_0}^{x} g(t)\, dt\,. \tag{1.40}$$

Bemerkung 2: Der Lösungsausdruck

$$y(x) = \left[\int_{x_0}^{x} h(t)\, e^{-G(t)}\, dt + C_1 \right] e^{G(x)}$$

für die allgemeine Lösung der inhomogenen DGl zeigt, dass sich diese aus der allgemeinen Lösung der zugehörigen homogenen DGl und einer speziellen Lösung der inhomogenen DGl additiv zusammensetzt.

Beispiel 1.21:

Wir betrachten die DGl

$$y' = \frac{1}{x}y + 5x\,, \quad x \in (0, \infty)\,,$$

mit der Anfangsbedingung $y(1) = 0$. In unserem Beispiel ist also $g(x) = \frac{1}{x}$, $h(x) = 5x$ und $(x_0, y_0) = (1, 0)$. Für $g(x) = \frac{1}{x}$ ergibt sich die Stammfunktion

$$G(x) = \int_{x_0}^{x} g(t)\,dt = \int_{1}^{x} \frac{dt}{t} = \ln|t|\Big|_{t=1}^{t=x} = \ln|x| - \ln 1 = \ln x \quad (x > 0)$$

und daher mit Satz 1.5, Formel (1.39), die Lösung unseres Anfangswertproblems zu

$$y(x) = \left[\int_{1}^{x} 5t\, e^{-\ln t}\,dt + 0\right] \cdot e^{\ln x} = \int_{1}^{x} 5t \cdot \frac{1}{t}\,dt \cdot x = 5x \cdot \int_{1}^{x} dt = 5x \cdot t\Big|_{t=1}^{t=x} = 5x(x-1).$$

Die weiteren Beispiele befassen sich mit Anwendungen, die auf lineare DGln führen.

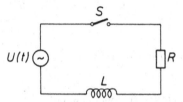

Fig. 1.18: Elektrischer Schwingkreis

Beispiel 1.22:
Gegeben sei ein Schwingkreis mit einem Ohmschen Widerstand R und einer Spule (Induktivität L) in Reihenschaltung (s. Fig. 1.18). Es liege eine Wechselspannung $U(t) = U_0 \sin \omega t$ an. Der Schalter S werde zum Zeitpunkt $t = 0$ geschlossen. Wir interessieren uns für den zeitlichen Verlauf der Stromstärke $i = i(t)$. Nach dem zweiten Kirchhoffschen Gesetz gilt

$$U_L + U_R = U\,.$$

Mit Hilfe der Beziehungen

$$U_L = L\frac{di}{dt}, \quad U_R = Ri \quad \text{(vgl. Abschn. 1.1.1)}$$

erhalten wir für die Stromstärke i die DGl

$$L\frac{di}{dt} + Ri = U(t) = U_0 \sin \omega t$$

bzw.

$$\frac{di}{dt} = -\frac{R}{L}i + \frac{U_0}{L}\sin \omega t\,.$$

Somit liegt eine lineare DGl 1-ter Ordnung für $i(t)$ vor. Die zugehörige Anfangsbedingung lautet: $i(0) = 0$. In diesem Beispiel ist also

$$g(t) = -\frac{R}{L} = \text{const.}, \quad h(t) = \frac{U_0}{L}\sin\omega t, \quad (t_0, i_0) = (0,0).$$

Mit

$$G(t) = \int_{t_0}^{t} g(\tau)\,d\tau = -\frac{R}{L}\int_0^t d\tau = -\frac{R}{L}t$$

folgt aus Satz 1.5 für den Stromverlauf:

$$i(t) = \left[\int_0^t \frac{U_0}{L}\sin\omega\tau \cdot e^{\frac{R}{L}\tau}\,d\tau + 0\right]e^{-\frac{R}{L}t} = \frac{U_0}{L}e^{-\frac{R}{L}t}\int_0^t e^{\frac{R}{L}\tau}\sin\omega\tau\,d\tau.$$

Beachten wir die Beziehung

$$\int e^{ax}\sin bx\,dx = \frac{e^{ax}(a\sin bx - b\cos bx)}{a^2 + b^2}$$

(vgl. Burg/Haf/Wille (Analysis) [13]), so erhalten wir

$$i(t) = \frac{U_0}{L}e^{-\frac{R}{L}t}\left.\frac{e^{\frac{R}{L}\tau}\left(\frac{R}{L}\sin\omega\tau - \omega\cos\omega\tau\right)}{\left(\frac{R}{L}\right)^2 + \omega^2}\right|_{\tau=0}^{\tau=t}$$

$$= \frac{U_0}{L}e^{-\frac{R}{L}t}\frac{L^2}{R^2 + \omega^2 L^2}\left[e^{\frac{R}{L}t}\left(\frac{R}{L}\sin\omega t - \omega\cos\omega t\right) - 1(-\omega)\right],$$

also

$$i(t) = \frac{U_0}{R^2 + \omega^2 L^2}\left(\omega L\,e^{-\frac{R}{L}t} + R\sin\omega t - \omega L\cos\omega t\right), \quad t > 0. \tag{1.41}$$

Für $t \to \infty$ strebt der erste Summand in der letzten Klammer gegen Null, so dass für hinreichend große t der Lösungsanteil

$$i_s(t) = \frac{U_0}{R^2 + \omega^2 L^2}(R\sin\omega t - \omega L\cos\omega t) \tag{1.42}$$

überwiegt. Durch $i_s(t)$ wird der Stromverlauf nach dem Einschaltvorgang beschrieben. Es handelt sich um eine harmonische Schwingung mit der gleichen Frequenz wie die Erregerfrequenz.[12]

---

12 Vgl. Burg/Haf/Wille (Analysis) [13].

Fig. 1.19: Ein- und Ausgangsgrößen bei einem Regelkreisglied

Beispiel 1.23:

Wir wollen die Übergangsfunktion $x_a(t)$ für das Regelkreisglied eines verzögerten Gestänges (s. Abschn. 1.1.1, Beisp. 1.2) bei vorgegebener Eingangsgröße

$$x_e(t) = \begin{cases} x_0 \sin \omega t & \text{für } t \geq 0 \\ 0 & \text{für } t < 0 \end{cases}$$

bestimmen.

Die DGl für $x_a(t)$ lautet (vgl. Abschn 1.1.1, Formel (1.2))

$$\dot{x}_a(t) + \frac{k}{r} x_a(t) = \frac{k}{r} x_e(t) = \frac{k x_0}{r} \sin \omega t \,, \quad t > 0,$$

(k: Federkonstante, r: Dämpfungskonstante). Diese lineare DGl 1-ter Ordnung beschreibt das Verhalten unseres Regelkreisgliedes. Ein Vergleich dieser DGl mit der DGl aus Beispiel 1.22 zeigt, dass diese formal übereinstimmen, mit den Entsprechungen

$$r \simeq L \,, \quad k \simeq R \,, \quad k x_0 \simeq U_0 \,. \tag{1.43}$$

Wir können daher die Lösung $x_a(t)$ mit Hilfe der Lösung $i(t)$ sofort angeben, wenn wir beachten, dass der Forderung $x_e(t) = 0$ für $t \leq 0$ nur die triviale Lösung $x_a(t) = 0$ für $t \leq 0$ entspricht (System befindet sich im Ruhezustand), und $x_a(0)$ daher Null ist:

$$x_a(t) = \frac{k x_0}{k^2 + \omega^2 r^2} \left(\omega r \, e^{-\frac{k}{r} t} + k \sin \omega t - \omega r \cos \omega t \right), \quad t > 0 \,. \tag{1.44}$$

Für hinreichend große t erhalten wir entsprechend

$$x_{a_s}(t) = \frac{k x_0}{k^2 + \omega^2 r^2} (k \sin \omega t - \omega r \cos \omega t) \,. \tag{1.45}$$

E. Die Bernoullische DGl

Besitzt die Funktion f in der Dgl $y' = f(x, y)$ die Form $f(x, y) = g(x)y + r(x)y^\alpha, \alpha \in \mathbb{R}$, so liegt eine *Bernoullische*[13] *DGl* vor:

$$y' = g(x)y + r(x)y^\alpha \,. \tag{1.46}$$

---

13 J. Bernoulli (1654–1705), schweizerischer Mathematiker

Eine DGl vom Bernoulli-Typ tritt z.B. im Zusammenhang mit einem mechanischen Schwingungssystem, bestehend aus Masse m und Feder (Federkonstante k), auf, wenn man eine Reibungskraft proportional zum Quadrat der Geschwindigkeit berücksichtigt: $K_W = c[\dot{x}(t)]^2$. Die entsprechende DGl lautet dann (vgl. auch Abschn. 1.3.3, Beisp. 1.35)

$$m\ddot{x} + c\dot{x}^2 + kx = 0.$$

Mit der Substitution $\dot{x} = p(x)$ erhalten wir die folgende Bernoullische DGl für $p(x)$:

$$\frac{\mathrm{d}p}{\mathrm{d}x} = -\frac{c}{m}p - \frac{k}{m}x \cdot p^{-1}$$

(vgl. Abschn. 1.3.3). Für $\alpha = 0$ und $\alpha = 1$ geht die Bernoullische DGl jeweils in eine DGl vom Typ D über, so dass wir diese beiden Fälle nun ausschließen. Wir setzen für $\alpha \notin \{0,1\}$

$$z(x) = [y(x)]^{1-\alpha} \tag{1.47}$$

und erhalten

$$\begin{aligned} z' &= (1-\alpha)y^{-\alpha} \cdot y' = (1-\alpha)y^{-\alpha}(g(x)y + r(x) \cdot y^\alpha) \\ &= (1-\alpha)(y^{1-\alpha}g(x) + r(x)) = (1-\alpha)(zg(x) + r(x)), \end{aligned}$$

also

$$z' = (1-\alpha)g(x) \cdot z + (1-\alpha)r(x). \tag{1.48}$$

Wir haben damit die Bernoullische DGl auf eine lineare DGl (Typ D) zurückgeführt. Zur gesuchten Lösung $y(x)$ gelangen wir mit Hilfe der Transformation

$$y(x) = [z(x)]^{\frac{1}{1-\alpha}}. \tag{1.49}$$

Sowohl diese als auch die ursprüngliche Transformation sind im Allgemeinen nur sinnvoll, falls $y(x) \geq 0$ gilt.

Beispiel 1.24:

Wir betrachten die DGl

$$y' = -\frac{1}{x}y + \frac{\ln x}{x}y^2 \quad (x > 0).$$

Wir setzen, da $\alpha = 2$ ist, $z(x) = [y(x)]^{-1} = \frac{1}{y(x)}$, und erhalten wegen (1.48) die lineare DGl

$$z' = -(1-2)x^{-1}z + (1-2)\frac{\ln x}{x} = \frac{1}{x}z - \frac{\ln x}{x}.$$

Diese lässt sich mit Hilfe der besprochenen Methode lösen. Wir begnügen uns damit, die Lösung anzugeben:

$$z(x) = Cx + 1 + \ln x \,.$$

Mit der Rücktransformation

$$y(x) = [z(x)]^{\frac{1}{1-2}} = \frac{1}{z(x)} \quad \text{lautet daher die gesuchte Lösung:} \quad y(x) = \frac{1}{Cx + 1 + \ln x} \,.$$

Beispiel 1.25:

Wir haben zu Beginn der Behandlung von Typ E gesehen, dass sich gewisse Schwingungsprobleme auf die Bernoullische DGl

$$\frac{\mathrm{d}p}{\mathrm{d}x} = -\frac{c}{m}p - \frac{k}{m}x \cdot p^{-1}$$

zurückführen lassen. Wir wollen diese jetzt lösen. Mit $\alpha = -1$ und der Transformation

$$z(x) = p^{1-\alpha}(x) = p^2(x)$$

ergibt sich die lineare DGl

$$z' = -\frac{2c}{m}z - \frac{2k}{m}x$$

für $z(x)$ mit der Lösung (man leite diese her!)

$$z(x) = -\frac{k}{c}x + \frac{mk}{2c^2}\left(1 - e^{-\frac{2c}{m}x}\right) + C\,e^{-\frac{2c}{m}x} \,.$$

Für die allgemeine Lösung $p(x)$ der Ausgangsgleichung erhalten wir dann mit

$$p(x) = [z(x)]^{\frac{1}{1-\alpha}} = [z(x)]^{\frac{1}{2}}$$

den Ausdruck

$$p(x) = \sqrt{-\frac{k}{c}x + \frac{mk}{2c^2}\left(1 - e^{-\frac{2c}{m}x}\right) + C\,e^{-\frac{2c}{m}x}} \,. \tag{1.50}$$

1.2.6   Numerische Verfahren

Die im letzten Abschnitt untersuchten Spezialfälle erschöpfen keinesfalls die in der Praxis auftretenden DGln. Hier lässt sich häufig keine explizite Lösung angeben, so dass man auf Näherungsverfahren angewiesen ist. Die in Abschnitt 1.2.3 behandelte Methode von Picard-Lindelöf kann zwar zur numerischen Konstruktion von Lösungen $y : [a, b] \to \mathbb{R}$ des Anfangswertproblems

$$\left. \begin{array}{l} y'(t) = f(t, y(t)), \quad t \in [a, b] \subset \mathbb{R}_0^+ \\ y(a) = y_0 \end{array} \right\} \tag{1.51}$$

mit einer gegebenen Funktion $f : [a, b] \times \mathbb{R} \to \mathbb{R}$ und gegebenem Anfangswert $y_0 \in \mathbb{R}$ verwendet werden. Im Allgemeinen lassen sich jedoch die bei dieser Methode auftretenden Integrale nicht explizit bestimmen. In der Praxis benutzt man daher meist auf anderen Prinzipien beruhende Näherungsverfahren.

Aufgrund der enormen Vielzahl numerischer Methoden werden wir eine Anzahl bekannter Verfahren vorstellen, mittels derer prinzipielle Techniken zur Herleitung derartiger Algorithmen beschrieben werden können. Die erzielten theoretischen Ergebnisse werden anschließend anhand einfacher Testfälle untermauert und hierdurch zudem die Güte der Einzelverfahren diskutiert.

Hinsichtlich einer weiterführenden Darstellung und Analyse numerischer Methoden sei auf [46, 47, 24, 60, 25, 94] verwiesen.

Die Lösbarkeit des Anfangswertproblems hängt von den Eigenschaften der Funktion f ab. Wir setzen in diesem Abschnitt stets die Existenz einer Lösung voraus und betrachten die Funktion f als hinreichend oft differenzierbar.

Aus Gründen der Übersichtlichkeit liegt der Herleitung der Algorithmen eine skalare Differentialgleichung $(1.51)_1$ zugrunde. Die Methoden sind jedoch analog für Systeme gewöhnlicher Differentialgleichungen anwendbar. Hierzu müssen lediglich die Funktionen y und f vektorwertig aufgefasst werden.

Obwohl die im Folgenden vorgestellten numerischen Verfahren auch auf variable Zeitschrittweiten Δt übertragen werden können, betrachten wir äquidistante Unterteilungen des Zeitintervalls $[a, b]$ gemäß

$$a = t_0 < t_1 < \ldots < t_n = b$$

mit

$$t_i = t_0 + i \cdot \Delta t, \quad \Delta t = \frac{b - a}{n}, \quad i = 0, \ldots, n.$$

Ausgehend von

$$y_0 = y(t_0)$$

werden sukzessive Näherungen

$$y_i \text{ an } y(t_i), \quad i = 1, 2, \ldots, n$$

bestimmt.

Zur Herleitung numerischer Verfahren werden wir zwei grundlegend verschiedene Ansätze betrachten und unterscheiden daher in Integrations- und Differenzenmethoden. Die Klassifizierung ist hierbei nicht strikt, da Verfahren existieren, die sowohl auf der Basis einer numerischen Quadratur als auch auf der Grundlage einer Differenzenbildung hergeleitet werden können.

Integrationsmethoden

Bei derartigen Algorithmen wird eine Integration der Differentialgleichung $(1.51)_1$ beginnend bei $[t_0, t_m]$, $m \in \{1, \ldots, n\}$ sukzessive über jedes Teilintervall

$$[t_i, t_{i+m}], \quad i = 0, \ldots, n - m$$

vorgenommen. Mit

$$y(t_{i+m}) - y(t_i) = \int\limits_{t_i}^{t_{i+m}} y'(t)\,dt \overset{(1.51)_1}{=} \int\limits_{t_i}^{t_{i+m}} f(t, y(t))\,dt \tag{1.52}$$

ergibt sich das Verfahren durch Verwendung einer numerischen Quadraturformel für das Integral über f. Derartige numerische Integrationsmethoden werden beispielsweise in Burg/Haf/Wille (Analysis) [13] vorgestellt. Die Grundidee liegt in der Nutzung eines Interpolationspolynoms q zur Funktion f und der näherungsweisen Bestimmung des Integralwertes $\int\limits_{t_i}^{t_{i+m}} f(t, y(t))\,dt$ durch exakte Integration von q über $[t_i, t_{i+m}]$. Nutzen wir beispielsweise das durch $q(t_i) = f(t_i, y(t_i))$ eindeutig festgelegte Interpolationspolynom $q \in \Pi_0$[14], so ergibt sich die bekannte Rechteckregel

$$\int\limits_{t_i}^{t_{i+m}} f(t, y(t))\,dt \approx \int\limits_{t_i}^{t_{i+m}} q(t)\,dt = \underbrace{(t_{i+m} - t_i)}_{=m\,\Delta t}\, q(t_i) = m\,\Delta t f(t_i, y(t_i))\,. \tag{1.53}$$

Kombination der Gleichungen (1.52) und (1.53) für die Wahl $m = 1$ liefert durch Einsetzen der innerhalb numerischer Verfahren zur Verfügung stehenden Näherung y_i anstelle $y(t_i)$ das explizite *Euler*- resp. *Euler-Cauchy-Verfahren*

$$y_{i+1} = y_i + \Delta t f(t_i, y_i)\,, \quad i = 0, \ldots, n - 1\,. \tag{1.54}$$

Eine geometrische Interpretation dieser Methode kann der Abbildung 1.20 entnommen werden. Unterlegt durch das Richtungsfeld zur Differentialgleichung $y'(t) = y(t)$ sind die Näherungswerte y_i zur Lösungskurve y basierend auf $y_0 = y(0) = 1$ dargestellt. Das Verfahren ermittelt stets ausgehend von y_i den Wert y_{i+1} durch einen Zeitschritt Δt mit der durch das Richtungsfeld an der Stelle $f(t_i, y_i)$ gegebenen Steigung. Die somit vorliegenden Geradenstücke erzeugen den präsentierten Polygonzug, der dem Verfahren auch die Bezeichnung Polygonzugmethode eingebracht hat.

Differenzenmethoden

Innerhalb dieses Ansatzes wird die Differentialgleichung zu einem Zeitpunkt t_i betrachtet und der vorliegende Differentialquotient durch einen geeigneten Differenzenquotienten approximiert.

---

14 Π_j, $j \in \mathbb{N}_0$, bezeichnet die Menge aller reellwertigen Polynome vom Grad kleiner gleich j, d.h. $q(t) = a_0 + a_1 t + \ldots + a_j t^j$ mit $a_0, \ldots, a_j \in \mathbb{R}$.

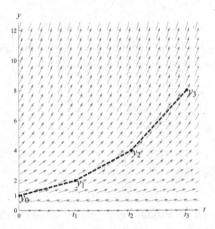

Fig. 1.20: Richtungsfeld zur Differentialgleichung $y'(t) = y(t)$ und Näherungswerte des Euler-Verfahrens.

```
% Explizites Euler-Verfahren
%
% Eingabe: Zeitschrittweite, Ausgabezeit, Anfangswert
% Ausgabe: Näherungswert für die Dgl y'(t) = f(t,y(t)) zur Ausgabezeit
%
function y = EE(dt,t_out,y_0)
  n = t_out / dt;
  t(1) = 0;
  y(1) = y_0;
  for i=1:n
    y(i+1) = y(i) + dt \cdot f(t(i), y(i));
    t(i+1) = t(i)+dt;
  end;
  y = y(n+1);
```

Fig. 1.21: MATLAB-Implementierung des expliziten Euler-Verfahrens für die Dgl. $y'(t) = f(t, y(t))$.

Mit

$$y'(t_i) \approx \frac{y(t_{i+1}) - y(t_i)}{\Delta t}$$

ergibt sich durch Einsetzen in die Differentialgleichung $(1.51)_1$ die Darstellung

$$y(t_{i+1}) - y(t_i) \approx \Delta t\, f(t_i, y(t_i))$$

und folglich wiederum das explizite Euler-Verfahren

$$y_{i+1} = y_i + \Delta t\, f(t_i, y_i), \quad i = 0, \ldots, n - 1.$$

Eine einfache Umsetzung der Methode in MATLAB ist in Fig. 1.21 dargestellt. Hierbei sei angemerkt, dass in MATLAB die Indizierungen von Vektoren stets bei 1 beginnen müssen, wodurch der Ausgabewert beim Index $n + 1$ erzielt wird.

Einschrittverfahren

Das bereits vorgestellte Euler-Verfahren gehört in die Gruppe der sogenannten Einschrittverfahren. Diese Verfahrensklasse ist dadurch charakterisiert, dass zur Berechnung der Größe y_{i+1} stets die Verfügbarkeit des letzten Näherungswertes y_i ausreichend ist.

Definition 1.2:

(*Einschrittverfahren*) Lässt sich eine Methode unter Verwendung einer *Verfahrensfunktion*

$$\phi : [a, b] \times \mathbb{R} \times \mathbb{R} \times \mathbb{R}_0^+ \to \mathbb{R}$$

in der Form

$$y_{i+1} = y_i + \Delta t \, \phi(t_i, y_i, y_{i+1}, \Delta t)$$

schreiben, so sprechen wir von einem *Einschrittverfahren*. Weist die Verfahrensfunktion hierbei keine Abhängigkeit von y_{i+1} auf, d.h. gilt $\phi = \phi(t_i, y_i, \Delta t)$, dann wird die Methode als *explizit*, ansonsten als *implizit* bezeichnet.

Nutzen wir im Kontext der Integrationsmethoden (1.52) mit $m = 1$ das Polynom $q \in \Pi_0$, $q(t_{i+1}) = f(t_{i+1}, y(t_{i+1}))$ und wird die Rechteckregel unter Auswertung des Integranden am rechten Rand des Intervalls $[t_i, t_{i+1}]$ eingesetzt, so erhalten wir

$$y_{i+1} = y_i + \Delta t f(t_{i+1}, y_{i+1}) . \tag{1.55}$$

Die zugehörige Verfahrensfunktion lautet folglich

$$\phi(t_i, y_i, y_{i+1}, \Delta t) = f(t_i + \Delta t, y_{i+1}) ,$$

weshalb wir vom *impliziten Euler-Verfahren* sprechen, welches analog zur expliziten Variante ein Einschrittverfahren repräsentiert.

   Zum Vergleich der Güte unterschiedlicher Algorithmen ist der *lokale Diskretisierungsfehler* von zentraler Bedeutung.

Definition 1.3:

Sei $y : [a, b] \to \mathbb{R}$ Lösung der Differentialgleichung $(1.51)_1$, dann heißt

$$\eta(t, \Delta t) := y(t) + \Delta t \phi(t, y(t), y(t + \Delta t), \Delta t) - y(t + \Delta t) \tag{1.56}$$

für $t \in [a, b]$, $0 \leq \Delta t \leq b - t$, *lokaler Diskretisierungsfehler* der zur Verfahrensfunktion ϕ gehörigen Einschrittmethode zum Zeitpunkt $t + \Delta t$ bezüglich der Schrittweite Δt.

Der lokale Diskretisierungsfehler beschreibt somit die innerhalb eines Zeitschrittes entstehende Abweichung von der Lösungskurve. Eine graphische Darstellung kann für die Polygonzugmethode der Abbildung 1.22 entnommen werden. Obwohl innerhalb eines Zeitschrittverfahrens der Wert y_1 üblicherweise nicht mehr auf der Lösungskurve des zugrundeliegenden Anfangswertproblems liegt und folglich eine explizite Auswertung der lokalen Fehlerentwicklung auch bei Kenntnis der Lösung y nicht möglich ist, erweist sich diese lokale Fehlerbetrachtung als wesentlich für die folgende Ordnungsanalyse des *globalen Gesamtfehlers*.

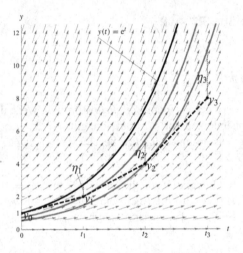

Fig. 1.22: Lokaler Diskretisierungsfehler des expliziten Euler-Verfahrens zur Differentialgleichung
$y'(t) = y(t)$.

Definition 1.4:

Ein Einschrittverfahren heißt *konsistent von der Ordnung* $p \in \mathbb{N}$ zur Differentialgleichung (1.51)$_1$, wenn

$$\eta(t, \Delta t) = \mathcal{O}(\Delta t^{p+1}), \quad \Delta t \to 0 \tag{1.57}$$

für alle $t \in [a, b]$, $0 \leq \Delta t \leq b - t$, gilt. Im Fall $p = 1$ spricht man auch einfach von *Konsistenz*.

Bemerkung: Konsistenz bedeutet insbesondere

$$\lim_{\Delta t \to 0} \phi(t, y(t), y(t + \Delta t), \Delta t) = \underbrace{\lim_{\Delta t \to 0} \frac{\eta(t, \Delta t)}{\Delta t}}_{= 0} - \lim_{\Delta t \to 0} \frac{y(t) - y(t + \Delta t)}{\Delta t}$$

$$= y'(t) = f(t, y(t)) \tag{1.58}$$

für alle $t \in [a, b]$. Folglich spiegelt diese Eigenschaft eine hinreichende Bedingung dafür wider, dass die Verfahrensfunktion sinnvoll in Bezug auf die Differentialgleichung gewählt wurde.

Satz 1.6:

Die Euler-Verfahren (1.54) und (1.55) sind konsistent zur Differentialgleichung von erster Ordnung.

Beweis:

Wir beschränken uns beim Nachweis der Behauptung auf das explizite Euler-Verfahren. Der Beweis für die implizite Version läuft analog.

Aus einer Taylor-Entwicklung folgt für eine zweimal stetig differenzierbare Lösung y die Darstellung

$$y(t + \Delta t) = y(t) + \Delta t y'(t) + \frac{\Delta t^2}{2} y''(\zeta)$$

$$\overset{(1.51)_1}{=} y(t) + \Delta t f(t, y(t)) + \frac{\Delta t^2}{2} y''(\zeta) \tag{1.59}$$

für ein $\zeta \in [t, t + \Delta t]$. Einsetzen in die Definition des lokalen Verfahrensfehlers liefert für das explizite Euler-Verfahren mit

$$\phi(t, y(t), y(t + \Delta t), \Delta t) = f(t, y(t))$$

den Nachweis durch

$$\eta(t, \Delta t) = y(t) + \Delta t f(t, y(t)) - y(t + \Delta t)$$

$$\overset{(1.59)}{=} \frac{\Delta t^2}{2} y''(\zeta) = \mathcal{O}(\Delta t^2), \quad \Delta t \to 0.$$

$\square$

Bei der Nutzung numerischer Verfahren ist der Anwender üblicherweise nicht vorrangig an dem lokalen Fehlerterm, sondern an dem Gesamtfehler zu einem gegebenen Zeitpunkt interessiert. Mit der folgenden Analyse werden wir daher den Zusammenhang dieser Fehlertypen verdeutlichen.

Definition 1.5:

Sei $y : [a, b] \to \mathbb{R}$ Lösung des Anfangswertproblems (1.51) und y_i der durch ein Einschrittverfahren mit der Schrittweite Δt erzeugte Näherungswert an $y(t_i)$, $t_i = a + i\,\Delta t \in [a, b]$, dann heißt

$$e(t_i, \Delta t) := y(t_i) - y_i \tag{1.60}$$

der *globale Diskretisierungsfehler* zum Zeitpunkt t_i.

Die Entwicklung des globalen Diskretisierungsfehlers für wachsenden Index i ist für die Dgl $y' = y$ in Abbildung 1.23 dargestellt.

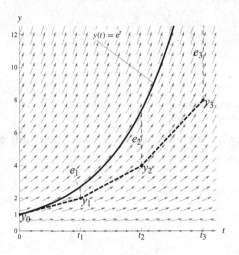

Fig. 1.23: Globaler Diskretisierungsfehler des expliziten Euler-Verfahrens zur Differentialgleichung $y'(t) = y(t)$.

Definition 1.6:

Ein Einschrittverfahren heißt *konvergent von der Ordnung $p \in \mathbb{N}$* zum Anfangswertproblem (1.51), wenn

$$e(t_i, \Delta t) = \mathcal{O}(\Delta t^p), \quad \Delta t \to 0 \tag{1.61}$$

für alle $t_i, i = 0, \ldots, n$ gilt. Im Fall

$$\lim_{\Delta t \to 0} e(t_i, \Delta t) = 0 \tag{1.62}$$

für alle $t_i, i = 0, \ldots, n$ sprechen wir auch einfach von *Konvergenz*.

Ein direkter Nachweis der Konvergenz eines Einschrittverfahrens erweist sich in der Regel als schwierig. Wie wir jedoch bereits im Kontext der Euler-Verfahren gesehen haben, kann die Konsistenzordnung zumeist unter Verwendung einer Taylor-Entwicklung ermittelt werden. Mit dem folgenden Satz liefern wir den für Einschrittverfahren zentralen Zusammenhang zwischen Konsistenz- und Konvergenzordnung. Zum Beweis dieser Aussage betrachten wir vorab den

Hilfssatz 1.1:

Seien $\eta_i, \rho_i, z_i \geq 0$ für $i = 0, \ldots, n-1$ und gelte für $i = 0, \ldots, n-1$ zudem

$$z_{i+1} \leq (1 + \rho_i)z_i + \eta_i \, ,$$

dann folgt

$$z_i \leq \left(z_0 + \sum_{k=0}^{i-1} \eta_k \right) e^{\sum_{k=0}^{i-1} \rho_k} \tag{1.63}$$

für $i = 0, \ldots, n$.

Beweis:

Wir erbringen den Nachweis mit einer Induktion. Für $i = 0$ ist die Ungleichung (1.63) offensichtlich. Gelte die Aussage (1.63) für ein $i \in \{0, \ldots, n-1\}$, dann erhalten wir wegen

$$1 + \rho_i \leq e^{\rho_i} \quad \text{und} \quad e^{\sum_{k=0}^{i} \rho_k} \geq e^0 = 1 \tag{1.64}$$

die Schlussfolgerung

$$z_{i+1} \leq (1 + \rho_i)z_i + \eta_i \leq (1 + \rho_i) \underbrace{\left(z_0 + \sum_{k=0}^{i-1} \eta_k \right) e^{\sum_{k=0}^{i-1} \rho_k}}_{\geq 0} + \eta_i$$

$$\overset{(1.64)}{\leq} \left(z_0 + \sum_{k=0}^{i-1} \eta_k \right) \underbrace{e^{\sum_{k=0}^{i} \rho_k}}_{\geq 1} + \eta_i \leq \left(z_0 + \sum_{k=0}^{i} \eta_k \right) e^{\sum_{k=0}^{i} \rho_k} \, .$$

$\square$

Satz 1.7:

Sei ϕ die Verfahrensfunktion eines Einschrittverfahrens zur Lösung des Anfangswertproblems (1.51). Genügt

$$\phi = \phi(t, y, \tilde{y}, \Delta t)$$

bezüglich der zweiten und dritten Komponente einer Lipschitzbedingung gemäß

$$|\phi(t, u, \tilde{y}, \Delta t) - \phi(t, v, \tilde{y}, \Delta t)| \le L_1 |u - v|$$

und

$$|\phi(t, y, u, \Delta t) - \phi(t, y, v, \Delta t)| \le L_2 |u - v|$$

mit $L_1, L_2 > 0$, dann gilt mit

$$L = \max\{L_1, L_2\} \quad \text{und} \quad \eta(\Delta t) = \max_{t \in [a,b]} |\eta(t, \Delta t)|$$

für den globalen Diskretisierungsfehler zum Zeitpunkt t_i im Fall $\Delta t < \frac{1}{L}$ die Abschätzung

$$|e(t_i, \Delta t)| \le \left(|e(t_0, \Delta t)| + \frac{(t_i - t_0)}{1 - \Delta t L} \frac{\eta(\Delta t)}{\Delta t} \right) e^{2 \frac{t_i - t_0}{1 - \Delta t L} L} \tag{1.65}$$

für $i = 0, \ldots, n$.

Beweis:

Aus der Definition des lokalen Diskretisierungsfehlers ergibt sich

$$y(t_{i+1}) = y(t_i) + \Delta t \phi(t_i, y(t_i), y(t_{i+1}), \Delta t) - \eta(t_i, \Delta t) \, ,$$

womit wir direkt die Darstellung des globalen Diskretisierungsfehlers in der Form

$$\begin{aligned}
e(t_{i+1}, \Delta t) &= y(t_{i+1}) - y_{i+1} \\
&= y(t_i) + \Delta t \phi(t_i, y(t_i), y(t_{i+1}), \Delta t) - \eta(t_i, \Delta t) \\
&\quad - y_i - \Delta t \phi(t_i, y_i, y_{i+1}, \Delta t) \\
&= e(t_i, \Delta t) \\
&\quad + \Delta t \left(\phi(t_i, y(t_i), y(t_{i+1}), \Delta t) - \phi(t_i, y_i, y(t_{i+1}), \Delta t) \right. \\
&\qquad \left. + \phi(t, y_i, y(t_{i+1}), \Delta t) - \phi(t, y_i, y_{i+1}, \Delta t) \right) \\
&\quad - \eta(t_i, \Delta t)
\end{aligned}$$

erhalten. Unter Verwendung der Lipschitz-Bedingungen in Kombination mit der Festlegung der Konstanten L folgt hierdurch

$$|e(t_{i+1}, \Delta t)| \le |e(t_i, \Delta t)| + \Delta t L \left(|e(t_i, \Delta t)| + |e(t_{i+1}, \Delta t)| \right) + |\eta(t_i, \Delta t)| \, .$$

Somit gilt wegen $1 - \Delta t L > 0$ unmittelbar

$$|e(t_{i+1}, \Delta t)| \le \underbrace{\left(1 + \frac{2 \Delta t L}{1 - \Delta t L} \right)}_{\ge 0} |e(t_i, \Delta t)| + \underbrace{\frac{1}{1 - \Delta t L}}_{\ge 0} |\eta(t_i, \Delta t)| \tag{1.66}$$

für $i = 0, \ldots, n - 1$. Die Ungleichung (1.66) ermöglicht eine Anwendung des Hilfssatzes 1.1, so dass

$$|e(t_i, \Delta t)| \leq \left(|e(t_0, \Delta t)| + \sum_{k=0}^{i-1} \frac{1}{1 - \Delta t L} \eta(\Delta t) \right) e^{\sum_{k=0}^{i-1} \frac{2L\Delta t}{1 - \Delta t L}}$$

gilt. Berücksichtigen wir $t_i - t_0 = i \cdot \Delta t$,

$$\sum_{k=0}^{i-1} \frac{1}{1 - \Delta t L} \eta(\Delta t) = \frac{i}{1 - \Delta t L} \eta(\Delta t) = \frac{t_i - t_0}{1 - \Delta t L} \frac{\eta(\Delta t)}{\Delta t}$$

sowie

$$\sum_{k=0}^{i-1} \frac{2\Delta t L}{1 - \Delta t L} = (t_i - t_0) \frac{2L}{1 - \Delta t L},$$

so folgt

$$|e(t_i, \Delta t)| \leq \left(|e(t_0, \Delta t)| + \frac{t_i - t_0}{1 - \Delta t L} \frac{\eta(\Delta t)}{\Delta t} \right) e^{2 \frac{t_i - t_0}{1 - \Delta t L} L}.$$

$\square$

Betrachten wir den Beweis zum Satz 1.7 näher, so wird schnell deutlich, dass sich im Fall eines expliziten Einschrittverfahrens die Abschätzung (1.65) zu

$$|e(t_i, \Delta t)| \leq \left(|e(t_0, \Delta t)| + (t_i - t_0) \frac{\eta(\Delta t)}{\Delta t} \right) e^{(t_i - t_0)L} \tag{1.67}$$

vereinfacht. Unabhängig von der vorliegenden Abschätzung (1.65) respektive (1.67) erkennt man das exponentielle Anwachsen der rechten Seiten sowohl bezüglich des Zeitpunktes t_i als auch hinsichtlich einer steigenden Lipschitz-Konstanten L. Durch den in (1.58) für konsistente Verfahren aufgezeigten Zusammenhang zwischen der Verfahrensfunktion ϕ und der rechten Seite f der Differentialgleichung ist ersichtlich, dass sich eine große minimale Lipschitz-Konstante L_f mit

$$|f(t, u(t)) - f(t, v(t))| \leq L_f |u(t) - v(t)|$$

in einer großen Lipschitz-Konstanten L der Verfahrensfunktion ϕ widerspiegelt. Derartige Differentialgleichungen werden als *steif* bezeichnet.

Der in der Fehlerabschätzung (1.65) auftretende Term $e(t_0, \Delta t)$ berücksichtigt die Möglichkeit, dass der Anfangswert der numerischen Methode verschieden zum Anfangswertproblem gewählt wurde. Üblicherweise entfällt dieser Anteil, so dass sich direkt die folgende Aussage ergibt.

Folgerung 1.1:

Ist ein Einschrittverfahren konsistent zur Differentialgleichung $(1.51)_1$ von der Ordnung p und stimmt der Startwert der Methode mit dem Anfangswert $(1.51)_2$ überein, so ist das Verfahren konvergent zum Anfangswertproblem (1.51) von der Ordnung p.

Etwas abgekürzt lässt sich der obigen Folgerung für Einschrittverfahren die wichtige Merkregel

Konsistenz p-ter Ordnung $\Longrightarrow$ Konvergenz p-ter Ordnung

entnehmen.

Um die Genauigkeit des expliziten Euler-Verfahrens zu verbessern, betrachten wir das Verhalten des Abschneidefehlers bei zwei unterschiedlichen Zeitschrittweiten. Zielsetzung ist hierbei die Herleitung eines Einschrittverfahrens mit höherer Konsistenz- und folglich auch Konvergenzordnung durch eine geeignete Kombination der Ergebnisse des Grundverfahrens. Sei $y_i = y(t_i)$, dann erhalten wir für das Euler-Verfahren mit Zeitschrittweite Δt

$$y_{i+1}^{(1)} = y_i + \Delta t f(t_i, y_i) = y(t_i) + \Delta t f(t_i, y(t_i))\,. \tag{1.68}$$

Analog ergibt sich mit zwei Zeitschritten der Größe $\Delta t/2$ die Approximation

$$y_{i+1/2}^{(2)} = y(t_i) + \frac{\Delta t}{2} f(t_i, y(t_i))$$

$$y_{i+1}^{(2)} = y_{i+1/2}^{(2)} + \frac{\Delta t}{2} f\left(t_i + \frac{\Delta t}{2}, y_{i+1/2}^{(2)}\right) \tag{1.69}$$

$$= y(t_i) + \frac{\Delta t}{2}\left(f(t_i, y(t_i)) + f\left(t_i + \frac{\Delta t}{2}, y(t_i) + \frac{\Delta t}{2} f(t_i, y(t_i))\right)\right)\,.$$

Eine Taylor-Entwicklung der Lösungsfunktionen um den Entwicklungspunkt t_i liefert

$$y(t_{i+1}) = y(t_i) + \Delta t y'(t_i) + \frac{\Delta t^2}{2} y''(t_i) + \mathcal{O}(\Delta t^3)$$

$$\stackrel{(1.51)_1}{=} y(t_i) + \Delta t f(t_i, y(t_i))$$

$$+ \frac{\Delta t^2}{2} \frac{\mathrm{d}f}{\mathrm{d}t}(t_i, y(t_i)) + \mathcal{O}(\Delta t^3)$$

$$= y(t_i) + \Delta t f(t_i, y(t_i))$$

$$+ \frac{\Delta t^2}{2}(f_t(t_i, y(t_i)) + f_y(t_i, y(t_i)) \cdot \underbrace{f(t_i, y(t_i))}_{=y'(t_i)}) + \mathcal{O}(\Delta t^3)\,.$$

Somit ergibt sich für die Näherungslösung $y_{i+1}^{(1)}$ aufgrund der Darstellung (1.69) die Abweichung zur Lösung in der Form

$$y(t_{i+1}) - y_{i+1}^{(1)} = \frac{\Delta t^2}{2}(f_t + f_y \cdot f)(t_i, y(t_i)) + \mathcal{O}(\Delta t^3)\,. \tag{1.70}$$

Analog erhalten wir unter Berücksichtigung von

$$f\left(t_i + \frac{\Delta t}{2}, y(t_i) + \frac{\Delta t}{2}f(t_i, y(t_i))\right) = f(t_i, y(t_i)) + \frac{\Delta t}{2}(f_t + f_y \cdot f)(t_i, y(t_i)) + \mathcal{O}(\Delta t^2)$$

für $y_{i+1}^{(2)}$ gemäß (1.69) den Fehler zu

$$y(t_{i+1}) - y_{i+1}^{(2)} = \frac{\Delta t^2}{4}(f_t + f_y \cdot f)(t_i, y(t_i)) + \mathcal{O}(\Delta t^3). \tag{1.71}$$

Mittels einer gewichteten Kombination der Verfahren werden wir die quadratischen Anteile des Abschneidefehlers eliminieren und hierdurch ein konsistentes Verfahren zweiter Ordnung erzeugen. Motiviert durch die Fehlerdarstellungen (1.70) und (1.71) nutzen wir

$$2y_{i+1}^{(2)} - y_{i+1}^{(1)} = y(t_{i+1}) + \mathcal{O}(\Delta t^3),$$

wodurch sich das sogenannte verbesserte Polygonzugverfahren

$$y_{i+1/2} = y_i + \frac{\Delta t}{2}f(t_i, y_i)$$

$$y_{i+1} = 2y_{i+1}^{(2)} - y_{i+1}^{(1)}$$

$$= 2y_i + \Delta t\left(f(t_i, y_i) + f\left(t_i + \frac{\Delta t}{2}, y_{i+1/2}\right)\right) - (y_i + \Delta t f(t_i, y_i))$$

$$= y_i + \Delta t f\left(t_i + \frac{\Delta t}{2}, y_{i+1/2}\right)$$

ergibt. Diese auch nach ihrem Erfinder Carl Runge (1905) benannte Methode kann unter Verwendung der Steigungen r_j, $j = 1,2$ in der Form

$$\left.\begin{array}{l} r_1 = f(t_i, y_i) \\[2mm] r_2 = f\left(t_i + \frac{\Delta t}{2}, y_i + \frac{\Delta t}{2}r_1\right) \\[2mm] y_{i+1} = y_i + \Delta t\, r_2 \end{array}\right\} \tag{1.72}$$

geschrieben werden.

Aus der obigen Ordnungsanalyse liegt folgende Aussage vor:

Satz 1.8:

Das *Runge-Verfahren* (1.72) besitzt die Verfahrensfunktion

$$\phi(t_i, y_i, \Delta t) = f\left(t_i + \frac{\Delta t}{2}, y_i + \frac{\Delta t}{2}f(t_i, y_i)\right)$$

und ist konsistent zur Differentialgleichung (1.51)$_1$ von zweiter Ordnung.

Aus der Sicht eines Integrationsansatzes basiert die verbesserte Polygonzugmethode auf der Mittelpunktregel

$$y(t_i + \Delta t) = y(t_i) + \int_{t_i}^{t_i + \Delta t} f(t, y(t))\, dt = y(t_i) + \Delta t f\left(t_i + \frac{\Delta t}{2}, y\left(t_i + \frac{\Delta t}{2}\right)\right),$$

wobei der Funktionswert zum Zeitpunkt $t_i + \frac{\Delta t}{2}$ auf der Grundlage des Euler-Verfahrens, d.h. wiederum durch die Integration

$$y\left(t_i + \frac{\Delta t}{2}\right) = y(t_i) + \int_{t_i}^{t_i + \frac{\Delta t}{2}} f(t, y(t))\, dt \approx y(t_i) + \frac{\Delta t}{2} f(t_i, y(t_i))$$

approximiert wird. Eine Umsetzung des Verfahrens in MATLAB kann Fig. 1.24 entnommen werden.

```
% Runge-Verfahren
%
% Eingabe: Zeitschrittweite, Ausgabezeit, Anfangswert
% Ausgabe: Näherungswert für die Dgl y'(t) = f(t,y(t)) zur Ausgabezeit
%
function y = Runge(dt,t_out,y_0)
  n = t_out / dt;
  t(1) = 0;
  y(1) = y_0;
  for i=1:n
    r(1) = f(t(i), y(i));
    r(2) = f(t(i)+0.5*dt, y(i)+0.5*r(1));
    y(i+1) = y(i)+dt*r(2);
    t(i+1) = t(i)+dt;
  end;
  y = y(n+1);
```

Fig. 1.24: MATLAB-Implementierung des Runge-Verfahrens für die Differentialgleichung $y'(t) = f(t, y(t))$.

Verwendung der Trapezregel im Rahmen der Integration liefert

$$y(t_i + \Delta t) = y(t_i) + \int_{t_i}^{t_i + \Delta t} f(t, y(t))\, dt$$

$$= y(t_i) + \Delta t \left(\frac{1}{2} f(t_i, y(t_i)) + \frac{1}{2} f(t_i + \Delta t, y(t_i + \Delta t))\right) + \mathcal{O}(\Delta t^3),$$

so dass unter Berücksichtigung von $t_{i+1} = t_i + \Delta t$ mit

$$y_{i+1} = y_i + \frac{\Delta t}{2}(f(t_i, y_i) + f(t_{i+1}, y_{i+1})) \tag{1.73}$$

die *implizite Trapezmethode* zweiter Ordnung vorliegt.

Runge-Kutta-Verfahren Im Rahmen der Interpretation des Runge-Verfahrens als Integrationsmethode haben wir erstmalig gesehen, dass der Einsatz verbesserter Quadraturformeln in Verbindung mit einer zusätzlichen numerischen Integration zur Approximation der benötigten Lösungswerte an Zwischenstellen auf Verfahren höherer Ordnung führen kann.

In diesem Abschnitt stellen wir eine Verallgemeinerung dieser Vorgehensweise dar, die uns auf die Klasse der Runge-Kutta-Verfahren führt. Neben der Herleitung einer großen Vielfalt weiterer impliziter und expliziter Methoden können auch die bereits vorgestellten Algorithmen (Euler-Verfahren, Trapezregel) in diese Gruppe von Einschrittverfahren eingeordnet werden.

Betrachten wir das Integrationsintervall $[t_i, t_{i+1}]$ mit $t_{i+1} = t_i + \Delta t$ und die Stützstellen

$$\xi_j = t_i + c_j \Delta t, \quad c_j \in [0,1], \quad j = 1, \ldots, s, \tag{1.74}$$

dann lautet die allgemeine Form der zugehörigen interpolatorischen Quadraturformel Q (siehe [94]) für die Funktion $g : [t_i, t_{i+1}] \to \mathbb{R}$

$$Q(g) = \Delta t \sum_{j=1}^{s} b_j g(\xi_j) \approx \int_{t_i}^{t_{i+1}} g(t) \, dt, \tag{1.75}$$

wobei $b_1, \ldots, b_s \in \mathbb{R}$ als Gewichte bezeichnet werden.

Eine sinnvolle Grundforderung stellt bei derartigen Quadraturformeln die Bedingung dar, dass bei einer konstanten Funktion g der Wert der Quadraturformel mit dem Integralwert übereinstimmt. Hiermit ergibt sich unter Berücksichtigung von $g(t) \equiv c$ mit

$$\Delta t\, c = \int_{t_i}^{t_{i+1}} g(t) \, dt = Q(g) = \Delta t \sum_{j=1}^{s} b_j \underbrace{g(\xi_j)}_{=c} = \Delta t\, c \sum_{j=1}^{s} b_j, \tag{1.76}$$

die Bedingung

$$\sum_{j=1}^{s} b_j = 1. \tag{1.77}$$

Übertragung der Approximation (1.75) auf die zugrundeliegende Differentialgleichung $(1.51)_1$ liefert

$$y(t_{i+1}) - y(t_i) \stackrel{(1.51)_1}{=} \int_{t_i}^{t_{i+1}} f(t, y(t)) \, dt \approx \Delta t \sum_{j=1}^{s} b_j f(\xi_j, y(\xi_j)) \tag{1.78}$$

mit $\xi_j = t_i + c_j \Delta t$. Zum Schließen des Verfahrens müssen die üblicherweise unbekannten Funktionswerte $y(\xi_j)$ durch geeignete Näherungswerte k_j ersetzt werden. Bei Kenntnis dieser Größen bezeichnet

$$y_{i+1} = y_i + \Delta t \sum_{j=1}^{s} b_j f(t_i + c_j \Delta t, k_j) \tag{1.79}$$

ein *s-stufiges Runge-Kutta-Verfahren* mit den Knoten c_j und den Gewichten b_j.

Beispiel 1.26:

Die bereits bekannten Einschrittverfahren lassen sich wie folgt in das Grundschema (1.79) einbetten:

	Stufenzahl s	Gewichte $b_j, j = 1, \ldots, s$	Knoten $c_j, j = 1, \ldots, s$	Näherungen $k_j, j = 1, \ldots, s$	Siehe Gleichung
Explizites Euler-Verf.	1	$b_1 = 1$	$c_1 = 0$	$k_1 = y_i$	(1.54)
Implizites Euler-Verf.	1	$b_1 = 1$	$c_1 = 1$	$k_1 = y_{i+1}$	(1.55)
Implizite Trapezregel	2	$b_1 = b_2 = \frac{1}{2}$	$c_1 = 0, c_2 = 1$	$k_1 = y_i, k_2 = y_{i+1}$	(1.73)

Zur Berechnung der Hilfsgrößen k_j ist wegen

$$k_j \approx y(t_i + c_j \Delta t) \overset{(1.51)_1}{=} y(t_i) + \int_{t_i}^{t_i + c_j \Delta t} f(t, y(t))\, dt \tag{1.80}$$

wiederum eine Quadraturformel anwendbar. Zur Vermeidung zusätzlicher Funktionsauswertungen betrachten wir die schon in (1.74) festgelegten Stützstellen, womit sich analog zu (1.79) die Darstellung

$$k_j = y_i + \Delta t \sum_{v=1}^{s} a_{jv} f(t_i + c_v \Delta t, k_v), \quad j = 1, \ldots, s \tag{1.81}$$

ergibt. Da auch die zur Approximation des in (1.80) auftretenden Integrals genutzten Quadraturformeln der Forderung (1.76) genügen sollen, erhalten wir die Bedingung

$$\Delta t \sum_{v=1}^{s} a_{jv} = t_i + c_j \Delta t - t_i = c_j \Delta t,$$

d.h.

$$\sum_{v=1}^{s} a_{jv} = c_j, \quad j = 1, \ldots, s. \tag{1.82}$$

Die auftretenden Koeffizienten $a_{j\nu}, b_j, c_j, j, \nu = 1, \ldots, s$ charakterisieren die unterschiedlichen Runge-Kutta-Verfahren. Schreiben wir

$$
A = \begin{bmatrix} a_{11} & \cdots & a_{1s} \\ \vdots & & \vdots \\ a_{s1} & \cdots & a_{ss} \end{bmatrix}, \quad b = \begin{bmatrix} b_1 \\ \vdots \\ b_s \end{bmatrix}, \quad c = \begin{bmatrix} c_1 \\ \vdots \\ c_s \end{bmatrix},
$$

so ist ein s-stufiges Runge-Kutta-Verfahren vollständig durch die Angabe des zugehörigen, wie folgt erklärten *Butcher-Arrays* (A, b, c) gemäß

$$
\begin{array}{c|c} c & A \\ \hline & b^{\mathrm{T}} \end{array} \qquad \text{respektive} \qquad \begin{array}{c|ccc} c_1 & a_{11} & \cdots & a_{1s} \\ \vdots & \vdots & & \vdots \\ c_s & a_{s1} & \cdots & a_{ss} \\ \hline & b_1 & \cdots & b_s \end{array}
$$

festgelegt.

Im Fall einer strikten linken unteren Dreiecksmatrix A, d.h. $a_{j\nu} = 0$ für alle $\nu \geq j$, können die Näherungswerte k_j sukzessive in der Reihenfolge $j = 1, 2, \ldots, s$ durch eine explizite Verfahrensvorschrift berechnet werden. Wir sprechen hierbei daher von einem *expliziten* Runge-Kutta-Verfahren. Weist A nichtverschwindende Einträge im oberen Dreiecksbereich auf, so sind in der Regel nicht alle Größen k_j explizit berechenbar und man bezeichnet das somit vorliegende Runge-Kutta-Verfahren als *implizit*.

Beispiel 1.27:

(a) Das Butcher-Array

$$
\begin{array}{c|c} 0 & 0 \\ \hline & 1 \end{array}
$$

beschreibt ein explizites einstufiges Runge-Kutta-Verfahren. Aus den entsprechenden Berechnungsvorschriften

$$
k_1 \overset{(1.81)}{=} y_i + \Delta t \underbrace{a_{11}}_{=0} f(t_i + c_1 \Delta t, k_1)
$$

$$
= y_i, \tag{1.83}
$$

$$
y_{i+1} = y_i + \Delta t \underbrace{b_1}_{=1} f(t_i + \underbrace{c_1}_{=0} \Delta t, k_1)
$$

$$
= y_i + \Delta t f(t_i, k_1) \tag{1.84}
$$

wird durch einfaches Einsetzen von (1.83) in (1.84) offensichtlich, dass es sich um das bekannte explizite Euler-Verfahren handelt. Folglich repräsentiert das explizite Euler-Verfahren ein explizites einstufiges Runge-Kutta-Verfahren.

(b) Analog ergibt sich für

$$
\begin{array}{c|c}
1 & 1 \\
\hline
 & 1
\end{array}
$$

wegen

$$
\begin{aligned}
k_1 &= y_i + \Delta t f(t_i + \Delta t, k_1), \\
y_{i+1} &= y_i + \Delta t f(t_i + \Delta t, k_1) \\
&\overset{(1.85)}{=} k_1
\end{aligned}
$$

(1.85)

nach Vereinfachung

$$
y_{i+1} = y_i + \Delta t f(t_{i+1}, y_{i+1}).
$$

Somit repräsentiert das Butcher-Array das implizite Euler-Verfahren als implizites einstufiges Runge-Kutta-Verfahren.

(c) Beim Runge-Kutta-Verfahren gemäß

$$
y_{i+1} = y_i + \Delta t \, f\left(t_i + \frac{1}{2}\Delta t, \, y_i + \frac{1}{2}\Delta t f(t_i, y_i)\right)
$$

(1.86)

benötigen wir die Auswertung an den Zeitpunkten $\xi_1 = t_i$ und $\xi_2 = t_i + \frac{1}{2}\Delta t$. Folglich müssen $s = 2$ und $c_1 = 0$ sowie $c_2 = \frac{1}{2}$ gewählt werden. Wir schreiben (1.86) in der äquivalenten Form

$$
k_1 = y_i
$$

$$
k_2 = y_i + \Delta t \cdot \underbrace{\frac{1}{2}}_{=a_{21}} \cdot f(t_i, k_1)
$$

$$
y_{i+1} = y_i + \Delta t \cdot \underbrace{1}_{=b_2} \cdot f\left(t_i + \underbrace{\frac{1}{2}}_{=c_2} \Delta t, k_2\right),
$$

womit sich das zugehörige Butcher-Array

$$
\begin{array}{c|cc}
0 & & \\
\frac{1}{2} & \frac{1}{2} & \\
\hline
 & 0 & 1
\end{array}
$$

(1.87)

ergibt und daher ein explizites zweistufiges Runge-Kutta-Verfahren vorliegt.

(d) Das Butcher-Array

$$
\begin{array}{c|c}
\frac{1}{2} & \frac{1}{2} \\
\hline
 & 1
\end{array}
$$

repräsentiert die implizite Mittelpunktregel und kann in der Form

$$
\left.
\begin{aligned}
k_1 &= y_i + \frac{1}{2}\Delta t f\left(t_i + \frac{1}{2}\Delta t, k_1\right) \\
y_{i+1} &= y_i + \Delta t f\left(t_i + \frac{1}{2}\Delta t, k_1\right)
\end{aligned}
\right\}
\tag{1.88}
$$

geschrieben werden.

Die Ordnung eines Runge-Kutta-Verfahrens kann sehr einfach auf der Grundlage des Butcher-Arrays bestimmt werden. Die diesbezügliche Aussage werden wir im anschließenden Satz formulieren. Der an dem theoretischen Nachweis interessierte Leser kann den auf Taylor-Entwicklungen bestehenden Beweis dieses Satzes beispielsweise [49] entnehmen. Eine umfassende, systematische Untersuchung findet man zudem in [46].

Satz 1.9:

Ein *Runge-Kutta-Verfahren* mit Butcher-Array (A, b, c), das der Bedingung

$$
\sum_{v=1}^{s} a_{jv} = c_j, \quad j = 1, \ldots, s
\tag{1.89}
$$

genügt, hat genau dann mindestens Konsistenzordnung

- $p = 1$, wenn

$$
\sum_{j=1}^{s} b_j = 1 \quad \text{gilt.}
\tag{1.90}
$$

- $p = 2$, wenn neben (1.90) auch

$$
\sum_{j=1}^{s} b_j c_j = \frac{1}{2} \quad \text{gilt.}
\tag{1.91}
$$

- $p = 3$, wenn neben (1.90) und (1.91) auch

$$
\sum_{j=1}^{s} b_j c_j^2 = \frac{1}{3} \quad \text{und} \quad \sum_{j=1}^{s} b_j \sum_{v=1}^{s} a_{jv} c_v = \frac{1}{6} \quad \text{gelten.}
\tag{1.92}
$$

Beispiel 1.28:

Wir hatten bereits nachgewiesen, dass das Runge-Verfahren konsistent von zweiter Ordnung ist. Betrachten wir das entsprechende Butcher-Array laut (1.87), so wird diese Aussage auch durch obigen Satz belegt. Zudem können wir Satz 1.9 entnehmen, dass wegen

$$\sum_{j=1}^{2} b_j c_j^2 = \frac{1}{4} \neq \frac{1}{3}$$

die Bedingung (1.92) verletzt ist und somit das Runge-Verfahren genau die Konsistenzordnung $p = 2$ aufweist.

Neben der reinen Ordnungsüberprüfung bestehender Verfahren kann der Satz 1.9 auch zur Herleitung von Runge-Kutta-Verfahren vorgegebener Ordnung genutzt werden.

Betrachten wir beispielhaft die Herleitung expliziter 3-stufiger Runge-Kutta-Verfahren 3. Ordnung. Aufgrund der Stufenzahl in Kombination mit dem expliziten Charakter weisen die entsprechenden Butcher-Arrays die Grundstruktur

$$\begin{array}{c|ccc}
0 & 0 & 0 & 0 \\
c_2 & a_{21} & 0 & 0 \\
c_3 & a_{31} & a_{32} & 0 \\
\hline
 & b_1 & b_2 & b_3
\end{array} \tag{1.93}$$

auf. Folglich liegen insgesamt 8 Freiheitsgrade vor, denen 6 algebraische Bedingungen gegenüberstehen, da neben (1.90), (1.91) und (1.92) die Grundvoraussetzung (1.89) für $j = 2, 3$ erfüllt werden muss. Die Forderung (1.89) wurde dagegen für $j = 1$ bereits im Array (1.93) berücksichtigt. Unter Nutzung von $c_1 = 0$ erhalten wir mit (1.90), (1.91) und der ersten Bedingung aus (1.92) die Bestimmungsgleichungen

$$\left.\begin{array}{l}
1 = b_1 + b_2 + b_3 \\[4pt]
\dfrac{1}{2} = b_2 c_2 + b_3 c_3 \\[4pt]
\dfrac{1}{3} = b_2 c_2^2 + b_3 c_3^2 .
\end{array}\right\} \tag{1.94}$$

Wir setzen die Knoten als frei wählbare Parameter an und schreiben (1.94) als lineares Gleichungssystem für die Gewichte

$$\underbrace{\begin{bmatrix} 1 & 1 & 1 \\ 0 & c_2 & c_3 \\ 0 & c_2^2 & c_3^2 \end{bmatrix}}_{=:B} \begin{bmatrix} b_1 \\ b_2 \\ b_3 \end{bmatrix} = \begin{bmatrix} 1 \\ \frac{1}{2} \\ \frac{1}{3} \end{bmatrix} . \tag{1.95}$$

Um stets eine eindeutige Lösung $(b_1, b_2, b_3)^{\mathrm{T}}$ zu erhalten, fordern wir

$$0 \neq \det \boldsymbol{B} = c_2 c_3^2 - c_2^2 c_3 = c_2 c_3 (c_3 - c_2),$$

womit sich

$$c_2 \neq 0 = c_1, \quad c_3 \neq 0 = c_1 \quad \text{und} \quad c_2 \neq c_3 \tag{1.96}$$

ergibt. Diese Bedingungen besagen, dass die Stützstellen zur numerischen Integration $\xi_j = t_i + c_j \Delta t$, $j = 1, 2, 3$ paarweise verschieden gewählt werden müssen. Mit (1.96) folgt aus (1.95)

$$b_1 = \frac{6 c_2 c_3 - 3(c_2 + c_3) + 2}{6 c_2 c_3}, \tag{1.97}$$

$$b_2 = \frac{3 c_3 - 2}{6 c_2 (c_3 - c_2)}, \tag{1.98}$$

$$b_3 = \frac{2 - 3 c_2}{6 c_3 (c_3 - c_2)}. \tag{1.99}$$

Aus der zweiten Bedingung gemäß (1.92) ergibt sich im Kontext des expliziten Ansatzes

$$\frac{1}{6} = \sum_{j=1}^{3} b_j \sum_{\nu=1}^{j-1} a_{j\nu} c_\nu \overset{c_1=0}{=} b_3 a_{32} c_2,$$

womit wir einerseits $b_3 \neq 0$, d.h. mit (1.99) die zusätzliche Knotenforderung $c_2 \neq \frac{2}{3}$ erhalten und andererseits mit

$$a_{32} = \frac{1}{6 c_2 b_3} \tag{1.100}$$

die Bestimmungsgleichung für a_{32} vorliegt. Abschließend liefert (1.89)

$$a_{21} = c_2 \tag{1.101}$$

$$a_{31} = c_3 - a_{32}. \tag{1.102}$$

Bei bedingt freier Wahl der Knoten $c_2, c_3 \in [0, 1]$,

$$c_2, c_3 \neq 0, \quad c_2 \neq c_3, \quad c_2 \neq \frac{2}{3} \tag{1.103}$$

sind die verbleibenden, nicht notwendigerweise verschwindenden Koeffizienten des Butcher-Arrays durch (1.97) bis (1.102) festgelegt. Wir sind nun in der Lage eine ganze Familie expliziter 3-stufiger Runge-Kutta-Verfahren herzuleiten, die mindestens die Konsistenzordnung $p = 3$ aufweisen. Beispielsweise ergibt sich durch die laut (1.103) zulässige Knotenfestlegung der Form

$$c_2 = \frac{1}{3}, \quad c_3 = \frac{2}{3}$$

das Butcher-Array

$$
\begin{array}{c|cccc}
0 \\
\frac{1}{3} & \frac{1}{3} \\
\frac{2}{3} & 0 & \frac{2}{3} \\
\hline
& \frac{1}{4} & 0 & \frac{3}{4}
\end{array}
$$

und folglich das Verfahren

$$k_1 = y_i$$

$$k_2 = y_i + \frac{1}{3}\Delta t f(t_i, k_1)$$

$$k_3 = y_i + \frac{2}{3}\Delta t f(t_i + \frac{1}{3}\Delta t, k_2)$$

$$y_{i+1} = y_i + \frac{1}{4}\Delta t \left(f(t_i, k_1) + 3f(t_i + \frac{2}{3}\Delta t, k_3) \right) .$$

Zur Vermeidung unnötiger Funktionsauswertung ist es üblicherweise in der programmiertechnischen Umsetzung vorteilhaft, Runge-Kutta-Verfahren in einer äquivalenten Form unter Einbringung der Steigungen r_j, $j = 1, \ldots, s$ zu formulieren. Für die obige Methode schreiben wir daher

$$
\left.
\begin{aligned}
r_1 &= f(t_i, y_i) \\
r_2 &= f(t_i + \frac{1}{3}\Delta t, y_i + \frac{1}{3}\Delta t\, r_1) \\
r_3 &= f(t_i + \frac{2}{3}\Delta t, y_i + \frac{2}{3}\Delta t\, r_2) \\
y_{i+1} &= y_i + \frac{1}{4}\Delta t(r_1 + 3r_3).
\end{aligned}
\right\}
\tag{1.104}
$$

Das sehr häufig verwendete sogenannte *klassische Runge-Kutta Verfahren* stellt eine explizite vierstufige Methode der Konsistenzordnung $p = 4$ dar. Die Grundidee dieses Verfahrens liegt in der Nutzung der Simpson-Formel zur numerischen Integration, wobei in Erweiterung eine doppelte Auswertung am mittleren Knoten $c = \frac{1}{2}$ vorgenommen wird und das hiermit gekoppelte Gewicht $b = \frac{2}{3}$ zu gleichen Teilen verteilt wird. Das Butcher-Array lautet

$$
\begin{array}{c|cccc}
0 \\
\frac{1}{2} & \frac{1}{2} \\
\frac{1}{2} & 0 & \frac{1}{2} \\
1 & 0 & 0 & 1 \\
\hline
& \frac{1}{6} & \frac{1}{3} & \frac{1}{3} & \frac{1}{6}
\end{array}
$$

und das Verfahren kann dementsprechend in der Form

$$\left.\begin{aligned}
r_1 &= f(t_i, y_i) \\
r_2 &= f(t_i + \frac{1}{2}\Delta t, y_i + \frac{1}{2}\Delta t\, r_1) \\
r_3 &= f(t_i + \frac{1}{2}\Delta t, y_i + \frac{1}{2}\Delta t\, r_2) \\
r_4 &= f(t_i + \Delta t, y_i + \Delta t r_3) \\
y_{i+1} &= y_i + \frac{1}{6}\Delta t(r_1 + 2r_2 + 2r_3 + r_4)
\end{aligned}\right\} \qquad (1.105)$$

geschrieben werden.

Heun-Verfahren

Den Bereich der expliziten Runge-Kutta-Verfahren wollen wir nun mit dem bekannten *Heun-Verfahren* abschließen. Die Methode basiert auf der impliziten Trapezregel

$$y_{i+1} = y_i + \frac{1}{2}\Delta t(f(t_i, y_i) + f(t_{i+1}, y_{i+1})),$$

wobei zur Vermeidung der impliziten Auswertung zunächst ein Zeitschritt mit dem expliziten Euler-Verfahren durchgeführt wird und somit y_{i+1} auf der rechten Seite durch

$$y_i + \Delta t f(t_i, y_i)$$

ersetzt wird. Somit ergibt sich in der klassischen Form eines Runge-Kutta-Verfahrens die Darstellung

$$\left.\begin{aligned}
k_1 &= y_i \\
k_2 &= y_i + \Delta t\, f(t_i, k_1) \\
y_{i+1} &= y_i + \frac{1}{2}\Delta t(f(t_i, k_1) + f(t_i + \Delta t, k_2)).
\end{aligned}\right\} \qquad (1.106)$$

Aus dem zugehörigen Butcher-Array

$$\begin{array}{c|cc}
0 & & \\
1 & 1 & \\
\hline
& \frac{1}{2} & \frac{1}{2}
\end{array}$$

erhalten wir mit

$$\sum_{j=1}^{2} b_j = 1 \quad \text{und} \quad \sum_{\nu=1}^{2} a_{j\nu} = c_j, \quad j = 1,2$$

den grundlegenden Konsistenznachweis für das Heun-Verfahren. Mit

$$\sum_{j=1}^{2} b_j c_j = b_2 c_2 = \frac{1}{2}$$

und

$$\sum_{j=1}^{2} b_j c_j^2 = b_2 c_2^2 = \frac{1}{2} \neq \frac{1}{3}$$

liegt laut Satz 1.9 eine Methode genau zweiter Ordnung vor. Die Modifikation der Trapezregel unter Nutzung eines vorgezogenen Zeitschrittes auf der Basis des expliziten Euler-Verfahrens hat folglich keine Ordnungsreduktion impliziert. Aus der Darstellung der Methode in der Form (1.106) wird ersichtlich, dass die zunächst mit dem Euler-Verfahren ermittelte Näherungslösung k_2 im abschließendem Schritt korrigiert wird. Die Methode wird daher auch häufig als *Prädiktor-Korrektor-Verfahren* bezeichnet.

Bemerkung: Zum Vergleich verschiedener expliziter Runge-Kutta-Verfahren lässt sich die MAT-LAB-Implementierung laut Abbildung 1.25 gut verwenden, da sie direkt auf der Vorgabe des Butcher-Arrays beruht. Im konkreten Anwendungsfall sollte von einer derartigen allgemeinen Formulierung jedoch Abstand genommen werden, da in der Regel unnötige Funktionsauswertungen der rechten Seite f vorliegen, die zu einem ineffizienten Verfahren führen.

Umsetzungen einiger gängiger Einschrittverfahren in Mathematica können dem Online-Service über die im Vorwort angegebene Internetseite entnommen werden.

Nach Auswahl der Methode sollte die spezielle Formulierung des Verfahrens in der Steigungs-form gewählt werden. Eine derartige numerische Umsetzung liegt für das klassische Runge-Kutta-Verfahren (1.105) in Abbildung 1.26 vor.

Zur Berechnung der Näherungslösung zum Zeitpunkt $t = 1$ ergibt sich für das Anfangswertproblem

$$y'(t) = y(t), \quad t \in [0,1]$$
$$y(0) = 1$$

mit $\Delta t = 10^{-4}$ auf einem handelsüblichen PC ein Rechenzeitbedarf von 4.11 Sekunden für die allgemeine und 1.47 Sekunden für die spezielle Umsetzung, so dass bereits bei diesem einfachen Testfall eine Rechenzeitersparnis von über 64% vorliegt.

Speziell vor dem Hintergrund partieller Differentialgleichungen wie sie beispielsweise im Bereich der Strömungsmechanik, der Thermodynamik und der Wasserökologie auftreten, ergeben sich die hier betrachteten gewöhnlichen Differentialgleichungen durch vorherige Diskretisierung der räumlichen Ableitungen. Folglich beinhaltet die Auswertung der rechten Seite f in diesem Kontext die Anwendung komplexer Algorithmen, die einen hohen Rechenzeitbedarf implizieren können. Eine geringe Anzahl an Funktionsaufrufen ist daher aus Effizienzgründen stets vorteilhaft.

```
% Explizite Runge-Kutta-Verfahren
%
% Eingabe: Butcher-Array, Zeitschrittweite, Ausgabezeit, Anfangswert
% Ausgabe: Näherungswert für die Dgl y'(t) = f(t,y(t)) zur Ausgabezeit
%
function y = Expl_RK(A,b,c,dt,t_out,y_0)
  s = length(b);      % Ermittlung der Stufenzahl
  n = t_out / dt;
  t(1) = 0;
  y(1) = y_0;
  for i=1:n
    for j=1:s
      k(j) = y(i);
      for m=1:j-1
        k(j) = k(j)+dt*A(j,m)*f(t(i)+c(m)*dt,k(m));
      end;
    end;
    for j=1:s
      r(j) = f(t(i)+c(j)*dt, k(j));
    end;
    t(i+1) = t(i)+dt;
    y(i+1) = y(i)+dt*r*b;
  end;
  y = y(n+1);
```

Fig. 1.25: Allgemeine Form expliziter Runge-Kutta-Verfahren für die Differentialgleichung $y'(t) = f(t, y(t))$ in MATLAB

Explizite Verfahren verfügen im Vergleich zu impliziten Algorithmen üblicherweise über weniger Freiheitsgrade, da sowohl die Diagonaleinträge als auch die Elemente im rechten oberen Dreiecksanteil der Matrix A per Definition stets den Wert Null aufweisen müssen. Diese Eigenschaft wirkt sich auch auf die mögliche Konsistenzordnung der Runge-Kutta-Verfahren bei fester Stufenzahl aus. Während im Kontext von Einschrittverfahren mit Stufenzahl s generell eine Beschränkung für die maximal mögliche Konsistenzordnung p in der Form $p \leq 2s$ gilt, verschärft sich diese Limitierung für explizite Runge-Kutta-Verfahren sogar auf $p \leq s$.

Neben dieser Eigenschaft erweisen sich implizite gegenüber expliziten Einschrittverfahren in der Regel als stabiler, wodurch sich die Möglichkeit zur Nutzung größerer Zeitschrittweiten ergibt. Betrachten wir die *allgemeine Steigungsform eines impliziten Ansatzes*

$$r_j = f(t_i + c_j \Delta t, y_i + \Delta t \sum_{\nu=1}^{s} a_{j\nu} r_\nu), \quad j = 1, \ldots, s,$$

$$y_{i+1} = y_i + \Delta t \sum_{j=1}^{s} b_j r_j,$$

so wird schnell deutlich, dass die Steigungen r_j, $j = 1, \ldots, s$ nur noch dann sukzessive in der Reihenfolge $j = 1, \ldots, s$ berechnet werden können, wenn die zugehörige Matrix A eine untere Dreiecksmatrix darstellt, d.h. $a_{j\nu} = 0$ für $\nu > j$ gilt. Derartige implizite Methoden werden

```
% Klassisches Runge-Kutta-Verfahren in Steigungsformulierung
%
% Eingabe: Zeitschrittweite, Ausgabezeit, Anfangswert
% Ausgabe: Näherungswert für die Dgl y'(t) = f(t,y(t)) zur Ausgabezeit
%
function y = ERK4(dt,t_out,y_0)
  n = t_out / dt;
  t(1) = 0;
  y(1) = y_0;
  for i=1:n
    r(1)   = f(t(i), y(i));
    r(2)   = f(t(i)+0.5*dt, y(i)+0.5*dt*r(1));
    r(3)   = f(t(i)+0.5*dt, y(i)+0.5*dt*r(2));
    r(4)   = f(t(i)+dt, y(i)+dt*r(3));
    t(i+1) = t(i)+dt;
    y(i+1) = y(i)+dt*(r(1)+2*r(2)+2*r(3)+r(4))/6;
  end;
  y = y(n+1);
```

Fig. 1.26: MATLAB-Implementierung des klassischen Runge-Kutta-Verfahrens vierter Ordnung (1.105) in Steigungsform für die Differentialgleichung $y'(t) = f(t, y(t))$.

daher in eine spezielle Klasse eingeordnet. Ist $A \in \mathbb{R}^{s \times s}$ eine untere Dreiecksmatrix, wobei $a_{ii} \neq 0$ für mindestens ein $i \in \{1, \dots, s\}$ gilt, so sprechen wir von einer diagonal impliziten Runge-Kutta-Methode, kurz *DIRK-Methode*. Gilt zudem $a_{11} = a_{22} = \dots = a_{ss} \neq 0$, dann liegt ein *SDIRK-Verfahren* vor, wobei der Zusatz S in der englischen Bezeichnung singly (dt: einzeln) seinen Ursprung besitzt.

Für ein System gewöhnlicher Differentialgleichungen

$$y'(t) = f(t, y(t))$$

mit

$$f : [a, b] \times \mathbb{R}^n \to \mathbb{R}^n$$

erfordert ein SDIRK-Verfahren demnach in jedem Zeitschritt die Lösung einer Sequenz von s impliziten Gleichungen der Größe n in der Reihenfolge $r_1, \dots, r_s$. Im Fall einer DIRK-Methode können einige Gleichungen einen expliziten Charakter aufweisen, während bei einer vollbesetzten Matrix A ein implizites System der Dimension $s \cdot n$ pro Zeitschritt gelöst werden muss.

Innerhalb praxisrelevanter Anwendungen kann die Systemgröße n dabei sehr groß sein. Bei der Simulation reibungsfreier sowie reibungsbehafteter Luftströmungen um Passagierflugzeuge liegen beispielsweise die kompressiblen Euler- resp. Navier-Stokes-Gleichungen bestehend aus den Erhaltungsgleichungen für Masse, Impuls und Energie zugrunde. Innerhalb des für diese Zwecke sehr häufig genutzten Finite-Volumen-Verfahrens müssen diese fünf Gleichungen pro Kontrollvolumen gelöst werden. Bei einer gängigen Anzahl von 1 000 000 Kontrollvolumina liegt folglich die Systemgröße bei $n = 5\,000\,000$.

Demzufolge stellt sich die Frage nach der Lösbarkeit derartiger Systeme, die wir mit dem folgenden Satz beantworten werden:

Satz 1.10:

Sei $f : \mathbb{R}^+ \times \mathbb{R} \to \mathbb{R}$ stetig und gelte

$$|f(t, u) - f(t, v)| \le L|u - v|$$

mit einer Lipschitzkonstanten $L > 0$ für alle $t \in \mathbb{R}^+$. Unter der Zeitschrittweitenbedingung

$$\Delta t < \frac{1}{L\|A\|_\infty} \quad {}^{15}$$

mit $A = (a_{j\nu})_{j,\nu=1,\dots,s}$ konvergiert das Iterationsverfahren

$$r_j^{(m+1)} = f\left(t_i + c_j \Delta t, y_i + \Delta t \sum_{\nu=1}^{s} a_{j\nu} r_\nu^{(m)}\right), \quad j = 1, \dots, s$$

mit $y_i \in \mathbb{R}, t_i + c_j \Delta t \in \mathbb{R}^+$ für $m \to \infty$ bei beliebigem Startvektor $(r_1^{(0)}, \dots, r_s^{(0)})^\mathrm{T} \in \mathbb{R}^s$ gegen die eindeutig bestimmte Lösung $(r_1, \dots, r_s)^\mathrm{T} \in \mathbb{R}^s$ des Gleichungssystems

$$r_j = f\left(t_i + c_j \Delta t, y_i + \Delta t \sum_{\nu=1}^{s} a_{j\nu} r_\nu\right), \quad j = 1, \dots, s.$$

Beweis:

Seien $x, z \in \mathbb{R}^s$, dann erhalten wir für $F = (F_1, \dots, F_s)^\mathrm{T}$ mit

$$F_j(x) = f\left(t_i + c_j \Delta t, y_i + \Delta t \sum_{\nu=1}^{s} a_{j\nu} x_\nu\right)$$

aufgrund der Lipschitz-Bedingung

$$\|F(x) - F(z)\|_\infty \le L\Delta t \left\| \begin{bmatrix} \sum_{\nu=1}^{s} a_{1\nu}(x_\nu - z_\nu) \\ \vdots \\ \sum_{\nu=1}^{s} a_{s\nu}(x_\nu - z_\nu) \end{bmatrix} \right\|_\infty$$

$$\le L\Delta t \max_{j=1,\dots,s} \sum_{\nu=1}^{s} |a_{j\nu}| \, \|x - z\|_\infty$$

$$= \underbrace{L\Delta t \|A\|_\infty}_{=q<1} \|x - z\|_\infty.$$

---

15 $\|A\|_\infty$ stellt die aus der Maximumnorm für Vektoren induzierte Matrixnorm dar, siehe [79].

Bei $F : \mathbb{R}^s \to \mathbb{R}^s$ handelt es sich somit um eine kontrahierende Abbildung. Nach dem Banachschen Fixpunktsatz (siehe beispielsweise [79], [110]) besitzt F genau einen Fixpunkt $x = F(x)$ und die aus der Iterationsvorschrift $x^{(m+1)} = F(x^{(m)})$ gewonnene Vektorfolge konvergiert für beliebigen Startvektor $x^{(0)} \in \mathbb{R}^s$ gegen den Fixpunkt. $\square$

Analog zur Herleitung dreistufiger expliziter Runge-Kutta-Verfahren ergeben sich für zweistufige implizite Methoden der Konsistenzordnung $p = 3$ acht Freiheitsgrade für die gemäß Satz 1.9 vorliegenden sechs Ordnungsbedingungen. Nutzt man die Parameter c_1 und a_{12} als freie Größen, so erhält man unter der Bedingung $c_1 \in [0,1] \setminus (\frac{1}{3}, \frac{2}{3})$ mit

$$c_2 = \frac{2 - 3c_1}{3 - 6c_1}, \quad b_2 = \frac{\frac{1}{3} - c_1^2}{c_2^2 - c_1^2}, \quad b_1 = 1 - b_2,$$

$$a_{11} = c_1 - a_{12}, \quad a_{22} = \frac{\frac{1}{6} - b_1 a_{12}(c_2 - c_1) - \frac{1}{2}c_1}{b_2(c_2 - c_1)}, \quad a_{21} = c_2 - a_{22}$$

ein zweistufiges implizites Verfahren dritter Ordnung. Die Einschränkung für die Wahl des Knotens c_1 sichert die Eigenschaften $c_2 \in [0,1]$ und $c_2 \neq c_1$.

Im Gegensatz zur vorgestellten Herleitung expliziter dreistufiger Verfahren dritter Ordnung wird anstelle des Parameters c_2 im obigen Fall der Matrixkoeffizient a_{12} als freie Größe genutzt. Der Vorteil dieser Vorgehensweise liegt darin begründet, dass mit der Festlegung $a_{12} = 0$ gezielt DIRK-Verfahren betrachtet werden können.

Speziell führt die Wahl $a_{12} = 0$ und $c_1 = \gamma = \frac{3 \pm \sqrt{3}}{6}$ auf das *SDIRK-Verfahren dritter Ordnung* mit dem Butcher Array

$$\begin{array}{c|cc} \gamma & \gamma & 0 \\ 1 - \gamma & 1 - 2\gamma & \gamma \\ \hline & \frac{1}{2} & \frac{1}{2} \end{array} \quad . \tag{1.107}$$

Durch die Wahl $c_1 = \frac{1}{2} - \frac{1}{6}\sqrt{3}$, $a_{12} = \frac{1}{4} - \frac{1}{6}\sqrt{3}$ ergibt sich das *Verfahren nach Hammer und Hollingsworth*

$$\begin{array}{c|cc} \frac{1}{2} - \frac{1}{6}\sqrt{3} & \frac{1}{4} & \frac{1}{4} - \frac{1}{6}\sqrt{3} \\ \frac{1}{2} + \frac{1}{6}\sqrt{3} & \frac{1}{4} + \frac{1}{6}\sqrt{3} & \frac{1}{4} \\ \hline & \frac{1}{2} & \frac{1}{2} \end{array} \quad , \tag{1.108}$$

das sogar die für zweistufige Verfahren maximale Konsistenzordnung $p = 4$ aufweist.

Mehrschrittverfahren

Im Rahmen dieses Abschnittes werden wir bekannte Mehrschrittverfahren vorstellen, wobei wir uns auf die Darstellung der zugrundeliegenden Idee und mit der Auflistung ihrer Konsistenzeigenschaften begnügen. Der Nachweis der Konvergenz erweist sich bei Mehrschrittverfahren im Vergleich zu Einschrittverfahren als schwieriger. Der Grund hierfür liegt in der sogenannten *Null-*

stabilität, die bei Mehrschrittverfahren im Gegensatz zu Einschrittverfahren verletzt sein kann. Für Mehrschrittverfahren gilt der Merksatz

Nullstabilität + Konsistenzordnung $p \Longrightarrow$ Konvergenzordnung p.

Ohne weiter ins Detail zu gehen, sei an dieser Stelle erwähnt, dass alle im Folgenden präsentierten Mehrschrittverfahren nullstabil sind und somit analog zu den Einschrittverfahren für diese Methoden eine Übereinstimmung von Konsistenz- und Konvergenzordnung vorliegt. Für eine ausführliche Darstellung der theoretischen Grundlagen sei auf [46, 25, 94] verwiesen.

Definition 1.7:

(*Mehrschrittverfahren*) Lässt sich eine Methode unter Verwendung einer Verfahrensfunktion

$$\phi : [a, b] \times \mathbb{R}^{m+1} \times \mathbb{R}_0^+ \to \mathbb{R}$$

in der Form

$$\sum_{j=0}^{m} \alpha_j y_{i+j} = \Delta t \phi(t_i, y_i, \ldots, y_{i+m}, \Delta t)$$

mit $\alpha_j \in \mathbb{R}$, $j = 1, \ldots, m$ und $\alpha_m \neq 0$ schreiben, so sprechen wir von einem *m*-*Schrittverfahren* oder *Mehrschrittverfahren*. Weist die Verfahrensfunktion hierbei keine Abhängigkeit von y_{i+m} auf, d.h. gilt $\phi = \phi(t_i, y_i, \ldots, y_{i+m-1}, \Delta t)$, dann wird die Methode als *explizit*, ansonsten als *implizit* bezeichnet.

Mehrschrittverfahren stellen eine Verallgemeinerung der Einschrittverfahren in dem Sinne dar, dass zur Berechnung der Näherungslösung y_{i+m} neben y_{i+m-1} mit $y_{i+m-2}, \ldots, y_i$ noch weitere Zeitschichten berücksichtigt werden. Zur Ermittlung der notwendigen Startwerte $y_0, \ldots, y_{m-1}$ innerhalb der sogenannten Startphase werden häufig Einschrittverfahren verwendet. Dabei ist zu bemerken, dass sich die Konsistenzordnung eines nullstabilen Mehrschrittverfahrens nur dann auf die Konvergenzordnung überträgt, wenn die verwendete Methode zur Berechnung der Startwerte mindestens eine ebenso hohe Konsistenzordnung wie das Mehrschrittverfahren aufweist. Das jeweilige *m*-Schrittverfahren wird daher erst in der, der Startphase anschließenden Laufphase verwendet. In den folgenden Methoden lässt sich die Verfahrensfunktion ϕ als Linearkombination von Funktionsauswertungen der Form

$$\phi(t_i, y_i, \ldots, y_{i+m}, \Delta t) = \sum_{j=0}^{m} b_j f(t_i + j \Delta t, y_{i+j})$$

schreiben, so dass alle betrachteten Algorithmen in die Klasse der sogenannten *linearen Mehrschrittverfahren* eingeordnet werden können.

Beispiel 1.29:

Bei gegebenen Werten y_i, y_{i+1} betrachten wir eine Integration der Differentialgleichung über das Intervall $[t_i, t_{i+2}]$ (siehe auch (1.52) mit $m = 2$). Nutzung der Mittelpunktregel liefert

$$y(t_{i+2}) - y(t_i) \overset{(1.51)_1}{=} \int\limits_{t_i}^{t_{i+2}} f(t, y(t))\, dt = 2\Delta t f(t_{i+1}, y(t_{i+1})) + \mathcal{O}(\Delta t^3)\,,$$

so dass mit der *expliziten Mittelpunktregel* gemäß

$$y_{i+2} = y_i + 2\Delta t f(t_{i+1}, y_{i+1}) \qquad\qquad (1.109)$$

ein lineares Zweischrittverfahren der Konsistenzordnung $p = 2$ vorliegt.

Eine gesamte Klasse linearer Mehrschrittverfahren basiert auf dem Integrationsansatz

$$y(t_{i+m}) - y(t_{i+m-k}) = \int\limits_{t_{i+m-k}}^{t_{i+m}} f(t, y(t))\, dt\,, \quad i = 0, \ldots, n - m\,, \qquad\qquad (1.110)$$

wobei sich die einzelnen Methoden in der Wahl des Parameters $k \in \mathbb{N}$ und der Verwendung unterschiedlicher Interpolationspolynome q innerhalb der numerischen Integration

$$\int\limits_{t_{i+m-k}}^{t_{i+m}} f(t, y(t))\, dt \approx \int\limits_{t_{i+m-k}}^{t_{i+m}} q(t)\, dt$$

unterscheiden. Gängige Ansätze ergeben sich für $k = 1, 2$, obwohl abhängig von der Schrittzahl m auch größere Werte denkbar sind.

Adams-Verfahren Mit $k = 1$ erhalten wir durch obige Vorgehensweise

$$y_{i+m} - y_{i+m-1} = \int\limits_{t_{i+m-1}}^{t_{i+m}} q(t)\, dt\,, \quad i = 0, \ldots, n - m\,. \qquad\qquad (1.111)$$

Legt man das in (1.111) auftretende Polynom q gemäß

$$q \in \Pi_{m-1} \quad \text{mit} \quad q(t_j) = \underbrace{f(t_j, y_j)}_{=: f_j}\,, \quad j = i, \ldots, i + m - 1$$

fest, so liegt ein m-schrittiges *Adams-Bashfort-Verfahren* vor. Eine graphische Darstellung der Interpolation und der Integration findet man in Abbildung 1.27 (links). Da der Näherungswert y_{i+m} bei der Festlegung des Interpolationspolynoms q unberücksichtigt bleibt, sind Adams-Bashfort-Methoden stets explizit. Im Spezialfall $m = 1$ ergibt sich das bekannte explizite Euler-Verfahren.

Des Weiteren erhalten wir für

$$m = 2: \quad y_{i+2} = y_{i+1} + \frac{1}{2}\Delta t (3f(t_{i+1}, y_{i+1}) - f(t_i, y_i)), \quad i = 0, \ldots, n-2, \quad (1.112)$$

$$m = 3: \quad y_{i+3} = y_{i+2} + \frac{1}{12}\Delta t (23f(t_{i+2}, y_{i+2}) - 16f(t_{i+1}, y_{i+1}) + 5f(t_i, y_i)), \quad (1.113)$$

$$i = 0, \ldots, n-3.$$

Dabei besitzt ein m-schrittiges Adams-Bashfort-Verfahren stets die Konsistenzordnung $p = m$.

Eine Verbesserung der numerischen Integration und somit eine Erhöhung der Konsistenzordnung kann durch Hinzunahme der Stützstelle t_{i+m} erzielt werden. Definiert man das in (1.111) auftretende Polynom q daher wie in Abbildung 1.27 (rechts) verdeutlicht gemäß

$$q \in \Pi_m \quad \text{mit} \quad q(t_j) = f(t_j, y_j), \quad j = i, \ldots, i+m,$$

so ergibt sich ein m-schrittiges *Adams-Moulton-Verfahren*. Diese Methoden sind folglich stets implizit und weisen die Konsistenzordnung $p = m + 1$ auf. Konkret ergibt sich für $m = 1$ mit

$$y_{i+1} = y_i + \frac{1}{2}\Delta t (f(t_{i+1}, y_{i+1}) + f(t_i, y_i)), \quad i = 0, \ldots, n-1$$

die bekannte Trapezregel und wir erhalten zudem unter Gebrauch der Abkürzung $f_j = f(t_j, y_j)$

$$m = 2: \quad y_{i+2} = y_{i+1} + \frac{1}{12}\Delta t (5f_{i+2} + 8f_{i+1} - f_i), \quad i = 0, \ldots, n-2, \quad (1.114)$$

$$m = 3: \quad y_{i+3} = y_{i+2} + \frac{1}{24}\Delta t (9f_{i+3} + 19f_{i+2} - 5f_{i+1} + f_i), \quad i = 0, \ldots, n-3.$$

$$(1.115)$$

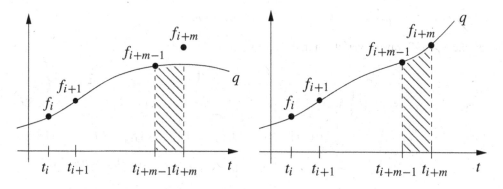

Fig. 1.27: Interpolationspunkte und Integrationsgebiet des m-schrittigen Adams-Bashfort-Verfahrens (links) und des m-schrittigen Adams-Moulton-Verfahrens (rechts).

Nyström- und Milne-Simpson-Verfahren   Die hier vorgestellten Methoden unterscheiden sich vom Ansatz der Adams-Verfahren lediglich durch die Festlegung des Parameters $k = 2$ innerhalb des Integrationsansatzes (1.110). Entsprechend basieren die beiden Verfahren auf der Grundgleichung

$$y_{i+m} - y_{i+m-2} = \int_{t_{i+m-2}}^{t_{i+m}} q(t)\, dt\,, \quad i = 0, \ldots, n-m\,. \tag{1.116}$$

Setzen wir wie in Abbildung 1.28 (links) verdeutlicht

$$q \in \Pi_{m-1} \quad \text{mit} \quad q(t_j) = f(t_j, y_j)\,, \quad j = i, \ldots, i+m-1\,,$$

so erhalten wir für $m \geq 2$ das m-schrittige *Nyström-Verfahren*, das eine Konsistenzordnung $p = m$ aufweist und durch Konstruktion stets explizit ist. Im Einzelnen ergibt sich unter Verwendung der Abkürzung $f_j = f(t_j, y_j)$ für

$$m = 2: \quad y_{i+2} = y_i + 2\Delta t f_{i+1}\,, \quad i = 0, \ldots, n-2\,, \tag{1.117}$$

$$m = 3: \quad y_{i+3} = y_{i+1} + \frac{1}{3}\Delta t (7 f_{i+2} - 2 f_{i+1} + f_i)\,, \quad i = 0, \ldots, n-3\,, \tag{1.118}$$

$$m = 4: \quad y_{i+4} = y_{i+2} + \frac{1}{3}\Delta t (8 f_{i+3} - 5 f_{i+2} + 4 f_{i+1} - f_i)\,, i = 0, \ldots, n-4\,. \tag{1.119}$$

Für $m = 2$ entspricht das Nyström-Verfahren somit der bereits in (1.109) vorgestellten expliziten Mittelpunktregel.

Analog zum Übergang vom Adams-Bashfort- zum Adams-Moulton-Verfahren nutzen wir im Milne-Simpson-Algorithmus wie in Fig. 1.28 (rechts) dargestellt einen im Vergleich zur Nyström-Methode höheren Grad für das in (1.116) auftretende Polynom q. Die Festlegung

$$q \in \Pi_m \quad \text{mit} \quad q(t_j) = f(t_j, y_j)\,, \quad j = i, \ldots, i+m$$

liefert die Milne-Simpson-Verfahren in der Form

$$m = 2: \quad y_{i+2} = y_i + \frac{1}{3}\Delta t (f_{i+2} + 4 f_{i+1} + f_i)\,, \quad i = 0, \ldots, n-2\,, \tag{1.120}$$

$$m = 4: \quad y_{i+4} = y_{i+2} + \frac{1}{90}\Delta t (29 f_{i+4} + 124 f_{i+3} + 24 f_{i+2} + 4 f_{i+1} - f_i)\,, \tag{1.121}$$

$$i = 0, \ldots, n-4\,.$$

Aufgrund der genutzten Polynomfunktion sind die *Milne-Simpson-Verfahren* stets implizit. Wie leicht zu erkennen ist, basiert die Methode für $m = 2$ auf der Simpson-Regel zur numerischen Integration. Diese Quadraturformel weist als abgeschlossene Newton-Cotes-Formel mit geradem

m eine um eins höhere Ordnung auf, siehe [94]. Dieser Sachverhalt zeigt sich auch in der Konsistenzordnung p des Mehrschrittverfahrens, so dass

$$p = \begin{cases} 4, & m = 2 \\ m + 1, & m > 2 \end{cases}$$

gilt. Auf die explizite Angabe der Milne-Simpson-Methode für $m = 3$ wurde verzichtet, da diese identisch mit dem Zweischrittverfahren ist.

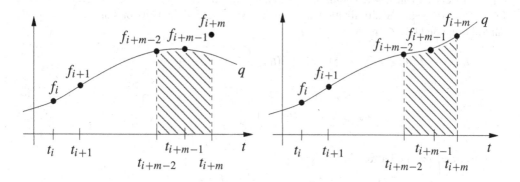

Fig. 1.28: Interpolationspunkte und Integrationsgebiet des m-schrittigen Nyström-Verfahrens (links) und des m-schrittigen Milne-Simpson-Verfahrens (rechts).

BDF-Verfahren   Die Gruppe der BDF-Verfahren (*Backward Differentiation Formula*) gehört in die Klasse der Differenzenmethoden. Wir betrachten hierbei die Differentialgleichung

$$y'(t) = f(t, y(t))$$

zum Zeitpunkt t_{i+m} und approximieren die Ableitung durch eine geschickte Kombination verschiedener Taylor-Entwicklungen um den Entwicklungspunkt t_{i+m}. Für $m = 1$ ergibt sich somit aus

$$y(t_i) = y(t_{i+1}) + y'(t_{i+1}) \cdot \underbrace{(t_i - t_{i+1})}_{= -\Delta t} + \mathcal{O}(\Delta t^2)$$

mit

$$y'(t_{i+1}) = \frac{y(t_{i+1}) - y(t_i)}{\Delta t} + \mathcal{O}(\Delta t)$$

das bekannte implizite Euler-Verfahren

$$y_{i+1} = y_i + \Delta t f(t_{i+1}, y_{i+1}).$$

Zur Erhöhung der Genauigkeit betrachten wir

$$y(t_{i+1}) = y(t_{i+2}) - \Delta t y'(t_{i+2}) + \frac{1}{2} \Delta t^2 y''(t_{i+2}) + \mathcal{O}(\Delta t^3) \tag{1.122}$$

und

$$y(t_i) = y(t_{i+2}) - 2\Delta t y'(t_{i+2}) + 2\Delta t^2 y''(t_{i+2}) + \mathcal{O}(\Delta t^3). \tag{1.123}$$

Das Ziel liegt nun in der Kombination der Gleichungen (1.122) und (1.123) derart, dass der Term $y''(t_{i+2})$ entfällt. Multiplikation der Gleichung (1.122) mit dem Faktor 4 und anschließende Subtraktion von (1.123) ergibt

$$y(t_i) - 4y(t_{i+1}) = -3y(t_{i+2}) + 2\Delta t y'(t_{i+2}) + \mathcal{O}(\Delta t^3)$$

respektive

$$y'(t_{i+2}) = \frac{3y(t_{i+2}) - 4y(t_{i+1}) + y(t_i)}{2\Delta t} + \mathcal{O}(\Delta t^2).$$

Nach Einsetzen in die Differentialgleichung

$$y'(t_{i+2}) = f(t_{i+2}, y(t_{i+2}))$$

erhalten wir durch elementare Umformungen mit

$$\frac{1}{2}(3y_{i+2} - 4y_{i+1} + y_i) = \Delta t f(t_{i+2}, y_{i+2}), \quad i = 0, \dots, n-2 \tag{1.124}$$

das BDF(2)-Verfahren. Analog ergibt sich für $m = 3$ durch Hinzunahme einer weiteren Taylor-Entwicklung die BDF(3)-Methode zu

$$\frac{1}{6}(11y_{i+3} - 18y_{i+2} + 9y_{i+1} - 2y_i) = \Delta t f(t_{i+3}, y_{i+3}), \quad i = 0, \dots, n-3. \tag{1.125}$$

Die BDF(m)-Verfahren sind per Konstruktion implizit. Allgemein sind diese linearen m-Schritt-verfahren nur für $1 \leq m \leq 6$ nullstabil, so dass von einer Nutzung größerer Schrittzahlen abzuraten ist. Die Konsistenzordnung einer BDF(m)-Methode beträgt dabei stets $p = m$. Für $1 \leq m \leq 6$ sind die Verfahren zudem sehr robust und werden demzufolge häufig zur Diskretisierung steifer Differentialgleichungen eingesetzt.

Anwendungen

Zur Untersuchung des prognostizierten Konvergenzverhaltens der vorgestellten numerischen Verfahren betrachten wir die bereits im Beispiel 1.18 diskutierte chemische Reaktion erster Ordnung. Bei gegebener Geschwindigkeitskonstanten $k \in \mathbb{R}^+$ und Anfangskonzentration der ungesättigten

Substanz $c_0 \in \mathbb{R}_0^+$ beschreibt die zum Anfangswertproblem

$$\left.\begin{array}{l} y'(t) = k(c_0 - y(t)), \quad t \in \mathbb{R}_0^+ \\ y(0) = 0 \end{array}\right\} \tag{1.126}$$

gehörige Lösung y die zeitliche Entwicklung der Konzentration. Auf der Basis der Methode der Separation der Variablen erhalten wir die Lösung in der Form

$$y(t) = c_0(1 - e^{-kt}), \tag{1.127}$$

so dass

$$\lim_{t \to \infty} y(t) = c_0 \tag{1.128}$$

gilt.

Aus Gründen der Übersichtlichkeit haben wir die vorgestellten Verfahren entsprechend ihrer Eigenschaften in 4 Gruppen unterteilt.

Gruppe A: Explizite Einschrittverfahren

Verfahrensname	Gleichung	Ordnung p	Abkürzung
Explizites Euler-Verfahren	(1.54)	1	EE
Runge-Verfahren	(1.72)	2	Runge
Heun-Verfahren	(1.106)	2	Heun
3-stufiges Runge-Kutta-Verfahren	(1.104)	3	ERK3
Klassisches Runge-Kutta-Verfahren	(1.105)	4	ERK4

Gruppe B: Implizite Einschrittverfahren

Verfahrensname	Gleichung	Ordnung p	Abkürzung
Implizites Euler-Verfahren	(1.55)	1	IE
Implizite Mittelpunktregel	(1.88)	2	IM
Implizite Trapezregel	(1.73)	2	IT
SDIRK-Verfahren	(1.107)	3	SDIRK
Implizites Verfahren nach Hammer und Hollingsworth	(1.108)	4	IHH

Gruppe C: Explizite Mehrschrittverfahren

Verfahrensname	Gleichung	Ordnung p	Abkürzung
Adams-Bashfort-Verfahren $m = 2$	(1.112)	2	AB2
Adams-Bashfort-Verfahren $m = 3$	(1.113)	3	AB3
Nyström-Verfahren $m = 2$	(1.117)	2	NYS2
Nyström-Verfahren $m = 3$	(1.118)	3	NYS3

Gruppe D: Implizite Mehrschrittverfahren

Verfahrensname	Gleichung	Ordnung p	Abkürzung
Adams-Moulton-Verfahren $m = 2$	(1.114)	3	AM2
Adams-Moulton-Verfahren $m = 3$	(1.115)	4	AM3
Milne-Simpson-Verfahren $m = 2$	(1.120)	4	MS2
BDF(2)-Verfahren $m = 2$	(1.124)	2	BDF2
BDF(3)-Verfahren $m = 3$	(1.125)	3	BDF3

Bei Festlegung der Konstanten $k = 0.3$ und $c_0 = 10$ betrachten wir die absolute Differenz zwischen dem numerischen Wert y_{num} und der analytischen Lösung y gemäß

$$e(t, \Delta t) := y(t) - y_{num}(t, \Delta t)$$

zum Zeitpunkt $t = 5$ bei variierender Zeitschrittweite $\Delta t \in \{1, \, 5 \cdot 10^{-1}, \, 10^{-1}, \, 5 \cdot 10^{-2}, \, 10^{-2}\}$. Der Wert $y_{num}(t, \Delta t)$ entspricht stets der Größe y_i mit $i = \frac{t}{\Delta t}$. Dabei sei bemerkt, dass die Initialisierung im Rahmen der Mehrschrittverfahren mittels des klassischen Runge-Kutta-Verfahrens (1.105) durchgeführt wurde. Die numerischen Resultate dieses Einschrittverfahrens belegen die bereits erläuterte 4. Ordnung der Methode, so dass sich keine Ordnungsreduktion aufgrund der Startphase bei den analysierten Mehrschrittverfahren ergibt.

Anhand der in den Tabellen 1.1 bis 1.4 aufgeführten Fehlergrößen können wir sehr gut die bereits innerhalb der Gruppeneinteilungen angegebene Konvergenzordnung p gemäß

$$|e(5, \Delta t)| = \mathcal{O}(\Delta t^p), \quad \Delta t \to 0$$

erkennen. Eine Verkleinerung der Zeitschrittweite um den Faktor 10 lässt sehr gut die Abnahme des Fehlers in der Größenordnung 10^p entsprechend der jeweiligen Konvergenzordnung sichtbar werden.

Tabelle 1.1: Fehlerverläufe $|e(5, \Delta t)|$ expliziter Einschrittverfahren (Gruppe A) zum Beispiel (1.126) in Abhängigkeit von der Zeitschrittweite Δt.

Δt	EE	Runge/Heun	ERK3	ERK4
1	$5.51 \cdot 10^{-1}$	$6.37 \cdot 10^{-2}$	$4.79 \cdot 10^{-3}$	$2.90 \cdot 10^{-4}$
0.5	$2.63 \cdot 10^{-1}$	$1.41 \cdot 10^{-2}$	$5.31 \cdot 10^{-4}$	$1.60 \cdot 10^{-5}$
0.1	$5.07 \cdot 10^{-2}$	$5.14 \cdot 10^{-4}$	$3.86 \cdot 10^{-6}$	$2.32 \cdot 10^{-8}$
0.05	$2.52 \cdot 10^{-2}$	$1.27 \cdot 10^{-4}$	$4.76 \cdot 10^{-7}$	$1.43 \cdot 10^{-9}$
0.01	$5.02 \cdot 10^{-3}$	$5.04 \cdot 10^{-6}$	$3.77 \cdot 10^{-9}$	$2.27 \cdot 10^{-12}$

Graphisch kann der Konvergenzverlauf der doppellogarithmischen Darstellung aus Fig. 1.29 und 1.30 entnommen werden, da sich hier die Ordnung in den Steigungen der Fehlerfunktion $|e(5, \Delta t)|$ widerspiegelt.

Neben der Konvergenzuntersuchung bei abnehmender Zeitschrittweite Δt, erweist sich in der Anwendung auch die Frage nach der für ein Verfahren maximal zulässigen Größe Δt als wesentlich. Diese Thematik führt auf die Analyse der *Stabilitätsbereiche* numerischer Verfahren und geht mit der sogenannten *A-Stabilität* einher, siehe [49, 46, 47, 24]. Ohne an dieser Stelle

Tabelle 1.2: Fehlerverläufe $|e(5, \Delta t)|$ impliziter Einschrittverfahren (Gruppe B) zum Beispiel (1.126) in Abhängigkeit von der Zeitschrittweite Δt.

Δt	IE	IM/IT	SDIRK	IHH
1	$4.62 \cdot 10^{-1}$	$2.53 \cdot 10^{-2}$	$6.39 \cdot 10^{-4}$	$3.79 \cdot 10^{-5}$
0.5	$2.41 \cdot 10^{-1}$	$6.29 \cdot 10^{-3}$	$7.62 \cdot 10^{-5}$	$2.36 \cdot 10^{-6}$
0.1	$4.98 \cdot 10^{-2}$	$2.51 \cdot 10^{-4}$	$5.88 \cdot 10^{-7}$	$3.77 \cdot 10^{-9}$
0.05	$2.50 \cdot 10^{-2}$	$6.28 \cdot 10^{-5}$	$7.31 \cdot 10^{-8}$	$2.35 \cdot 10^{-10}$
0.01	$5.02 \cdot 10^{-3}$	$2.51 \cdot 10^{-6}$	$5.83 \cdot 10^{-10}$	$3.81 \cdot 10^{-13}$

Tabelle 1.3: Fehlerverläufe $|e(5, \Delta t)|$ expliziter Mehrschrittverfahren (Gruppe C) zum Beispiel (1.126) in Abhängigkeit von der Zeitschrittweite Δt.

Δt	AB2	AB3	NYS2	NYS3
1	$1.19 \cdot 10^{-1}$	$2.87 \cdot 10^{-2}$	$2.18 \cdot 10^{-2}$	$3.04 \cdot 10^{-2}$
0.5	$3.08 \cdot 10^{-2}$	$3.99 \cdot 10^{-3}$	$2.25 \cdot 10^{-2}$	$5.64 \cdot 10^{-4}$
0.1	$1.25 \cdot 10^{-3}$	$3.35 \cdot 10^{-5}$	$5.95 \cdot 10^{-4}$	$7.90 \cdot 10^{-6}$
0.05	$3.13 \cdot 10^{-4}$	$4.22 \cdot 10^{-6}$	$1.37 \cdot 10^{-4}$	$1.40 \cdot 10^{-6}$
0.01	$1.25 \cdot 10^{-5}$	$3.39 \cdot 10^{-8}$	$5.12 \cdot 10^{-6}$	$1.42 \cdot 10^{-8}$

tiefer in diesen interessanten theoretischen Bereich eintauchen zu wollen, werden wir mit dem abschließenden Abschnitt versuchen, zumindest eine anwendungsbezogene Sensibilität für die Wahl der eingesetzten Zeitschrittweite Δt zu entwickeln.

Wir betrachten hierzu die explizite sowie implizite Variante des Euler-Verfahrens im Kontext des Anfangswertproblems (1.88). Für das implizite Euler-Verfahren erhalten wir

$$y_{i+1} = y_i + \Delta t k(c_0 - y_{i+1}), \quad i = 0, 1, \ldots,$$

womit sich für alle $\Delta t > 0$

$$y_{i+1} = (1 + \Delta t\, k)^{-1} y_i + (1 + \Delta t\, k)^{-1} \Delta t k c_0, \quad i = 0, 1, \ldots,$$

Tabelle 1.4: Fehlerverläufe $|e(5, \Delta t)|$ impliziter Mehrschrittverfahren (Gruppe D) zum Beispiel (1.126) in Abhängigkeit von der Zeitschrittweite Δt.

Δt	AM2	AM3	MS2	BDF2	BDF3
1	$3.45 \cdot 10^{-3}$	$4.36 \cdot 10^{-4}$	$1.46 \cdot 10^{-4}$	$8.56 \cdot 10^{-2}$	$1.62 \cdot 10^{-2}$
0.5	$4.50 \cdot 10^{-4}$	$3.72 \cdot 10^{-5}$	$1.67 \cdot 10^{-5}$	$2.39 \cdot 10^{-2}$	$2.55 \cdot 10^{-3}$
0.1	$3.73 \cdot 10^{-6}$	$6.94 \cdot 10^{-8}$	$1.75 \cdot 10^{-8}$	$9.96 \cdot 10^{-4}$	$2.23 \cdot 10^{-5}$
0.05	$4.67 \cdot 10^{-7}$	$4.41 \cdot 10^{-9}$	$1.02 \cdot 10^{-9}$	$2.50 \cdot 10^{-4}$	$2.80 \cdot 10^{-6}$
0.01	$3.76 \cdot 10^{-9}$	$7.07 \cdot 10^{-12}$	$1.61 \cdot 10^{-12}$	$1.00 \cdot 10^{-5}$	$2.26 \cdot 10^{-8}$

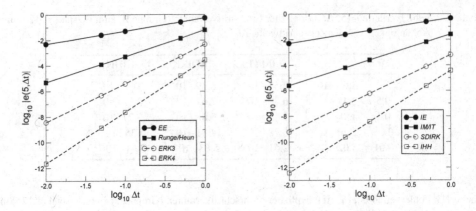

Fig. 1.29: Fehlerverläufe expliziter (links) und impliziter (rechts) Einschrittverfahren

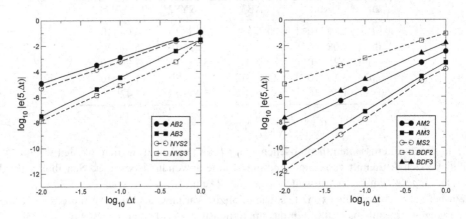

Fig. 1.30: Fehlerverläufe expliziter (links) und impliziter (rechts) Mehrschrittverfahren

ergibt. Wiederholtes Ersetzen der Näherungslösung auf der rechten Seite liefert

$$y_{i+1} = (1 + \Delta t\, k)^{-2} y_{i-1} + (1 + \Delta t\, k)^{-2} \Delta t\, k c_0 + (1 + \Delta t\, k)^{-1} \Delta t k c_0$$

$$\vdots$$

$$= (1 + \Delta t\, k)^{-(i+1)} \underbrace{y_0}_{=0} + \sum_{j=1}^{i+1} \left(\frac{1}{1 + \Delta t\, k} \right)^j \Delta t k c_0 \,.$$

Unter Verwendung der geometrischen Summe (s. Burg/Haf/Wille (Analysis) [13]) ergibt sich wegen $(1 + \Delta t\, k)^{-1} \neq 1$ die Darstellung

$$y_{i+1} = \frac{1}{1 + \Delta t\, k} \frac{1 - \left(\frac{1}{1 + \Delta t\, k} \right)^{i+1}}{1 - \frac{1}{1 + \Delta t\, k}} \Delta t\, k c_0 = \left(1 - \left(\frac{1}{1 + \Delta t\, k} \right)^{i+1} \right) c_0 \,, \quad i = 0, 1, \dots\,.$$

Für $i \to \infty$, d.h. $t_i = i \cdot \Delta t \to \infty$ liefert das implizite Euler-Verfahren folglich für alle $\Delta t > 0$

$$\lim_{i \to \infty} y_{i+1} = c_0$$

in Übereinstimmung mit dem asymptotischen Verhalten der analytischen Lösung. Sieht man von der Approximationsgüte im zeitlichen Verlauf der numerischen Lösung ab, so ergibt sich zumindest im Grenzfall $t \to \infty$ eine Konvergenz gegen die exakte Lösung.

Beim expliziten Euler-Verfahren folgt hingegen

$$\begin{aligned} y_{i+1} &= y_i + \Delta t k(c_0 - y_i) \\ &= (1 - \Delta t\, k)y_i + \Delta t\, kc_0 \\ &\vdots \\ &= (1 - \Delta t\, k)^{i+1} \underbrace{y_0}_{=0} + \sum_{j=0}^{i}(1 - \Delta t\, k)^j \Delta t\, kc_0 , \end{aligned}$$

und wir erhalten wiederum aufgrund der geometrischen Summe für $\Delta t > 0$ unter Berücksichtigung von $1 - \Delta t\, k \neq 1$ die Darstellung

$$y_{i+1} = \frac{1 - (1 - \Delta t\, k)^{i+1}}{1 - (1 - \Delta t\, k)} \Delta t\, kc_0 = (1 - (1 - \Delta t\, k)^{i+1})c_0 .$$

Offensichtlich hängt die Konvergenz der Folge der Näherungslösungen von der betragsmäßigen Größe des Terms $1 - \Delta t\, k$ ab. Es gibt sich

$$\lim_{i \to \infty} y_{i+1} = c_0 ,$$

falls $|1 - \Delta t\, k| < 1$, d.h.

$$0 < \Delta t < \frac{2}{k}$$

gilt.

Für $\Delta t = \frac{2}{k}$ gilt dagegen

$$y_{i+1} = \begin{cases} 2c_0 , & i \text{ gerade} \\ 0 , & i \text{ ungerade} \end{cases}$$

und im Fall $\Delta t > \frac{2}{k}$ erhalten wir

$$\lim_{i \to \infty} |y_{i+1}| = \infty .$$

Ein sinnvolles Verhalten ergibt sich beim expliziten Euler-Verfahren demzufolge nur unter der

Zeitschrittweitenrestriktion

$$\Delta t < \frac{2}{k}.$$

Im Fall schneller chemischer Reaktionsraten, d.h. großer Geschwindigkeitskonstanten k, können somit nur kleine Zeitschritte genutzt werden. Dieser Sachverhalt erweist sich bei der Numerik von Systemen gewöhnlicher Differentialgleichungen oftmals als sehr problematisch. Liegen innerhalb eines Systems stark unterschiedliche Reaktionsraten vor, so beschränkt die größte Geschwindigkeitskonstante die zulässige Zeitschrittweite des expliziten Euler-Verfahrens, während die kleinste Rate eine große Zeitdauer bis zum näherungsweisen Erreichen eines eventuellen Gleichgewichtszustandes nach sich zieht. Das explizite Euler-Verfahren erweist sich daher für derartig *steife Differentialgleichungssysteme* als ungeeignet. In diesen Fällen sollten vorrangig *implizite Ansätze* wie beispielsweise die BDF(m)-Verfahren genutzt werden.

Übungen

Übung 1.5*

Gegeben sei die DGl

$$y'(x) - ky(x) = 0, \quad k \in \mathbb{R}.$$

(a) Zeige, dass $y(x) = C\,e^{kx}$ ($C \in \mathbb{R}$ beliebig) der DGl genügt.

(b) Weise nach, dass jede weitere Lösung $\tilde{y}(x)$ der DGl notwendig die in (a) auftretende Gestalt besitzt:

Anleitung: Betrachte den Quotienten $\dfrac{\tilde{y}(x)}{e^{kx}}$

Übung 1.6:

Unter den *Isoklinen* der DGl $y' = f(x, y)$ versteht man die Kurvenschar, die der Beziehung

$$f(x, y) = c = \text{const}, \quad c \in \mathbb{R} \text{ beliebig},$$

genügt. Bestimme für die DGln

(a) $y' = \dfrac{1}{2}y^2$;   (b) $y' = x^2 - y^2$

einige Isoklinen und skizziere mit ihrer Hilfe die Richtungsfelder. Ermittle insbesondere Lösungskurven der DGln durch die Punkte $P_1 = (0,0)$, $P_2(1,0)$ und $P_3(0,1)$.

Übung 1.7*

Ist durch Satz 1.1 gesichert, dass die DGln

(a) $y' = \sin(xy) + x^2\,e^y$;   (b) $y' = \sqrt[3]{xy}$

genau eine Lösung durch den Punkt (0,0) bzw. (1,0) besitzen?

Übung 1.8*

Gegeben sei das (ebene) Strömungsfeld

$$v(x, y) = \begin{bmatrix} 2y \\ 1 - x \end{bmatrix}.$$

(a) Gib eine DGl für die Feldlinien von v an. (Lässt sich Satz 1.2 anwenden?).

(b) Zeige, dass die Feldlinien durch die Kurvenschar

$$y_C(x) = \pm\sqrt{C - \frac{(x-1)^2}{2}}$$

gegeben sind. Erstelle außerdem ein Feldlinienbild.

Übung 1.9*

(a) Berechne für das Anfangswertproblem

$$y' = x + y, \quad y(0) = 1$$

die Folge der Näherungslösungen nach dem Verfahren von Picard-Lindelöf.

(b) Wie lauten diese Näherungslösungen, falls man von den Anfangsnäherungen

$$(\alpha)\ y_0(x) = e^x; \quad (\beta)\ y_0(x) = 1 + x$$

ausgeht? Lässt sich die Lösung des Anfangswertproblems in geschlossener Form angeben?

Übung 1.10*

(a) Der Verlauf des Luftdrucks $p(x)$ in der Atmosphäre wird durch die DGl

$$p'(x) = -\frac{gM}{RT(x)}p(x)$$

beschrieben. Bestimme $p(x)$ für den Fall $T(x) = T_0 = $ const unter der Anfangsbedingung $p(0) = p_0$ (Barometrische Höhenformel).

(b) Der Dampfdruck $p = p(T)$ einer Flüssigkeit in Abhängigkeit von der absoluten Temperatur lässt sich durch das mathematische Modell

$$p'(T) = \frac{q_0 + (C_p - C)T}{RT^2}p(T)$$

erfassen. Dabei sind C die Molwärme der Flüssigkeit, C_p die Molwärme des Dampfes und q_0 die Verdampfungswärme bei $T = 0$. Berechne $p(T)$ mit $p(T_0) = p_0$, und diskutiere das Verhalten der Dampfdruckkurve für wachsendes T.

Übung 1.11*

Löse die folgenden Anfangswertprobleme:

(a) $y' - xy = 3x^3 e^{-\frac{x^2}{2}}$, $y(0) = \pi$.   (b) $y' + \cos^2 x \cdot y = 1 + \cos 2x$, $y(0) = 1$.

Übung 1.12*

Bestimme die allgemeinen Lösungen der DGln

(a) $xy' = y \cdot \ln \left| \dfrac{y}{x} \right|$ $(x > 0)$;   (b) $y' = (2x + 2y - 1)^2$.

Übung 1.13*

Bestimme die allgemeine Lösung der DGl

$$3y^2 y' - 2y^3 = x + 1 .$$

Übung 1.14*

Unter einer *Riccati-DGl*[16] versteht man eine DGl der Form

$$y' + g(x)y + h(x)y^2 = k(x)$$

mit stetigen Funktionen g, h, k.

(a) Zeige: Sind y_1 und y_2 Lösungen der Riccati-Dgl, so genügt die Differenz $y := y_1 - y_2$ einer Bernoulli DGl.

(b) Bestimme sämtliche Lösungen der DGl

$$y' = \frac{y^2}{x^3} - \frac{y}{x} + 2x \quad (x > 0) .$$

Anleitung: $y_1(x) = x^2$ ist eine Lösung der DGl.

Übung 1.15*

Leite das implizite Euler-Verfahren als Differenzenmethode her.

Übung 1.16*

Zeige, dass das Heun-Verfahren (1.106) und das Runge-Verfahren (1.72) für inhomogene lineare Differentialgleichungen $y'(t) = ay(t) + b, a, b \in \mathbb{R}$ identische Ergebnisse erzeugen.

---

16 J.F. Riccati (1676–1754), italienischer Mathematiker

Übung 1.17*

Zeige eine zu Übung 1.16 analoge Aussage für die implizite Mittelpunktregel (1.88) und die implizite Trapezregel (1.73).

Übung 1.18*

Leite ein explizites dreistufiges Runge-Kutta-Verfahren dritter Ordnung auf Grundlage der Festlegung $c_2 = \frac{1}{2}, c_3 = 1$ her.

Übung 1.19*

Zeige, dass die implizite Trapezregel (1.73) eine zweistufige DIRK-Methode repräsentiert.

1.3   Differentialgleichungen höherer Ordnung und Systeme 1-ter Ordnung

Nach Abschnitt 1.1.2 versteht man unter einer DGl n-ter Ordnung eine Beziehung der Form

$$F(x, y(x), y'(x), \ldots, y^{(n)}(x)) = 0. \tag{1.129}$$

Im Folgenden nehmen wir stets an, dass sich diese Gleichung nach der höchsten Ableitung $y^{(n)}(x)$ auflösen lässt. Wir erhalten dann die *explizite Form einer DGl n-ter Ordnung*:

$$y^{(n)}(x) = f(x, y(x), y'(x), \ldots, y^{(n-1)}(x)) \tag{1.130}$$

oder kurz

$$y^{(n)} = f(x, y, y', \ldots, y^{(n-1)}). \tag{1.131}$$

Beispiel 1.30:

In Abschnitt 1.1.1 haben wir im Zusammenhang mit einem mechanischen Schwingungssystem (s. (1.6)) die DGl 2-ter Ordnung

$$mx''(t) + rx'(t) + kx(t) = K(t)$$

kennengelernt. Sie lautet in expliziter Form

$$x''(t) = \frac{1}{m}[K(t) - rx'(t) - kx(t)] =: f(t, x(t), x'(t)).$$

Auch in diesem Fall sind zur eindeutigen Charakterisierung einer Lösung (neben der DGl) weitere Bedingungen erforderlich. So ist es in der durch Beispiel 1.30 gegebenen Situation sinnvoll, zum Anfangszeitpunkt t_0 die Anfangslage und die Anfangsgeschwindigkeit, also zwei zusätzliche Bedingungen, vorzuschreiben:

$$x(t_0) = x_0 \quad \text{und} \quad x'(t_0) = v_0.$$

Es ist zu erwarten, dass im Fall einer DGl n-ter Ordnung n zusätzliche Bedingungen, die n *Anfangsbedingungen*

$$y(x_0) = y_0, \quad y'(x_0) = y_1^0, \ldots, y^{(n-1)}(x_0) = y_{n-1}^0, \tag{1.132}$$

mit vorgegebenen Daten $x_0, y_0, y_1^0, \ldots, y_{n-1}^0 \in \mathbb{R}$, erforderlich sind. Man spricht dann wieder von einem *Anfangswertproblem*.

Eine DGl n-ter Ordnung kann als Spezialfall eines *Systems von n DGln 1-ter Ordnung*

$$
\begin{aligned}
y_1' &= f_1(x, y_1, \ldots, y_n) \\
y_2' &= f_2(x, y_1, \ldots, y_n) \\
&\vdots \\
y_n' &= f_n(x, y_1, \ldots, y_n),
\end{aligned}
\tag{1.133}
$$

wobei $f_i \colon \mathbb{R}^{n+1} \to \mathbb{R}$ $(i = 1, \ldots, n)$ ist, aufgefasst werden. Um dies zu sehen, bilden wir das spezielle System

$$
\begin{aligned}
y_1' &= y_2 \\
y_2' &= y_3 \\
&\vdots \\
y_{n-1}' &= y_n \\
y_n' &= f(x, y_1, \ldots, y_n).
\end{aligned}
\tag{1.134}
$$

Dieses System ist zu unserer DGl n-ter Ordnung äquivalent: Sei $y(x)$ eine Lösung der DGl, d.h. $y(x)$ genüge

$$y^{(n)} = f(x, y, y', \ldots, y^{(n-1)}).$$

Setzen wir

$$y_1(x) := y(x), \quad y_2(x) := y'(x), \quad \ldots, \quad y_n(x) := y^{(n-1)}(x),$$

so löst $y_1(x), \ldots, y_n(x)$ offensichtlich das System (1.134):

$$
\begin{aligned}
y_1' &= y' &&= y_2 \\
y_2' &= y'' &&= y_3 \\
&\vdots \\
y_{n-1}' &= y^{(n-1)} &&= y_n \\
y_n' &= y^{(n)} &&= f(x, y, y', \ldots, y^{(n-1)}) = f(x, y_1, \ldots, y_n).
\end{aligned}
$$

Sei umgekehrt $y_1(x), \ldots, y_n(x)$ eine Lösung des Systems. Setzen wir $y(x) := y_1(x)$, so folgt

$$y' = y_1' = y_2 \, , \quad y'' = y_2' = y_3 \, , \quad \ldots \, , \quad y^{(n-1)} = y_{n-1}' = y_n \, .$$

Wegen $y^{(n)} = y_n' = f(x, y_1, \ldots, y_n)$ existiert auch noch die n-te Ableitung der Funktion $y(x)$ und es gilt

$$y^{(n)} = f(x, y, \ldots, y^{(n-1)}) \, ,$$

wodurch die behauptete Äquivalenz nachgewiesen ist.

Um eine kurze und übersichtliche Darstellung zu erhalten, bietet sich die Vektorschreibweise für Systeme von DGln an:

Mit

$$\mathbf{y}(x) = \begin{bmatrix} y_1(x) \\ \vdots \\ y_n(x) \end{bmatrix} , \quad \mathbf{y}'(x) = \begin{bmatrix} y_1'(x) \\ \vdots \\ y_n'(x) \end{bmatrix} , \quad \mathbf{f}(x, \mathbf{y}) = \begin{bmatrix} f_1(x, \mathbf{y}) \\ \vdots \\ f_n(x, \mathbf{y}) \end{bmatrix}$$

lässt sich unser allgemeines System (1.133) in der Form

$$\mathbf{y}'(x) = \mathbf{f}(x, \mathbf{y}(x)) \tag{1.135}$$

oder auch

$$\mathbf{y}' = \mathbf{f}(x, \mathbf{y}) \tag{1.136}$$

schreiben. Hierdurch wird die (formale) Nähe zu Abschnitt 1.2 besonders deutlich.

Als *Anfangswertprobleme* für Systeme bezeichnet man die Aufgabe, eine Lösung $\mathbf{y}(x)$ des Systems (1.136) zu bestimmen, mit $\mathbf{y}(x_0) = \mathbf{y}_0$. Diese spezielle Lösung des Systems verläuft also durch einen vorgegebenen Punkt $(x_0, \mathbf{y}_0) \in \mathbb{R}^{n+1}$. Für $n = 1$ erhalten wir den Sonderfall von Abschnitt 1.2.

Von Bedeutung ist der folgende Sachverhalt, der sich aus unseren bisherigen Überlegungen ergibt: Das

---

Anfangswertproblem für die DGl n-ter Ordnung

$$y^{(n)} = f(x, y, y', \ldots, y^{(n-1)}) \, ,$$

mit den Anfangsdaten

$$y(x_0) = y_0 \, , \quad y'(x_0) = y_1^0, \ldots, y^{(n-1)}(x_0) = y_{n-1}^0$$

---

und das

Anfangswertproblem für das System

$$y_1' = y_2$$
$$y_2' = y_3$$
$$\vdots$$
$$y_{n-1}' = y_n$$
$$y_n' = f(x, y_1, \ldots, y_n)$$

mit den Anfangsdaten

$$y_1(x_0) = y_0, \quad y_2(x_0) = y_1^0, \ldots, y_n(x_0) = y_{n-1}^0$$

sind äquivalent.

Bemerkung: Diese Äquivalenz wird sich im Zusammenhang mit der Existenz- und Eindeutig-keitsfrage (vgl. Abschn. 1.3.1) als besonders vorteilhaft erweisen. Außerdem führen viele An-wendungen auf Systeme von DGln. Wir begnügen uns an dieser Stelle mit der Angabe von zwei Beispielen.

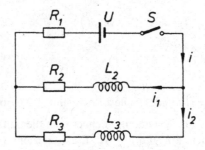

Fig. 1.31: Zweimaschiges Netzwerk

Beispiel 1.31:

Wir betrachten das in Fig. 1.31 dargestellte zweimaschige Netzwerk. Zur Bestimmung der Strom-stärken $i(t)$, $i_1(t)$ und $i_2(t)$ nach Schließen des Schalters S, wenden wir die Kirchhoffschen Ge-setze an und erhalten

$$i(t) = i_1(t) + i_2(t) \tag{1.137}$$

bzw.

$$L_2 \frac{di_1}{dt} + R_2 i_1 - L_3 \frac{di_2}{dt} - R_3 i_2 = 0 \tag{1.138}$$

$$L_2 \frac{di_1}{dt} + R_2 i_1 + i R_1 - U = 0. \tag{1.139}$$

Eliminieren wir $L_2 \frac{di_1}{dt}$ aus (1.139) und setzen wir diesen Wert in (1.138) ein, so erhalten wir, wenn wir (1.137) berücksichtigen,

$$L_3 \frac{di_2}{dt} = -R_1 i_1 - (R_1 + R_3) i_2 + U\,. \tag{1.140}$$

Die zweite Gleichung ergibt sich aus (1.139) und (1.137) zu

$$L_2 \frac{di_1}{dt} = -(R_2 + R_1) i_1 - R_1 i_2 + U\,. \tag{1.141}$$

Wir erkennen, dass mit (1.141) und (1.140) ein DGl-System 1-ter Ordnung der Form (1.133) vorliegt. Auch lässt sich die Symmetrie des Netzwerkes in schöner Weise erkennen.

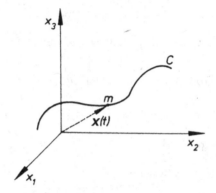

Fig. 1.32: Bewegung eines Massenpunktes im Kraftfeld

Beispiel 1.32:

Es soll die Bahnkurve C eines Massenpunktes der Masse m unter dem Einfluss eines vom Ort x und der Zeit t abhängigen Kraftfeldes $K(t, x)$ im $\mathbb{R}^3$ bestimmt werden.

Nach dem Newtonschen Grundgesetz der Mechanik gilt

$$m\ddot{x}(t) = K(t, x(t))\,. \tag{1.142}$$

Dies ist ein System von DGln 2-ter Ordnung für den Bahnvektor $x(t)$. Zahlreiche Systeme von höherer Ordnung lassen sich jedoch auf Systeme von 1-ter Ordnung zurückführen. Wir erläutern dies anhand unseres Beispiels. Das System (1.142), das aus drei DGln 2-ter Ordnung für die drei Koordinaten $x_1(t)$, $x_2(t)$, $x_3(t)$ besteht, ist, wie man unmittelbar einsieht, äquivalent zu dem System

$$\dot{x}(t) = v(t) =: f_1(t, x, v)\,, \quad \dot{v}(t) = \frac{1}{m} K(t, x(t)) =: f_2(t, x, v)$$

mit sechs DGln 1-ter Ordnung für die sechs Koordinaten $x_1(t), \ldots, v_3(t)$ von $x(t)$ und $v(t)$.

1.3.1   Existenz- und Eindeutigkeitssätze

Analog zu Abschnitt 1.2.3 lässt sich die Methode von Picard-Lindelöf auch zur Behandlung von Systemen von DGln 1-ter Ordnung verwenden. Aufgrund der im letzten Abschnitt aufgezeigten Zusammenhänge zwischen Systemen und DGln höherer Ordnung gewinnen wir entsprechende Resultate auch für DGln n-ter Ordnung.

Was die »Philosophie« dieses Abschnittes betrifft, insbesondere seine Bedeutung für die Anwendungen, so gilt das zu Beginn von Abschnitt 1.2.3 Gesagte unverändert.

Satz 1.11:

(*Picard-Lindelöf für Systeme*) Die Funktionen $f_i : \mathbb{R}^{n+1} \to \mathbb{R}$ $(i = 1, \ldots, n)$ seien im $(n + 1)$-dimensionalen Rechteck

$$D := \{(x, y_1, \ldots, y_n) \mid |x - x_0| \le a ,\ |y_r - y_{0r}| \le b\ (r = 1, \ldots, n)\}$$

stetig und nach $y_1, y_2, \ldots, y_n$ stetig partiell differenzierbar. Sind dann M und h durch

$$M := \max_{i=1,\ldots,n}\ \max_{D} |f_i(x, y_1, \ldots, y_n)| \quad \text{und} \quad h := \min\left(a, \frac{b}{M}\right)$$

erklärt, so gilt: Im Intervall

$$U_h(x_0) = \{x \mid |x - x_0| < h\}$$

gibt es genau eine Lösung des Systems

$$y_1' = f_1(x, y_1, \ldots, y_n),\ \ldots,\ y_n' = f_n(x, y_1, \ldots, y_n), \tag{1.143}$$

die den Anfangsbedingungen

$$y_1(x_0) = y_{01},\quad y_2(x_0) = y_{02},\quad \ldots,\quad y_n(x_0) = y_{0n} \tag{1.144}$$

genügt.

Der Beweis dieses Satzes verläuft analog zum Beweis von Satz 1.1. Wir begnügen uns mit einer kurzen

Beweisskizze: Mit den Vektoren

$$y = \begin{bmatrix} y_1 \\ \vdots \\ y_n \end{bmatrix},\quad y_0 = \begin{bmatrix} y_{01} \\ \vdots \\ y_{0n} \end{bmatrix},\quad f = \begin{bmatrix} f_1 \\ \vdots \\ f_n \end{bmatrix}$$

lässt sich das Anfangswertproblem kurz in der Form

$$y' = f(x, y),\quad y(x_0) = y_0$$

schreiben. Dieses ist zum Integralgleichungssystem

$$y_i(x) = y_{0i} + \int_{x_0}^{x} f_i(t, y_1(t), \ldots, y_n(t)) \, dt \, , \quad i = 1, \ldots, n$$

kurz

$$y(x) = y_0 + \int_{x_0}^{x} f(t, y(t)) \, dt$$

äquivalent. Nach dem Picard-Lindelöfschen Verfahren bildet man die Funktionenfolge $\{y_k(x)\}_{k=0}^{\infty}$ mit Hilfe der Rekursionsformeln

$$y_0(x) := y_0$$

$$y_k(x) := y_0 + \int_{x_0}^{x} f(t, y_{k-1}(t)) \, dt \, , \quad k \in \mathbb{N} \, .$$

Wie im Beweis von Satz 1.1 zeigt man, dass diese Konstruktion sinnvoll ist und dass die Folge $\{y_k(x)\}$ auf $U_h(x_0)$ gleichmäßig konvergiert. Setzt man dann

$$y(x) := y_0 + \sum_{k=1}^{\infty} (y_k(x) - y_{k-1}(x)) \, ,$$

so folgt entsprechend

$$y_k(x) \to y(x) \quad \text{für} \quad k \to \infty \, , \quad \text{gleichmäßig auf } U_h(x_0),$$

und $y(x)$ ist die gesuchte eindeutig bestimmte Lösung. □

Bemerkung: Mit Hilfe der obigen Rekursionsformeln lässt sich wieder näherungsweise die Lösung eines Anfangswertproblems für ein System von DGln bestimmen. Für die Belange der Praxis geeigneter ist jedoch der in Abschnitt 1.2.6 bereitgestellte Algorithmus von Runge-Kutta, der sich auf Systeme übertragen lässt. Wir verweisen auf spezielle Lehrbücher der numerischen Mathematik (z.B. *Collatz* [16] oder *Grigorieff* [41]).

Da wir eine DGl n-ter Ordnung als Spezialfall eines Systems von n DGln 1-ter Ordnung auffassen können (vgl. Abschn. 1.3), liefert uns Satz 1.11 sofort einen entsprechenden Satz für DGln der Ordnung n:

Satz 1.12:

(*Picard-Lindelöf für DGln n-ter Ordnung*) Die Funktion $f : \mathbb{R}^{n+1} \to \mathbb{R}$ sei im $(n+1)$-dimensionalen Rechteck

$$D := \{(x, y_1, \ldots, y_n) \mid |x - x_0| \leq a, \ |y_r - y_{r-1}^0| \leq b, \ r = 1, \ldots, n\}$$

stetig und besitze dort stetige partielle Ableitungen nach den Veränderlichen $y_1, \ldots, y_n$. Sind dann M und h durch

$$M := \max(\max_D |f(x, y_1, \ldots, y_n)|, \ |y_1^0| + b, \ldots, |y_{n-1}^0| + b)$$

und

$$h := \min\left(a, \frac{b}{M}\right)$$

erklärt, so gilt: Im Intervall

$$U_h(x_0) = \{x \mid |x - x_0| < h\}$$

gibt es genau eine Lösung des Anfangswertproblems

$$y^{(n)} = f(x, y, y', \ldots, y^{(n-1)}) \tag{1.145}$$

$$y(x_0) = y_0 = y_0^0, \quad y'(x_0) = y_1^0, \quad \ldots, \quad y^{(n-1)}(x_0) = y_{n-1}^0. \tag{1.146}$$

1.3.2   Abhängigkeit von Anfangsdaten und Parametern

Wir wollen den für viele Anwendungen wichtigen Fragen nachgehen, welchen Einfluss geringe Veränderungen der Anfangsbedingungen (z.B. Anfangslage und -geschwindigkeit bei Bewegungsvorgängen) bzw. der Parameter in der DGl (z.B. Materialkonstanten, Naturkonstanten) auf das Lösungsverhalten haben. Dies ist vor allem dann ein zentrales Anliegen, wenn die aufgrund einer Theorie gewonnenen Resultate mit experimentell ermittelten verglichen werden sollen. Die Versuchsanordnungen lassen sich immer nur näherungsweise den vorgeschriebenen Daten anpassen. Auch Materialkonstanten usw. sind im allgemeinen nur annähernd bekannt. Erfahrungen aus den verschiedensten Anwendungsbereichen lassen in der Regel eine gewisse Unempfindlichkeit der Lösungen von DGln gegenüber kleinen Änderungen im obigen Sinne erwarten. Dieser Sachverhalt soll im Folgenden präzisiert werden.

(a) Wir wollen zunächst die Frage nach der *Abhängigkeit der Lösung von den Anfangsbedingungen* bei Systemen von DGln 1-ter Ordnung

$$y' = f(x, y), \quad y(x_0) = y_0 \tag{1.147}$$

untersuchen. Hierzu nehmen wir an, die Voraussetzungen von Satz 1.11 seien in einem

Rechteck $D \subset \mathbb{R}^{n+1}$ erfüllt. Ist (x_0, y_0) ein innerer Punkt von D, so existiert daher in einer Umgebung von x_0 eine eindeutig bestimmte Lösung des Anfangswertproblems. Außerdem gibt es ein $\varepsilon > 0$ bzw. eine ε-Umgebung $U_\varepsilon(x_0, y_0)$ des Punktes (x_0, y_0), so dass für alle x mit $|x - x_0| < \varepsilon$ und alle $(\tilde{x}_0, \tilde{y}_0) \in U_\varepsilon(x_0, y_0)$ das Iterationsverfahren

$$w_0(x; \tilde{x}_0, \tilde{y}_0) := \tilde{y}_0$$

$$w_k(x; \tilde{x}_0, \tilde{y}_0) := \tilde{y}_0 + \int_{x_0}^{x} f(t, w_{k-1}(t; \tilde{x}_0, \tilde{y}_0))\,dt, \quad k \in \mathbb{N} \tag{1.148}$$

erklärt ist. Wie im Beweis von Satz 1.11 zeigt man: $\{w_k(x, \tilde{x}_0, \tilde{y}_0)\}_{k=1}^{\infty}$ ist eine bezüglich der Variablen $x, \tilde{x}_0, \tilde{y}_0$ gleichmäßig konvergente Folge von stetigen Funktionen, mit einer stetigen Grenzfunktion $w(x; \tilde{x}_0, \tilde{y}_0)$, die das Anfangswertproblem

$$w' = f(x, w), \quad w(\tilde{x}_0; \tilde{x}_0, \tilde{y}_0) = \tilde{y}_0 \tag{1.149}$$

eindeutig löst. Aus der Stetigkeit von w und der Eindeutigkeitsaussage von Satz 1.11 folgt dann

$$w(x; \tilde{x}_0, \tilde{y}_0) \to w(x; x_0, y_0) = y(x; x_0, y_0) \quad \text{für} \quad (\tilde{x}_0, \tilde{y}_0) \to (x_0, y_0),$$

und wir erhalten

Satz 1.13:

Unter den Voraussetzungen von Satz 1.11 hängt die Lösung des Anfangswertproblems

$$y' = f(x, y), \quad y(x_0) = y_0 \tag{1.150}$$

stetig von den Anfangsdaten x_0, y_0 ab.

(b) Der Fall der *Abhängigkeit von Parametern* lässt sich auf den vorhergehenden Fall (a) zurückführen, indem man die Parameter geeignet »entfernt«: Wir legen unseren Betrachtungen das Anfangswertproblem

$$y' = f(x, y; \lambda_1, \ldots, \lambda_m), \quad y(x_0) = y_0 \tag{1.151}$$

mit reellen Parametern $\lambda_1, \ldots, \lambda_m$ zugrunde und erweitern es zu einem parameterfreien, indem wir setzen:

$$\begin{aligned} y' &= f(x, y; z_1, \ldots, z_m), \quad y(x_0) = y_0 \\ z'_j &= 0, \quad j = 1, \ldots, m, \quad z_j(x_0) = \lambda_j. \end{aligned} \tag{1.152}$$

Der Leser überzeugt sich leicht von der Äquivalenz der Probleme (1.151) und (1.152). Dabei ist (1.152) ein System mit $n + m$ DGln 1-ter Ordnung und ebenso vielen Anfangsbedingungen. Die ursprünglichen Parameter treten hier als Anfangsbedingungen auf. Modifizieren wir die Voraussetzungen von Satz 1.13 so, dass wir die Stetigkeits- bzw. Differenzierbarkeitsforderungen an f bezüglich der n Variablen $y_1, \ldots, y_n$ auf die $n + m$ Variablen $y_1, \ldots, y_n, z_1, \ldots, z_n$ ausdehnen, so folgt

Satz 1.14:

Unter den obigen Voraussetzungen hängt die Lösung des Anfangswertproblems

$$y' = f(x, y; \lambda_1, \ldots, \lambda_m), \quad y(x_0) = y_0 \qquad (1.153)$$

stetig von den Parametern $\lambda_1, \ldots, \lambda_m$ ab.

Bemerkung 1: Unter der Voraussetzung, dass sämtliche partiellen Ableitungen der Funktion f bis zur Ordnung k existieren und stetig sind, kann sogar die k-fach differenzierbare Abhängigkeit der Lösung von den Parametern $\lambda_1, \ldots, \lambda_m$ nachgewiesen werden (vgl. z.B. *Walter* [117], §§ 12, 13). Aufgrund der in Abschnitt 1.3 aufgezeigten Zusammenhänge zwischen DGln höherer Ordnung und Systemen 1-ter Ordnung gelten entsprechende Abhängigkeitssätze auch für Anfangswertprobleme bei DGln n-ter Ordnung.

Bemerkung 2: Die beiden Fälle (a) und (b) lassen sich mit Hilfe des Picard-Lindelöfschen Iterationsverfahrens gleichzeitig erfassen. Die Aufspaltung in zwei Teile erfolgte, um das Vorgehen durchsichtiger zu machen.

Wir beschließen diesen Abschnitt mit

Beispiel 1.33:

Der zeitliche Verlauf der Geschwindigkeit $v(t)$ beim freien Fall eines Körpers der Masse m unter Berücksichtigung eines Luftwiderstandes, der zum Quadrat der Geschwindigkeit proportional ist (Proportionalitätsfaktor r), wird durch die DGl

$$\frac{dv}{dt} = g - \frac{r}{m}v^2, \quad g: \text{Erdbeschleunigung}$$

beschrieben (vgl. Üb. 1.3). Die Funktion f mit

$$f(t, v) = g - \frac{r}{m}v^2$$

genügt für beliebige Punkte (t_0, v_0) in ganz $\mathbb{R}^2$ den Voraussetzungen von Satz 1.13, so dass $v(t) = v(t; t_0, v_0)$ überall stetig von t_0 und v_0 abhängt. (Die Existenz einer eindeutig bestimmten Lösung $v(t)$ ist durch Satz 1.11 gesichert.) Kleine Änderungen der Startzeit t_0 bzw. der Anfangsgeschwindigkeit v_0 haben also nur geringe Auswirkungen auf das Lösungsverhalten. Dies war aus physikalischen Gründen nicht anders zu erwarten. Entsprechende Aussagen lassen sich auch bezüglich der Parameter r, m und g machen.

Bemerkung: In unserem Beispiel lässt sich die Abhängigkeit der Lösung von t_0 und v_0 sogar explizit ausdrücken, da wir die allgemeine Lösung der DGl einfach bestimmen können. Diese ergibt sich nach der in Abschnitt 1.2.5 (Typ B) behandelten Methode zu

$$v(t) = \sqrt{\frac{mg}{r}}\, \tanh\left(\sqrt{\frac{rg}{m}}t + C\right).$$

Wegen

$$v(t_0) = v_0 = \sqrt{\frac{mg}{r}}\, \tanh\left(\sqrt{\frac{rg}{m}}t_0 + C\right)$$

folgt

$$C = \operatorname{artanh}\left(\sqrt{\frac{r}{mg}}v_0\right) - \sqrt{\frac{rg}{m}}t_0.$$

Damit ergibt sich die partikuläre Lösung durch den Punkt (t_0, v_0) zu

$$
\begin{aligned}
v(t; t_0, v_0) &= \sqrt{\frac{mg}{r}}\, \tanh\left[\sqrt{\frac{rg}{m}}t + \operatorname{artanh}\left(\sqrt{\frac{r}{mg}}v_0\right) - \sqrt{\frac{rg}{m}}t_0\right] \\
&= \sqrt{\frac{mg}{r}}\, \tanh\left[\sqrt{\frac{rg}{m}}(t - t_0) + \operatorname{artanh}\left(\sqrt{\frac{r}{mg}}v_0\right)\right].
\end{aligned}
$$

1.3.3 Elementare Lösungsmethoden bei nichtlinearen Differentialgleichungen 2-ter Ordnung

Nur in wenigen Fällen lassen sich DGln höherer Ordnung explizit lösen. Wir betrachten im Folgenden einige spezielle Typen von »nichtlinearen« DGln 2-ter Ordnung, die auf DGln 1-ter Ordnung zurückgeführt werden können. Wir schließen hierbei »lineare« DGln aus, da wir diese in Kapitel 2 gesondert behandeln. Die Voraussetzungen von Satz 1.12 seien im Folgenden immer erfüllt.

(A) DGln der Form $y'' = f(x, y')$

In diesem Fall hängt f also nicht von y ab. Wir führen die neue Funktion z durch

$$z(x) := y'(x) \tag{1.154}$$

ein und erhalten für z

$$z' = f(x, z), \tag{1.155}$$

also eine DGl 1-ter Ordnung. Lauten die Anfangsbedingungen

$$y(x_0) = y_0, \quad y'(x_0) = y_0^1, \tag{1.156}$$

so bestimmt man zunächst die Lösung $z(x)$ des Anfangswertproblems

$$z' = f(x, z), \quad z(x_0) = y'(x_0) = y_0^1 .$$

(1.157)

Die gesuchte Lösung $y(x)$ ergibt sich dann zu

$$y(x) = y_0 + \int\limits_{x_0}^{x} z(t)\,dt .$$

(1.158)

Beispiel 1.34:
Wir betrachten die DGl der *Kettenlinie*

$$y'' = a \cdot \sqrt{1 + (y')^2} ,$$

deren Lösung $y(x)$ näherungsweise den Verlauf eines an zwei Punkten P_1, P_2 befestigten Seiles beschreibt, das unter dem Einfluss der Schwerkraft durchhängt (s. Fig. 1.33).

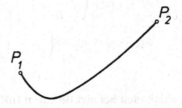

Fig. 1.33: Kettenlinie

Die Konstante a berechnet sich aus

$$a = \frac{\gamma F}{H} ,$$

wobei γ das spezifische Gewicht des Seiles, F sein Querschnitt und H die horizontale Komponente der Seilkraft ist. Wir bestimmen die allgemeine Lösung dieser DGl:
- Mit $z(x) := y'(x)$ erhalten wir für $z(x)$ die DGl

$$z' = a \cdot \sqrt{1 + z^2} .$$

Diese DGl 1-ter Ordnung lösen wir nach der Methode der Trennung der Veränderlichen (vgl. Abschn. 1.2.5, Typ B):

$$\frac{dz}{\sqrt{1 + z^2}} = a\,dx \quad \text{oder} \quad \text{arsinh}\, z = ax + C_1 .$$

Hieraus folgt

$$z(x) = \sinh(ax + C_1) ,$$

woraus wir durch Integration

$$y(x) = \frac{1}{a}\cosh(ax + C_1) + C_2 \quad (\text{»Kettenlinie«})$$

als allgemeine Lösung erhalten.

(B) DGln der Form $y'' = f(y, y')$

Hier hängt f also nicht von x ab. Wir führen die neue Funktion p durch

$$p(y) := y'(x(y)) \tag{1.159}$$

ein. Wir setzen voraus, dass $y' \neq 0$ und daher y eine streng monotone Funktion von x ist. Dann existiert nämlich die Umkehrfunktion $x(y)$ von $y(x)$[17], und es gilt

$$\frac{dx}{dy} = \frac{1}{\frac{dy}{dx}} = \frac{1}{y'(x(y))}.$$

Damit folgt unter Verwendung der Kettenregel

$$p'(y) = y''(x(y)) \cdot \frac{dx(y)}{dy} = y''(x(y)) \cdot \frac{1}{y'(x(y))} = y''(x(y)) \cdot \frac{1}{p(y)},$$

woraus sich wegen $y'' = f(y, y')$ für $p(y)$ eine DGl 1-ter Ordnung ergibt:

$$p' = \frac{1}{p} f(y, p). \tag{1.160}$$

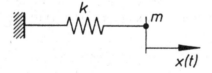

Fig. 1.34: Masse-Feder-Schwingungssystem

Beispiel 1.35:

Wir betrachten ein mechanisches Schwingungssystem, bestehend aus Masse m und Feder (Federkonstante k):

Es soll eine Dämpfungskraft proportional zum Quadrat der Geschwindigkeit berücksichtigt werden (Proportionalitätsfaktor c). Für die Auslenkung $x(t)$ der Masse als Funktion der Zeit t erhalten wir aufgrund des Kräftegleichgewichts die DGl

---

17 Hier – und gelegentlich auch im Folgenden – verwenden wir für die Umkehrfunktion von $y(x)$ die bequeme Schreibweise $x(y)$; x tritt also als unabhängige Variable und als Funktion auf.

$$m\ddot{x} + c\dot{x}^2 + kx = 0, \quad \text{wenn} \quad \dot{x} > 0,$$
$$\text{bzw.}$$
$$m\ddot{x} - c\dot{x}^2 + kx = 0, \quad \text{wenn} \quad \dot{x} < 0.$$

Wir wollen den Fall $\dot{x} > 0$ behandeln:

$$\ddot{x} = -\frac{c}{m}\dot{x}^2 - \frac{k}{m}x =: f(x, \dot{x}) \quad (\text{Typ (B)}).$$

Mit $p(x) := \dot{x}(t(x))$ erhalten wir für $p(x)$

$$p' = \frac{1}{p}\left[-\frac{c}{m}p^2 - \frac{k}{m}x\right] = -\frac{c}{m}p - \frac{k}{m}x \cdot p^{-1},$$

also eine Bernoullische DGl mit $\alpha = -1$ (vgl. Abschn. 1.2.5, Typ E). Ihre allgemeine Lösung lautet (s. Beisp. 1.25)

$$\dot{x}(t(x)) = p(x) = \sqrt{-\frac{k}{c}x + \frac{mk}{2c^2}\left(1 - e^{-\frac{2c}{m}x}\right) + C_1 e^{-\frac{2c}{m}x}}.$$

Für die Umkehrfunktion $t(x)$ (diese existiert aufgrund unserer Annahme $\dot{x} > 0$) folgt also aus $t'(x) = \frac{1}{\dot{x}(t(x))}$ durch Integration

$$t(x) = \int \frac{dx}{\sqrt{-\frac{k}{c}x + \frac{mk}{2c^2}\left(1 - e^{-\frac{2c}{m}x}\right) + C_1 e^{-\frac{2c}{m}x}}} + C_2. \tag{1.161}$$

Wir haben damit für $t(x)$ einen Integralausdruck gewonnen. Die Lösung $x(t)$ erhält man durch Übergang zur Umkehrfunktion, so dass wir die Ausgangsdifferentialgleichung als gelöst ansehen können. Die weitere Auswertung des Integrals (1.161) ist nur mittels Näherungsmethoden möglich.

(C) DGln der Form $y'' = f(y)$

Bei diesen DGln, die in engem Zusammenhang zum Energiesatz der Mechanik stehen (vgl. nachfolgende Anwendung II), hängt f weder von x noch von y' ab. Es liegt also ein Spezialfall von Typ (B) vor, den wir wegen seiner Bedeutung separat behandeln wollen. Wir betrachten das Anfangswertproblem

$$y'' = f(y); \quad y(x_0) = y_0, \quad y'(x_0) = y_0^1 \neq 0. \tag{1.162}$$

Zur Integration der DGl multiplizieren wir zunächst beide Seiten der DGl mit y':

$$y'' \cdot y' = f(y) \cdot y'. \tag{1.163}$$

Ist dann F durch

$$F(y) = \int\limits_{y_0}^{y} f(t)\,dt$$

erklärt (F ist also Stammfunktion von f), so folgt aus (1.163)

$$\frac{1}{2}(y')^2 = F(y) + C. \tag{1.164}$$

Die Integrationskonstante C ergibt sich aus den Anfangsbedingungen zu

$$C = \frac{1}{2}(y_0^1)^2,$$

woraus die Beziehung

$$(y'(x))^2 = 2 \int\limits_{y_0}^{y(x)} f(t)\,dt + (y_0^1)^2 \tag{1.165}$$

folgt. Da nach Voraussetzung $y_0^1 \neq 0$ ist, ist die rechte Seite von (1.165) in einer genügend kleinen Umgebung von x_0 positiv. Es gilt daher

$$y'(x) = \pm \sqrt{2 \int\limits_{y_0}^{y(x)} f(t)\,dt + (y_0^1)^2}. \tag{1.166}$$

Dies ist eine DGl 1-ter Ordnung für $y(x)$. Dabei ist das obere Vorzeichen für $y_0^1 > 0$ und das untere Vorzeichen für $y_0^1 < 0$ zu nehmen. Wegen $y_0^1 \neq 0$ existiert in einer Umgebung von y_0 die Umkehrfunktion $x(y)$ der gesuchten Lösung $y(x)$, und es gilt

$$x'(y) = \frac{1}{y'(x(y))} = \frac{y_0^1}{|y_0^1|} \frac{1}{\sqrt{2\int_{y_0}^{y} f(t)\,dt + (y_0^1)^2}} \tag{1.167}$$

bzw. nach Integration unter Beachtung der Anfangsbedingungen

$$x(y) = x_0 + \frac{y_0^1}{|y_0^1|} \int\limits_{y_0}^{y} \frac{dv}{\sqrt{2\int_{y_0}^{v} f(t)\,dt + (y_0^1)^2}}. \tag{1.168}$$

Wir erhalten hieraus die Lösung $y(x)$ unseres Anfangswertproblems (1.162) durch Übergang zur Umkehrfunktion.

Bemerkung: Der Fall $y_0^1 = y'(x_0) = 0$ erfordert zusätzliche Betrachtungen, auf die wir hier nicht eingehen.

Beispiel 1.36:

Wir betrachten das Anfangswertproblem

$$y'' = -\frac{1}{y^2}\,; \quad y(0) = 2\,, \quad y'(0) = 1\,.$$

Zunächst berechnen wir

$$\int\limits_2^v \left(-\frac{1}{t^2}\right) dt = \frac{1}{t}\bigg|_{t=2}^{t=v} = \frac{1}{v} - \frac{1}{2}$$

und erhalten mit (1.168)

$$x(y) = 0 + \int\limits_2^y \frac{dv}{\sqrt{2\left(\frac{1}{v} - \frac{1}{2}\right) + 1}} = \int\limits_2^y \frac{dv}{\sqrt{\frac{2}{v}}} = \frac{\sqrt{2}}{3} y^{\frac{3}{2}} - \frac{4}{3}\,.$$

Auflösung nach y ergibt die gesuchte Lösung

$$y(x) = \left(\frac{9}{2}\right)^{\frac{1}{3}} \left(x + \frac{4}{3}\right)^{\frac{2}{3}}\,.$$

Anwendungen

(I) Schuss ins Weltall.

Wir wollen zunächst den freien Fall eines Versuchskörpers der Masse m beschreiben, der weit von der Erde entfernt ist (s. Fig. 1.35). Wir können hier nicht mehr von der Annahme ausgehen, dass für die Beschleunigung g der Wert $9.81\,\frac{m}{\sec^2}$ gilt. Diese Annahme ist nur in der Nähe der Erde gerechtfertigt.

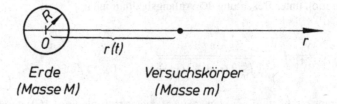

Fig. 1.35: Freier Fall aus einer großen Höhe

Aus dem Newtonschen Grundgesetz

$$K = m\ddot{r}$$

und dem Gravitationsgesetz

$$K_{m,M} = \gamma \frac{Mm}{r^2} \quad (\gamma: \text{Gravitationskonstante}),$$

das die Anziehungskraft von zwei Körpern der Masse M und m ausdrückt, ergibt sich aufgrund der Gleichgewichtsbedingung

$$m\ddot{r} + \gamma \frac{Mm}{r^2} = 0$$

bzw.

$$\ddot{r} = -\frac{\gamma M}{r^2} . \tag{1.169}$$

Dies ist eine DGl für $r(t)$ vom Typ (C). Nehmen wir noch an, dass der Versuchskörper zum Zeitpunkt $t = 0$ den Abstand r_0 vom Mittelpunkt der Erde und die Anfangsgeschwindigkeit v_0 besitzt, so wird der freie Fall eines Körpers der Masse m aus einer großen Höhe durch das Anfangswertproblem

$$\ddot{r} = -\frac{\gamma M}{r^2} ; \quad r(0) = r_0 , \quad \dot{r}(0) = v_0 \tag{1.170}$$

beschrieben.

Wir modifizieren nun unsere ursprüngliche Fragestellung ein wenig und fragen: Welche Anfangsgeschwindigkeit v_0 muss der Versuchskörper, etwa eine Rakete, mindestens haben, um aus dem Anziehungsbereich der Erde zu gelangen. Man nennt dieses v_0 die *Fluchtgeschwindigkeit*. Ferner interessiert uns, welche Lösung $r(t)$ sich in diesem Fall ergibt. Zu lösen ist also das Anfangswertproblem

$$\ddot{r} = -\frac{\gamma M}{r^2} ; \quad r(0) = R , \quad \dot{r}(0) = v_0 , \tag{1.171}$$

wobei R der Radius der kugelförmig angenommenen Erde und $v_0 > 0$ ist. Hierzu multiplizieren wir die DGl mit $\dot{r}$ und erhalten

$$\dot{r}\ddot{r} = -\frac{\gamma M}{r^2}\dot{r} \quad \text{bzw.} \quad \frac{\mathrm{d}}{\mathrm{d}t}(\dot{r})^2 = -2\frac{\gamma M}{r^2}\dot{r} .$$

Hieraus folgt durch Integration

$$\dot{r}^2 = \frac{2\gamma M}{r} + C$$

bzw. mit $\dot{r}(0) = v_0$ und $r(0) = R$

$$(\dot{r})^2 = 2\gamma M \left(\frac{1}{r} - \frac{1}{R} \right) + v_0^2 . \tag{1.172}$$

Für die Fluchtgeschwindigkeit ergibt sich hieraus

$$v_0 = \sqrt{\frac{2\gamma M}{R}} \approx 11{,}2 \frac{km}{sec} , \tag{1.173}$$

und $r(t)$ gewinnen wir dann aus

$$(\dot{r})^2 = \frac{2\gamma M}{r} \quad \text{bzw.} \quad \dot{r} = \sqrt{\frac{2\gamma M}{r}}$$

durch Trennung der Veränderlichen:

$$\sqrt{r}\, dr = \sqrt{2\gamma M}\, dt \quad \text{oder} \quad \frac{2}{3} r^{\frac{3}{2}} = \sqrt{2\gamma M}\, t + C_1 .$$

Hieraus folgt

$$r(t) = \left(\frac{3}{2} \sqrt{2\gamma M}\, t + C_2 \right)^{\frac{2}{3}} . \tag{1.174}$$

Die Integrationskonstante C_2 bestimmt sich mit $r(0) = R$ zu

$$R = (0 + C_2)^{\frac{2}{3}} = C_2^{\frac{2}{3}} \quad \text{oder} \quad C_2 = R^{\frac{3}{2}} ,$$

so dass wir die gesuchte Lösung

$$r(t) = \left(\frac{3}{2} \sqrt{2\gamma M}\, t + R^{\frac{3}{2}} \right)^{\frac{2}{3}} \tag{1.175}$$

erhalten.

Wir diskutieren noch kurz die beiden anderen Fälle (s. auch *Wille* [119], Abschn. 5.6.1).

$v_0 < \sqrt{\frac{2\gamma M}{R}}$: **(endliche Steighöhe r_s)**

Aus (1.172) ergibt sich für $\dot{r} = 0$ die Steighöhe $r = r_s$ zu

$$r_s = \frac{R}{1 - \left(\dfrac{v_0}{\sqrt{\dfrac{2\gamma M}{R}}} \right)^2} . \tag{1.176}$$

Ebenfalls aus (1.172) erhalten wir

$$\frac{dr}{dt} = \underset{(-)}{+}\sqrt{v_0^2 - \frac{2\gamma M}{R} + \frac{2\gamma M}{r}} \cdot \quad {}^{18}$$

bzw.

$$\frac{dt}{dr} = \frac{\sqrt{r}}{\sqrt{2\gamma M}\sqrt{1 - \left(\frac{1}{R} - \frac{v_0^2}{2\gamma M}\right)r}} \cdot$$

Hieraus ergibt sich durch Integration

$$t(r) = \frac{1}{k}\int_R^r \frac{\sqrt{x}\, dx}{\sqrt{1 - C^2 x}} \, ,$$

mit den Abkürzungen

$$k := \sqrt{2\gamma M} \quad \text{und} \quad C := \sqrt{\frac{1}{R} - \frac{v_0^2}{2\gamma M}} \, .$$

Die Substitution $u := C\sqrt{x}$ führt auf

$$t(r) = \frac{2}{kC^3}\int_{C\sqrt{R}}^{C\sqrt{r}} u \cdot \frac{u}{\sqrt{1 - u^2}}\, du \, ,$$

woraus sich nach Produktintegration das Bewegungsgesetz

$$t(r) = \frac{1}{kC^3}\left[-\sqrt{C^2 r - C^4 r^2} - \arccos(C\sqrt{r}) + a\right], \quad R \le r < r_s \tag{1.177}$$

mit

$$a := \sqrt{C^2 R - C^4 R^2} + \arccos(C\sqrt{R})$$

ergibt. Die Auflösung nach r, also die Berechnung von r bei gegebenem t, gelingt nur auf nume-rischem Weg, z.B. mittels Newton-Verfahren.

---

18 Wir beschränken uns dabei auf die positive Wurzel, also auf die Beschreibung des Aufstiegs.

$v_0 > \sqrt{\frac{2\gamma M}{R}}$: (Schuss ins Weltall)

Die Beziehung (1.172) liefert für $r \to \infty$

$$(\dot{r})^2 = 2\gamma M \left(\frac{1}{r} - \frac{1}{R} \right) + v_0^2 \to -\frac{2\gamma M}{R} + v_0^2 =: v_\infty^2 \,,$$

d.h. die Geschwindigkeit des Raumflugkörpers strebt für $r \to \infty$ dem Wert

$$v_\infty = \sqrt{v_0^2 - \frac{2\gamma M}{R}} \tag{1.178}$$

zu. Der Raumflugkörper kehrt also nicht mehr zur Erde zurück. Analog zum vorhergehenden Fall erhalten wir folgenden Zusammenhang zwischen t und r: Setzen wir

$$k := \sqrt{2\gamma M} \,, \quad B := \sqrt{\frac{v_0^2}{2\gamma M} - \frac{1}{R}} \,, \quad u := B\sqrt{x} \,,$$

so ergibt sich wie oben

$$t(r) = \frac{2}{kB^3} \int_{B\sqrt{R}}^{B\sqrt{r}} \frac{u^2}{\sqrt{1+u^2}} \, du \tag{1.179}$$

$$= \frac{1}{kB^3} \left[\sqrt{B^2 r + B^4 r^2} - \operatorname{arsinh}(B\sqrt{r}) + b \right] \,, \quad r \geq R$$

mit

$$b := -\sqrt{B^2 R + B^4 R^2} + \operatorname{arsinh}(B\sqrt{R}) \,.$$

(II) Die Pendelgleichung

Eine wichtige Anwendung von DGln der Form $y'' = f(y)$ tritt im Zusammenhang mit der Bewegung eines ebenen mathematischen Pendels auf: Ein Massenpunkt der Masse m sei an einem gewichtslosen Faden der Länge l befestigt (vg. Fig. 1.36).

Wir wollen den Verlauf des Ausschlagwinkels φ als Funktion der Zeit t bestimmen. Wie üblich bezeichne g die Erdbeschleunigung. Aus Fig. 1.36 entnehmen wir für den Anteil der Schwerkraft tangential zur Bahnkurve des Massenpunktes den Wert

$$mg \sin \varphi(t) \,.$$

Die Trägheitskraft in dieser Richtung lautet

$$ml\ddot{\varphi}(t) \,.$$

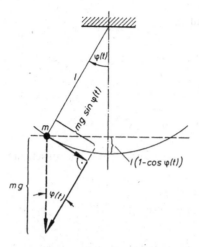

Fig. 1.36: Mathematisches Pendel

Aus der Kräftegleichgewichtsbedingung erhalten wir

$$ml\ddot{\varphi}(t) + mg\sin\varphi(t) = 0$$

und hieraus die DGl der Pendelbewegung

$$\ddot{\varphi} + \frac{g}{l}\sin\varphi = 0. \tag{1.180}$$

Für kleine Auslenkungen φ kann $\sin\varphi$ näherungsweise durch φ ersetzt werden. Dadurch geht die Pendelgleichung in die einfacher zu behandelnde »linearisierte« DGl

$$\ddot{\varphi} + \frac{g}{l}\varphi = 0 \tag{1.181}$$

über. Dies ist die DGl der »harmonischen Schwingungen«, die wir in Abschnitt 3.1 mit den dort bereitgestellten Hilfsmitteln sehr einfach behandeln können. Wir wenden uns wieder der nichtlinearen DGl (1.180), die von der Form $y'' = f(y)$ ist, zu und erläutern zunächst die bei der Behandlung dieses Typs angewandte Lösungsmethode anhand des Energiesatzes der Mechanik: Wir multiplizieren beide Seiten der Gleichung

$$ml\ddot{\varphi} = -mg\sin\varphi$$

mit $\dot{\varphi}$:

$$ml\ddot{\varphi}\dot{\varphi} = -mg\sin\varphi \cdot \dot{\varphi}.$$

Nun integrieren wir und erhalten

$$\frac{m}{2}l \cdot \dot{\varphi}^2 = mg\cos\varphi + C_1$$

bzw. nach Multiplikation mit l

$$\frac{m}{2}l^2\dot{\varphi}^2 - mgl\cos\varphi = C, \quad (C := C_1 l).$$

Diese DGl lässt sich als Energiesatz interpretieren. Hierzu setzen wir $E := mgl + C$. Damit folgt die Beziehung

$$\frac{m}{2}l^2\dot{\varphi}^2 + mgl(1 - \cos\varphi) = mgl + C = E \tag{1.182}$$

also der *Energiesatz*. Dem ersten Summanden auf der linken Seite entspricht die *kinetische Energie*

$$E_{\text{kin}} = \frac{m}{2}l^2\dot{\varphi}^2, \tag{1.183}$$

dem zweiten die *potentielle Energie*

$$E_{\text{pot}} = mgl(1 - \cos\varphi) \tag{1.184}$$

(vgl. auch Fig. 1.36), während die rechte Seite die *Gesamtenergie*

$$E_{\text{ges}} = E = \text{const} \tag{1.185}$$

der Pendelbewegung darstellt. Der Energiesatz besagt nun gerade, dass die Summe aus kinetischer und potentieller Energie zu jedem Zeitpunkt t denselben Wert hat. Aus dem Energiesatz ersehen wir überdies, dass die Pendelgleichung je nach Größe der Anfangsgeschwindigkeit $\dot{\varphi}(0)$ drei verschiedene Bewegungstypen beschreibt:

Ein extremaler Ausschlag kann nur im Fall

$$\dot{\varphi}(t) = 0, \quad \text{also für} \quad mgl(1 - \cos\varphi) = E,$$

auftreten, d.h. für $E \leq 2mgl$. Damit ergeben sich die folgenden Möglichkeiten:

$E < 2mgl$: Das Pendel besitzt einen maximalen Ausschlag mit $|\varphi_{\text{max}}| < \pi$;

$E = 2mgl$: Das Pendel nimmt die Grenzlage $\varphi_0 = \pi$ ein;

$E > 2mgl$: Das Pendel überschlägt sich.

Wir begnügen uns mit der Betrachtung des ersten Falles[19]

$$0 < E < 2mgl \tag{1.186}$$

---

19 Zum Fall $E > 2mgl$ vgl. Üb. 1.22

und beschränken uns dabei auf eine Pendelauslenkung nach links ($\varphi \geq 0$). Wegen (1.186) besitzt die Gleichung $mgl(1 - \cos\varphi) = E$ genau eine Lösung $\varphi_{\max}$, wir bezeichnen sie mit α, mit $0 < \alpha < \pi$. Aus der Energiegleichung (1.182) folgt mit $\dot\varphi = 0$ für $\varphi = \alpha$

$$\dot\varphi^2 + \frac{2g}{l}(\cos\alpha - \cos\varphi) = 0$$

und hieraus, unter Verwendung der Identität $\cos\alpha - \cos\varphi = -2\left(\sin^2\frac{\alpha}{2} - \sin^2\frac{\varphi}{2}\right)$, die DGl

$$\dot\varphi^2 - 4\frac{g}{l}\left(\sin^2\frac{\alpha}{2} - \sin^2\frac{\varphi}{2}\right) = 0,$$

also

$$\dot\varphi = \underset{(-)}{+}2 \cdot \sqrt{\frac{g}{l}}\sqrt{\sin^2\frac{\alpha}{2} - \sin^2\frac{\varphi}{2}} \, . \tag{1.187}$$

Das negative Vorzeichen muss nicht berücksichtigt werden, da wir nur den Ausschlag nach links betrachten. Wir lösen diese DGl nach der Methode der Trennung der Veränderlichen:

$$\frac{d\varphi}{\sqrt{\sin^2\frac{\alpha}{2} - \sin^2\frac{\varphi}{2}}} = 2\sqrt{\frac{g}{l}}\,dt \, . \tag{1.188}$$

Integrieren wir diese Gleichung, so tritt auf der linken Seite ein Integral auf, das sich nicht elementar berechnen lässt. Mit Hilfe der nachfolgenden Umformung (1.189) können wir es jedoch in eine Form bringen, die eine tabellarische Auswertung gestattet. Hierzu drücken wir φ durch u aus, wobei u durch die Beziehung

$$\sin\frac{\varphi}{2} = \sin\frac{\alpha}{2} \cdot \sin u \tag{1.189}$$

erklärt ist. Nach der Substitutionsregel der Integralrechnung (vgl. Burg/Haf/Wille (Analysis) [13]) gilt dann mit

$$d\varphi = 2\frac{\sin\frac{\alpha}{2}\cos u}{\cos\frac{\varphi}{2}}\,du$$

und

$$\frac{d\varphi}{\sqrt{\sin^2\frac{\alpha}{2} - \sin^2\frac{\varphi}{2}}} = \frac{2\sin\frac{\alpha}{2}\cos u}{\cos\frac{\varphi}{2}\sqrt{\sin^2\frac{\alpha}{2}(1 - \sin^2 u)}}\,du$$

$$= \frac{2\cos u\,du}{\cos\frac{\varphi}{2}\sqrt{\cos^2 u}} = \frac{2\,du}{\cos\frac{\varphi}{2}} = \frac{2\,du}{\sqrt{1 - \sin^2\frac{\varphi}{2}}}$$

$$= \frac{2\,du}{\sqrt{1 - \sin^2\frac{\alpha}{2}\sin^2 u}},$$

wenn wir die Anfangsbedingung $\varphi(0) = 0$ bzw. $u(0) = 0$ wählen:

$$\int_0^u \frac{dv}{\sqrt{1 - \sin^2 \frac{\alpha}{2} \sin^2 v}} = \sqrt{\frac{g}{l}} t \ . \tag{1.190}$$

Man nennt

$$F\left(\frac{\alpha}{2}, u\right) := \int_0^u \frac{dv}{\sqrt{1 - \sin^2 \frac{\alpha}{2} \sin^2 v}} \tag{1.191}$$

ein *elliptisches Integral 1. Gattung in Normalform*. F ist als Funktion von $\frac{\alpha}{2}$ und u tabelliert und findet sich z.B. in *Jahnke* [62], Kap. VI. Ihre Umkehrfunktion F^{-1} nennt man *Amplitude* und schreibt dafür: am. Aus (1.190) folgt durch Integration unter Berücksichtigung von (1.186)

$$F\left(\frac{\alpha}{2}, u\right) = \sqrt{\frac{g}{l}} t \tag{1.192}$$

und hieraus durch Übergang zur Umkehrfunktion

$$u = \mathrm{am}\left(\frac{\alpha}{2}, \sqrt{\frac{g}{l}} t\right) \ . \tag{1.193}$$

Wir drücken nun u wieder durch φ aus und setzen noch

$$k := \sin \frac{\alpha}{2} \quad (k \text{ heißt } Modul). \tag{1.194}$$

Dadurch ergibt sich aus (1.189) und (1.193)

$$\sin \frac{\varphi}{2} = k \sin u = k \sin \mathrm{am}\left(\frac{\alpha}{2}, \sqrt{\frac{g}{l}} t\right) \ ,$$

also für den gesuchten Ausschlag $\varphi(t)$

$$\varphi(t) = 2 \arcsin\left[k \sin \mathrm{am}\left(\frac{\alpha}{2}, \sqrt{\frac{g}{l}} t\right) \right] \tag{1.195}$$

Diese Lösung hängt vom maximalen Ausschlag α ab, enthält also noch einen »Freiheitsgrad«. Dies erklärt sich daraus, dass wir nur eine Anfangsbedingung, nämlich $\varphi(0) = 0$, für unsere DGl 2-ter Ordnung verwendet haben.

Von großer praktischer Bedeutung ist die *Schwingungsdauer* T (=Zeitdauer für eine volle Schwingung) des Pendels. Wir wollen T berechnen:

Wegen $\varphi(0) = 0$ wird der maximale Ausschlag $\varphi = \alpha$ nach einer viertel Schwingung erreicht, d.h. wegen (1.189) für $u = \frac{\pi}{2}$. Damit gilt

$$K := \int_0^{\frac{\pi}{2}} \frac{dv}{\sqrt{1 - k^2 \sin^2 v}} = \sqrt{\frac{g}{l}} \cdot \frac{T}{4} , \tag{1.196}$$

also

$$T = 4 \sqrt{\frac{l}{g}} K . \tag{1.197}$$

Wir beachten: K hängt von k ($= \sin \frac{\alpha}{2}$) und damit von α ab, und es gilt

$$K \to \frac{\pi}{2} \quad \text{für} \quad k \to 0 \quad \text{bzw.} \quad \alpha \to 0$$
$$K \to +\infty \quad \text{für} \quad k \to 1 \quad \text{bzw.} \quad \alpha \to \pi .$$

Wir geben abschließend noch die Potenzreihenentwicklung von K nach Potenzen von α bzw. $\sin \frac{\alpha}{2}$ an: Nach der binomischen Formel (vgl. Burg/Haf/Wille (Analysis) [13])

$$(1 + x)^{\alpha} = 1 + \binom{\alpha}{1} x + \binom{\alpha}{2} x^2 + \cdots = \sum_{n=0}^{\infty} \binom{\alpha}{n} x^n , \quad x > -1 , \alpha \in \mathbb{R} , \tag{1.198}$$

mit $\binom{\alpha}{n} := \dfrac{\alpha(\alpha - 1) \ldots (\alpha - n + 1)}{n!}$, gilt

$$\frac{1}{\sqrt{1 - k^2 \sin^2 v}} = \left(1 - k^2 \sin^2 v\right)^{-\frac{1}{2}} = \sum_{n=0}^{\infty} \binom{-\frac{1}{2}}{n} (-1)^n k^{2n} \sin^{2n} v , \tag{1.199}$$

wobei $k^2 < 1$ wegen $0 < \alpha < \pi$ ist. Die Reihe (1.199) konvergiert daher gleichmäßig für $0 \le v \le \frac{\pi}{2}$ und darf somit gliedweise integriert werden. Dadurch ergibt sich

$$K(k) = \sum_{n=0}^{\infty} \binom{-\frac{1}{2}}{n} (-1)^n k^{2n} \int_0^{\frac{\pi}{2}} \sin^{2n} v \, dv$$

und hieraus wegen

$$\int_0^{\frac{\pi}{2}} \sin^{2n} v \, dv = \frac{\pi}{2} \cdot \frac{1}{2} \cdot \frac{3}{4} \cdot \ldots \cdot \frac{2n - 3}{2n - 2} \cdot \frac{2n - 1}{2n}$$

(s. Burg/Haf/Wille (Analysis) [13]) und

$$\binom{-\frac{1}{2}}{n} = \frac{1}{n!}\left(-\frac{1}{2}\right)\left(-\frac{3}{2}\right)\cdot\ldots\cdot\left(-\frac{2n-1}{2}\right) = (-1)^n \frac{1\cdot 3\cdot\ldots\cdot(2n-1)}{2\cdot 4\cdot\ldots\cdot 2n} :$$

$$K(k) = \frac{\pi}{2}\sum_{n=0}^{\infty}\left(\frac{(1\cdot 3\cdot\ldots\cdot(2n-1))}{2\cdot 4\cdot\ldots\cdot(2n)}\right)^2 k^{2n}, \quad k < 1.$$

Mit (1.194) und (1.197) folgt für T damit die Reihenentwicklung

$$T = T(\alpha)$$
$$= 2\pi\sqrt{\frac{l}{g}}\left[1 + \left(\frac{1}{2}\right)^2\sin^2\frac{\alpha}{2} + \left(\frac{1\cdot 3}{2\cdot 4}\right)^2\sin^4\frac{\alpha}{2} + \ldots\right], \tag{1.200}$$
$$0 < \alpha < \pi$$

Für kleine Ausschläge erhalten wir für die Schwingungsdauer T die Näherungsformel

$$T_0 = 2\pi\sqrt{\frac{l}{g}}, \tag{1.201}$$

d.h. in diesem Fall ist die Schwingungsdauer von der Größe des Ausschlages unabhängig. Man sagt, die Pendelschwingung verhält sich *isochron*.

Astronomische Uhren bestehen aus Pendeln mit $\alpha \leq 1{,}5°$. Das erste Korrekturglied in der Reihenentwicklung (1.200) besitzt die Größenordnung $5 \cdot 10^{-5}$ (vgl. z.B. *Sommerfeld* [105], Kap. III, § 15).

Bemerkung: Die Pendelgleichung steht formal in einem engen Zusammenhang mit einer entsprechenden DGl für die Knickung eines dünnen Stabes und stellt daher für die Behandlung dieses Fragenkreises ein wertvolles Hilfsmittel dar (vgl. Abschn. 5.3).

Übungen

Übung 1.20*

Löse die folgenden Anfangswertprobleme:

(a) $y'' + (x-1)(y')^3 = 0$, $y(0) = 0$, $y'(0) = 1$;

(b) $y'' \cdot y' = 4x$, $y(1) = 2$, $y'(1) = 1$.

Übung 1.21*

Wie lautet die Lösung des Anfangswertproblems

$$y'' = y' \cdot (y+1), \quad y(0) = 0, \quad y'(0) = \frac{1}{2}?$$

Übung 1.22*

Sei $\varphi(t)$ die zu den Anfangsbedingungen $\varphi(0) = 0$, $\varphi'(0) = \varphi_1 > 0$ gehörende Lösung der Pendelgleichung

$$ml\varphi''(t) = -mg \sin \varphi(t)$$

und $E = \frac{m}{2}l^2\varphi_1^2$ die zugehörige (kinetische) Energie des Pendels zum Zeitpunkt $t = 0$. Zu einem beliebigen Zeitpunkt t ergibt sich E als Summe aus kinetischer und potentieller Energie der Pendelmasse:

$$E = \frac{m}{2}l^2[\varphi'(t)]^2 + mgl[1 - \cos \varphi(t)]$$

(s. Abschn. 1.3.3, Anwendung II). Beweise unter der Voraussetzung, dass die Gesamtenergie größer ist als die maximale potentielle Energie (d.h. $E > 2mgl$):

(a) Die Lösung $\varphi(t)$ der Pendelgleichung existiert für alle t und ist eine ungerade Funktion. Ferner gilt $\varphi'(t) > 0$ für alle t und $\lim\limits_{t \to \pm\infty} \varphi(t) = \pm\infty$.

(b) Es gibt genau eine reelle Zahl τ mit $\varphi(\tau) = 2\pi$ (benutze (a)). Welchen Wert besitzt $\varphi'(\tau)$?

(c) Für alle t gilt: $\varphi(t + \tau) = \varphi(t) + 2\pi$. Anleitung: Zeige, dass sowohl $\varphi_0(t) := \varphi(t + \tau)$ als auch $\psi_0(t) := \varphi(t) + 2\pi$ der Pendelgleichung mit gemeinsamen Anfangsdaten genügt.

(d) Die Bewegung

$$\begin{bmatrix} x(t) \\ y(t) \end{bmatrix} = \begin{bmatrix} l \cos \varphi(t) \\ l \sin \varphi(t) \end{bmatrix}$$

der Pendelmasse ist periodisch mit der Periode τ (benutze (c)). Gib einen Integralausdruck für τ an.

Übung 1.23*

Löse das Anfangswertproblem

$$y'' = \frac{1}{y^2}, \quad y(0) = -2, \quad y'(0) = 1.$$

Welchen Definitionsbereich besitzt die Lösung?

1.4   Ebene autonome Systeme (Einführung)

Hängt die rechte Seite des DGl-Systems $y' = f(x, y)$ nicht explizit von x ab, besitzt dieses also die Form

$$y' = f(y),\tag{1.202}$$

so liegt ein *autonomes DGl-System* (kurz: *autonomes System*) vor. Mit Blick auf die Anwendungen ersetzen wir die unabhängige Variable x durch die Zeitvariable t, sowie die abhängige (vektorwertige) Variable y durch x, und schreiben anstelle von (1.202)

$$\dot{x} = f(x).\qquad\qquad(1.203)$$

Interpretiert man $f(x)$ als Geschwindigkeitsfeld einer Strömung, so lässt sich (1.203) als Bestimmungsgleichung für die Stromlinien $x(t)$ auffassen.

Autonome Systeme haben die angenehme Eigenschaft, dass zu ihrer Untersuchung in starkem Maße geometrische Betrachtungsweisen herangezogen werden können. Dadurch gewinnt man wichtige Informationen über das Lösungsverhalten, auch wenn die Lösungen selbst nicht explizit bekannt sind. Wir wollen in diesem Abschnitt aufzeigen, dass die Lösungsmengen von autonomen Systemen im Grunde bereits durch die »Gleichgewichtspunkte« und die »periodischen Lösungen« qualitativ festgelegt sind. Dies kann hier nur im Sinne einer Einführung geschehen, wobei wir uns in der Regel auf den ebenen Fall ($n = 2$) beschränken. Zur Vertiefung verweisen wir auf die Spezialliteratur (z.B. *Amann* [1], *Guckenheimer/Holmes* [42] oder *Knobloch/Kappel* [71]).

1.4.1   Fortsetzbarkeit der Lösungen von Anfangswertproblemen

Vorbereitend für die nachfolgenden Untersuchungen wollen wir in diesem Abschnitt ganz allgemein der Frage nachgehen, unter welchen Voraussetzungen sich die durch Satz 1.11, Abschnitt 1.3.1 garantierten lokalen Lösungen von Systemen 1-ter Ordnung auf größere Definitionsbereiche fortsetzen lassen.

Wir betrachten zunächst den einfachsten Fall, nämlich das Anfangswertproblem

$$y' = f(x, y),\quad y(x_0) = y_0.\qquad\qquad(1.204)$$

Ist D eine offene Menge in $\mathbb{R}^2$, und ist f eine in D stetige Funktion, deren partielle Ableitung $\frac{\partial f}{\partial y}$ in D stetig ist, so besitzt das Anfangswertproblem (1.204) für $(x_0, y_0) \in D$ in einer Umgebung von x_0 genau eine Lösung. Unser Anfangswertproblem ist also lokal eindeutig lösbar. Dies folgt so: Wir wählen rechts vom Punkt (x_0, y_0) ein Rechteck gemäß Fig. 1.37

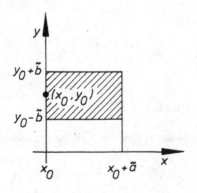

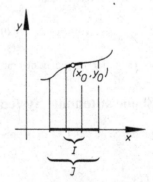

Fig. 1.37: Wahl eines Rechtecks   Fig. 1.38: Fortsetzung der Lösung auf J

Falls wir $\tilde{a}$ und $\tilde{b}$ genügend klein nehmen, sind die Voraussetzungen von Satz 1.1 erfüllt. Entsprechend kann man nach links vorgehen. Eine eindeutig bestimmte lokale Lösung, etwa auf dem Intervall I, ist somit gesichert. Ist nun J ein Intervall mit $I \subset J$, und ist $\tilde{y}(x)$ eine Lösung von (1.204) auf J, für die

$$\tilde{y}(x) = y(x) \quad \text{für alle} \quad x \in I \tag{1.205}$$

gilt, so nennt man $\tilde{y}$ eine *Fortsetzung* von y auf J.

Unser Anliegen ist es nun, ein »größtmögliches« Intervall J zu ermitteln, für das eine eindeutig bestimmte Lösung von (1.204) gewährleistet ist. Wir beweisen zunächst zwei Hilfssätze.

Hilfssatz 1.2:

Das Anfangswertproblem (1.204) besitze wenigstens eine Lösung. $M = \{\varphi_\alpha\}_{\alpha \in Q}$ (Q: Indexmenge) bezeichne die Menge aller Lösungen φ_α im Intervall J_α. Für $\alpha, \beta \in Q$ gelte

$$\varphi_\alpha(x) = \varphi_\beta(x) \quad \text{für} \quad x \in J_\alpha \cap J_\beta , \tag{1.206}$$

Dann gibt es im Intervall[20] $J := \bigcup_{\alpha \in Q} J_\alpha$ genau eine Lösung $\varphi(x)$, die

$$\varphi(x) = \varphi_\alpha(x) \quad \text{für alle} \quad x \in J_\alpha \quad \text{und alle} \quad \alpha \in Q$$

erfüllt. Diese Lösung lässt sich nicht fortsetzen. Jede weitere Lösung von (1.204) ist eine Einschränkung von $\varphi(x)$.

Beweis:

Zu $x \in J$ gibt es ein $\alpha \in Q$ mit $x \in J_\alpha$. Wir setzen $\varphi(x) := \varphi_\alpha(x)$. Für einen anderen Index β mit $x \in J_\beta$ gilt wegen (1.206) $\varphi_\alpha(x) = \varphi_\beta(x)$, so dass $\varphi(x)$ eindeutig bestimmt ist. Wir haben noch zu zeigen, dass $\varphi(x)$ Lösung von (1.204) auf J ist. Dies folgt so: Ist ξ irgendein Punkt aus J, so existiert ein $\alpha \in Q$ mit $\xi \in J_\alpha$. Daher ist $[x_0, \xi]$ in J_α enthalten, und es gilt $\varphi(x) = \varphi_\alpha(x)$ in $[x_0, \xi]$. $\square$

Bemerkung: Man nennt J *maximales Existenzintervall*. Wir verwenden für dieses die Schreibweise I_{max}. Da D eine offene Menge ist, ist I_{max} ein offenes Intervall (warum?): $I_{max} =: (x_l, x_r)$. Dabei können die Fälle auftreten, dass der linke Randpunkt x_l den Wert $-\infty$ und der rechte Randpunkt x_r den Wert $+\infty$ besitzt.

Hilfssatz 1.3:

Es sei D eine offene Menge in $\mathbb{R}^2$ und $f(x, y)$ stetig in D.

   (i) Ist D_0 eine in D enthaltene kompakte Menge und $\varphi(x)$ eine Lösung von $y' = f(x, y)$ im Intervall $[x_0, a)$, die ganz in D_0 verläuft, so lässt sich $\varphi(x)$ auf $[x_0, a]$ fortsetzen; $\varphi(x)$ genügt dort der DGl.

---

20 Da $x_0 \in J_\alpha$ für alle $\alpha \in Q$, ist J wieder ein Intervall.

(ii) Sind die Funktionen $\varphi_1(x)$ bzw. $\varphi_2(x)$ Lösungen von $y' = f(x, y)$ auf $[x_0, a]$
bzw. $[a, b]$ mit $\varphi_1(a) = \varphi_2(a)$, so ist

$$\psi(x) := \begin{cases} \varphi_1(x) & \text{für} \quad x \in [x_0, a] \\ \varphi_2(x) & \text{für} \quad x \in (a, b] \end{cases}$$

eine Lösung im Intervall $[x_0, b]$.

Beweis:

(i) f ist stetig auf der kompakten Menge D_0 und dort somit beschränkt. Es gibt also eine Konstante $C > 0$ mit $|f(x, y)| \leq C$ für $(x, y) \in D_0$. Da $\varphi(x)$ Lösung der DGl auf $[x_0, a)$ ist, folgt $|\varphi'(x)| \leq C$ für $x \in [x_0, a)$. Mit Hilfe des Mittelwertsatzes der Differentialrechnung ergibt sich damit für beliebige $x', x'' \in [x_0, a)$

$$|\varphi(x') - \varphi(x'')| \leq C |x' - x''|,$$

das heißt φ ist auf $[x_0, a)$ gleichmäßig stetig. Aus diesem Grund existiert der Grenzwert $\lim\limits_{x \to a-0} \varphi(x) =: \alpha$. Setzen wir $\varphi(a) := \alpha$, so ist $\varphi(x)$ und somit auch $f(x, \varphi(x))$ im Intervall $[x_0, a]$ stetig. Wegen

$$\varphi(x) = \varphi(x_0) + \int\limits_{x_0}^{x} f(t, \varphi(t)) \, dt \,, \quad x \in [x_0, a) \tag{1.207}$$

(vgl. Beweis von Satz 1.1) folgt durch Grenzübergang $x \to a - 0$, dass (1.207) auch für $x = a$ gilt. Nach dem Hauptsatz der Differential- und Integralrechnung folgt dann: $\varphi(x)$ besitzt in $x = a$ eine linksseitige Ableitung, und es gilt $\varphi'(a) = f(a, \varphi(a))$.

(ii) Zu zeigen ist: $\psi(x)$ genügt im Punkt $x = a$ der DGl. $\psi(x)$ ist für $x = a$ differenzierbar, denn die links- und rechtsseitige Ableitung existieren und beide stimmen überein: Ihr Wert ist $f(a, \varphi(a))$. Damit ist der Hilfssatz bewiesen. $\qquad\square$

Im Folgenden verwenden wir gelegentlich die Sprechweise, dass eine Lösung $\varphi(x)$ nach rechts (und entsprechend nach links) dem Rand ∂D von D beliebig nahe kommt. Damit meinen wir: $\varphi(x)$ existiert im Intervall $[x_0, a)$ (a kann auch ∞ sein!), und eine der folgenden Situationen liegt vor:

$a = \infty:$ Die Lösung $\varphi(x)$ existiert für alle x mit $x_0 \leq x$.

$a < \infty:$ Es existiert eine Folge $\{x_n\}$ mit $x_n < a$ und $x_n \to a$ für $n \to \infty$, so dass $|\varphi(x_n)| \to \infty$ für $n \to \infty$ ist (»$|\varphi(x)|$ wächst über alle Schranken«).

$a < \infty:$ Es existiert eine Folge $\{x_n'\}$ mit $x_n' < a$ und $x_n' \to a$ für $n \to \infty$, so dass

$$d((x_{n'}, \varphi(x_{n'})), \partial D) \to 0 \quad \text{für} \quad n \to \infty$$

ist (»$(x, \varphi(x))$ kommt dem Rand ∂D beliebig nahe«). Dabei bezeichnet $d((x, \varphi(x)), \partial D)$ den Abstand des Punktes $(x, \varphi(x))$ vom Rand ∂D von D.

Für den Beweis des nachfolgenden Satzes verwenden wir den zu den drei obigen Fällen äquivalenten Sachverhalt: Bezeichnet A die abgeschlossene Hülle des Graphen von φ und A_r die Menge der Punkte $(x, y) \in A$ mit $x \geq x_0$, so gilt: A_r ist keine kompakte Teilmenge von A (Begründung!).

Satz 1.15:

Es sei D eine offene Menge in $\mathbb{R}^2$ und $f(x, y)$ eine in D stetige Funktion, für die auch $\frac{\partial f(x,y)}{\partial y}$ in D stetig ist. Dann besitzt das Anfangswertproblem

$$y' = f(x, y), \quad y(x_0) = y_0 \tag{1.208}$$

für jeden Punkt $(x_0, y_0) \in D$ eine eindeutig bestimmte Lösung $\varphi(x)$, die nicht fortsetzbar ist und die dem Rand von D beliebig nahekommt.

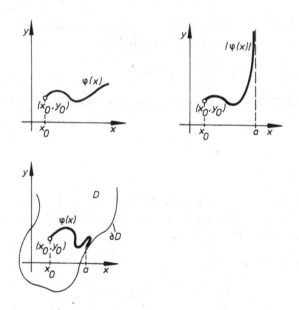

Fig. 1.39: Annäherung von $\varphi(x)$ von rechts an den Rand ∂D

Beweis:

Es seien $\varphi_1(x)$ und $\varphi_2(x)$ zwei Lösungen von (1.208) mit dem gemeinsamen Existenzintervall I, das x_0 enthält. Annahme: Es gibt ein $x \in I$ mit $x_0 < x$ und $\varphi_1(x) \neq \varphi_2(x)$. Dann muss aber ein größter Wert $\tilde{x} \geq x_0$ existieren, so dass $\varphi_1(x) = \varphi_2(x)$ für alle $x \in [x_0, \tilde{x}]$ gilt. Nach unseren

Überlegungen zu Beginn dieses Abschnittes wissen wir aber, dass es durch den Punkt $(\tilde{x}, \varphi_1(\tilde{x}))$ eine eindeutig bestimmte lokale Lösung gibt, d.h. es muss $\varphi_1(x) = \varphi_2(x)$ in einer Umgebung rechts von $\tilde{x}$ gelten, im Widerspruch zu unserer Annahme. Entsprechendes gilt, wenn wir von der Annahme $x < x_0$ ausgehen. Somit muss $\varphi_1(x) = \varphi_2(x)$ in I gelten. Die *Eindeutigkeit* der Lösung von (1.208) ist damit gezeigt. Hieraus ergibt sich mit Hilfssatz 1.1 die Existenz einer Lösung $\varphi(x)$, die sich nicht fortsetzen lässt (eine lokale Lösung mit $y(x_0) = y_0$ ist gesichert, s.o.).

Den Nachweis, dass $\varphi(x)$ dem Rand von D beliebig nahe kommt, führen wir indirekt. Wir nehmen an: A_r ist eine kompakte Teilmenge von A, und $\varphi(x)$ sei entweder im endlichen Intervall $[x_0, a)$ oder $[x_0, a]$ vorhanden. Der erste Fall hätte dann nach Hilfssatz 1.2 (i) die Fortsetzbarkeit von $\varphi(x)$ auf $[x_0, a]$ zur Folge. Im anderen Fall gehört der Punkt $(a, \varphi(a))$ zu D, und es würde damit eine lokale Lösung durch diesen Punkt existieren. In beiden Fällen wäre uns eine Fortsetzung von $\varphi(x)$ gelungen im Widerspruch zu unseren obigen Überlegungen. Damit ist alles bewiesen.   □

Der uns besonders interessierende allgemeine Fall $D \subset \mathbb{R}^{n+1}$ ($n > 2$) lässt sich entsprechend behandeln. Wir begnügen uns mit der Formulierung des Ergebnisses. Ein Beweis findet sich z.B. in *Walter* [117], S. 80–81.

Satz 1.16:

Es sei D ein Gebiet in $\mathbb{R}^{n+1}$ und $f(x, y)$ stetig differenzierbar in D. Ferner sei $(x_0, y_0) \in D$. Dann besitzt das Anfangswertproblem

$$y' = f(x, y), \quad y(x_0) = y_0 \tag{1.209}$$

genau eine Lösung, die nach links und nach rechts dem Rand von D beliebig nahe kommt.

Hieraus ergibt sich sofort

Folgerung 1.2:

Für den Spezialfall $D = \mathbb{R} \times \mathbb{R}^n$ gilt: Ist das maximale Existenzintervall $I_{\max} = (x_l, x_r)$ nach oben (bzw. nach unten) beschränkt, so gilt für jede Folge $\{x_k\}$ mit $x_k \to x_r - 0$ (bzw. $x_k \to x_l + 0$)

$$|y_{\max}(x_k)| \to \infty \quad \text{für} \quad k \to \infty. \tag{1.210}$$

Beispiel 1.37:
In Beispiel 1.11, Abschnitt 1.2.2 haben wir gesehen, dass die Lösung des Anfangswertproblems

$$y' = f(x, y) = 1 + y^2, \quad y(0) = 0$$

durch $y(x) = \tan x$ gegeben ist. Hier liegt der durch Folgerung 1.2 beschriebene Fall vor: Es ist $D = \mathbb{R} \times \mathbb{R}$, $x_l = -\frac{\pi}{2}$, $x_r = \frac{\pi}{2}$ (s. auch Fig. 1.10).

1.4.2   Phasenebene, Orbits und Gleichgewichtspunkte

Wir betrachten das ebene autonome System für $x(t) = (x_1(t), x_2(t))$:

$$\dot{x} = f(x), \tag{1.211}$$

wobei wir von der vektorwertigen Funktion f voraussetzen, dass sie in ganz $\mathbb{R}^2$ stetig differenzierbar ist. Im vorigen Abschnitt (s. Folg. 1.2) haben wir gezeigt, dass (1.211) für jeden Anfangswert (t_0, x_0) genau eine Lösung besitzt, die entweder für alle t existiert oder, falls I_{max} beschränkt ist, deren Absolutbetrag unbegrenzt wächst.

Als unmittelbare Konsequenz aus der Autonomie des DGl-Systems ergibt sich

Hilfssatz 1.4:

Ist $x(t)$ für $t \in (a, b)$ eine Lösung von (1.211), so ist auch $x_\tau(t) := x(t + \tau)$ für $t \in (a - \tau, b - \tau)$ und beliebige $\tau \in \mathbb{R}$ eine Lösung.

Beweis:

Für $t \in (a - \tau, b - \tau)$ gilt $t + \tau \in (a, b)$. Daher gilt

$$\dot{x}_\tau(t) = \dot{x}(t + \tau) = f(x(t + \tau)) = f(x_\tau(t)),$$

d.h. $x_\tau(t)$ löst (1.211) auf $(a - \tau, b - \tau)$. $\square$

Bemerkung: Ohne Einschränkung der Allgemeinheit können wir uns auf die Vorgabe von $x(t_0)$ mit $t_0 = 0$ beschränken. Wir betrachten also im Folgenden Anfangswertprobleme der Form

$$\dot{x} = f(x), \quad x(0) = x_0. \tag{1.212}$$

Für jede andere Anfangsbedingung lässt sich die entsprechende Lösung sofort mit Hilfssatz 1.3 angeben.

Bei autonomen Systemen spielen, wie bereits eingangs erwähnt, geometrische Betrachtungsweisen eine wichtige Rolle. Die folgenden Begriffsbildungen sind hierbei grundlegend:

Definition 1.8:

Jede Lösung $x(t; x_0)$ von (1.212) definiert im (t, x)-Raum (also in $\mathbb{R}^3$) eine *Integralkurve*. Durch Projektion der Integralkurve auf die $x = (x_1, x_2)$-Ebene und Orientierung im Sinne wachsender t-Werte ergibt sich eine orientierte Kurve[21] in der *Phasenebene* $\mathbb{R}^2$, die man den zu $x(t; x_0)$ gehörenden *Orbit* (oder *Phasenkurve* oder *Trajektorie*) nennt. Wir bezeichnen sie mit $\gamma(x_0)$ oder kurz mit γ. Für $t \geq 0$ ordnen wir der Lösung den *positiven Orbit* $\gamma^+(x_0)$ und für $t \leq 0$ den *negativen Orbit* $\gamma^-(x_0)$ zu. Offensichtlich gilt $\gamma(x_0) = \gamma^+(x_0) \cup \gamma^-(x_0)$.

---

21 Eine genaue Erklärung des Orientierungsbegriffes für Kurven findet sich z.B. in Burg/Haf/Wille (Funktionentheorie) [14].

Beispiel 1.38:

Wir betrachten das System

$$\dot{x} = \begin{bmatrix} \dot{x}_1 \\ \dot{x}_2 \end{bmatrix} = \begin{bmatrix} -x_2 \\ x_1 \end{bmatrix} = f(x). \tag{1.213}$$

Die Integralkurve $[\cos t, \sin t]^T$ ($t \in \mathbb{R}$) stellt einen unendlichen »Korkenzieher« im (t, x)-Raum dar. Der zugehörige Orbit ist der unendlich oft gegen den Uhrzeigersinn durchlaufene Einheitskreis.

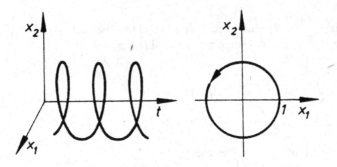

Fig. 1.40: Integralkurve und zugehöriger Orbit zu Beispiel 1.38

Die nachfolgend erklärten »Gleichgewichts«-Punkte erweisen sich als besonders interessant:

Definition 1.9:

Ein Punkt x^* heißt *Gleichgewichtspunkt* (oder *kritischer Punkt*) des Systems $\dot{x} = f(x)$, wenn

$$f(x^*) = 0 \tag{1.214}$$

gilt. Die übrigen Punkte der Phasenebene nennt man *reguläre Punkte*. Ist x^* ein Gleichgewichtspunkt, so nennt man eine Lösung mit $x(t) = x^*$ eine *Gleichgewichtslösung* (oder *stationäre Lösung*) des Systems.

Bemerkung: Der Orbit eines Gleichgewichtspunktes ist ein einziger Punkt (warum?).

Alle Orbits zusammengenommen bilden das *Phasenporträt*. An ihm lassen sich die wesentlichen Verhaltensmerkmale eines autonomen Systems ablesen. Dabei ist das Verhalten von Lösungen in der Nähe von Gleichgewichtspunkten von besonderem Interesse.

Die Phasen-Differentialgleichung

Wir leiten nun eine DGl für die Orbits des ebenen autonomen Systems $\dot{x} = f(x)$ her. Dieses lautet, komponentenweise geschrieben

$$\dot{x}_1 = f_1(x_1, x_2), \quad \dot{x}_2 = f_2(x_1, x_2). \tag{1.215}$$

Unter der Voraussetzung, dass zu $x_1 = x_1(t)$ in einem t-Intervall die Umkehrfunktion $t = t(x_1)$ existiert, gilt für die Funktion $x_2(t(x_1)) =: x_2(x_1)$ aufgrund der Kettenregel

$$x_2'(x_1) = \frac{dx_2}{dx_1} = \frac{\dot{x}_2}{\dot{x}_1} = \frac{f_2(x_1, x_2)}{f_1(x_1, x_2)}.$$

Man nennt

$$x_2'(x_1) = \frac{f_2(x_1, x_2)}{f_1(x_1, x_2)} \quad \text{für} \quad f_1(x_1, x_2) \neq 0 \tag{1.216}$$

die *Phasen-DGl* (oder *Bahnen-DGl*) des Systems (1.215).

Bemerkung: In manchen Fällen gelingt es, mit Hilfe der Phasen-DGl die Orbits explizit zu bestimmen (s. auch Beisp. 1.39).

Der folgende Satz bringt zwei wichtige *Grundeigenschaften* der Orbits ebener autonomer Systeme zum Ausdruck:

Satz 1.17:

(a) Haben zwei Orbits von $\dot{x} = f(x)$ einen gemeinsamen Punkt, so sind sie identisch (d.h. verschiedene Orbits können sich nicht schneiden).

(b) Ist $x(t)$ eine Lösung von $\dot{x} = f(x)$, und gilt für ein t_0 die Beziehung $x(t_0+T) = x(t_0)$ $(T > 0)$, dann sind die beiden Lösungen $x(t)$ und $y(t) := x(t + T)$ identisch (d.h. $x(t)$ ist eine periodische Lösung mit der Periode T).

Beweis:

(a) Annahme: Es gibt zwei Lösungen $x_1(t)$ und $x_2(t)$, die im Punkt x_0 übereinstimmen, für die also $x_1(t_1) = x_2(t_2) = x_0$ erfüllt ist. Nach Hilfssatz 1.3 löst dann $x_3(t) := x_2(t+(t_2-t_1))$ ebenfalls das System. $x_3(t)$ besitzt aber denselben Orbit wie $x_2(t)$, und $x_3(t)$ und $x_1(t)$ sind jeweils Lösungen von

$$\dot{x} = f(x), \quad x(t_1) = x_0,$$

und somit nach dem Satz von Picard-Lindelöf identisch.

(b) Nach Hilfssatz 1.3 ist $y(t) = x(t + T)$ ebenfalls eine Lösung des Systems, die für $t = t_0$ nach Voraussetzung mit $x(t)$ übereinstimmt. Nach (a) sind also beide identisch. $\square$

Grenzmengen

In Abschnitt 1.3.2 haben wir ganz allgemein für Systeme 1-ter Ordnung nachgewiesen, dass ihre Lösungen stetig von den Anfangsdaten abhängen, falls die Voraussetzungen von Satz 1.11 erfüllt sind. Ist I_{max} das maximale Existenzintervall des Anfangswertproblems $y' = f(x, y)$, $y(x_0) = y_0$, dann hängt die Lösung dieses Problems auf jedem kompakten Teilintervall von I_{max} gleichmäßig stetig vom Anfangswert ab. Für unser ebenes autonomes System $\dot{x} = f(x)$ liegt damit gleichmäßig stetige Abhängigkeit der Lösung vom Anfangswert x_0 auf kompakten t-Intervallen vor. Dies, zusammen mit der zu Beginn dieses Abschnittes erwähnten Tatsache, dass die Lösungen von $\dot{x} = f(x)$ im Unendlichen enden, zeigt: Die Untersuchung einer für alle Zeiten t existierenden Lösung (=globale Lösung) auf kompakten Zeitintervallen bringt i.A. keine tieferliegenden Einsichten. Vielmehr gilt für solche Lösungen:

Das Phasenporträt einer für alle t existierenden Lösung wird in der Regel qualitativ vom Verhalten der Lösung für $t \to \pm\infty$ bestimmt.

Wie aber verhält sich ein Orbit für $t \to \pm\infty$? Zur Klärung dieser Frage benötigen wir die sogenannten »α- und ω-Grenzmengen«. Sie sind wie folgt erklärt:

Definition 1.10:

Es sei $y(t)$ ($t \in \mathbb{R}$) die Lösung von $\dot{x} = f(x)$ zum Orbit γ. Unter der α-*Grenzmenge* bzw. ω-*Grenzmenge* des Orbits γ versteht man die Menge

$$\alpha(\gamma) = \{x \in \mathbb{R}^2 \mid \text{es gibt eine Folge } \{t_n\} \text{ mit } t_n \to -\infty$$
$$\text{für } n \to \infty \text{ und } y(t_n) \to x\}$$

bzw.

$$\omega(\gamma) = \{x \in \mathbb{R}^2 \mid \text{es gibt eine Folge } \{t_n\} \text{ mit } t_n \to +\infty$$
$$\text{für } n \to \infty \text{ und } y(t_n) \to x\}.$$

Bemerkung: Insbesondere gehören die Gleichgewichtspunkte x^* (also die Punkte mit $f(x^*) = 0$) zu diesen Grenzmengen (warum?).

Beispiel 1.39:
Wir betrachten den in Fig. 1.41 dargestellten nichtlinearen Schwinger
   Die Auslenkung $x(t)$ des Schwingers zum Zeitpunkt t wird durch

$$\ddot{x} + 2x - \frac{2x}{\sqrt{1 + x^2}} = 0,\tag{1.217}$$

also durch eine nichtlineare DGl 2-ter Ordnung beschrieben. Dabei haben wir $l = 1$ und die Federkonstanten c der beiden Federn $c = 1$ gewählt. (Zur Herleitung s. z.B. *Collatz* [18], S. 63–64.) Mit den Substitutionen $x_1 := x$, $x_2 := \dot{x}$ lässt sich (1.217) als Spezialfall ($\alpha = 2$) des

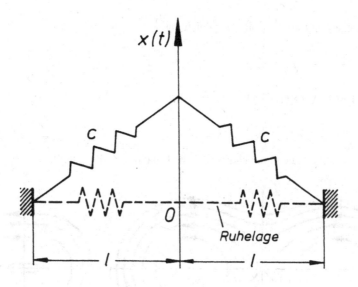

Fig. 1.41: Nichtlinearer Schwinger

folgenden Systems schreiben:

$$\dot{x}_1 = x_2, \quad \dot{x}_2 = -\alpha x_1 + \frac{2x_1}{\sqrt{1 + x_1^2}}.$$ (1.218)

Mit (1.218) liegt ein ebenes autonomes System vor. Die Gleichgewichtspunkte ergeben sich aus der Beziehung

$$\begin{bmatrix} x_2 \\ -\alpha x_1 + \frac{2x_1}{\sqrt{1+x_1^2}} \end{bmatrix} = \begin{bmatrix} 0 \\ 0 \end{bmatrix}$$

zu $(0,0)$, $(-\sqrt{\frac{4}{\alpha^2} - 1}, 0)$ und $(\sqrt{\frac{4}{\alpha^2} - 1}, 0)$. Die Phasen-DGl lautet (vgl. (1.216))

$$x_2'(x_1) = \frac{-\alpha x_1 + \frac{2x_1}{\sqrt{1+x_1^2}}}{x_2} = \frac{x_1}{x_2}\left[-\alpha + \frac{2}{\sqrt{1 + x_1^2}}\right].$$ (1.219)

Trennung der Veränderlichen liefert

$$x_2(x_1)x_2'(x_1) = -\alpha x_1 + \frac{2x_1}{\sqrt{1 + x_1^2}},$$

und Integration ergibt für die Orbits die Gleichung

$$\frac{1}{2}x_2^2 = -\frac{\alpha}{2}x_1^2 + 2\sqrt{1+x_1^2} + \text{const}$$

Die Orbits ergeben sich somit als *Höhenlinien* von

$$g(x_1, x_2) = x_2^2 + \alpha x_1^2 - 4\sqrt{1+x_1^2}.$$ (1.220)

Sie sind in Fig. 1.42 für die Parameterwerte $\alpha = 1$ und $\alpha = 2$ dargestellt.

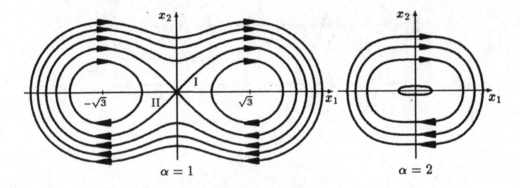

Fig. 1.42: Phasenporträts zu Beispiel 1.39

Diese Phasenporträts verdeutlichen: Sämtliche Orbits sind im Phasenraum beschränkt, und ihre α- bzw. ω-Grenzmengen sind entweder Gleichgewichtspunkte oder sie stimmen mit den betreffenden Orbits überein. Die durch I und II gekennzeichneten Orbits sind homoklin. Dabei heißt der zu einer Lösung $x(t)$ gehörende Orbit *homoklin*, wenn diese Lösung für $t \to +\infty$ und $t \to -\infty$ gegen dasselbe Gleichgewicht konvergiert. Strebt $x(t)$ für $t \to +\infty$ und $t \to -\infty$ gegen verschiedene Gleichgewichte, so spricht man von einem *heteroklinen Orbit* (oder von einer *Separatrix*).

Das folgende Beispiel zeigt einen weiteren interessanten Aspekt:

Beispiel 1.40:

Wir untersuchen das ebene autonome System

$$\begin{cases} \dot{x}_1 = x_1 - x_2 - x_1\sqrt{x_1^2 + x_2^2} \\ \dot{x}_2 = x_1 + x_2 - x_2\sqrt{x_1^2 + x_2^2}. \end{cases}$$ (1.221)

Offensichtlich ist $(0,0)$ der einzige Gleichgewichtspunkt (warum?). In Polarkoordinaten

$$x_1 = r\cos\varphi, \quad x_2 = r\sin\varphi$$

lautet das System

$$\begin{cases} \dot{r} = r(1 - r) \\ \dot{\varphi} = 1 . \end{cases} \tag{1.222}$$

Die Phasen-DGl

$$\frac{\mathrm{d}r}{\mathrm{d}\varphi} = r(1 - r) \tag{1.223}$$

besitzt die Lösungen $r = 0$ (also die Gleichgewichtslösung) und $r = 1$ (d.h. den Einheitskreis). Die weiteren Lösungen gewinnen wir aus (1.223) durch Trennung der Veränderlichen: Aus

$$\frac{\mathrm{d}r}{r(1 - r)} = \left(\frac{1}{r} + \frac{1}{1 - r} \right) \mathrm{d}r = \mathrm{d}\varphi$$

ergibt sich nach Integration

$$\frac{r}{1 - r} = \mathrm{const} \cdot \mathrm{e}^{\varphi}$$

oder

$$r = r(\varphi) = (1 + \mathrm{const} \cdot \mathrm{e}^{-\varphi})^{-1} . \tag{1.224}$$

Diese Orbits stellen Spiralen dar, die für $\varphi \to \infty$ gegen den Einheitskreis konvergieren, siehe Fig. 1.43.

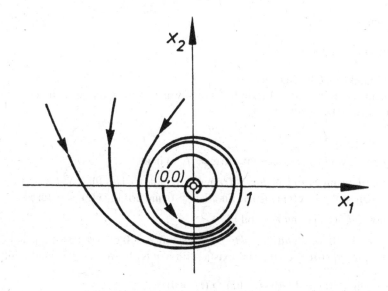

Fig. 1.43: Phasenporträt zu Beispiel 1.40

Wir sehen:

(1) Die α-Grenzmengen der Orbits im Inneren des Einheitskreises (kurz: EK) sind durch den Gleichgewichtspunkt $(0,0)$ gegeben, die α-Grenzmenge des EK's ist der EK selbst. Außerhalb des EK's existieren keine α-Grenzmengen.

(2) Die ω-Grenzmengen der Orbits im Inneren des EK's (ohne den 0-Punkt) bestehen aus dem EK, die der Orbits im äußeren ebenfalls. Die ω-Grenzmenge des EK's ist der EK selbst.

Dem EK entspricht eine periodische Lösung. Man bezeichnet diesen Orbit als *Grenzzyklus*.

Für die obigen beiden Beispiele gilt: Beschränkte Orbits besitzen als α- bzw. ω-Grenzmengen Gleichgewichtspunkte oder aber sie sind periodisch. Bei unbeschränkten Orbits bestehen die α- bzw. ω-Grenzmengen entweder aus Gleichgewichtspunkten oder aus Grenzzyklen, oder aber sie sind leer.

Über die bisher gefundenen Grenzmengen (Gleichgewichtspunkte und periodische Orbits) hinaus können auch noch allgemeinere Typen von Grenzmengen auftreten, z.B. homokline oder heterokline Orbits (»Satz von Peixoto«, s. z.B. *Guckenheimer/Holmes* [42], p. 60 ff).

Stabilität

Wir wollen nun die Gleichgewichtspunkte eines ebenen autonomen Systems charakterisieren und sein Verhalten in einer Umgebung dieser Punkte untersuchen. Ohne Beschränkung der Allgemeinheit können wir davon ausgehen, dass der betrachtete Gleichgewichtspunkt der Nullpunkt $(0,0)$ der Phasenebene ist. Denn: Ist x^* irgendein Gleichgewichtspunkt des Systems, so führt die Transformation

$$y := x - x^* \qquad\qquad (1.225)$$

auf das System

$$\dot{y} = g(y) := f(y + x^*) \qquad\qquad (1.226)$$

mit dem Nullpunkt als Gleichgewichtspunkt.

Die folgende Definition gibt Auskunft darüber, was wir unter der »Stabilität« eines Gleichgewichtspunktes verstehen wollen:

Definition 1.11:

Der Gleichgewichtspunkt $x^* = 0$ von $\dot{x} = f(x)$ heißt

(i) *stabil*, wenn es zu jedem $\varepsilon > 0$ ein $\delta > 0$ gibt, so dass für jede Lösung $x(t)$ mit $|x(0)| < \delta$ gilt: $x(t)$ existiert für alle $t \geq 0$ und erfüllt $|x(t)| < \varepsilon$ für alle $t > 0$;

(ii) *instabil*, wenn er nicht stabil ist;

(iii) *attraktiv* (bzw. *negativ attraktiv*), wenn es ein $\delta > 0$ gibt, so dass für jede Lösung $x(t)$ mit $|x(0)| < \delta$ gilt: $x(t)$ existiert für alle $t \geq 0$ (bzw. $t \leq 0$) und erfüllt

$$\lim_{t \to \infty} x(t) = 0 \quad (\text{bzw. } \lim_{t \to -\infty} x(t) = 0).$$

Man nennt den Gleichgewichtspunkt dann einen *Attraktor* (bzw. *negativen At-traktor*);

(iv) *asymptotisch stabil*, wenn er stabil und attraktiv ist.

Bemerkung: Grob gesprochen bedeutet Stabilität des Gleichgewichtspunktes **0**, dass ein Orbit beliebig nahe bei **0** bleibt, wenn er nur hinreichend nahe bei **0** startet.

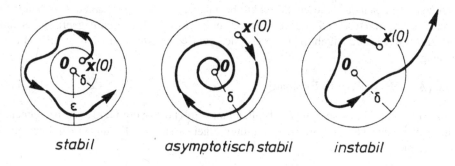

Fig. 1.44: Zur Stabilität der Ruhelage $x(t) = \mathbf{0}$

Liegen in einer Umgebung eines Gleichgewichtspunktes x^* keine weiteren Gleichgewichts-punkte und sind sämtliche Orbits geschlossen, so wird x^* ein *Zentrum* (oder *Wirbelpunkt*) ge-nannt. Ein Zentrum ist also stets stabil, jedoch nicht asymptotisch stabil.

Linearisierung

Sei weiterhin $f(x^*) = f(\mathbf{0}) = \mathbf{0}$. Mit Hilfe der Taylorformel (s. Burg/Haf/Wille (Analysis) [13]) lässt sich f um den Nullpunkt entwickeln. Ist f 1-mal stetig differenzierbar, so erhalten wir

$$\dot{x} = \frac{1}{1!}(x \cdot \nabla)f(\mathbf{0}) + R(0, x) =: Ax + R(0, x), \tag{1.227}$$

wobei A die Matrix

$$\left(\frac{\partial f_i(\mathbf{0})}{\partial x_k}\right)_{i,k=1,\ldots,n}$$

ist und R

$$\lim_{|x|\to 0} \frac{|R(0, x)|}{|x|} = 0 \tag{1.228}$$

erfüllt. Man nennt das System

$$\dot{x} = Ax \tag{1.229}$$

die *Linearisierung* von $\dot{x} = f(x)$ im Punkt $x = 0$. Diese liefert uns wichtige Aufschlüsse über das Lösungsverhalten des nichtlinearen Systems in einer Umgebung des Nullpunktes. Daher ist es sinnvoll, sich zunächst den linearen autonomen Systemen zuzuwenden.

1.4.3   Lineare autonome Systeme

Wir behandeln lineare autonome Systeme ausführlich in Abschnitt 3.2, so dass wir uns hier mit einigen »Anleihen« aus diesem Abschnitt begnügen. Es zeigt sich, dass das Verhalten eines linearen Systems durch seine Eigenwerte bestimmt ist. Aus der Linearen Algebra ist bekannt (s. Burg/Haf/Wille (Lineare Algebra) [12]), dass sich die Eigenwerte einer (n, n)-Matrix A aus der Beziehung

$$\det(A - \lambda E) = 0 \, , \quad E: \text{Einsmatrix} \tag{1.230}$$

bestimmen lassen, d.h. es sind die Nullstellen eines Polynoms vom Grad n zu berechnen. Die zugehörigen Eigenvektoren bzw. Hauptvektoren ergeben sich als Lösungen der linearen Gleichungssysteme

$$
\begin{aligned}
(A - \lambda E)v &= 0 && \text{(Eigenvektoren)} \\
(A - \lambda E)v^{(2)} &= v && \text{(Hauptvektoren 2-ter Stufe)} \\
&\;\;\vdots && \quad\vdots \\
(A - \lambda E)v^{(q)} &= v^{(q-1)} && \text{(Hauptvektoren } q\text{-ter Stufe)}
\end{aligned}
$$

(s. Burg/Haf/Wille (Lineare Algebra) [12]). Ein Fundamentalsystem von $\dot{x} = Ax$ besteht dann aus folgenden Bestandteilen: Ist v ein Eigenvektor zum Eigenwert λ, so lautet die zugehörige Fundamentallösung

$$x(t) = v\, e^{\lambda t} \, . \tag{1.231}$$

Ist v ein Hauptvektor der Stufe q zum Eigenwert λ, so ist die entsprechende Fundamentallösung durch

$$x(t) = \left[v + t(A - \lambda E)v + \cdots + \frac{t^{q-1}}{(q-1)!}(A - \lambda E)^{q-1}v \right] e^{\lambda t} \tag{1.232}$$

gegeben (s. Abschn. 3.2.2/3.2.4). Die allgemeine Lösung von $\dot{x} = Ax$ ergibt sich dann als Linearkombination dieser Fundamentallösungen (s. Abschn. 2.2.2, Satz 2.5). Damit erhalten wir: Falls $\text{Re}\,\lambda < 0$ ist, strebt $x(t)$ komponentenweise gegen 0. Ist dagegen $\text{Re}\,\lambda > 0$, so gilt $|x(t)| \to \infty$ für $t \to \infty$.

Im Falle $\text{Re}\,\lambda = 0$ besitzt die zugehörige Fundamentallösung $x(t)$ wegen (1.232) die Form

$$x(t) = P(t)\cos(\text{Im}\,\lambda \cdot t) + Q(t)\sin(\text{Im}\,\lambda \cdot t) \, , \tag{1.233}$$

wobei $P(t)$, $Q(t)$ Polynome in t sind. Diese Lösung kann nur für konstantes $P(t)$ und $Q(t)$ in einer Umgebung von $x(0)$ bleiben, was nur dann möglich ist, wenn der zugehörige Eigenraum durch linear unabhängige Vektoren aufgespannt wird: Nach Burg/Haf/Wille (Lineare Algebra) [12] also genau dann, wenn geometrische und algebraische Vielfachheit von λ übereinstimmen. Insgesamt erhalten wir

Satz 1.18:

(*Stabilitätssatz für lineare Systeme*) Der Gleichgewichtspunkt 0 des linearen Systems $\dot{x} = Ax$ ist in seinem Stabilitätsverhalten durch die Eigenwerte von A festgelegt, und zwar ist 0

(i) *asymptotisch stabil* für $\operatorname{Re} \lambda_j < 0$ $(j = 1, \ldots, n)$;

(ii) *stabil* für $\operatorname{Re} \lambda_j \leq 0$ und wenn für jeden Eigenwert λ mit $\operatorname{Re} \lambda = 0$ die algebraische und die geometrische Vielfachheit übereinstimmen;

(iii) *instabil*, wenn für wenigstens ein λ $\operatorname{Re} \lambda > 0$ gilt.

Für den Fall *ebener* linearer Systeme (d.h. $n = 2$) ergeben sich je nach Konstellation der Eigenwerte λ_1, λ_2 insgesamt 14 verschiedene Phasenporträts, die sich auf einfache Weise klassifizieren und in 3 Gruppen einteilen lassen:

(a) $\lambda_1, \lambda_2 \in \mathbb{R}, \lambda_1 \neq \lambda_2$;

(b) $\lambda_1 = \lambda_2 =: \lambda \in \mathbb{R}$;

(c) $\lambda_1 = \alpha + i\beta, \lambda_2 = \alpha - i\beta, \beta \neq 0$.

Definition 1.12:

Besitzen λ_1 und λ_2 dasselbe Vorzeichen, so nennt man den Gleichgewichtspunkt 0 einen *Knoten* und falls die Eigenwerte zusammenfallen, einen *ausgearteten Knoten*: Im Falle $\lambda_1 < \lambda_2 < 0$ spricht man von einem *stabilen Knoten*, im Falle $0 < \lambda_1 < \lambda_2$ von einem *instabilen Knoten*. Besitzen λ_1 und λ_2 verschiedenes Vorzeichen, so heißt 0 ein *Sattelpunkt*. Sind die Eigenwerte λ_1 und λ_2 nicht reell und sind ihre Realteile < 0 (bzw. > 0), so nennt man 0 einen *stabilen* (bzw. *instabilen*) *Strudelpunkt* (oder *Fokus*).

Wir diskutieren nun einige typische Fälle.

Zu (a): Die allgemeine Lösung des Systems $\dot{x} = Ax$ lautet wegen (1.231)

$$x(t) = c_1 v_1 e^{\lambda_1 t} + c_2 v_2 e^{\lambda_2 t}, \quad c_1, c_2 \in \mathbb{R}. \tag{1.234}$$

Für $\lambda_1 < \lambda_2 < 0$ ergibt sich ein Phasenporträt gemäß Fig. 1.45, für $\lambda_1 < 0 < \lambda_2$ gemäß Fig. 1.46.

Für $0 < \lambda_1 < \lambda_2$ ergibt sich derselbe Kurvenverlauf wie in Fig. 1.45, jedoch mit umgekehrter Pfeilrichtung der Orbits (instabiler Knoten).

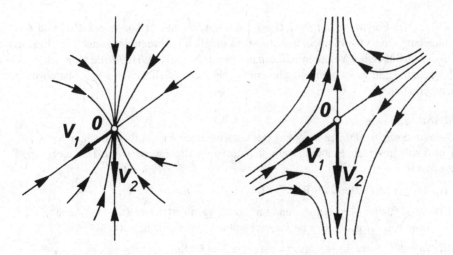

Fig. 1.45: stabiler Knoten   Fig. 1.46: Sattelpunkt

Zu (b): Für $\lambda < 0$ (bzw. $\lambda > 0$) treten stabile (bzw. instabile) Knoten auf.

Zu (c): Die allgemeine Lösung des Systems $\dot{x} = Ax$ lautet

$$x(t) = c_1 \operatorname{Re}\left(v\, e^{(\alpha+i\beta)t}\right) + c_2 \operatorname{Im}\left(v\, e^{(\alpha+i\beta)t}\right)$$

$$= [(c_1 \cos\beta t + c_2 \sin\beta t)\operatorname{Re} v + (-c_1 \sin\beta t + c_2 \cos\beta t)\operatorname{Im} v]\,e^{\alpha t}\,, \qquad (1.235)$$

$$c_1, c_2 \in \mathbb{R}.$$

Im Falle $\alpha \neq 0$ ist das Phasenporträt eine logarithmische Spirale (für $\alpha < 0$ ist $x^* = 0$ ein stabiler Strudel, für $\alpha > 0$ ein instabiler Strudel). Für $\alpha = 0$ ergeben sich Ellipsen.

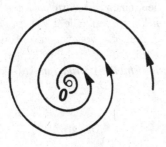

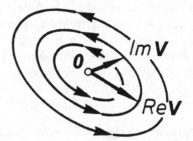

Fig. 1.47: stabiler Strudelpunkt ($\alpha < 0$)   Fig. 1.48: Zentrum (=Wirbelpunkt) ($\alpha = 0$)

Für $\alpha > 0$ erhält man dieselbe Kurve wie in Fig. 1.47, jedoch mit umgekehrter Pfeilrichtung.

Bemerkung: Aus den obigen Überlegungen folgt insbesondere, dass $x^* = 0$ für $\lambda_1, \lambda_2 < 0$ attraktiv bzw. für $\lambda_1, \lambda_2 > 0$ negativ attraktiv, also ein »anziehender« bzw. »abstoßender« Gleichgewichtspunkt ist.

1.4.4   Ebene nichtlineare autonome Systeme

Wenden wir uns wieder dem nichtlinearen System

$$\dot{x} = f(x) \tag{1.236}$$

mit dem Gleichgewichtspunkt $x^* = 0$ und der Linearisierung

$$\dot{x} = Ax \tag{1.237}$$

zu. Anhand des linearisierten Systems (1.237) lassen sich wichtige Erkenntnisse über das nichtlineare System (1.236) gewinnen. So gilt

Satz 1.19:

Ist $x^* = 0$ ein attraktiver (bzw. negativ attraktiver) Gleichgewichtspunkt für das lineare System $\dot{x} = Ax$, so ist $x^* = 0$ auch für das nichtlineare System $\dot{x} = f(x)$ ein attraktiver (bzw. negativ attraktiver) Gleichgewichtspunkt.

Beweis: s. z.B. *Verhulst* [114], p. 34.

   Auch im Hinblick auf das Stabilitätsverhalten von (1.236) genügt in den meisten Fällen eine Untersuchung des Stabilitätsverhaltens der zugehörigen Linearisierung. Entsprechendes gilt für den Charakter des Gleichgewichtspunktes. Es lässt sich nämlich zeigen

Satz 1.20:

(*Prinzip der 1. Näherung*)

(a) Der Gleichgewichtspunkt $x^* = 0$ des nichtlinearen Systems $\dot{x} = f(x)$ ist asymptotisch stabil, wenn dies für das zugehörige linearisierte System $\dot{x} = Ax$ zutrifft: Nach Satz 1.18 also dann, wenn

$$\operatorname{Re}\lambda < 0 \quad \text{für jeden Eigenwert } \lambda \text{ von } A$$

gilt. Das Gleichgewicht $x^* = 0$ ist instabil, wenn

$$\operatorname{Re}\lambda > 0 \quad \text{für wenigstens einen Eigenwert } \lambda \text{ von } A$$

gilt.

(b) Ist $x^* = 0$ ein nicht ausgearteter Knoten, ein Strudelpunkt oder ein Sattelpunkt von $\dot{x} = Ax$, so ist der Gleichgewichtspunkt $x^* = 0$ des nichtlinearen Systems $\dot{x} = f(x)$ von demselben Typ.

Beweis:

(a) s. z.B. *Walter* [117], S. 218.

(b) s. z.B. *Amann* [1], S. 300.

Bemerkung: Eine wichtige Ausnahme vom Prinzip der 1. Näherung stellt der Wirbelpunkt (=Zentrum) dar. Wirbelpunkte sind im Allgemeinen nicht stabil gegenüber nichtlinearen Störungen. Dies zeigt das folgende

Beispiel 1.41:

Die DGl des gedämpften Pendels

$$\ddot{\varphi} + d\dot{\varphi} + \frac{g}{l}\sin\varphi = 0 \qquad (1.238)$$

(d: Dämpfungskonstante, l: Pendellänge, g: Erdbeschleunigung) kann als ein ebenes autonomes System geschrieben werden: Mit $x_1 := \varphi$, $x_2 := \dot{\varphi}$ erhalten wir

$$\dot{x}_1 = x_2\,, \quad \dot{x}_2 = -dx_2 - \frac{g}{l}\sin x_1\,. \qquad (1.239)$$

(i) Gleichgewichtspunkte: Diese bestimmen sich aus der Gleichung

$$f(x) = \begin{bmatrix} f_1(x_1,x_2) \\ f_2(x_1,x_2) \end{bmatrix} = \begin{bmatrix} x_2 \\ -dx_2 - \frac{g}{l}\sin x_1 \end{bmatrix} = \begin{bmatrix} 0 \\ 0 \end{bmatrix}$$

zu $x^* = (x_1^*, x_2^*) = (k\pi, 0)$, $(k \in \mathbb{Z})$.

Beachte: Nach Abschnitt 1.4.2 stört es nicht, dass hier auch Gleichgewichtspunkte $x^* \neq (0,0)$ auftreten. Wir müssen nur die Linearisierungen in diesen Punkten nehmen, dann bleiben unsere obigen Aussagen gültig.

(ii) Charakterisierung der Gleichgewichtspunkte: Die Matrix A der Linearisierung in den Gleichgewichtspunkten $(x_1^*, 0)$ ergibt sich zu

$$A = \begin{bmatrix} \frac{\partial f_1}{\partial x_1}(x_1^*,0) & \frac{\partial f_1}{\partial x_2}(x_1^*,0) \\ \frac{\partial f_2}{\partial x_1}(x_1^*,0) & \frac{\partial f_2}{\partial x_2}(x_1^*,0) \end{bmatrix} = \begin{bmatrix} 0 & 1 \\ -\frac{g}{l}\cos x_1^* & -d \end{bmatrix}.$$

Die zugehörigen Eigenwerte berechnen sich aus

$$\det(A - \lambda E) = \det\begin{bmatrix} -\lambda & 1 \\ -\frac{g}{l}\cos x_1^* & -d - \lambda \end{bmatrix}$$

$$= \lambda(d + \lambda) + \frac{g}{l}\cos x_1^* = \lambda^2 + d\lambda + \frac{g}{l}\cos x_1^* = 0$$

für kleine Dämpfungen $d < 2 \cdot \sqrt{\frac{g}{l}}$ zu

$$\lambda_{1/2} = \frac{1}{2}\left[-d \pm \sqrt{d^2 - 4\frac{g}{l}\cos x_1^*}\right] \quad \text{für } x_1^* = (2k+1)\pi$$

bzw.

$$\lambda_{1/2} = \frac{1}{2}\left[-d \pm i\sqrt{4\frac{g}{l}\cos x_1^* - d^2}\right] \quad \text{für } x_1^* = 2k\pi.$$

Nach Satz 1.20 sind die Gleichgewichtspunkte $((2k+1)\pi, 0)$ Sattelpunkte, die Gleichgewichtspunkte $(2k\pi, 0)$ stabile Strudelpunkte. Damit ergibt sich das folgende Phasenporträt:

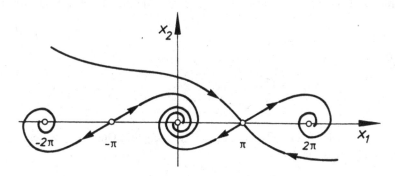

Fig. 1.49: Phasenporträt des gedämpften Pendels

Stellen wir neben Fig. 1.49 das Phasenporträt des ungedämpften Pendels (s. Üb. 1.28), so sehen wir: Die Sattelpunkte bleiben erhalten, während die Wirbelpunkte durch die Dämpfung verloren gehen.

Bemerkung: Für gewisse Typen von Vektorfeldern f, insbesondere für Hamilton'sche Systeme, kann gezeigt werden, dass der Wirbel-Charakter bei Störungen von f erhalten bleibt (s. z.B. *Guckenheimer/Holmes* [42], p. 193 ff).

Wir wenden uns wieder dem allgemeinen System $\dot{x} = f(x)$ zu. Von den Lösungen dieses Systems setzen wir voraus, dass sie für alle $t \in (-\infty, \infty)$ existieren. Wir interessieren uns nun für die *periodischen Lösungen* des Systems. Eine allgemeine Existenzaussage (kein Berechnungsverfahren!) liefert der bekannte

Satz 1.21:

(*Poincaré-Bendixson*) [22]Es sei $f: \mathbb{R}^2 \to \mathbb{R}^2$ ein stetig differenzierbares Vektorfeld. Ferner sei γ^+ ein beschränkter, positiver Orbit von $\dot{x} = f(x)$, dessen ω-Grenzmenge $\omega(\gamma^+)$ keine Gleichgewichtspunkte von f enthält. Dann ist $\omega(\gamma^+)$ ein periodischer Orbit. Ein entsprechendes Resultat gilt auch für beschränkte negative Orbits.

Beweis: s. z.B. *Verhulst* [114], p. 45 ff.
Bemerkung: Ist $\omega(\gamma^+) \neq \gamma^+$ (bzw. $\omega(\gamma^-) \neq \gamma^-$), so nennt man den periodischen Orbit γ^+ (bzw. γ^-) einen *Grenzzyklus*.

---

22 H. Poincaré (1854 – 1912), französischer Mathematiker; I.O. Bendixson (1861 – 1936), schwedischer Mathematiker

Anwendungen

Wir zeigen nun anhand von zwei Beispielen auf, wie ein »praktischer Umgang« mit dem Satz von Poincaré-Bendixson aussehen kann. Die Strategie dabei ist die folgende: Man sucht ein geeignetes beschränktes Gebiet in $\mathbb{R}^2$, das frei von Gleichgewichtspunkten von f ist. Ferner bestimmt man (wenigstens) einen Orbit, der für ein $t \geq 0$ in D hinein führt und der in D bleibt. Nach Satz 1.21 muss D dann wenigstens einen periodischen Orbit enthalten (warum?).

Wir verdeutlichen die Vorgehensweise zunächst an dem sehr einfachen Standardbeispiel

Beispiel 1.42:

Das System

$$\begin{cases} \dot{x}_1 = x_1 - x_2 - x_1(x_1^2 + x_2^2) =: f_1(x_1, x_2) \\ \dot{x}_2 = x_1 + x_2 - x_2(x_1^2 + x_2^2) =: f_2(x_1, x_2) \end{cases} \tag{1.240}$$

besitzt den einzigen Gleichgewichtspunkt $x^* = (0,0)$ (zeigen!). Die Matrix A der Linearisierung des Systems im Punkt x^* lautet

$$A = \begin{bmatrix} \frac{\partial f_1}{\partial x_1}(0,0) & \frac{\partial f_1}{\partial x_2}(0,0) \\ \frac{\partial f_2}{\partial x_1}(0,0) & \frac{\partial f_2}{\partial x_2}(0,0) \end{bmatrix} = \begin{bmatrix} 1 & -1 \\ 1 & 1 \end{bmatrix}.$$

Die zugehörigen Eigenwerte berechnen sich aus

$$\det \begin{bmatrix} 1 - \lambda & -1 \\ 1 & 1 - \lambda \end{bmatrix} = (1 - \lambda)^2 + 1 = 0$$

zu $\lambda_{1/2} = 1 \pm i$. Es gilt also $\operatorname{Re} \lambda_{1/2} = 1 > 0$. Nach Satz 1.20 (b) ist $x^* = (0,0)$ daher ein instabiler Strudelpunkt. Nun wählen wir für D das in Fig. 1.50 skizzierte Ringgebiet mit $r_0 < 1$ und $r_1 > 1$.

Da $x^* = (0,0)$ ein instabiler Strudelpunkt ist, führt jeder Orbit, der im Kreisgebiet $|x| < r_0$ startet, in das Ringgebiet D. Andererseits laufen sämtliche Orbits, die außerhalb des Kreises $|x| = r_1$ starten, ebenfalls in das Ringgebiet D (begründen!). D ist frei von Gleichgewichtspunkten des Vektorfeldes $f(f_1, f_2)$. Nach dem Satz von Poincaré-Bendixson muss in D also wenigstens ein periodischer Orbit liegen. Im Falle unseres Beispiels lässt sich durch Einführung von Polarkoordinaten sehr einfach nachweisen, dass es genau eine periodische Lösung, nämlich

$$r(t) = 1, \quad \varphi(t) = \varphi_0 + t$$

des transformierten Systems

$$\begin{cases} \dot{r} = r(1 - r^2) \\ \dot{\varphi} = 1 \end{cases} \tag{1.241}$$

gibt. Der zugehörige periodische Orbit, der Einheitskreis in der Phasenebene, ist ein Grenzzyklus.

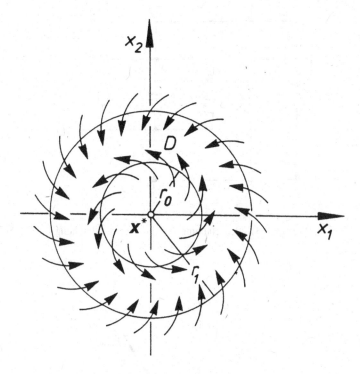

Fig. 1.50: Nachweis eines Grenzzyklus

Beispiel 1.43:
Die *van der Pol'sche*[23] *Gleichung*

$$\ddot{x} - \mu(1 - x^2)\dot{x} + x = 0, \quad \mu > 0 \tag{1.242}$$

ist ein mathematisches Modell für eine Triodenschaltung, bei der die Widerstandsbeiwerte von der Stromstärke abhängen.

Wir setzen

$$f(x) := \mu(x^2 - 1), \quad F(x) := \int\limits_0^x f(u)\, \mathrm{d}u = \mu\left(\frac{x^3}{3} - x\right). \tag{1.243}$$

Für den analytischen Nachweis einer periodischen Lösung von (1.242) ist das Verhalten der Funktion $F(x)$ von besonderer Bedeutung. $F(x)$ besitzt die folgenden Eigenschaften:

(i) $F(-x) = -F(x)$, d.h. F ist eine ungerade Funktion.

(ii) Für $x > \sqrt{3}$ ist $F(x)$ eine positive, monoton wachsende Funktion mit $F(x) \to +\infty$ für $x \to +\infty$.

(iii) Für $0 < x < \sqrt{3}$ ist $F(x)$ negativ.

---

23 B. van der Pol (1889–1959), deutscher Physiker

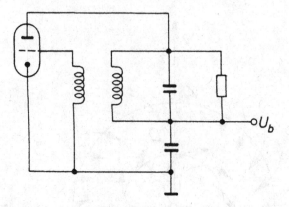

Fig. 1.51: Triodenschaltung zur van der Pol-Gleichung

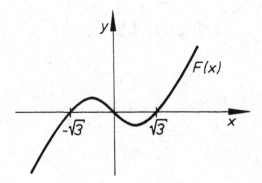

Fig. 1.52: Graph der Funktion $F(x)$

Mit Hilfe von $F(x)$ und der Transformation

$$x, \dot{x} \mapsto x, y \ (= \dot{x} + F(x))$$

kann die van der Pol'sche Gleichung als autonomes System geschrieben werden:

$$\begin{cases} \dot{x} = y - F(x) \\ \dot{y} = -x \, . \end{cases} \tag{1.244}$$

Wir wollen dieses System genauer untersuchen. Aus der Beziehung

$$\begin{bmatrix} y - F(x) \\ -x \end{bmatrix} = \begin{bmatrix} 0 \\ 0 \end{bmatrix}$$

ergibt sich $x^* = (0,0)$ als einziger Gleichgewichtpunkt des Systems (wir beachten $F(0) = 0$!).

Die Matrix A der Linearisierung von (1.244) im Punkt (0,0) lautet:

$$A = \begin{bmatrix} -F'(0) & 1 \\ -1 & 0 \end{bmatrix} = \begin{bmatrix} -f(0) & 1 \\ -1 & 0 \end{bmatrix}.$$

Die Eigenwerte von A berechnen sich aus

$$\det(A - \lambda E) = \det \begin{bmatrix} -f(0) - \lambda & 1 \\ -1 & -\lambda \end{bmatrix} = \lambda(f(0) + \lambda) + 1 = 0$$

oder $\lambda^2 + f(0)\lambda + 1 = 0$ zu

$$\lambda_{1/2} = -\frac{1}{2}f(0) \pm \frac{1}{2}\sqrt{f^2(0) - 4}.$$

Mit $f(0) = -\mu$ (s. (1.243)) ergibt sich dann

$$\lambda_{1/2} = \frac{\mu}{2} \pm \frac{1}{2}\sqrt{\mu^2 - 4}, \quad \mu > 0, \tag{1.245}$$

d.h. bei jeder Wahl von $\mu > 0$ gilt $\operatorname{Re}\lambda_{1/2} > 0$. Nach Satz 1.20 ist $x^* = (0,0)$ somit negativ attraktiv, also ein »abstoßender« Gleichgewichtspunkt.

Nun führen wir Polarkoordinaten (r, φ) ein. Wegen $x = r\cos\varphi$, $y = r\sin\varphi$ ergibt sich für $r = r(x, y)$ dann: $r^2 = x^2 + y^2$ bzw. für $R = R(x, y) := \frac{1}{2}r^2(x, y)$

$$R = \frac{1}{2}r^2 = \frac{1}{2}(x^2 + y^2). \tag{1.246}$$

Ist $(x(t), y(t))$ eine Lösung des Systems (1.244), so folgt aus (1.246)

$$\dot{R} = x\dot{x} + y\dot{y} = x \cdot (y - F(x)) + y \cdot (-x) = -xF(x).$$

Wegen (iii) gilt für $-\sqrt{3} < x < \sqrt{3}$: $\dot{R} \geq 0$. Daraus ergibt sich, dass R – und damit auch r – monoton wachsend ist. Orbits, die auf einem Kreis mit Radius $r_0 < \sqrt{3}$ starten, können nicht in das Innere dieses Kreises führen. Diese Einsicht ist jedoch nicht überraschend, da wir ja bereits wissen, dass der Nullpunkt negativ attraktiv ist.

Nun interessiert uns die Frage, wie sich ein Orbit verhält, der hinreichend weit vom Nullpunkt entfernt startet. Eine Betrachtung von System (1.244) zeigt, wenn wir (i) beachten, dass mit $(x(t), y(t))$ auch $(-x(t), -y(t))$ eine Lösung des Systems ist (d.h. die zugehörigen Orbits sind *symmetrisch* zum Koordinatenursprung). Außerdem erhalten wir aus (1.244) für die Orbits die DGl

$$\frac{dy}{dx} = \frac{\dot{y}}{\dot{x}} = -\frac{x}{y - F(x)}, \tag{1.247}$$

und wir sehen: Orbits besitzen in den Punkten mit $x = 0$ eine waagerechte Tangente ($\frac{dy}{dx} = 0$!) und in den Punkten mit $y = F(x)$ (=Schnittpunkte der Orbits mit der Kurve $F(x)$) eine senkrechte Tangente. Starten wir mit einem Orbit im Punkt $A = (0, y_A)$ mit hinreichend großem $y_A > 0$, so ergibt sich das in Fig. 1.53 (a) dargestellte qualitative Verhalten (Kurve C).

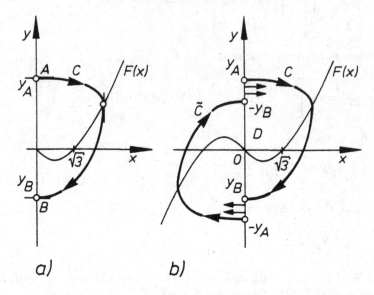

Fig. 1.53: Bestimmung des Gebietes D

Der in A startende Orbit trifft in einem Punkt $B = (0, y_B)$ wieder auf die y-Achse. Unter Verwendung der Eigenschaften von $F(x)$, der Beziehung (1.246) und der DGl der Orbits (s. (1.247)) kann durch Abschätzung des »Kurvenintegrals«[24]

$$\int_C dR = R(0, y_B) - R(0, y_A)$$

gezeigt werden: $R(0, y_B) - R(0, y_A) < 0$ oder $|y_B| < y_A$. Aufgrund unserer obigen Symmetrieüberlegung können wir neben C sofort den Orbit $\tilde{C}$ gemäß Fig. 1.53 (b) angeben. Kein Orbit, der in dem durch die Kurven C, $\tilde{C}$ und die Segmente $[-y_B, y_A]$, $[-y_A, y_B]$ begrenzten Gebiet D startet, verlässt dieses Gebiet. Zusammen mit der Tatsache, dass der Nullpunkt ein »abstoßender« Gleichgewichtspunkt ist (s.o.) folgt daher nach dem Satz von Poincaré-Bendixson: Ist γ^+ irgendein positiver Orbit, der in einem von $(0,0)$ verschiedenen Punkt $(x_0, y_0) \in D$ startet, so ist seine ω-Grenzmenge $\omega(\gamma^+)$ ein periodischer Orbit. Insgesamt ergibt sich damit:

Die van der Pol'sche Gleichung

$$\ddot{x} - \mu(1 - x^2)\dot{x} + x = 0, \quad \mu > 0$$

besitzt wenigstens eine periodische Lösung.

---

24 Eine Ausführung dieser Überlegungen findet sich z.B. in *Verhulst* [114], pp. 53–54. Dabei sind Kenntnisse über Kurvenintegrale erforderlich, die erst in Burg/Haf/Wille (Funktionentheorie) [14], erarbeitet werden.

Bemerkung: Es lässt sich zeigen, dass diese periodische Lösung eindeutig bestimmt ist (s. z.B. *Verhulst* [114], p. 54).

Auf numerischem Wege gewinnt man für den Fall $\mu = 1$ das folgende Phasenporträt (als Ordinate verwenden wir anstelle von y hier $\dot{x}(= y - F(x))$!)

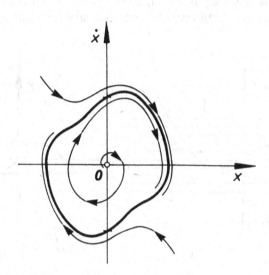

Fig. 1.54: Phasenporträt der van der Pol'schen Gleichung

Wir betrachten abschließend noch einen interessanten Spezialfall der van der Pol'schen Gleichung, nämlich den Fall großer Werte μ, was wir durch die Schreibweise $\mu \gg 1$ zum Ausdruck bringen. Die Transformation $x, \dot{x} \mapsto x, y \, (= \frac{1}{\mu}\dot{x} + F(x))$ führt auf das autonome System

$$\begin{cases} \dot{x} = \mu(y - F(x)) \\ \dot{y} = -\dfrac{x}{\mu} \, . \end{cases} \tag{1.248}$$

Auch in diesem Falle ergibt sich, dass $x^* = (0,0)$ der einzige Gleichgewichtspunkt ist und dass x^* negativ attraktiv ist. Die DGl der Orbits lautet jetzt

$$\frac{\mathrm{d}y}{\mathrm{d}x} = \frac{\dot{y}}{\dot{x}} = -\frac{x}{\mu^2(y - F(x))}, \quad y \neq F(x) \tag{1.249}$$

oder

$$(y - F(x))\frac{\mathrm{d}y}{\mathrm{d}x} = -\frac{x}{\mu^2} \, . \tag{1.250}$$

Wir begnügen uns nachfolgend mit heuristischen Überlegungen: Die Voraussetzung $\mu \gg 1$ hat zur Folge, dass wir anstelle von (1.250) näherungsweise von

$$(y - F(x))\frac{dy}{dx} = 0 \tag{1.251}$$

ausgehen können. Diese Gleichung ist erfüllt, wenn entweder $y = F(x)$ oder $\frac{dy}{dx} = 0$ (also $y = $ const) ist. Wir vermuten den durch Fig. 1.55 dargestellten Sachverhalt mit einem Grenzzyklus C_G.

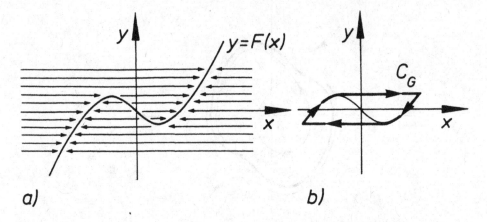

Fig. 1.55: Grenzzyklus der van der Pol'schen Gleichung für $\mu \gg 1$

Auch in diesem Falle sind zur Bestätigung unserer Vermutung analytische Untersuchungen des Systems (1.248) erforderlich. Wie bei der Behandlung von System (1.244) lässt sich dann wieder der Satz von Poincaré-Bendixson heranziehen, mit dessen Hilfe auf einen Grenzzyklus in einer Umgebung der Kurve C_G (s. Fig. 1.55 (b)) geschlossen werden kann.

Bemerkung: Wir haben uns hier bisher im Wesentlichen auf ebene autonome Systeme ($n = 2$) beschränkt. Erst im Falle $n \geq 3$ treten jedoch die eigentlich aufregenden Phänomene, z.B. Chaos-Effekte, auf. Die Behandlung solcher Probleme würde den Rahmen dieses Bandes sprengen. Wir verweisen stattdessen auf die vertiefende Literatur (s. z.B. *Guckenheimer/Holmes* [42]).

Übungen

Übung 1.24*

Bestätige durch nachrechnen: $[e^{-t}\cos t, e^{-t}\sin t]^T$, $t \in \mathbb{R}$, ist eine Lösung des Systems

$$\begin{cases} \dot{x}_1 = -x_1 - x_2 \\ \dot{x}_2 = x_1 - x_2 . \end{cases}$$

Welcher Orbit entspricht dieser Lösung?

Übung 1.25*

Von Volterra[25] wurde das folgende Modell für eine Räuber-Beute-Population angegeben:

$$\begin{cases} \dot{x} = -(a - by)x \\ \dot{y} = (c - dx)y \,. \end{cases}$$

Dabei ist x die Anzahl der Räuber- und y die Anzahl der Beutetiere.

(a) Wie lautet die Phasen-DGl?

(b) Bestimme mit Hilfe von (a) die Orbits.

Übung 1.26*

Berechne die Gleichgewichtspunkte des Systems

$$\begin{cases} \dot{x}_1 = x_1 + x_2 + 2 \\ \dot{x}_2 = -x_1^2 + x_2 + 4 \end{cases}$$

und charakterisiere diese.

Übung 1.27*

Zeige: Der Gleichgewichtspunkt $x^* = 0$ des nichtlinearen Systems

$$\begin{cases} \dot{x}_1 = -x_1 + x_2 \\ \dot{x}_2 = -x_2 - x_1^3 \end{cases}$$

ist von einem anderen Typ als der der zugehörigen Linearisierung (von welchem?). Besteht ein Widerspruch zu Satz 1.20 (b)?

Übung 1.28*

Ermittle das Phasenporträt des ungedämpften mathematischen Pendels

$$\ddot{\varphi} + \frac{g}{l} \sin \varphi = 0 \,.$$

Hinweis: Schreibe die Pendelgleichung als System.

---

25 V. Volterra (1860–1940), italienischer Mathematiker

2   Lineare Differentialgleichungen

In diesem Abschnitt betrachten wir *lineare DGln n-ter Ordnung*

$$y^{(n)}(x) = -a_{n-1}(x)y^{(n-1)}(x) - a_{n-2}(x)y^{(n-2)}(x) - \cdots - a_0(x)y(x) + g(x)$$

bzw.

$$y^{(n)}(x) + a_{n-1}(x)y^{(n-1)}(x) + \cdots + a_0(x)y(x) = g(x) \tag{2.1}$$

und *Systeme von linearen DGln 1-ter Ordnung*:

$$
\begin{aligned}
y_1'(x) &= a_{11}(x)y_1(x) + \cdots + a_{1n}(x)y_n(x) + b_1(x) \\
y_2'(x) &= a_{21}(x)y_1(x) + \cdots + a_{2n}(x)y_n(x) + b_2(x) \\
&\ \ \vdots \qquad\qquad\qquad\qquad\qquad \vdots \\
y_n'(x) &= a_{n1}(x)y_1(x) + \cdots + a_{nn}(x)y_n(x) + b_n(x)
\end{aligned}
$$

bzw. kürzer

$$y_i'(x) = \sum_{k=1}^{n} a_{ik}(x)y_k(x) + b_i(x)\,, \quad i = 1, \ldots, n\,. \tag{2.2}$$

Offensichtlich sind dies Spezialfälle der in Abschnitt 1.3 untersuchten DGln höherer Ordnung bzw. der Systeme 1-ter Ordnung. Den linearen Problemen kommt eine große praktische Bedeutung zu, da zahlreiche Anwendungen auf diese Typen führen.

Beispiel 2.1:
Die kugelsymmetrischen Lösungen der Helmholtzschen Schwingungsgleichung[1]

$$\Delta U(x) + \kappa^2 U(x) = 0$$

mit dem Laplace-Operator $\Delta := \frac{\partial^2}{\partial x_1^2} + \frac{\partial^2}{\partial x_2^2} + \frac{\partial^2}{\partial x_3^2}$ (vgl. Abschn. 4.2.1), der Schwingungszahl κ und $x \in \mathbb{R}^3$ lassen sich mit $|x| =: r$ und $U(|x|) =: z(r)$ aus der linearen DGl 2-ter Ordnung für $z(r)$

$$z''(r) + \frac{2}{r}z'(r) + \kappa^2 z(r) = 0\,, \quad r \neq 0$$

bestimmen (vgl. Abschn. 4.2.2).

Häufig gelangt man auch aufgrund von »Linearisierungen« zu solchen Problemen:

---

1 H. Helmholtz (1821 – 1894), deutscher Physiker

Beispiel 2.2:

Wir haben in Abschnitt 1.3.3 die (nichtlineare) Pendelgleichung

$$\ddot{\varphi} + \frac{g}{l} \sin \varphi = 0$$

für den Ausschlag $\varphi(t)$ eines Pendels hergeleitet. Für den Fall kleiner Ausschläge geht diese DGl wegen $\sin \varphi \approx \varphi$ in die »linearisierte« DGl

$$\ddot{\varphi} + \frac{g}{l}\varphi = 0\,,$$

also in eine lineare DGl 2-ter Ordnung, über. Hier ist der Koeffizient $\frac{g}{l}$ eine Konstante.

Bemerkung: Die bei linearen DGln bzw. Systemen auftretenden Koeffizienten sind im Allgemeinen nicht konstant. Der Sonderfall konstanter Koeffizienten wird in Kapitel 3 ausführlich behandelt.

2.1   Lösungsverhalten

Wie wir in Abschnitt 1.2.2 am Beispiel der (nichtlinearen) DGl

$$y' = 1 + y^2$$

gesehen haben, kann die Lösung $y(x)$ einer DGl in einem endlichen Intervall gegen unendlich streben, so dass sie sich im Allgemeinen nicht auf den ganzen Definitionsbereich der DGl fortsetzen lässt. Die bisher gewonnenen Aussagen über die Lösungen sind daher von lokaler Natur, d.h. sie beziehen sich auf eine gewisse Umgebung des Anfangspunktes. Im linearen Fall lassen sich dagegen *globale* Existenz- und Eindeutigkeitsaussagen machen, also solche, die für den gesamten Definitionsbereich der in (2.1) bzw. (2.2) auftretenden Funktionen

$$a_j(x)\,, g(x) \quad (j = 0,1,\ldots,n-1) \quad \text{bzw.} \quad a_{ik}(x)\,, b_i(x) \quad (i,k = 1,\ldots,n)$$

gelten.

2.1.1   Globale Existenz und Eindeutigkeit bei Systemen 1-ter Ordnung

Mit den Bezeichnungen

$$y(x) := \begin{bmatrix} y_1(x) \\ \vdots \\ y_n(x) \end{bmatrix}\,, \quad b(x) := \begin{bmatrix} b_1(x) \\ \vdots \\ b_n(x) \end{bmatrix}\,, \quad A(x) := \begin{bmatrix} a_{11}(x) & \ldots & a_{1n}(x) \\ \vdots & & \vdots \\ a_{n1}(x) & \ldots & a_{nn}(x) \end{bmatrix} \tag{2.3}$$

lässt sich ein lineares System kurz in der *Matrizenschreibweise*

$$y' = A(x)y + b(x) \tag{2.4}$$

darstellen (vgl. Burg/Haf/Wille (Lineare Algebra) [12]). Diese rationelle Darstellung wird sich im Folgenden als besonders hilfreich erweisen.

Die Voraussetzungen des Satzes 1.11 von Picard-Lindelöf sind hier wegen

$$\frac{\partial}{\partial y_k} f_i(x, y) = \frac{\partial}{\partial y_k}(a_{i1}(x)y_1 + \cdots + a_{ik}(x)y_k + \cdots + a_{in}(x)y_n + b_i(x))$$

$$= a_{ik}(x) \quad (i, k = 1, \ldots, n)$$

bereits für stetige Funktionen $a_{ik}(x)$ bzw. $b_i(x)$ erfüllt. Darüber hinaus lässt sich die lokale Existenz- und Eindeutigkeitsaussage dieses Satzes jetzt zu einer globalen verschärfen. Um dies zu zeigen, erinnern wir uns daran, dass wir uns im Beweis von Satz 1.1 bzw. Satz 1.11 vor allem deshalb auf $U_h(x_0)$ mit $h = \min(a, \frac{b}{M})$ beschränken mussten, um sicher zu sein, dass die Näherungsfolge nicht aus dem Definitionsbereich der Funktion f bzw. $\boldsymbol{f}$ hinausführt. Eine solche Einschränkung ist im linearen Fall überflüssig, weil durch die rechte Seite von (2.4) eine für alle $x \in [a, b]$ und alle $y_1, \ldots, y_n$ stetige Funktion $\boldsymbol{f}(x, y_1, \ldots, y_n)$ erklärt ist. Daher ist die entsprechende Näherungsfolge $\{\boldsymbol{y}_k(x)\}$ in ganz $[a, b]$ wohldefiniert. Dagegen fehlt uns jetzt eine obere Schranke M für $|\boldsymbol{f}|$, so dass wir den Nachweis der gleichmäßigen Konvergenz von $\{\boldsymbol{y}_k(x)\}$ auf $[a, b]$ modifizieren müssen. Wir skizzieren den Grundgedanken: Für $x \in [a, b]$ gelte

$$|a_{ik}(x)| \leq A \quad (i, k = 1, \ldots, n); \quad |b_i(x)| \leq A \quad (i = 1, \ldots, n)$$

und für $\boldsymbol{y}_0 = [y_{01}, \ldots, y_{0n}]^{\mathrm{T}}$ [2]

$$|y_{0i}| \leq B \quad (i = 1, \ldots, n).$$

Ferner bezeichne $y_{i,k}(x)$ die i-te Koordinate von $\boldsymbol{y}_k(x)$. Die Folgen $\{y_{i,k}(x)\}$ lassen sich dann nach dem Verfahren von Picard-Lindelöf berechnen:

$$y_{i,0}(x) = y_{0i}$$

$$y_{i,k}(x) = y_{0i} + \int_{x_0}^{x}\left[\sum_{j=1}^{n} a_{ij}(t)y_{j,k-1}(t) + b_i(t)\right] \mathrm{d}t, \quad k \in \mathbb{N}, \ (i = 1, 2, \ldots, n).$$

Mittels vollständiger Induktion zeigt man, dass auf $[a, b]$ die Abschätzung

$$|y_{i,k}(x) - y_{i,k-1}(x)| \leq (nA)^{k-1} A(nB + 1)\frac{|x - x_0|^k}{k!}$$

gilt. Daher liefert die Reihe

$$\sum_{k=1}^{\infty} \frac{A(nB + 1)}{nA} \frac{[nA(b - a)]^k}{k!}$$

---

2 Aus schreibtechnischen Gründen werden die Koordinaten eines Vektors häufig waagerecht angeordnet, wobei ein T (Abkürzung für Transposition) angefügt wird.

für $\sum_{k=1}^{\infty} (y_{i,k}(x) - y_{i,k-1}(x))$ auf $[a, b]$ eine konvergente Majorante. Setzen wir

$$y_i(x) := y_{0i} + \sum_{k=1}^{\infty} (y_{i,k}(x) - y_{i,k-1}(x)),$$

so strebt die Folge $\{y_{i,k}(x)\}$ für $k \to \infty$ auf $[a, b]$ gleichmäßig gegen $y_i(x)$. Wie im Beweis von Satz 1.11 folgt dann, dass $y_1(x), \ldots, y_n(x)$ die eindeutig bestimmten Lösungen von (2.4) mit $y_i(x_0) = y_{0i}$ $(i = 1, \ldots, n)$ sind. Damit erhalten wir

Satz 2.1:

Die Funktionen $a_{ik}(x)$ $(i, k = 1, \ldots, n)$, $b_i(x)$ $(i = 1, \ldots, n)$ seien auf dem Intervall $[a, b]$ stetig. Ferner seien $x_0 \in [a, b]$ und $\mathbf{y}_0 = [y_{01}, \ldots, y_{0n}]^T$ beliebig vorgegeben. Dann gibt es genau eine Lösung des Anfangswertproblems

$$\mathbf{y}' = \mathbf{A}(x)\mathbf{y} + \mathbf{b}(x), \quad \mathbf{y}(x_0) = \mathbf{y}_0 \tag{2.5}$$

auf ganz $[a, b]$.

Folgerung 2.1:

Sind die Funktionen $a_{ik}(x)$ und $b_i(x)$ im offenen Intervall (a, b) stetig, wobei $a = -\infty$ und $b = +\infty$ zulässig ist, so gilt die Aussage von Satz 2.1 in (a, b).

Beweis:

Wir wählen eine Folge von abgeschlossenen und beschränkten Intervallen $I_n = [\alpha_n, \beta_n]$ mit $I_n \subset (a, b)$, $x_0 \in I_n$, $\alpha_n \to a$ und $\beta_n \to b$ für $n \to \infty$. Nach Satz 2.1 existiert dann für jedes n eine eindeutig bestimmte Lösung in I_n. Zu I_1, I_2 seien $\mathbf{y}^{(1)}, \mathbf{y}^{(2)}$ die zugehörigen Lösungen. Wegen der Eindeutigkeitsaussage von Satz 2.1 muss dann

$$\mathbf{y}^{(1)}(x) = \mathbf{y}^{(2)}(x) \quad \text{für} \quad x \in I_1 \cap I_2$$

gelten, so dass wir durch

$$\mathbf{y}(x) := \begin{cases} \mathbf{y}^{(1)}(x), & \text{für} \quad x \in I_1 \\ \mathbf{y}^{(2)}(x), & \text{für} \quad x \in I_2 - I_1 \end{cases}$$

eine auf $I_1 \cup I_2$ erklärte eindeutig bestimmte Lösung erhalten. Nun nehmen wir I_3 hinzu usw. Auf diese Weise erhalten wir eine auf der Vereinigungsmenge (a, b) erklärte eindeutig bestimmte Lösung. $\quad\square$

2.1.2   Globale Existenz und Eindeutigkeit bei Differentialgleichungen n-ter Ordnung

Wir benutzen Satz 2.1, um eine globale Existenz- und Eindeutigkeitsaussage für lineare DGln n-ter Ordnung

$$y^{(n)} + a_{n-1}(x)y^{(n-1)} + \cdots + a_0(x)y = g(x) \tag{2.6}$$

zu gewinnen. Nach Abschnitt 1.3 lässt sich dieser Differentialgleichungstyp als spezielles System 1-ter Ordnung schreiben:

$$y_1' = y_2$$
$$y_2' = y_3$$
$$\vdots$$
$$y_{n-1}' = y_n$$
$$y_n' = -(a_{n-1}(x)y_n + a_{n-2}(x)y_{n-1} + \cdots + a_0(x)y_1) + g(x),$$

wobei wir $y_1 := y$, $y_2 := y'$, ..., $y_n := y^{(n-1)}$ gesetzt haben. Dies ist ein spezielles lineares System, das im allgemeinen Fall von Abschnitt 2.1.1 enthalten ist. Der Anfangsbedingung

$$y(x_0) = y_0, \quad y'(x_0) = y_1^0, \quad \ldots, \quad y^{(n-1)}(x_0) = y_{n-1}^0$$

für die DGl n-ter Ordnung entspricht dabei die Anfangsbedingung

$$y_1(x_0) = y_0, \quad y_2(x_0) = y_1^0, \quad \ldots, \quad y_n(x_0) = y_{n-1}^0$$

für das System. Wir erhalten damit

Satz 2.2:

Die Funktionen $a_j(x)$ ($j = 0, 1, \ldots, n-1$) und $g(x)$ seien auf dem Intervall $[a, b]$ stetig. Außerdem seien $x_0 \in [a, b]$ und $(y_0, y_1^0, \ldots, y_{n-1}^0) \in \mathbb{R}^n$ beliebig vorgegeben. Dann gibt es genau eine Lösung des Anfangswertproblems

$$y^{(n)} + a_{n-1}(x)y^{(n-1)} + \cdots + a_0(x)y = g(x)$$
$$y(x_0) = y_0, \quad y'(x_0) = y_1^0, \quad \ldots, \quad y^{(n-1)}(x_0) = y_{n-1}^0 \tag{2.7}$$

auf ganz $[a, b]$.

2.2   Homogene lineare Systeme 1-ter Ordnung

Das lineare System

$$\boldsymbol{y}' = \boldsymbol{A}(x)\boldsymbol{y} + \boldsymbol{b}(x) \tag{2.8}$$

heißt *homogen*, falls $\boldsymbol{b}(x) \equiv 0$ ist; andernfalls nennt man das System *inhomogen*.

Wir haben in Abschnitt 1.2.5 bei der Behandlung von linearen DGln 1-ter Ordnung (Typ D) gesehen, dass sich ihre allgemeine Lösung als Summe der allgemeinen Lösung der zugehörigen homogenen DGl und (irgend-) einer speziellen Lösung der inhomogenen DGl ergibt. Wir erwarten daher, dass bei der Untersuchung von inhomogenen linearen Systemen den zugehörigen homogenen Systemen eine entsprechende Bedeutung zukommt.

2.2.1   Fundamentalsystem

Wir wollen uns einen Überblick über sämtliche Lösungen des homogenen linearen Systems

$$y' = A(x)y \tag{2.9}$$

verschaffen und außerdem der Frage nachgehen, wie diese Lösungen gewonnen werden können. Offensichtlich ist die triviale Lösung, also $y(x) \equiv 0$, bereits eine Lösung von (2.9). Außerdem gilt

Hilfssatz 2.1:

Seien $y_1(x)$, $y_2(x)$ zwei Lösungen des homogenen Systems $y' = A(x)y$ und $c_1, c_2 \in \mathbb{R}$ beliebig. Dann ist auch

$$c_1 y_1(x) + c_2 y_2(x) =: \tilde{y}(x)$$

eine Lösung des Systems.

Beweis:
Wir zeigen: $\tilde{y}' = A(x)\tilde{y}$. Es gilt

$$\tilde{y}' = (c_1 y_1 + c_2 y_2)' = c_1 y_1' + c_2 y_2'.$$

Da y_1 und y_2 Lösungen des Systems sind, folgt hieraus

$$\tilde{y}' = c_1 A(x) y_1 + c_2 A(x) y_2,$$

also, nach den Regeln der Matrizenrechnung,

$$\tilde{y}' = A(x)(c_1 y_1 + c_2 y_2) = A(x)\tilde{y}.$$

$\square$

Allgemein gilt:

Mit k Lösungen $y_1, \ldots, y_k$ des homogenen linearen Systems ist auch jede Linearkombination $c_1 y_1 + c_2 y_2 + \cdots + c_k y_k$ eine Lösung des Systems.

Von besonderem Interesse sind »linear unabhängige Lösungen« des Systems. In Erweiterung der entsprechenden Begriffsbildung »linear unabhängige Vektoren« im $\mathbb{R}^n$ (vgl. Burg/Haf/Wille

(Lineare Algebra) [12]) nennen wir *ein Funktionensystem* $y_1(x), \ldots, y_k(x)$ *auf einem Intervall* $I \subset \mathbb{R}$ *linear unabhängig*, falls aus

$$\alpha_1 y_1(x) + \cdots + \alpha_k y_k(x) = 0 \quad \text{für alle} \quad x \in I \tag{2.10}$$

stets

$$\alpha_1 = \alpha_2 = \cdots = \alpha_k = 0 \tag{2.11}$$

folgt. Andernfalls heißt das Funktionensystem *linear abhängig auf* I.

Bemerkung: Die lineare Abhängigkeit bzw. Unabhängigkeit eines Funktionensystems kann von der Wahl des Intervalls I abhängen. Dies zeigt das Beispiel mit $y_1(x) = x$, $y_2(x) = |x|$. Dieses Funktionensystem ist z.B.

linear unabhängig im Intervall $[-1,1]$;

linear abhängig in den Intervallen $[-1,0]$, $[0,1]$.

Wir zeigen jetzt

Satz 2.3:

Die Elemente der Matrix $A(x)$, nämlich die Funktionen $a_{ik}(x)$ ($i, k = 1, \ldots, n$), seien im Intervall $[a, b]$ stetig. Dann besitzt das homogene System $y' = A(x)y$ n auf $[a, b]$ linear unabhängige Lösungen.

Beweis:

Sei $\{e_k\}_{k=1}^n$ das System der n Einheitsvektoren in $\mathbb{R}^n$ und $x_0 \in [a, b]$ beliebig. Nach Satz 2.1 besitzt dann das Anfangswertproblem

$$y' = A(x)y, \quad y(x_0) = e_k$$

für jedes k ($k = 1, \ldots, n$) genau eine Lösung. Wir bezeichnen diese mit $y_k(x)$ und zeigen, dass das Funktionensystem $y_1(x), \ldots, y_n(x)$ auf $[a, b]$ linear unabhängig ist: Aus der Beziehung

$$\alpha_1 y_1(x) + \cdots + \alpha_n y_n(x) = 0 \quad \text{für alle} \quad x \in [a, b]$$

folgt für $x = x_0$

$$\alpha_1 y_1(x_0) + \cdots + \alpha_n y_n(x_0) = 0$$

und hieraus unter Beachtung der Anfangsbedingungen

$$\alpha_1 e_1 + \cdots + \alpha_n e_n = 0.$$

Wegen der linearen Unabhängigkeit der Einheitsvektoren in $\mathbb{R}^n$ ergibt sich hieraus

$$\alpha_1 = \alpha_2 = \cdots = \alpha_n = 0,$$

d.h. das Funktionensystem $y_1(x), \ldots, y_n(x)$ leistet das Gewünschte.   □

Definition 2.1:

Ein Funktionensystem von n linear unabhängigen Lösungen des homogenen linearen Systems $y' = A(x)y$ heißt ein *Fundamentalsystem* (oder *Hauptsystem*) von Lösungen.

2.2.2   Wronski-Determinante

Satz 2.3 sichert uns im Fall stetiger Funktionen $a_{ik}(x)$ die Existenz eines Fundamentalsystems von Lösungen von $y' = A(x)y$. Wir sind nun an einem Kriterium interessiert, mit dessen Hilfe wir die Frage beantworten können, ob n (bekannte) Lösungen $y_1, \ldots, y_n$ ein Fundamentalsystem bilden oder nicht. Hierzu bilden wir mit diesen n Lösungen eine Matrix $Y(x)$, indem wir für die 1. Spalte den Spaltenvektor y_1 nehmen usw. Wir schreiben dafür

$$Y(x) := [y_1(x), y_2(x), \ldots, y_n(x)] \tag{2.12}$$

und bilden die Determinante dieser Matrix: $\det Y(x)$.

Definition 2.2:

$W(x) := \det Y(x)$ heißt die *Wronski-Determinante* des Funktionensystems $y_1, \ldots, y_n$ von Lösungen des Systems $y' = A(x)y$.

Mit Hilfe der Wronski-Determinante[3] lässt sich für ein vorliegendes System von n Lösungen von $y' = A(x)y$ entscheiden, ob dieses ein Fundamentalsystem bildet. Hierzu zeigen wir

Satz 2.4:

Seien $y_1, \ldots, y_n$ Lösungen von $y' = A(x)y$ auf dem Intervall $[a, b]$. Dann gilt, falls $A(x)$ in $[a, b]$ stetig ist,

(1) $W(x) = 0$ oder $W(x) \neq 0$ für alle $x \in [a, b]$.

(2) Die Lösungen $y_1, \ldots, y_n$ bilden ein Fundamentalsystem auf $[a, b]$ genau dann, wenn $W(x) \neq 0$ ist.

Beweis:

Zu (1): Sei $x_0 \in [a, b]$ mit $W(x_0) = \det Y(x_0) = 0$. Dann besitzt das homogene lineare Gleichungssystem

$$\alpha_1 y_1(x_0) + \cdots + \alpha_n y_n(x_0) = 0 \tag{2.13}$$

---

3 H. Wronski (1778–1853), polnischer Mathematiker

nichttriviale Lösungen $\alpha_1, \ldots, \alpha_n$ (vgl. Burg/Haf/Wille (Lineare Algebra) [12]), d.h. in (2.13) verschwinden nicht alle α_i. Wir setzen

$$w(x) := \alpha_1 y_1(x) + \cdots + \alpha_n y_n(x).$$

Dann gilt wegen Hilfssatz 2.1 und (2.13)

$$w' = A(x)w \quad \text{und} \quad w(x_0) = 0. \tag{2.14}$$

Nach Satz 2.1 ist $w(x) \equiv 0$ die einzige Lösung des Anfangswertproblems (2.14) auf $[a, b]$. Daher sind die Lösungen $y_1(x), \ldots, y_n(x)$ auf $[a, b]$ linear abhängig. Hieraus folgt aber

$$\det[y_1(x), \ldots, y_n(x)] = W(x) = 0 \quad \text{für alle} \quad x \in [a, b],$$

woraus sich Behauptung (1) ergibt.

Zu (2): Die Behauptung folgt unmittelbar aus der Theorie der linearen Gleichungssysteme. □

Bemerkung: Zum Nachweis, dass ein System von n Lösungen von $y' = A(x)y$ ein Fundamentalsystem bildet, genügt es nach Satz 2.4 zu zeigen, dass $W(x_0) \neq 0$ für irgendein $x_0 \in [a, b]$ gilt. Man wählt für diesen Nachweis ein möglichst bequemes x_0.

Beispiel 2.3:
Wir betrachten das lineare System

$$\begin{cases} y_1' = -\dfrac{1}{x(x^2 + 1)} y_1 + \dfrac{1}{x^2(x^2 + 1)} y_2 \\[2mm] y_2' = -\dfrac{x^2}{x^2 + 1} y_1 + \dfrac{2x^2 + 1}{x(x^2 + 1)} y_2 \end{cases} \tag{2.15}$$

für $x > 0$. Durch Einsetzen in das Differentialgleichungssystem bestätigt man (nachrechnen!):

$$y_1(x) = \begin{bmatrix} 1 \\ x \end{bmatrix}, \quad y_2(x) = \begin{bmatrix} -\dfrac{1}{x} \\ x^2 \end{bmatrix} \quad (x > 0) \tag{2.16}$$

sind Lösungen des Systems. Wir bilden die Wronski-Determinante von y_1, y_2:

$$W(x) = \det \begin{bmatrix} 1 & -\dfrac{1}{x} \\ x & x^2 \end{bmatrix} = x^2 + 1,$$

d.h. $W(x) \neq 0$ für alle $x > 0$.[4] Daher bilden die Lösungen (2.16) ein Fundamentalsystem von Lösungen des Differentialgleichungssystems (2.15) auf $[\varepsilon, R]$ ($\varepsilon, R > 0$ beliebig). Die Bedeutung eines Fundamentalsystems besteht in der folgenden Tatsache:

---

4 In diesem Fall ist es unnötig, $W(x)$ an einer speziellen Stelle $x_0 > 0$ zu untersuchen, da man sofort erkennt, dass $W(x)$ für kein x verschwinden kann.

Ist ein Fundamentalsystem von $y' = A(x)y$ bekannt, so kennt man damit die allgemeine Lösung dieses Differentialgleichungssystems.

Es gilt nämlich

Satz 2.5:

Durch $y_1, \ldots, y_n$ sei auf $[a, b]$ ein Fundamentalsystem von $y' = A(x)y$ gegeben. Dann lässt sich jede Lösung y auf $[a, b]$ in der Form

$$y = c_1 y_1 + \cdots + c_n y_n \tag{2.17}$$

mit geeigneten Konstanten $c_1, \ldots, c_n$ darstellen.

Beweis:

Wir zeigen: Für eine beliebige Lösung $\tilde{y}$ gibt es stets Konstanten $\tilde{c}_1, \ldots, \tilde{c}_n$, so dass für $\tilde{y}$ die Darstellung (2.17) gilt. Sei $x_0 \in [a, b]$ beliebig. Wir fassen das lineare Gleichungssystem

$$\tilde{y}(x_0) = c_1 y_1(x_0) + \cdots + c_n y_n(x_0) \tag{2.18}$$

als Bestimmungsgleichung für $c_1, \ldots, c_n$ auf. Da $y_1, \ldots, y_n$ nach Voraussetzung ein Fundamentalsystem bilden, gilt nach Satz 2.4 $W(x_0) \neq 0$; das heißt aber, dass die Determinante des (inhomogenen) linearen Gleichungssystems (2.18) ungleich 0 ist. Daher besitzt (2.18) eine eindeutig bestimmte Lösung $(\tilde{c}_1, \ldots, \tilde{c}_n)$. Ferner stimmen $\tilde{y}(x)$ und $\tilde{c}_1 y_1(x) + \cdots + \tilde{c}_n y_n(x)$ für $x = x_0$ überein. Nach der Eindeutigkeitsaussage von Satz 2.1 sind somit $\tilde{y}(x)$ und $\tilde{c}_1 y_1(x) + \cdots + \tilde{c}_n y_n(x)$ auf $[a, b]$ identisch. $\qquad\qquad\square$

2.3   Inhomogene lineare Systeme 1-ter Ordnung

Wir wenden uns der Untersuchung der inhomogenen Systeme

$$y' = A(x)y + b(x) \tag{2.19}$$

zu.

2.3.1   Inhomogene Systeme und Superposition

Bei der Lösung des inhomogenen Systems (2.19) spielt das Fundamentalsystem des zugehörigen homogenen Systems (vgl. Abschn. 2.2)

$$y' = A(x)y \tag{2.20}$$

eine entscheidende Rolle. Es gilt nämlich der folgende

Satz 2.6:

Sei y_p irgendeine Lösung des inhomogenen linearen Systems $y' = A(x)y + b(x)$ und sei $y_1(x), \ldots, y_n(x)$ ein Fundamentalsystem des homogenen linearen Systems $y' = A(x)y$. Dann besteht die Menge aller Lösungen des inhomogenen linearen Systems aus Elementen der Form

$$y_p(x) + c_1 y_1(x) + \cdots + c_n y_n(x), \tag{2.21}$$

mit Konstanten $c_1, \ldots, c_n$.

Beweis:

Sei $z(x)$ eine Lösung von (2.19). Dann löst $z(x) - y_p(x)$ das homogene System (2.20) und lässt sich daher wegen Satz 2.5 in der Form

$$z(x) - y_p(x) = c_1 y_1(x) + \cdots + c_n y_n(x)$$

darstellen. Für $z(x)$ gilt also

$$z(x) = y_p(x) + c_1 y_1(x) + \cdots + c_n y_n(x).$$

Der Nachweis, dass umgekehrt durch (2.21) eine Lösung des inhomogenen Systems gegeben ist, folgt sofort aufgrund der Linearität des Systems. $\qquad\square$

Die allgemeine Lösung eines inhomogenen linearen Systems lässt sich somit durch Superposition der allgemeinen Lösung $c_1 y_1(x) + \cdots + c_n y_n(x)$ des zugehörigen homogenen Systems und einer speziellen Lösung $y_p(x)$ des inhomogenen Systems gewinnen. Damit zerfällt das Problem der Lösung eines inhomogenen Systems in zwei Teilprobleme:

(i) Ermittlung eines Fundamentalsystems des zugehörigen homogenen Systems.

(ii) Bestimmung einer speziellen (= partikulären) Lösung des inhomogenen Systems.

2.3.2 Spezielle Lösungen und Variation der Konstanten

Zur Berechnung einer speziellen Lösung $y_p(x)$ des inhomogenen linearen Systems

$$y' = A(x)y + b(x) \tag{2.22}$$

verwenden wir, analog zu Abschnitt 1.2.5 (Typ D), die Methode der *Variation der Konstanten*. Es gilt

Satz 2.7:

Durch $y_1, \ldots, y_n$ sei ein Fundamentalsystem von $y' = A(x)y$ auf dem Intervall $[a, b]$ gegeben. Ferner sei $Y(x)$ die Matrix $[y_1(x), \ldots, y_n(x)]$ (vgl. Abschn. 2.2.2)

und $Y^{-1}(x)$ ihre inverse Matrix. Ist dann $b(x)$ stetig in $[a, b]$, so ist

$$y_p(x) = Y(x) \int Y^{-1}(x)b(x)\,dx\,^5\,, \quad x \in [a, b] \tag{2.23}$$

eine spezielle Lösung des inhomogenen linearen Systems (2.22).

Beweis:

Nach Satz 2.5 ist die allgemeine Lösung des homogenen linearen Systems $y' = A(x)y$ durch $c_1 y_1(x) + \cdots + c_n y_n(x)$ gegeben. Mit $c = [c_1, \ldots, c_n]^T$ können wir hierfür auch $Y(x) \cdot c$ schreiben (Produkt einer Matrix mit einem Vektor!).

Zur Bestimmung einer speziellen Lösung des inhomogenen Systems gehen wir von dem Ansatz

$$y_p(x) = Y(x) \cdot c(x) \tag{2.24}$$

aus und versuchen, $c(x)$ so zu bestimmen, dass $y_p(x)$ dem inhomogenen System genügt. Mit $Y' := [y_1', \ldots, y_n']$ erhalten wir aus

$$y_p' = Y'c + Yc' = AYc + Yc' = AYc + b$$

die Bedingung

$$Y(x)c'(x) = b(x)\,.$$

Da $y_1, \ldots, y_n$ ein Fundamentalsystem auf $[a, b]$ bildet, ist die Wronski-Determinante $W(x) = \det Y(x)$ nach Satz 2.4 in $[a, b]$ nirgends Null. Also existiert in $[a, b]$ die inverse Matrix $Y^{-1}(x)$ und ist dort stetig (d.h. ihre Elemente sind stetig). Wir multiplizieren nun $Y(x)c'(x) = b(x)$ von links mit $Y^{-1}(x)$ und erhalten

$$c'(x) = Y^{-1}(x)Y(x)c'(x) = Y^{-1}(x)b(x)\,.$$

Integration dieser Gleichung liefert

$$c(x) = \int Y^{-1}(x)b(x)\,dx\,,$$

woraus sich aufgrund von Ansatz (2.24) die spezielle Lösung (2.23) ergibt. $\qquad \square$

---

5 Wir erinnern daran, dass für $v(x) = \begin{bmatrix} v_1(x) \\ \vdots \\ v_n(x) \end{bmatrix}$ gilt: $\int v(x)\,dx = \begin{bmatrix} \int v_1(x)\,dx \\ \vdots \\ \int v_n(x)\,dx \end{bmatrix}$ (vgl. Burg/Haf/Wille (Analysis) [13]).

Beispiel 2.4:

Wir betrachten das inhomogene System

$$y' = A(x)y + b(x),$$

mit

$$A(x) = \begin{bmatrix} -\dfrac{1}{x(1+x^2)} & \dfrac{1}{x^2(1+x^2)} \\[2ex] -\dfrac{x^2}{1+x^2} & \dfrac{1+2x^2}{x(1+x^2)} \end{bmatrix},$$

$$b(x) = \begin{bmatrix} \dfrac{1}{x} \\[1ex] 1 \end{bmatrix} \quad (x > 0).$$

Mit Hilfe der Wronski-Determinante (vgl. Abschn. 2.2.2) lässt sich leicht nachprüfen, dass durch

$$y_1(x) = \begin{bmatrix} 1 \\ x \end{bmatrix}, \quad y_2(x) = \begin{bmatrix} -\dfrac{1}{x} \\[1ex] x^2 \end{bmatrix}$$

ein Fundamentalsystem von $y' = A(x)y$ gegeben ist. Wir bestimmen nun mit (2.23) eine spezielle Lösung $y_p(x)$ des inhomogenen Systems: Für

$$Y(x) = [y_1(x), y_2(x)] = \begin{bmatrix} 1 & -\dfrac{1}{x} \\[1ex] x & x^2 \end{bmatrix} \quad (x > 0)$$

ergibt sich die inverse Matrix (vgl. hierzu Burg/Haf/Wille (Lineare Algebra) [12]) zu

$$Y^{-1}(x) = \frac{1}{\det Y(x)} \operatorname{adj} Y(x) = \frac{1}{x^2+1} \begin{bmatrix} x^2 & \dfrac{1}{x} \\[1ex] -x & 1 \end{bmatrix} = \begin{bmatrix} \dfrac{x^2}{1+x^2} & \dfrac{1}{x(1+x^2)} \\[2ex] -\dfrac{x}{1+x^2} & \dfrac{1}{1+x^2} \end{bmatrix}.$$

Aus

$$Y^{-1}(x)b(x) = \begin{bmatrix} \dfrac{x^2}{1+x^2} & \dfrac{1}{x(1+x^2)} \\[2ex] -\dfrac{x}{1+x^2} & \dfrac{1}{1+x^2} \end{bmatrix} \begin{bmatrix} \dfrac{1}{x} \\[1ex] 1 \end{bmatrix} = \begin{bmatrix} \dfrac{x}{1+x^2} + \dfrac{1}{x(1+x^2)} \\[2ex] 0 \end{bmatrix} = \begin{bmatrix} \dfrac{1}{x} \\[1ex] 0 \end{bmatrix}$$

folgt für $x > 0$

$$\int Y^{-1}(x)b(x)\,\mathrm{d}x = \begin{bmatrix} \displaystyle\int \frac{\mathrm{d}x}{x} \\[2mm] 0 \end{bmatrix} = \begin{bmatrix} \ln x \\[2mm] 0 \end{bmatrix}.$$

Nach (2.23) erhalten wir daher die spezielle Lösung

$$y_p(x) = \begin{bmatrix} 1 & -\dfrac{1}{x} \\[2mm] x & x^2 \end{bmatrix} \begin{bmatrix} \ln x \\[2mm] 0 \end{bmatrix} = \begin{bmatrix} \ln x \\[2mm] x \ln x \end{bmatrix} \quad (x > 0).$$

2.4   Lineare Differentialgleichungen n-ter Ordnung

Die linearen DGln der Ordnung n

$$y^{(n)} + a_{n-1}(x)y^{(n-1)} + \cdots + a_0(x)y = g(x) \tag{2.25}$$

lassen sich nach Abschnitt 2.1.2 als spezielle lineare Systeme 1-ter Ordnung auffassen:

$$y_1' = y_2$$
$$y_2' = y_3$$
$$\vdots$$
$$y_{n-1}' = y_n$$
$$y_n' = -a_0(x)y_1 - \cdots - a_{n-1}(x)y_n + g(x),$$

mit $y_1 := y$, $y_2 := y'$, ..., $y_n := y^{(n-1)}$. Daher gelten die Resultate von Abschnitt 2.2 bzw. 2.3 auch für diesen Fall.

2.4.1   Fundamentalsystem und Wronski-Determinante

Wir betrachten die homogene DGl

$$y^{(n)} + a_{n-1}(x)y^{(n-1)} + \cdots + a_0(x)y = 0, \tag{2.26}$$

die äquivalent zum homogenen System

$$y_1' = y_2$$
$$\vdots$$
$$y_{n-1}' = y_n$$
$$y_n' = -a_0(x)y_1 - \cdots - a_{n-1}(x)y_n \tag{2.27}$$

ist. Daher ist $y(x)$ Lösung der homogenen DGl (2.26) genau dann, wenn

$$\mathbf{y}(x) = \begin{bmatrix} y(x) \\ y'(x) \\ \vdots \\ y^{(n-1)}(x) \end{bmatrix} \tag{2.28}$$

Lösung des homogenen Systems (2.27) ist.

Wir wollen nun die Begriffe Fundamentalsystem und Wronski-Determinante auf lineare DGln n-ter Ordnung übertragen, dabei jedoch nicht mit den Lösungen des entsprechenden Systems, sondern mit den Lösungen der DGl selbst, arbeiten. Seien also $y_1(x), \ldots, y_n(x)$ n Lösungen der homogenen DGl (2.26). Sind diese linear unabhängig, d.h. folgt aus der Beziehung

$$\alpha_1 y_1(x) + \cdots + \alpha_n y_n(x) = 0 \quad \text{auf} \quad [a, b] \tag{2.29}$$

das Verschwinden sämtlicher Koeffizienten: $\alpha_1 = \alpha_2 = \cdots = \alpha_n = 0$, so nennen wir $y_1, \ldots, y_n$ ein *Fundamentalsystem der homogenen DGl* (2.26) *auf* $[a, b]$. Durch k-fache Differentiation von (2.29) folgt:

$$\alpha_1 y_1^{(k)}(x) + \cdots + \alpha_n y_n^{(k)}(x) = 0 \quad \text{auf} \quad [a, b], \quad (k = 1, \ldots, n - 1). \tag{2.30}$$

Daher sind die Lösungen $y_1(x), \ldots, y_n(x)$ genau dann linear unabhängig, wenn die n Vektoren $\mathbf{y}_1(x), \ldots, \mathbf{y}_n(x)$ mit

$$\mathbf{y}_i(x) := \begin{bmatrix} y_i(x) \\ y_i'(x) \\ \vdots \\ y_i^{(n-1)}(x) \end{bmatrix} \quad (i = 1, \ldots, n) \tag{2.31}$$

linear unabhängig sind. Dies führt zu

Definition 2.3:

Seien $y_1(x), \ldots, y_n(x)$ n beliebige Lösungen der homogenen linearen DGl n-ter Ordnung. Dann heißt

$$W(x) := \det \begin{bmatrix} y_1 & y_2 & \cdots & y_n \\ y_1' & y_2' & \cdots & y_n' \\ \vdots & \vdots & & \vdots \\ y_1^{(n-1)} & y_2^{(n-1)} & \cdots & y_n^{(n-1)} \end{bmatrix} \tag{2.32}$$

die *Wronski-Determinante* dieser n Lösungen.

Durch Verwendung der Ergebnisse, die wir für Systeme in Abschnitt 2.2 gewonnen haben, erhalten wir für DGln höherer Ordnung sofort

Satz 2.8:

Die Funktionen $a_j(x)$ $(j = 0, 1, \ldots, n-1)$ seien stetig auf $[a, b]$.

(a) Dann gibt es ein Fundamentalsystem $y_1, \ldots, y_n$ von

$$y^{(n)} + a_{n-1}(x)y^{(n-1)} + \cdots + a_0(x)y = 0, \qquad (2.33)$$

und jede Lösung dieser DGl besitzt die Darstellung

$$c_1 y_1(x) + \cdots + c_n y_n(x), \qquad (2.34)$$

mit geeigneten Konstanten $c_1, \ldots, c_n$.

(b) Je n Lösungen der homogenen DGl (2.33) bilden ein Fundamentalsystem, wenn ihre Wronski-Determinante $W(x)$ nirgends auf $[a, b]$ verschwindet. Gilt $W(x_0) = 0$ für ein $x_0 \in [a, b]$, so folgt daraus $W(x) = 0$ in ganz $[a, b]$.

Ferner

Satz 2.9:

Die Funktionen $a_j(x)$ $(j = 0, 1, \ldots, n-1)$ und $g(x)$ seien stetig auf $[a, b]$. Ferner sei $y_p(x)$ eine spezielle Lösung von

$$y^{(n)} + a_{n-1}(x)y^{(n-1)} + \cdots + a_0(x)y = g(x). \qquad (2.35)$$

Ist dann $y_1, \ldots, y_n$ ein Fundamentalsystem der zugehörigen homogenen DGl, so sind durch

$$y_p(x) + c_1 y_1(x) + \cdots + c_n y_n(x) \qquad (2.36)$$

mit geeigneten Konstanten $c_1, \ldots, c_n$ sämtliche Lösungen der inhomogenen DGl (2.35) erfasst.

Beispiel 2.5:

Die Funktionen $y_1(x) = 1$, $y_2(x) = x$, $y_3(x) = x^2$ $(x \in \mathbb{R})$ sind Lösungen der homogenen linearen DGl $y^{(3)}(x) = 0$. Wir prüfen, ob diese ein Fundamentalsystem bilden und bestimmen gegebenenfalls die allgemeine Lösung der DGl. Hierzu rechnen wir die Wronski-Determinante aus:

$$W(x) = \det \begin{bmatrix} y_1 & y_2 & y_3 \\ y_1' & y_2' & y_3' \\ y_1'' & y_2'' & y_3'' \end{bmatrix} = \det \begin{bmatrix} 1 & x & x^2 \\ 0 & 1 & 2x \\ 0 & 0 & 2 \end{bmatrix}$$

bzw. mit $x_0 = 0$ (bequem gewählt!)

$$W(0) = \det \begin{bmatrix} 1 & 0 & 0 \\ 0 & 1 & 0 \\ 0 & 0 & 2 \end{bmatrix} = 2 \neq 0.$$

Wegen Satz 2.8 bilden diese Funktionen also tatsächlich ein Fundamentalsystem, und die allgemeine Lösung der DGl lautet

$$y(x) = c_1 y_1(x) + c_2 y_2(x) + c_3 y_3(x) = c_1 + c_2 x + c_3 x^2, \quad x \in \mathbb{R}.$$

2.4.2 Reduktionsprinzip

Im Fall von linearen DGln mit konstanten Koeffizienten lässt sich stets ein Fundamentalsystem in geschlossener Form angeben (vgl. Abschn. 3.1.1). Dies ist bei nicht konstanten Koeffizienten im Allgemeinen nicht möglich. Häufig kann jedoch das sogenannte *Reduktionsprinzip*[6] angewandt werden:

Ist eine Lösung (etwa durch Informationen aus einem Anwendungsgebiet, durch Probieren usw.) bekannt, so lässt sich die Ordnung der DGl erniedrigen. Dadurch gelangt man häufig zu wesentlich einfacheren Problemen.

Satz 2.10:

(*Reduktionsprinzip*) Sei $u(x) \not\equiv 0$ eine Lösung der homogenen linearen DGl der Ordnung n

$$y^{(n)} + a_{n-1}(x)y^{(n-1)} + \cdots + a_0(x)y = 0. \tag{2.37}$$

Dann führt der Produktansatz

$$y(x) = v(x) \cdot u(x) \tag{2.38}$$

auf eine homogene lineare DGl der Ordnung $n - 1$ für $w := v'$:

$$w^{(n-1)} + b_{n-1}(x)w^{(n-2)} + \cdots + b_1(x)w = 0. \tag{2.39}$$

Ist $w_1, \ldots, w_{n-1}$ ein Fundamentalsystem der reduzierten DGl (2.39), und sind $v_1, \ldots, v_{n-1}$ Stammfunktionen von $w_1, \ldots, w_{n-1}$, so bilden

$$u, uv_1, \ldots, uv_{n-1} \tag{2.40}$$

ein Fundamentalsystem der DGl (2.37).

---

6 Das Reduktionsprinzip geht auf den französischen Mathematiker und Physiker Jean-Baptiste le Rond d' Alembert (1717-1783) zurück.

Beweis:

Mit dem Ansatz $y(x) = v(x) \cdot u(x)$ folgt aus (2.37)

$$(vu)^{(n)} + a_{n-1}(vu)^{(n-1)} + \cdots + a_0 vu = 0$$

bzw. durch Anwendung der Produktregel

$$v\left[u^{(n)} + a_{n-1}u^{(n-1)} + \cdots + a_0 u\right] + p_1 v' + \cdots + p_{n-1}v^{(n-1)} + uv^{(n)} = 0. \tag{2.41}$$

Dabei sind $p_1, \ldots, p_{n-1}$ bekannte Funktionen von x, die wir zur Abkürzung eingeführt haben. Nach Voraussetzung verschwindet der Klammerausdruck in (2.41). In der Umgebung eines jeden Punktes x, für den $u(x) \neq 0$ ist, ergibt sich daher

$$v^{(n)} + \frac{p_{n-1}}{u}v^{(n-1)} + \cdots + \frac{p_1}{u}v' = 0,$$

bzw. mit $w := v'$ und $b_i := \frac{p_i}{u}$ $(i = 1, \ldots, n-1)$

$$w^{(n-1)} + b_{n-1}w^{(n-2)} + \cdots + b_1 w = 0,$$

also eine homogene lineare DGl der Ordnung $n-1$ für w. Ist $w_1, \ldots, w_{n-1}$ ein Fundamentalsystem dieser DGl, und sind $v_1, \ldots, v_{n-1}$ zugehörige Stammfunktionen, so erhalten wir mit

$$u, uv_1, \ldots, uv_{n-1}$$

n Lösungen der Ausgangsgleichung. Diese bilden ein Fundamentalsystem. Denn: Aus der Beziehung

$$c_1 u + c_2(uv_1) + \cdots + c_n(uv_{n-1}) = 0 \tag{2.42}$$

folgt nach Division durch u

$$c_1 + c_2 v_1 + \cdots + c_n v_{n-1} = 0.$$

Differenzieren wir diese Gleichung, so ergibt sich mit $v'_k = w_k$ die Gleichung

$$c_2 w_1 + \cdots + c_n w_{n-1} = 0$$

und hieraus, da $w_1, \ldots, w_{n-1}$ nach Voraussetzung linear unabhängig sind: $c_2 = \cdots = c_n = 0$ und daher auch $c_1 = 0$. Damit ist gezeigt, dass $u, uv_1, \ldots, uv_{n-1}$ linear unabhängig sind, also ein Fundamentalsystem bilden. $\qquad\square$

Bemerkung 1: Für lineare Systeme gilt ein entsprechendes Reduktionsprinzip (s. hierzu *Walter* [117], § 15 (IV)).

Beispiel 2.6:

Wir betrachten die DGl

$$y'' - (1 + 2\tan^2 x)y = 0, \quad -\frac{\pi}{2} < x < \frac{\pi}{2}. \tag{2.43}$$

Eine Lösung dieser DGl ist durch

$$u(x) = \frac{1}{\cos x} \tag{2.44}$$

gegeben (nachprüfen!). Wir bestimmen ein Fundamentalsystem von Lösungen: Der Ansatz $y(x) = v(x)u(x)$ liefert

$$y'' - (1 + 2\tan^2 x)y = v''u + 2v'u' + u''v - (1 + 2\tan^2 x)vu = 0,$$

also, da $u(x)$ der DGl (2.43) genügt,

$$v''u + v'2u' = 0.$$

Mit $w := v'$ folgt daher

$$w'u + 2u'w = 0.$$

Diese DGl 1-ter Ordnung für w lässt sich sofort durch Trennung der Veränderlichen lösen:

$$\frac{w'}{w} = -2\frac{u'}{u} \quad \text{bzw.} \quad \ln|w| = -2\ln|u| + C_1,$$

d.h. wir erhalten für w unter Beachtung von (2.44)

$$w(x) = C\frac{1}{u^2} = \frac{1}{u^2} = \cos^2 x \quad (C = 1 \text{ gesetzt}).$$

Wegen $v' = w$ folgt damit für v

$$v(x) = \int \cos^2 x \, dx = \frac{1}{2}(x + \sin x \cdot \cos x)$$

(Integrationskonstante Null gesetzt).

Hieraus ergibt sich aufgrund des Ansatzes

$$y_1(x) = v(x)u(x) = \frac{1}{2}\left(\frac{x}{\cos x} + \sin x\right),$$

und unser Fundamentalsystem lautet

$$\frac{1}{2}\left(\frac{x}{\cos x} + \sin x\right), \quad \frac{1}{\cos x}.$$

Die allgemeine Lösung der DGl ist also durch

$$y(x) = \tilde{c}_1 u(x) + \tilde{c}_2 y_1(x) = \frac{\tilde{c}_1}{\cos x} + c_2 \left(\frac{x}{\cos x} + \sin x \right)$$

mit beliebigen Konstanten $\tilde{c}_1, c_2$ gegeben.

Bemerkung 2: In manchen Fällen erwartet man eine gewisse Lösungsstruktur, so dass man sich aus diesen Informationen eine Lösung verschaffen kann.

Beispiel 2.7:

Wir gehen von der DGl

$$(1 + x^2)y'' - 2y = 0 \quad \text{bzw.} \quad y'' - \frac{2}{1 + x^2} y = 0, \quad x \in \mathbb{R},$$

aus und zeigen: Eine Lösung $u(x)$ hat »Polynomstruktur«. Wir setzen für $u(x)$ ein Polynom vom Grad 2 in x an:

$$u(x) = a_0 + a_1 x + a_2 x^2.$$

Mit diesem Ansatz gehen wir in die DGl ein und erhalten

$$(1 + x^2)2a_2 - 2(a_0 + a_1 x + a_2 x^2) = 0$$

bzw.

$$a_1 x + (a_0 - a_2) = 0 \quad \text{für alle} \quad x \in \mathbb{R}.$$

Ein Koeffizientenvergleich ergibt: $a_1 = 0, a_0 - a_2 = 0$, d.h. $a_1 = 0, a_2 = a_0$ beliebig. Wir setzen $a_2 = a_0 = 1$ und erhalten die Lösung

$$u(x) = 1 + x^2.$$

Ein Fundamentalsystem von Lösungen verschafft man sich dann wieder mit Hilfe des Reduktionsprinzips. Wir überlassen dem Leser die Durchführung dieses Schritts.

2.4.3   Variation der Konstanten

Eine spezielle Lösung der inhomogenen linearen DGl

$$y^{(n)} + a_{n-1}(x)y^{(n-1)} + \cdots + a_0(x)y = g(x) \tag{2.45}$$

lässt sich wieder nach der Methode der Variation der Konstanten gewinnen. Ein allgemeines Programm hierfür findet man z.B. in *Walter* [117], § 19 (IV).

Wir begnügen uns an dieser Stelle mit dem Hinweis, dass wir uns eine spezielle Lösung stets auf folgende Weise verschaffen können:

(1) Wir schreiben die DGl als System erster Ordnung (vgl. Abschn. 1.3).

(2) Wir wenden anschließend das Variationsprinzip für Systeme (Satz 2.7) an.

Beispiel 2.8:

Gegeben sei die DGl

$$y'' + y = \frac{1}{\cos x}. \tag{2.46}$$

Mit den Substitutionen $y_1 := y$, $y_2 := y'$ lässt sich diese DGl als System

$$\begin{aligned} y_1' &= y_2 \\ y_2' &= -y_1 + \frac{1}{\cos x} \end{aligned} \tag{2.47}$$

schreiben. Ein Fundamentalsystem des zugehörigen homogenen Systems ist durch

$$\boldsymbol{y}_1(x) = \begin{bmatrix} \cos x \\ -\sin x \end{bmatrix}, \quad \boldsymbol{y}_2(x) = \begin{bmatrix} \sin x \\ \cos x \end{bmatrix}$$

gegeben (nachprüfen!). Dies liefert

$$\boldsymbol{Y}(x) = [\boldsymbol{y}_1(x), \boldsymbol{y}_2(x)] = \begin{bmatrix} \cos x & \sin x \\ -\sin x & \cos x \end{bmatrix} \text{ sowie } \boldsymbol{Y}^{-1}(x) = \begin{bmatrix} \cos x & -\sin x \\ \sin x & \cos x \end{bmatrix}$$

als inverse Matrix. Setzen wir noch

$$\boldsymbol{b}(x) = \begin{bmatrix} 0 \\ \dfrac{1}{\cos x} \end{bmatrix},$$

so folgt

$$\boldsymbol{Y}^{-1}(x)\boldsymbol{b}(x) = \begin{bmatrix} \cos x & -\sin x \\ \sin x & \cos x \end{bmatrix} \begin{bmatrix} 0 \\ \dfrac{1}{\cos x} \end{bmatrix} = \begin{bmatrix} -\dfrac{\sin x}{\cos x} \\ 1 \end{bmatrix}.$$

Mit Satz 2.7 erhalten wir daher die spezielle Lösung

$$\begin{aligned} \boldsymbol{y}_p(x) &= \boldsymbol{Y}(x) \int \boldsymbol{Y}^{-1}(x)\boldsymbol{b}(x)\,\mathrm{d}x \\ &= \begin{bmatrix} \cos x & \sin x \\ -\sin x & \cos x \end{bmatrix} \begin{bmatrix} -\int \dfrac{\sin x}{\cos x}\,\mathrm{d}x \\ \int \mathrm{d}x \end{bmatrix} = \begin{bmatrix} \cos x \cdot \ln|\cos x| + x\sin x \\ -\sin x \cdot \ln|\cos x| + x\cos x \end{bmatrix} \end{aligned}$$

des Systems (2.47). Die erste Koordinate $y_p(x)$ von $\mathbf{y}_p(x)$ liefert uns dann eine spezielle Lösung für unsere ursprüngliche DGl (2.46):

$$y_p(x) = \cos x \cdot \ln|\cos x| + x \sin x\,.$$

Wir weisen abschließend auf Kapitel 4 hin, wo wir lineare DGln mit nichtkonstanten Koeffizienten mit Hilfe von Potenzreihenansätzen lösen werden. Dieser Weg empfiehlt sich häufig dann, wenn es mit den in diesem Abschnitt behandelten Methoden nicht gelingt, ein Fundamentalsystem zu bestimmen.

Umsetzungen einiger Beispiele in Mathematica können dem Online-Service über die im Vorwort angegebene Internetseite entnommen werden.

Übungen

Übung 2.1:

Prüfe, ob das Funktionensystem

$$\mathbf{y}_1(x) = \begin{bmatrix} x^2 \\ -x \end{bmatrix}, \quad \mathbf{y}_2(x) = \begin{bmatrix} -x^2 \ln x \\ x + x \cdot \ln x \end{bmatrix} \quad (x > 0)$$

ein Fundamentalsystem des homogenen DGl-Systems

$$\mathbf{y}' = A(x)\mathbf{y} \quad \text{mit} \quad A(x) = \begin{bmatrix} \frac{1}{x} & -1 \\ \frac{1}{x^2} & \frac{2}{x} \end{bmatrix} \quad (x > 0)$$

bildet.

Übung 2.2*

Es sei $A(x)$ die Matrix aus Aufgabe 2.1 und

$$b(x) = \begin{bmatrix} x \\ -x^2 \end{bmatrix}.$$

Löse das Anfangswertproblem

$$\mathbf{y}' = A(x)\mathbf{y} + b(x)\,, \quad \mathbf{y}(1) = \mathbf{0}\,.$$

Übung 2.3*

Bestimme mit Hilfe des Reduktionsverfahrens die allgemeine Lösung der DGl

$$y'' - x^2 y' - \left(x + \frac{2}{x^2}\right) y = 0 \quad (x > 0)\,,$$

wenn eine Lösung durch $y_1(x) = \frac{1}{x}$ gegeben ist.

Übung 2.4*

Zeige: Die DGl

$$xy'' - (x+3)y' + y = 0$$

besitzt ein Polynom vom Grad kleiner oder gleich 2 als Lösung. Bestimme ein Fundamentalsystem der DGl und gib ihre allgemeine Lösung an.

Übung 2.5*

Die DGl des dickwandigen Rohres unter innerem Druck lautet (vgl. *Hort* [59], S. 163):

$$u'' + \frac{1}{x}u' - \frac{u}{x^2} = 0 \quad (x > 0).$$

Suche eine Lösung der DGl und bestimme anschließend ein Fundamentalsystem. Wie lautet die allgemeine Lösung?

Übung 2.6*

Bei Laufrädern von Strömungsmaschinen tritt häufig die folgende Situation auf: Eine Scheibe der Dicke s mit dem Innenradius r und dem Außenradius R rotiere mit konstanter Winkelgeschwindigkeit ω. Infolge der Zentrifugalkräfte treten in der Scheibe Radialspannungen $\sigma_x(x)$ und Tangentialspannungen $\sigma_\varphi(x)$ auf, für die folgender Zusammenhang besteht:

$$x\sigma_x' + \sigma_x - \sigma_\varphi = -\varrho\omega^2 x^2$$
$$x(\sigma_\varphi' - \gamma\sigma_x') + (1+\gamma)(\sigma_\varphi - \sigma_x) = 0$$

(ϱ: Dichte der Scheibe, γ: Querkontraktionszahl).

(a) Bestimme die allgemeine Lösung des Systems. Anleitung: Leite für σ_x eine DGl 2-ter Ordnung her und löse zunächst diese.

(b) Berechne die Spannungen σ_x, σ_φ in der Laufradscheibe einer Turbine, für die Welle und Scheibe aus einem Stück gefertigt seien, d.h.

(α) σ_x und σ_φ seien für $x = 0$ endlich;

(β) für $x = R$ sei $\sigma_x = \sigma_R \neq 0$ (infolge der Zentrifugalkräfte von Radkranz und Turbinenschaufeln treten am Außenrand Zugspannungen σ_R auf).

Welche maximalen Spannungen σ_x, σ_φ ergeben sich allgemein?

3 Lineare Differentialgleichungen mit konstanten Koeffizienten

In den Technik- und Naturwissenschaften treten lineare DGLn mit konstanten Koeffizienten besonders häufig auf. Wir werden in diesem Kapitel verschiedene Anwendungen behandeln.

Dabei verstehen wir

(a) unter einer *linearen DGl n-ter Ordnung mit konstanten Koeffizienten* einen Ausdruck der Form

$$y^{(n)} + a_{n-1}y^{(n-1)} + \cdots + a_0 y = g, \quad a_i = \text{const}, \quad (i = 0, \ldots, n-1) \tag{3.1}$$

bzw.

(b) unter einem *linearen System 1-ter Ordnung mit konstanten Koeffizienten* einen Ausdruck der Form

$$\boldsymbol{y}' = \boldsymbol{A}\boldsymbol{y} + \boldsymbol{g}, \quad \boldsymbol{A} = [a_{jk}]_{j,k=1,\ldots,n} \quad \text{mit} \quad a_{jk} = \text{const} \tag{3.2}$$

Beispiele (aus den Anwendungen)

Zu (a): Gleichungen (1.1) bis (1.3) und (1.5) bis (1.8) in Abschnitt 1.1.1.

Zu (b): Beispiel 1.31 in Abschnitt 1.3.

Bemerkung: Die Sätze aus Kapitel 2 gelten insbesondere auch für den Fall konstanter Koeffizienten. Es existieren daher eindeutig bestimmte Lösungen der entsprechenden Anfangswertprobleme auf dem ganzen Stetigkeitsbereich von g bzw. $\boldsymbol{g}$.

3.1 Lineare Differentialgleichungen höherer Ordnung

3.1.1 Homogene Differentialgleichungen und Konstruktion eines Fundamentalsystems

Im Gegensatz zu Abschnitt 2.4 lassen sich im Fall konstanter Koeffizienten stets n linear unabhängige Lösungen (und damit ein Fundamentalsystem) der homogenen DGl

$$y^{(n)} + a_{n-1}y^{(n-1)} + \cdots + a_0 y = 0 \tag{3.3}$$

konstruieren. Zusammen mit geeigneten Methoden zur Bestimmung einer speziellen Lösung von

$$y^{(n)} + a_{n-1}y^{(n-1)} + \cdots + a_0 y = g \tag{3.4}$$

ist daher eine vollständige Lösung dieser DGl möglich. Zur Konstruktion eines Fundamentalsystems der homogenen DGl gehen wir vom *Ansatz*

$$y(x) = e^{\lambda x} \qquad\qquad (3.5)$$

aus. Aufgrund der Beziehungen

$$\left(\frac{d}{dx}\right)^k e^{\lambda x} = \lambda^k e^{\lambda x} \quad \text{und} \quad e^{\lambda x} \neq 0 \quad \text{für alle} \quad x \in \mathbb{R}^{\,1}$$

gilt: $y(x) = e^{\lambda x}$ ist eine Lösung von (3.3) genau dann, wenn λ eine Nullstelle von

$$P(\lambda) := \lambda^n + a_{n-1}\lambda^{n-1} + \cdots + a_0 \qquad\qquad (3.6)$$

ist, d.h. wenn $P(\lambda) = 0$ erfüllt ist.

Definition 3.1:

$P(\lambda)$ heißt *charakteristisches Polynom* der homogenen DGl und $P(\lambda) = 0$ die zugehörige *charakteristische Gleichung*.

Wir wollen das Nullstellenverhalten von $P(\lambda)$ untersuchen und müssen hierzu einige Fallunterscheidungen durchführen:

(i) $P(\lambda)$ besitze n verschiedene reelle Nullstellen $\lambda_1, \ldots, \lambda_n$. Dann besitzt die homogene DGl die n Lösungen

$$e^{\lambda_1 x}, \ldots, e^{\lambda_n x} . \qquad\qquad (3.7)$$

(ii) $P(\lambda)$ besitze eine komplexe Nullstelle λ_k. Aus der Tatsache, dass $e^{\lambda x}$ auch für komplexe λ sinnvoll ist und

$$\frac{d}{dx} e^{\lambda x} = \lambda e^{\lambda x}, \quad \lambda \in \mathbb{C}$$

gilt (vgl. Burg/Haf/Wille (Analysis) [13]), folgt, dass $e^{\lambda_k x}$ die homogene DGl auch für $\lambda_k \in \mathbb{C}$ löst. Da wir im Rahmen unserer Betrachtungen davon ausgehen, dass sämtliche Koeffizienten a_j $(j = 0, 1, \ldots, n-1)$ reell sind, lässt sich aus der »komplexwertigen« Lösung $e^{\lambda_k x}$ ein Paar reeller Lösungen gewinnen. Wir skizzieren den Grundgedanken:

Für $x \in \mathbb{R}$ seien $y_1(x)$, $y_2(x)$ reellwertige Funktionen und die komplexwertige Funktion $y(x)$ durch $y(x) := y_1(x) + i\, y_2(x)$ (i: imaginäre Einheit) erklärt. Dann gilt für die Ableitung von y

$$y'(x) = y_1'(x) + i\, y_2'(x)$$

bzw. allgemein für höhere Ableitungen

$$y^{(l)}(x) = y_1^{(l)}(x) + i\, y_2^{(l)}(x), \quad l \in \mathbb{N}.$$

---

1 Wir verwenden hier und häufig auch im Folgenden anstelle von $\frac{d^k}{dx^k}$ die Operatorschreibweise $\left(\frac{d}{dx}\right)^k$.

Daher gilt für reelle Koeffizienten a_j $(j = 0, 1, \ldots, n - 1)$

$$y^{(n)} + a_{n-1}y^{(n-1)} + \cdots + a_0 y = \left(y_1^{(n)} + a_{n-1}y_1^{(n-1)} + \cdots + a_0 y_1\right)$$
$$+ \mathrm{i}\left(y_2^{(n)} + a_{n-1}y_2^{(n-1)} + \cdots + a_0 y_2\right) = 0\,.$$

Dies ist nur möglich, wenn sowohl Realteil als auch Imaginärteil dieser Gleichung verschwinden:

$$y_1^{(n)} + a_{n-1}y_1^{(n-1)} + \cdots + a_0 y_1 = 0$$
$$y_2^{(n)} + a_{n-1}y_2^{(n-1)} + \cdots + a_0 y_2 = 0\,.$$

Somit gilt: Mit $y(x)$ sind auch $y_1(x) = \operatorname{Re} y(x)$ und $y_2(x) = \operatorname{Im} y(x)$ Lösungen von $y^{(n)} + a_{n-1}y^{(n-1)} + \cdots + a_0 y = 0$.

Unter Verwendung der Eulerschen Formel

$$\mathrm{e}^{\mathrm{i}\varphi} = \cos\varphi + \mathrm{i}\sin\varphi\,, \quad \varphi \in \mathbb{R}$$

und der Funktionalgleichung der Exponentialfunktion

$$\mathrm{e}^{(a+\mathrm{i}\,b)} = \mathrm{e}^a \cdot \mathrm{e}^{\mathrm{i}\,b}\,, \quad a, b \in \mathbb{R}\,,$$

(vgl. Burg/Haf/Wille (Analysis) [13]) erhalten wir für $\lambda_k = \sigma_k + \mathrm{i}\,\tau_k$ $(\sigma_k\,, \tau_k \in \mathbb{R})$

$$y_k(x) = \mathrm{e}^{\lambda_k x} = \mathrm{e}^{(\sigma_k + \mathrm{i}\,\tau_k)x} = \mathrm{e}^{\sigma_k x} \cdot \mathrm{e}^{\mathrm{i}\,\tau_k x} = \mathrm{e}^{\sigma_k x}(\cos\tau_k x + \mathrm{i}\sin\tau_k x)\,,$$

woraus sich die beiden reellen Lösungen

$$\mathrm{e}^{\sigma_k x}\cos\tau_k x \quad \text{und} \quad \mathrm{e}^{\sigma_k x}\sin\tau_k x\,, \tag{3.8}$$

ergeben. Da die Koeffizienten a_j reell sind, ist mit $\lambda_k = \sigma_k + \mathrm{i}\,\tau_k$ auch $\overline{\lambda}_k = \sigma_k - \mathrm{i}\,\tau_k$ eine Nullstelle von $P(\lambda)$ (vgl. Üb. 3.2), d.h. $\mathrm{e}^{\overline{\lambda}_k x}$ ist eine Lösung der homogenen DGl. Zu dieser erhalten wir die beiden reellen Lösungen

$$\mathrm{e}^{\sigma_k x}\cos\tau_k x \quad \text{und} \quad -\mathrm{e}^{\sigma_k x}\sin\tau_k x\,,$$

also – bis auf das Vorzeichen – dieselben Lösungen wie oben. Zu jedem Paar konjugiert komplexer Nullstellen $\lambda_k, \overline{\lambda}_k$ von $P(\lambda)$ gehört also ein Paar reeller Lösungen der Form

$$\mathrm{e}^{\sigma_k x}\cos\tau_k x \quad \text{und} \quad \mathrm{e}^{\sigma_k x}\sin\tau_k x\,.$$

Diese lassen sich für $\sigma_k < 0$ als gedämpfte Schwingungen (vgl. Fig. 3.1) bzw. für $\sigma_k > 0$ als aufschaukelnde Schwingungen (vgl. Fig. 3.2) mit exponentiell fallender bzw. wachsender Amplitude interpretieren.

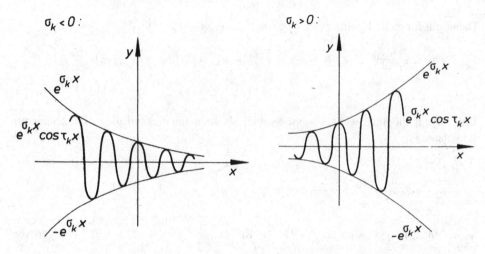

Fig. 3.1: Gedämpfte Schwingung   Fig. 3.2: Aufschaukelnde Schwingung

(iii) $P(\lambda)$ besitze eine (reelle oder komplexe) r-fache Nullstelle λ_k. Wir zeigen: Die r Funktionen

$$e^{\lambda_k x},\quad x\,e^{\lambda_k x},\quad x^2\,e^{\lambda_k x},\ldots,\ x^{r-1}\,e^{\lambda_k x} \tag{3.9}$$

sind Lösungen der homogenen DGl. Zur Abkürzung führen wir den »Differentialoperator« L durch

$$L[y] := y^{(n)} + a_{n-1}y^{(n-1)} + \cdots + a_0 y$$

ein und zeigen:

$$L\left[x^m\,e^{\lambda_k x}\right] = 0,\quad m = 0,1,\ldots,r-1.$$

Wegen

$$x^m\,e^{\lambda_k x} = \left(\frac{\partial}{\partial \lambda_k}\right)^m e^{\lambda_k x}$$

ist hierzu gleichbedeutend:

$$L\left[\left(\frac{\partial}{\partial \lambda_k}\right)^m e^{\lambda_k x}\right] = 0,\quad m = 0,1,\ldots,r-1.$$

Nach dem Satz von Schwarz über die Vertauschbarkeit von partiellen Ableitungen (vgl.

Burg/Haf/Wille (Analysis) [13]) gilt die Beziehung:

$$L\left[\left(\frac{\partial}{\partial\lambda}\right)^m e^{\lambda x}\right] = \left(\frac{\partial}{\partial\lambda}\right)^m L[e^{\lambda x}] = \left(\frac{\partial}{\partial\lambda}\right)^m e^{\lambda x} P(\lambda)$$

$$= \sum_{l=0}^{m} \binom{m}{l} P^{(l)}(\lambda) \frac{\partial^{m-l}}{\partial\lambda^{m-l}} e^{\lambda x} = e^{\lambda x} \sum_{l=0}^{m} \binom{m}{l} x^{m-l} P^{(l)}(\lambda).$$

Nach Voraussetzung ist λ_k eine r-fache Nullstelle von $P(\lambda)$. Daher lässt sich $P(\lambda)$ durch

$$P(\lambda) = (\lambda - \lambda_k)^r P_1(\lambda)$$

darstellen, wobei $P_1(\lambda)$ ein Polynom vom Grad $n - r$ mit $P_1(\lambda_k) \neq 0$ ist. Hieraus folgt

$$P^{(l)}(\lambda_k) = 0 \quad \text{für} \quad l = 0, 1, \ldots, r - 1$$

und damit

$$L\left[\left(\frac{\partial}{\partial\lambda_k}\right)^m e^{\lambda_k x}\right] = 0 \quad \text{für} \quad m = 0, 1, \ldots, r - 1,$$

was zu zeigen war. Ist $\lambda_k = \sigma_k + i\tau_k$ eine r-fache komplexe Nullstelle von $P(\lambda)$, so erhalten wir durch Zerlegung in Real- und Imaginärteil $2r$ reelle Lösungen

$$e^{\sigma_k x} \cos\tau_k x, \quad x\, e^{\sigma_k x} \cos\tau_k x, \quad \ldots, \quad x^{r-1}\, e^{\sigma_k x} \cos\tau_k x,$$
$$e^{\sigma_k x} \sin\tau_k x, \quad x\, e^{\sigma_k x} \sin\tau_k x, \quad \ldots, \quad x^{r-1}\, e^{\sigma_k x} \sin\tau_k x. \tag{3.10}$$

Satz 3.1:

Seien a_j ($j = 0, 1, \ldots, n - 1$) reelle konstante Koeffizienten der homogenen DGl

$$y^{(n)} + a_{n-1} y^{(n-1)} + \cdots + a_0 y = 0 \tag{3.11}$$

und

$$P(\lambda) = \lambda^n + a_{n-1}\lambda^{n-1} + \cdots + a_0 \tag{3.12}$$

das zugehörige charakteristische Polynom. Dann gilt:

(1) Ist λ_k eine r-fache reelle Nullstelle von $P(\lambda)$, so sind die r Funktionen

$$e^{\lambda_k x}, \ x\, e^{\lambda_k x}, \ \ldots, \ x^{r-1}\, e^{\lambda_k x} \tag{3.13}$$

Lösungen der homogenen DGl.

(2) Sind $\lambda_k = \sigma_k + i\tau_k$ und $\bar\lambda_k = \sigma_k - i\tau_k$ ein Paar von konjugiert komplexen

r-fachen Nullstellen von $P(\lambda)$, so sind die $2r$ Funktionen

$$x^m e^{\sigma_k x} \cos \tau_k x \quad \text{und} \quad x^m e^{\sigma_k x} \sin \tau_k x \quad (m = 0, 1, \ldots, r - 1) \tag{3.14}$$

Lösungen der homogenen DGl. Insgesamt erhalten wir so n Lösungen. Diese bilden ein Fundamentalsystem der homogenen DGl.

Beweis:

Wir haben noch die letzte Behauptung des Satzes zu beweisen. Hierzu sei

$$P(\lambda) = (\lambda - \lambda_1)^{r_1} (\lambda - \lambda_2)^{r_2} \ldots (\lambda - \lambda_s)^{r_s}$$

mit $r_1 + r_2 + \cdots + r_s = n$, und $\lambda_1, \ldots, \lambda_s$ seien alle verschieden.

Wir zeigen:

$$x^m e^{\lambda_k x} \quad (k = 1, \ldots, s \,; \; m = 0, 1, \ldots, r_k - 1)$$

bilden ein Fundamentalsystem. Dies gilt auch im Fall komplexer λ_k. (Warum?)

Jede Linearkombination aus den Lösungen $x^m e^{\lambda_k x}$ hat die Form

$$\sum_{k=1}^{s} p_k(x) e^{\lambda_k x},$$

wobei $p_k(x)$ $(k = 1, \ldots, s)$ Polynome sind. Wir zeigen, dass aus dem Bestehen der Beziehung

$$\sum_{k=1}^{s} p_k(x) e^{\lambda_k x} = 0 \quad \text{für alle } x$$

notwendig $p_k(x) \equiv 0$ für $k = 1, \ldots, s$ folgt. Den Nachweis führen wir mittels vollständiger Induktion nach der Anzahl s der verschiedenen Nullstellen von $P(\lambda)$:

Die Aussage ist für $s = 1$ richtig. Wegen

$$p_1(x) e^{\lambda_1 x} \equiv 0 \quad \text{und} \quad e^{\lambda_1 x} \neq 0$$

folgt nämlich $p_1(x) \equiv 0$. Wir nehmen an, die Behauptung sei für $s - 1$ Summanden nachgewiesen, d.h. aus der Beziehung $\sum_{k=1}^{s-1} p_k(x) e^{\lambda_k x} \equiv 0$ folge $p_k(x) \equiv 0$ für $k = 1, \ldots, s - 1$. Sei nun $\sum_{k=1}^{s} p_k(x) e^{\lambda_k x} \equiv 0$. Dann folgt hieraus

$$p_s(x) e^{\lambda_s x} \equiv - \sum_{k=1}^{s-1} p_k(x) e^{\lambda_k x}, \tag{3.15}$$

bzw. wenn wir mit $e^{-\lambda_s x}$ durchmultiplizieren,

$$p_s(x) \equiv -\sum_{k=1}^{s-1} p_k(x)\, e^{(\lambda_k - \lambda_s)x} \,.$$

Ist $r-1$ der Grad des Polynoms $p_s(x)$, so folgt durch r-fache Differentiation

$$0 \equiv -\sum_{k=1}^{s-1} q_k(x)\, e^{(\lambda_k - \lambda_s)x} \,,$$

wobei $q_k(x)$ Polynome vom selben Grad wie die $p_k(x)$ sind. Letzteres folgt wegen

$$\frac{d}{dx}\left[p_k(x)\, e^{(\lambda_k - \lambda_s)x} \right] = \left[p_k'(x) + \underbrace{(\lambda_k - \lambda_s)}_{\neq 0} p_k(x) \right] e^{(\lambda_k - \lambda_s)x} \quad \text{usw.}$$

Nach der Induktionsvoraussetzung gilt: $q_k(x) \equiv 0$ für $k = 1, \ldots, s-1$ und daher aufgrund des Zusammenhangs zwischen den Polynomen $p_k(x)$ und $q_k(x)$ auch $p_k(x) \equiv 0$ für $k = 1, \ldots, s-1$. Aus der Beziehung (3.15) folgt dann $p_s(x) \equiv 0$.   □

Mit Hilfe von Satz 3.1 lassen sich homogene lineare DGln mit konstanten Koeffizienten sehr einfach lösen.

Beispiel 3.1:
Die DGl

$$y'' - 4y = 0$$

besitzt das charakteristische Polynom

$$P(\lambda) = \lambda^2 - 4$$

mit den Nullstellen $\lambda_1 = 2$, $\lambda_2 = -2$. Nach Satz 3.1 bilden die Lösungen e^{2x}, e^{-2x} ein Fundamentalsystem der DGl. Ihre allgemeine Lösung lautet daher

$$y(x) = c_1\, e^{2x} + c_2\, e^{-2x} \,.$$

Beispiel 3.2:
Gegeben sei die DGl

$$y''' - y = 0 \,.$$

Das zugehörige charakteristische Polynom

$$P(\lambda) = \lambda^3 - 1$$

hat die Nullstellen $\lambda_1 = 1$, $\lambda_{2/3} = -\frac{1}{2} \pm i\frac{\sqrt{3}}{2}$, und wir erhalten nach Satz 3.1 das Fundamentalsystem

$$e^{1x}, \quad e^{-\frac{1}{2}x}\cos\frac{\sqrt{3}}{2}x, \quad e^{-\frac{1}{2}x}\sin\frac{\sqrt{3}}{2}x.$$

Die allgemeine Lösung der DGl ist dann durch

$$y(x) = c_1 e^x + c_2 e^{-\frac{x}{2}}\cos\frac{\sqrt{3}}{2}x + c_3 e^{-\frac{x}{2}}\sin\frac{\sqrt{3}}{2}x$$

gegeben.

Beispiel 3.3:
Wir betrachten die DGl

$$y^{(4)} + 2y'' + y = 0$$

mit dem zugehörigen charakteristischen Polynom

$$P(\lambda) = \lambda^4 + 2\lambda^2 + 1 = (\lambda^2 + 1)^2.$$

Dieses besitzt die Nullstellen $\lambda_{1/2} = i$, $\lambda_{3/4} = -i$ (d.h. i und $-i$ sind Nullstellen mit der Vielfachheit 2). Nach Satz 3.1 erhalten wir somit das Fundamentalsystem

$$\cos x, \quad x\cos x, \quad \sin x, \quad x\sin x.$$

(Man beachte, dass die Realteile der Nullstellen Null sind!) Die allgemeine Lösung der DGl lautet also

$$y(x) = c_1\cos x + c_2 x\cos x + c_3\sin x + c_4 x\sin x = (c_1 + c_2 x)\cos x + (c_3 + c_4 x)\sin x.$$

3.1.2   Inhomogene Differentialgleichungen und Grundzüge der Operatorenmethode

Wir wenden uns der inhomogenen DGl

$$y^{(n)} + a_{n-1}y^{(n-1)} + \cdots + a_0 y = g \tag{3.16}$$

mit konstanten Koeffizienten a_j ($j = 0, 1, \ldots, n-1$) zu. Ihre allgemeine Lösung erhalten wir nach Satz 2.9, indem wir zur allgemeinen Lösung der homogenen DGl

$$y^{(n)} + a_{n-1}y^{(n-1)} + \cdots + a_0 y = 0,$$

die wir mit Hilfe von Satz 3.1 lösen, eine spezielle Lösung der inhomogenen DGl addieren. Eine solche spezielle Lösung können wir uns etwa nach der Methode der Variation der Konstanten verschaffen (s. Abschn. 2.4.3). Damit ist im Grunde das Problem, die allgemeine Lösung der inhomogenen DGl zu bestimmen, gelöst.

Wir wollen noch eine andere rechnerisch einfachere Methode diskutieren, die auf inhomogene DGln mit konstanten Koeffizienten anwendbar ist, falls g eine ganze rationale Funktion (=Polynom) von

$$x, \ e^{\alpha x} \ (\alpha \in \mathbb{C}), \quad \cos \beta x \ (\beta \in \mathbb{R}), \quad \sin \gamma x \ (\gamma \in \mathbb{R})$$

ist.

Grundzüge der Operatorenmethode

Sei

$$y^{(n)} + a_{n-1} y^{(n-1)} + \cdots + a_0 y = g(x) \tag{3.17}$$

die vorgegebene DGl und $p(x)$ das Polynom

$$p(x) = x^n + a_{n-1} x^{n-1} + \cdots + a_0 . \tag{3.18}$$

Wir ordnen $p(x)$ das »Differentialpolynom«

$$p\left(\frac{\mathrm{d}}{\mathrm{d}x}\right) = \left(\frac{\mathrm{d}}{\mathrm{d}x}\right)^n + a_{n-1} \left(\frac{\mathrm{d}}{\mathrm{d}x}\right)^{n-1} + \cdots + a_0 \tag{3.19}$$

zu. Damit können wir (3.17) kurz in der Form

$$\left[p\left(\frac{\mathrm{d}}{\mathrm{d}x}\right) \right] y = g \tag{3.20}$$

schreiben. Von $p\left(\frac{\mathrm{d}}{\mathrm{d}x}\right)$ lassen sich sofort zwei Eigenschaften angeben: Wegen

$$\left(\frac{\mathrm{d}}{\mathrm{d}x}\right)^k \left[\left(\frac{\mathrm{d}}{\mathrm{d}x}\right)^j f \right] = \left(\frac{\mathrm{d}}{\mathrm{d}x}\right)^{k+j} f$$

gilt

$$p\left(\frac{\mathrm{d}}{\mathrm{d}x}\right) \cdot \left(\left[q\left(\frac{\mathrm{d}}{\mathrm{d}x}\right) \right] y \right) = \left[p\left(\frac{\mathrm{d}}{\mathrm{d}x}\right) \cdot q\left(\frac{\mathrm{d}}{\mathrm{d}x}\right) \right] y ,$$

d.h. der Hintereinanderschaltung zweier Differentialpolynome entspricht die Multiplikation der zugehörigen Polynome. Mit Hilfe des Fundamentalsatzes der Algebra (vgl. Burg/Haf/Wille (Analysis) [13]) kann daher jedes Differentialpolynom in Linearfaktoren zerlegt werden. Dies liefert die Regel

$$\left[p\left(\frac{\mathrm{d}}{\mathrm{d}x}\right) \right] y = \left(\frac{\mathrm{d}}{\mathrm{d}x} - \lambda_1\right) \cdot \ldots \cdot \left(\frac{\mathrm{d}}{\mathrm{d}x} - \lambda_n\right) y \tag{3.21}$$

wobei die Reihenfolge der Faktoren beliebig ist. Jede Lösung y der inhomogenen DGl (3.20) schreiben wir formal in der Form

$$y = \left[p\left(\frac{d}{dx}\right) \right]^{-1} g \, . \tag{3.22}$$

Der »inverse Differentialoperator« $\left[p\left(\frac{d}{dx}\right) \right]^{-1}$ ist nach Satz 2.9 nur bis auf eine additive Lösung der homogenen DGl

$$\left[p\left(\frac{d}{dx}\right) \right] y = 0 \tag{3.23}$$

bestimmt. Da wir die allgemeine Lösung von Gleichung (3.23) aufgrund von Abschnitt 3.1.1 als bekannt ansehen können, genügt es im Folgenden, irgendeine Lösung $\left[p\left(\frac{d}{dx}\right) \right]^{-1} g$ der inhomogenen DGl (3.20) zu bestimmen. Dies gelingt sehr einfach, falls g die Form

$$g(x) = q(x) \cdot e^{\alpha x} \tag{3.24}$$

besitzt, wobei $q(x)$ ein Polynom und $\alpha \in \mathbb{R}$ oder $\mathbb{C}$ ist.

(i) Wir betrachten zunächst den Fall

$$g(x) = q(x) \quad (=\text{Polynom in } x.) \tag{3.25}$$

Mit

$$r(x) := -\frac{a_1}{a_0} x - \frac{a_2}{a_0} x^2 - \cdots - \frac{a_{n-1}}{a_0} x^{n-1} - \frac{1}{a_0} x^n \tag{3.26}$$

lässt sich (3.18) in der Form $p(x) = a_0[1 - r(x)]$ schreiben. Dem inversen Polynom

$$[p(x)]^{-1} = \frac{1}{p(x)} = \frac{1}{a_0} \frac{1}{1 - r(x)} = \frac{1}{a_0} \sum_{j=0}^{\infty} [r(x)]^j \tag{3.27}$$

(formale Entwicklung in eine geometrische Reihe) ordnen wir den inversen Differentialoperator

$$\left[p\left(\frac{d}{dx}\right) \right]^{-1} = \frac{1}{a_0} \frac{1}{1 - r\left(\frac{d}{dx}\right)} = \frac{1}{a_0} \sum_{j=0}^{\infty} \left[r\left(\frac{d}{dx}\right) \right]^j \tag{3.28}$$

zu. Wir zeigen:

$$\tilde{y}(x) := \frac{1}{a_0} \sum_{j=0}^{\infty} \left[r\left(\frac{d}{dx}\right) \right]^j q(x) \tag{3.29}$$

löst die inhomogene DGl

$$\left[p\left(\frac{d}{dx}\right)\right]y(x) = q(x).$$ (3.30)

Da $q(x)$ ein Polynom ist, treten in (3.29) nur endlich viele von Null verschiedene Summanden auf, so dass von einer Stelle $n_0 \in \mathbb{N}$ ab alle weiteren verschwinden. Damit gilt

$$\left[p\left(\frac{d}{dx}\right)\right]\tilde{y}(x) = \left[p\left(\frac{d}{dx}\right)\right]\left\{\frac{1}{a_0}\sum_{j=0}^{n_0}\left[r\left(\frac{d}{dx}\right)\right]^j q(x)\right\}$$

$$= a_0\left[1 - r\left(\frac{d}{dx}\right)\right]\left\{\frac{1}{a_0}\sum_{j=0}^{n_0}\left[r\left(\frac{d}{dx}\right)\right]^j q(x)\right\}$$

$$= \sum_{j=0}^{n_0}\left[r\left(\frac{d}{dx}\right)\right]^j q(x) - \sum_{j=1}^{n_0}\left[r\left(\frac{d}{dx}\right)\right]^j q(x) = q(x),$$

d.h. $\tilde{y}$ ist eine Lösung von (3.30), und es gilt die Regel

$$\left[p\left(\frac{d}{dx}\right)\right]^{-1}q(x) = \frac{1}{p\left(\frac{d}{dx}\right)}q(x) = \frac{1}{a_0}\frac{1}{1 - r\left(\frac{d}{dx}\right)}q(x) = \frac{1}{a_0}\sum_{j=0}^{\infty}\left[r\left(\frac{d}{dx}\right)\right]^j q(x).$$ (3.31)

Beispiel 3.4:

Wir bestimmen eine spezielle Lösung der DGl

$$y''' - 3y' - 2y = 4x^2 - 2.$$

Hier ist also $g(x) = q(x) = 4x^2 - 2$. Nach Regel (3.31) erhalten wir eine spezielle Lösung $y_p(x)$ durch

$$y_p(x) = \frac{1}{p\left(\frac{d}{dx}\right)}q(x) = \frac{1}{\left(\frac{d}{dx}\right)^3 - 3\left(\frac{d}{dx}\right) - 2}(-2 + 4x^2)$$

$$= -\frac{1}{2}\frac{1}{1 - \left[-\frac{3}{2}\left(\frac{d}{dx}\right) + \frac{1}{2}\left(\frac{d}{dx}\right)^3\right]}(-2 + 4x^2)$$

$$= -\frac{1}{2}\left\{1 + [\ldots] + [\ldots]^2 + \ldots\right\}(-2 + 4x^2)$$

$$= -\frac{1}{2}\left\{1 - \frac{3}{2}\left(\frac{d}{dx}\right) + \frac{1}{2}\left(\frac{d}{dx}\right)^3 + \frac{9}{4}\left(\frac{d}{dx}\right)^2 + \ldots\right\}(-2 + 4x^2)$$

$$= -\frac{1}{2}\left\{1 - \frac{3}{2}\left(\frac{d}{dx}\right) + \frac{9}{4}\left(\frac{d}{dx}\right)^2\right\}(-2 + 4x^2)$$

$$= -\frac{1}{2}\left(-2 + 4x^2 - \frac{3}{2}\cdot 8x + \frac{9}{4}\cdot 8\right) = -8 + 6x - 2x^2.$$

(ii) Wir betrachten jetzt den Fall

$$g(x) = q(x)\cdot e^{\alpha x}, \quad \alpha \in \mathbb{C}. \tag{3.32}$$

Wegen Regel (3.21) können wir DGl (3.20) in der Form

$$\left(\frac{d}{dx} - \lambda_1\right)\cdots\left(\frac{d}{dx} - \lambda_n\right)y = q(x)\cdot e^{\alpha x}$$

schreiben. Wir betrachten zunächst den Spezialfall

$$y' - \lambda_1 y = \left(\frac{d}{dx} - \lambda_1\right)y = q(x)\, e^{\alpha x}$$

und versuchen, die Lösung dieser DGl auf die Lösung einer DGl zurückzuführen, die nur die Inhomogenität $q(x)$ (also nicht mehr den Faktor $e^{\alpha x}$!) enthält. Hierzu zeigen wir: Ist $z(x)$ eine Lösung der DGl

$$z'(x) + (\alpha - \lambda_1)z(x) = \left(\frac{d}{dx} + \alpha - \lambda_1\right)z(x) = q(x),$$

so löst

$$y(x) = e^{\alpha x}\, z(x) \quad \text{die DGl} \quad y'(x) - \lambda_1 y(x) = \left(\frac{d}{dx} - \lambda_1\right)y(x) = q(x)\, e^{\alpha x}.$$

Es gilt nämlich

$$\left(\frac{d}{dx} - \lambda_1\right)y(x) = \left(\frac{d}{dx} - \lambda_1\right)e^{\alpha x}\, z(x) = \frac{d}{dx}\left(e^{\alpha x}\, z(x)\right) - \lambda_1\, e^{\alpha x}\, z(x)$$

$$= e^{\alpha x}\left[z'(x) + (\alpha - \lambda_1)z(x)\right] = e^{\alpha x}\, q(x).$$

Wegen

$$y(x) = e^{\alpha x}\, z(x) = \left(\frac{d}{dx} - \lambda_1\right)^{-1}\left[q(x)\, e^{\alpha x}\right] \quad \text{und} \quad z(x) = \left(\frac{d}{dx} + \alpha - \lambda_1\right)^{-1}q(x)$$

folgt daher

$$\left(\frac{d}{dx} - \lambda_1\right)^{-1}\left[q(x)\cdot e^{\alpha x}\right] = e^{\alpha x}\left(\frac{d}{dx} + \alpha - \lambda_1\right)^{-1}q(x).$$

Durch n-fache Anwendung ergibt sich dann für ein beliebiges Polynom $p(x)$ vom Grad n (man beachte hierbei Regel (3.21)) die Regel

$$\left[p\left(\frac{d}{dx}\right)\right]^{-1}\left[e^{\alpha x}q(x)\right] = e^{\alpha x}\left[p\left(\frac{d}{dx}+\alpha\right)\right]^{-1}q(x). \tag{3.33}$$

Regel (3.33) ermöglicht es, Exponentialfaktoren vor den inversen Differentialoperator zu ziehen, wodurch Fall (ii) auf Fall (i) zurückgeführt ist.

Bemerkung: Der zum Differentialoperator $\left(\frac{d}{dx}\right)$ inverse Operator $\left(\frac{d}{dx}\right)^{-1}$ bedeutet: Ermittlung einer Stammfunktion. Zur Bestimmung von $\left(\frac{d}{dx}\right)^{-j}f(x)$ ist die Funktion f daher j-mal zu integrieren.

Beispiel 3.5:
Wir betrachten die DGl

$$y'' - 2y' + y = e^x \cdot (1 + 2x + 3x^2).$$

Diese ist vom Typ (ii): $g(x) = e^{\alpha x}q(x)$ mit $\alpha = 1$ und $q(x) = 1 + 2x + 3x^2$. Wir wenden zur Bestimmung einer speziellen Lösung zunächst Regel (3.31) an:

$$y_p(x) = \frac{1}{\left(\frac{d}{dx}\right)^2 - 2\left(\frac{d}{dx}\right) + 1}\left[e^x(1 + 2x + 3x^2)\right] = \frac{1}{\left(\frac{d}{dx} - 1\right)^2}\left[e^x(1 + 2x + 3x^2)\right].$$

Mit Hilfe von Regel (3.33) ziehen wir den Faktor e^x vor den Operator und erhalten

$$y_p(x) = e^x \frac{1}{\left(\frac{d}{dx} + 1 - 1\right)^2}\left[1 + 2x + 3x^2\right]$$

$$= e^x\left(\frac{d}{dx}\right)^{-2}(1 + 2x + 3x^2) = e^x\left(\frac{x^2}{2} + \frac{x^3}{3} + \frac{x^4}{4}\right).$$

Beispiel 3.6:
Wir berechnen eine spezielle Lösung der DGl

$$y^{(4)} + 2y'' + y = 24x\sin x.$$

Für die Nullstellen des charakteristischen Polynoms der homogenen DGl $y^{(4)} + 2y'' + y = 0$ gilt (s. Abschn. 3.1.1, Beisp. 3.3): $\lambda_{1/2} = i$, $\lambda_{3/4} = -i$, so dass wir unsere DGl in der Form

$$\left[\left(\frac{d}{dx}\right)^4 + 2\left(\frac{d}{dx}\right)^2 + 1\right]y = \left[\left(\frac{d}{dx} + i\right)^2\left(\frac{d}{dx} - i\right)^2\right]y = 24x\sin x$$

schreiben können. Beachten wir noch die Eulersche Formel

$$e^{ix} = \cos x + i \sin x,$$

so lässt sich die rechte Seite durch

$$24x \cdot \mathrm{Im}\, e^{ix}$$

darstellen, und mit Regel (3.31) ergibt sich

$$y_p(x) = \frac{1}{\left(\frac{d}{dx}+i\right)^2 \left(\frac{d}{dx}-i\right)^2}\left[24x\,\mathrm{Im}\,e^{ix}\right]$$

$$= 24\,\mathrm{Im}\left\{\frac{1}{\left(\frac{d}{dx}+i\right)^2 \left(\frac{d}{dx}-i\right)^2}\left[x\,e^{ix}\right]\right\}.$$

Nach Regel (3.33) folgt hieraus

$$y_p(x) = 24\,\mathrm{Im}\left\{e^{ix}\frac{1}{\left(\frac{d}{dx}+i+i\right)^2\left(\frac{d}{dx}+i-i\right)^2}[x]\right\}$$

$$= 24\,\mathrm{Im}\left\{e^{ix}\left(\frac{d}{dx}\right)^{-2}\frac{1}{\left(\frac{d}{dx}\right)^2+4i\left(\frac{d}{dx}\right)-4}[x]\right\}$$

$$= -6\,\mathrm{Im}\left\{e^{ix}\left(\frac{d}{dx}\right)^{-2}\frac{1}{1-i\left(\frac{d}{dx}\right)-\frac{1}{4}\left(\frac{d}{dx}\right)^2}[x]\right\}$$

$$= -6\,\mathrm{Im}\left\{e^{ix}\left(\frac{d}{dx}\right)^{-2}\left[1+i\left(\frac{d}{dx}\right)\right][x]\right\}$$

$$= -6\,\mathrm{Im}\left\{e^{ix}\left[\left(\frac{d}{dx}\right)^{-2}+i\left(\frac{d}{dx}\right)^{-1}\right][x]\right\}$$

$$= -6\,\mathrm{Im}\left\{e^{ix}\left(\frac{x^3}{6}+i\frac{x^2}{2}\right)\right\}$$

$$= -6\,\mathrm{Im}\left\{(\cos x+i\sin x)\left(\frac{x^3}{6}+i\frac{x^2}{2}\right)\right\}$$

$$= -6\,\mathrm{Im}\left\{\left(\frac{x^3}{6}\cos x-\frac{x^2}{2}\sin x\right)+i\left(\frac{x^3}{6}\sin x+\frac{x^2}{2}\cos x\right)\right\}$$

$$= -x^3\sin x-3x^2\cos x.$$

Bemerkung: Treten als »Inhomogenitäten« ganze rationale Funktionen mit $\sin \alpha x$- (bzw. $\cos \beta x$-) Anteilen auf, so sind die Darstellungen

$$\sin \alpha x = \operatorname{Im} e^{i\alpha x} \quad \text{bzw.} \quad \cos \beta x = \operatorname{Re} e^{i\beta x} \tag{3.34}$$

zweckmäßig. Auch Anteile mit $\sinh x$ bzw. $\cosh x$ lassen sich aufgrund der Beziehungen

$$\sinh x = \frac{e^x - e^{-x}}{2} \quad \text{bzw.} \quad \cosh x = \frac{e^x + e^{-x}}{2} \tag{3.35}$$

erfassen.

3.1.3   Inhomogene Differentialgleichungen und Grundlösungsverfahren

Wir wollen eine weitere Methode zur Berechnung einer speziellen Lösung der DGl

$$y^{(n)} + a_{n-1} y^{(n-1)} + \cdots + a_0 y = g(x) \tag{3.36}$$

kennenlernen, die häufig noch zum Ziel führt, wenn $g(x)$ nicht die für die Anwendung der Operatorenmethode erforderliche Form besitzt.

Das Grundlösungsverfahren

Wir betrachten auf dem Intervall $[a, b]$ das homogene Anfangswertproblem mit der DGl

$$w^{(n)} + a_{n-1} w^{(n-1)} + \cdots + a_0 w = 0 \tag{3.37}$$

und den Anfangsbedingungen

$$w(a) = w'(a) = \cdots = w^{(n-2)}(a) = 0, \quad w^{(n-1)}(a) = 1. \tag{3.38}$$

Sei nun $w(x)$ die Lösung dieses Anfangswertproblems und g eine auf $[a, b]$ stetige Funktion. Wir zeigen, dass

$$y_p(x) := \int_a^x w(x - t + a) g(t)\, dt \tag{3.39}$$

auf $[a, b]$ der inhomogenen DGl (3.36) genügt. Hierzu bilden wir die Ableitungen von y_p und benutzen die Formel

$$\frac{d}{dx} \int_{\varphi(x)}^{\psi(x)} f(x, t)\, dt = \int_{\varphi(x)}^{\psi(x)} \frac{\partial}{\partial x} f(x, t)\, dt + \psi'(x) \cdot f(x, \psi(x)) - \varphi'(x) \cdot f(x, \varphi(x)) \tag{3.40}$$

(s. Burg/Haf/Wille (Analysis) [13]). Wir erhalten damit unter Beachtung der Anfangsbedingungen (3.38)

$$y_p'(x) = \int_a^x \frac{\partial}{\partial x} w(x - t + a) \cdot g(t)\, dt + 1 \cdot w(x - x + a) \cdot g(x) = \int_a^x \frac{\partial}{\partial x} w(x - t + a) \cdot g(t)\, dt\,,$$

bzw. allgemein

$$y_p^{(k)}(x) = \int_a^x \frac{\partial^k}{\partial x^k} w(x - t + a) \cdot g(t)\, dt\,, \quad k = 1, 2, \ldots, n - 1\,.$$

Für die n-te Ableitung ergibt sich mit $w^{(n-1)}(a) = 1$

$$y_p^{(n)}(x) = \int_a^x \frac{\partial^n}{\partial x^n} w(x - t + a) \cdot g(t)\, dt + w^{(n-1)}(a) \cdot g(x)$$

$$= \int_a^x \frac{\partial^n}{\partial x^n} w(x - t + a) \cdot g(t)\, dt + g(x)\,.$$

Setzen wir diese Ausdrücke in die DGl ein, so erhalten wir, da w an der Stelle $x - t + a$ der homogenen DGl genügt,

$$y_p^{(n)} + a_{n-1} y_p^{(n-1)} + \cdots + a_0 y_p$$

$$= \int_a^x \left[\frac{\partial^n}{\partial x^n} w(x - t + a) + a_{n-1} \frac{\partial^{n-1}}{\partial x^{n-1}} w(x - t + a) + \ldots \right.$$

$$\left. \cdots + a_0 w(x - t + a) \right] g(t)\, dt + g(x) = g(x)\,,$$

was zu zeigen war.

Bemerkung: Dieses Verfahren ist auch unter dem Namen »Greensche[2] Methode« bekannt. Man nennt $w(x - t + a) =: G(x, t)$ *Grundlösung* oder *Greensche Funktion*. Sie hat den in Fig. 3.3 schraffiert dargestellten Definitionsbereich.

Beispiel 3.7:

Wir betrachten die DGl

$$y'' - 2y' + y = \frac{e^x}{x^2}\,, \quad x \in [1, \infty)$$

---

2 G.G. Green (1793 – 1841), englischer Mathematiker und Physiker

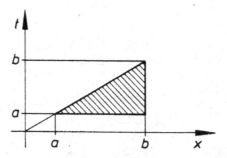

Fig. 3.3: Definitionsbereich der Greenschen Funktion für das Anfangswertproblem (3.37), (3.38)

und lösen zunächst das homogene Anfangswertproblem

$$w'' - 2w' + w = 0; \quad w(1) = 0, \quad w'(1) = 1.$$

Das charakteristische Polynom

$$P(\lambda) = \lambda^2 - 2\lambda + 1 = (\lambda - 1)^2$$

besitzt die doppelte Nullstelle $\lambda_{1/2} = 1$, so dass die allgemeine Lösung der homogenen DGl durch

$$w(x) = c_1 \, e^x + c_2 x \, e^x$$

gegeben ist. Mit $w(1) = 0$, $w'(1) = 1$ ergeben sich die Konstanten c_1, c_2 aus dem linearen Gleichungssystem

$$0 = c_1 \, e + c_2 \, e$$
$$1 = c_1 \, e + 2c_2 \, e$$

zu $c_1 = -\frac{1}{e}$, $c_2 = \frac{1}{e}$. Damit lautet die Lösung $w(x)$ des homogenen Anfangswertproblems

$$w(x) = -\frac{1}{e} e^x + \frac{1}{e} x \, e^x = e^{x-1}(x - 1).$$

Eine spezielle Lösung erhalten wir dann wegen (3.39) durch

$$y_p(x) = \int_1^x e^{x-t+1-1}(x - t + 1 - 1)\frac{e^t}{t^2} \, dt = e^x \int_1^x \frac{x - t}{t^2} \, dt$$

$$= e^x \left(x \int_1^x \frac{dt}{t^2} - \int_1^x \frac{dt}{t} \right) = e^x(-1 + x - \ln x).$$

3.1.4   Anwendungen

Mit Hilfe der in Abschnitt 3.1 bereitgestellten Methoden und Resultate lassen sich zahlreiche Anwendungen behandeln. Wir diskutieren im Folgenden einige davon.

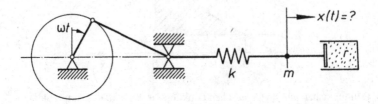

Fig. 3.4: Mechanisches Schwingungssystem

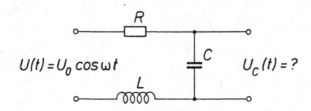

Fig. 3.5: Elektrischer Schwingkreis

(I) Mechanische und elektrische Schwingungssysteme

Wir betrachten das mechanische Schwingungssystem aus Abschnitt 1.1.1, Beispiel 1.5 (Fig. 3.4), das durch die DGl

$$m\ddot{x}(t) + r\dot{x}(t) + kx(t) = K_0 \cos \omega t \tag{3.41}$$

beschrieben wird, sowie den elektrischen Schwingkreis aus Abschnitt 1.1.1, Beispiel 1.6 (s. Fig. 3.5), dessen Spannungsverlauf am Kondensator der DGl

$$LU_C''(t) + RU_C'(t) + \frac{1}{C}U_C(t) = \frac{U_0}{C} \cos \omega t \tag{3.42}$$

genügt. Aufgrund der formalen Übereinstimmung der DGln (3.41) und (3.42) reicht es aus, eine der beiden, etwa (3.41), zu lösen. Die Lösung der zweiten ergibt sich dann, indem wir die mechanischen Größen durch die entsprechenden elektrischen Größen ersetzen.

(a) Untersuchung der homogenen DGl

$$m\ddot{x} + r\dot{x} + kx = 0 \quad \text{bzw.} \quad \ddot{x} + \frac{r}{m}\dot{x} + \frac{k}{m}x = 0. \tag{3.43}$$

Ihr zugehöriges charakteristisches Polynom lautet,

$$P(\lambda) = \lambda^2 + \frac{r}{m}\lambda + \frac{k}{m}$$

und besitzt die Nullstellen

$$\lambda_{1/2} = \frac{1}{2m}\left(-r \pm \sqrt{r^2 - 4mk}\right) ,$$

so dass wir drei verschiedene Fälle unterscheiden müssen:

$$r^2 > 4mk , \quad r^2 = 4mk \quad \text{und} \quad r^2 < 4mk . \tag{3.44}$$

Fall 1 (Starke Dämpfung)

Sei $r^2 > 4mk$. Dann ergeben sich die beiden reellen Nullstellen

$$\lambda_1 = \frac{1}{2m}\left(-r + \sqrt{r^2 - 4mk}\right) , \quad \lambda_2 = \frac{1}{2m}\left(-r - \sqrt{r^2 - 4mk}\right) ,$$

und wir erhalten als allgemeine Lösung der homogenen DGl

$$x(t) = c_1\,e^{\frac{1}{2m}\left(-r+\sqrt{-r^2-4mk}\right)t} + c_2\,e^{\frac{1}{2m}\left(-r-\sqrt{r^2-4mk}\right)t} . \tag{3.45}$$

Wegen $\lambda_1, \lambda_2 < 0$ liegt für $t \to \infty$ exponentielles Abklingen gegen Null vor. Im Fall 1 sind die in Fig. 3.6 dargestellten drei Situationen möglich.

Fall 2 (Aperiodischer Grenzfall)

Sei $r^2 = 4mk$. Es ergibt sich dann die zweifache Nullstelle

$$\lambda_1 = \lambda_2 = \lambda = -\frac{r}{2m}$$

und als allgemeine Lösung der homogenen DGl

$$x(t) = c_1\,e^{\lambda t} + c_2 t\,e^{\lambda t} = c_1\,e^{-\frac{r}{2m}t} + c_2 t\,e^{-\frac{r}{2m}t}$$

oder

$$x(t) = (c_1 + c_2 t)\,e^{-\frac{r}{2m}t} . \tag{3.46}$$

Auch hier strebt $x(t)$ (c_1, c_2 beliebig) für $t \to \infty$ gegen Null. (Warum?)[3]

---

3 Im aperiodischen Grenzfall ergeben sich im Wesentlichen dieselben Kurven wie im Fall starker Dämpfung (vgl. Fig. 3.6).

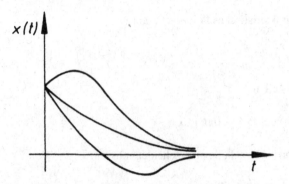

Fig. 3.6: Kriechbewegungen bei starker Dämpfung

Fall 3 (Schwache Dämpfung)

Sei $r^2 < 4mk$. Wir erhalten ein Paar konjugiert komplexer Nullstellen

$$\lambda_{1/2} = \frac{1}{2m} \left(-r \pm i\sqrt{4mk - r^2} \right) .$$

Setzen wir

$$\omega_e := \frac{1}{2m} \sqrt{4mk - r^2} = \sqrt{\frac{k}{m} - \frac{r^2}{4m^2}} , \quad \delta := \frac{r}{2m} ,$$

so ergibt sich die allgemeine Lösung der homogenen DGl zu

$$x(t) = c_1 e^{-\delta t} \cos \omega_e t + c_2 e^{-\delta t} \sin \omega_e t = e^{-\delta t} (c_1 \cos \omega_e t + c_2 \sin \omega_e t)$$

oder, wenn wir ω_e und δ einsetzen,

$$x(t) = e^{-\frac{r}{2m}t} \left(c_1 \cos \sqrt{\frac{k}{m} - \frac{r^2}{4m^2}}t + c_2 \sin \sqrt{\frac{k}{m} - \frac{r^2}{4m^2}}t \right) . \tag{3.47}$$

Diese Lösung stellt für $r > 0$ und beliebige Konstanten c_1, c_2 gedämpfte Schwingungen dar, deren Amplituden für $t \to \infty$ gegen Null streben (s. Fig. 3.7). Im dämpfungsfreien Fall ($r = 0$) treten die harmonischen Schwingungen

$$x(t) = c_1 \cos \sqrt{\frac{k}{m}}t + c_2 \sin \sqrt{\frac{k}{m}}t = c_1 \cos \omega_0 t + c_2 \sin \omega_0 t \tag{3.48}$$

mit $\omega_0 := \sqrt{\frac{k}{m}}$ als Lösungen auf. Man nennt

$$\omega_0 = \sqrt{\frac{k}{m}} \qquad \textit{Eigenfrequenz des ungedämpften Systems,}$$

$$\omega_e = \sqrt{\frac{k}{m} - \frac{r^2}{4m^2}} \qquad \textit{Eigenfrequenz des gedämpften Systems und}$$

$$\delta = \frac{r}{2m} \qquad \textit{Abklingkonstante.}$$

Zwischen ω_e und ω_0 besteht der Zusammenhang

$$\omega_e = \sqrt{\omega_0^2 - \delta^2}. \tag{3.49}$$

Bemerkung 1: Der Ausdruck $c_1 \cos \omega_e t + c_2 \sin \omega_e t$ lässt sich mit $A := \sqrt{c_1^2 + c_2^2}$ und $\sin \omega_e t_0 := -\frac{c_1}{A}$ bzw. $\cos \omega_e t_0 := \frac{c_2}{A}$ übersichtlicher in der Form

$$A \sin \omega_e (t - t_0)$$

schreiben. Die Lösung (3.47) kann dann in der Form

$$x(t) = A\,\mathrm{e}^{-\delta t} \sin \omega_e (t - t_0)$$

dargestellt werden (vgl. Fig. 3.7).

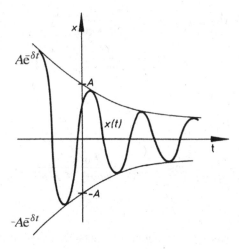

Fig. 3.7: Gedämpfte Schwingung

Bemerkung 2: Man nennt die Lösungen $x(t)$ der homogenen DGl $m\ddot{x} + r\dot{x} + kx = 0$ *freie Schwingungen* des Massenpunktes. Entsprechend heißen die Lösungen $x(t)$ der inhomogenen DGl $m\ddot{x} + r\dot{x} + kx = K_0 \cos \omega t$ *erzwungene Schwingungen*.

(b) Wir betrachten nun die inhomogene DGl

$$m\ddot{x} + r\dot{x} + kx = K_0 \cos \omega t \quad \text{bzw.} \quad \ddot{x} + \frac{r}{m}\dot{x} + \frac{k}{m}x = \frac{K_0}{m}\cos \omega t \tag{3.50}$$

und bestimmen mittels der Operatorenmethode (vgl. Abschn. 3.1.2) eine spezielle Lösung. Wenden wir die Regeln (3.31) und (3.33) dieser Methode an, so folgt

$$x_p(t) = \frac{1}{\left(\frac{d}{dt}\right)^2 + \frac{r}{m}\left(\frac{d}{dt}\right) + \frac{k}{m}}\left[\frac{K_0}{m}\cos \omega t\right]$$

$$= \frac{K_0}{m}\text{Re}\left\{e^{i\omega t}\frac{1}{\left(\frac{d}{dt} + i\omega\right)^2 + \frac{r}{m}\left(\frac{d}{dt} + i\omega\right) + \frac{k}{m}}[1]\right\}$$

$$= \frac{K_0}{m}\text{Re}\left\{e^{i\omega t}\frac{1}{\left(\frac{d}{dt}\right)^2 + \left(\frac{r}{m} + i2\omega\right)\left(\frac{d}{dt}\right) + \left[\left(\frac{k}{m} - \omega^2\right) + i\frac{r\omega}{m}\right]}[1]\right\}$$

$$= K_0\text{Re}\left\{e^{i\omega t}\frac{1}{(k - m\omega^2) + ir\omega} \cdot \frac{1}{1 + q}[1]\right\}$$

$$\left(q := \frac{r + i2m\omega}{(k - m\omega^2) + ir\omega}\left(\frac{d}{dt}\right) + \frac{m}{(k - m\omega^2) + ir\omega}\left(\frac{d}{dt}\right)^2\right)$$

$$= K_0\text{Re}\left\{e^{i\omega t}\frac{1}{(k - m\omega^2) + ir\omega}[1 - \underbrace{\ldots\ldots}_{\text{Kein Beitrag}}][1]\right\}$$

$$= K_0\text{Re}\left\{(\cos \omega t + i\sin \omega t) \cdot \frac{(k - m\omega^2) - ir\omega}{(k - m\omega^2)^2 + r^2\omega^2}\right\},$$

woraus sich die spezielle Lösung

$$x_p(t) = \frac{K_0(k - m\omega^2)}{(k - m\omega^2)^2 + r^2\omega^2}\cos \omega t + \frac{K_0 r\omega}{(k - m\omega^2)^2 + r^2\omega^2}\sin \omega t \tag{3.51}$$

ergibt. Dies ist eine harmonische Schwingung mit derselben Frequenz wie die der äußeren periodischen Kraft. Addieren wir zu $x_p(t)$ die in Teil (a) je nach vorliegendem Fall gewonnene allgemeine Lösung der homogenen DGl, so erhalten wir jeweils die allgemeine Lösung der inhomogenen DGl. In allen drei Fällen streben, wie wir gesehen haben, die homogenen Lösungen für $t \to \infty$ gegen Null, so dass sich jede Lösung der inhomogenen DGl nach einem gewissen Einschwingprozess an die harmonische Schwingung $x_p(t)$ annähert. Nach hinreichend langer Zeit schwingt der Massenpunkt also mit der Frequenz ω der äußeren Kraft $K(t) = K_0 \cos \omega t$.

Resonanzfälle

Schreiben wir (3.51) in der Form

$$x_p(t) = A\cos(\omega t + \varphi)\,, \tag{3.52}$$

so ergibt sich für die Amplitude A die Beziehung

$$A = A(\omega) = \frac{K_0}{\sqrt{(k - m\omega^2)^2 + r^2\omega^2}} = \frac{K_0}{\sqrt{m^2(\omega_0^2 - \omega^2)^2 + r^2\omega^2}}\,, \tag{3.53}$$

mit der Eigenfrequenz $\omega_0 = \sqrt{\frac{k}{m}}$. Wir wollen untersuchen, für welche Werte ω die Amplitude $A(\omega)$ maximal wird. Wir sprechen dann von *Resonanzfällen*. Diese treten offensichtlich auf, wenn die Radikanden im Nenner von (3.53) minimal sind.

(1) Es gelte: $m^2(\omega_0^2 - \omega^2)^2 + r^2\omega^2 = 0$. Dies ist nur möglich, wenn sowohl $r\omega$ als auch $m(\omega_0^2 - \omega^2)$ verschwinden. Da wir $\omega \neq 0$ voraussetzen, muss $r = 0$ sein und somit ein dämpfungsfreies System vorliegen:

$$\ddot{x} + \omega_0^2 x = \frac{K_0}{m}\cos\omega t\,, \quad \omega_0^2 = \frac{k}{m}\,. \tag{3.54}$$

Aus der Beziehung $m(\omega_0^2 - \omega^2) = 0$ folgt, dass Resonanz für

$$\omega = \omega_0 = \sqrt{\frac{k}{m}} \tag{3.55}$$

eintritt, d.h. wenn die Frequenz ω der äußeren Kraft mit der Eigenfrequenz ω_0 des ungedämpften Systems übereinstimmt. Eine spezielle Lösung von (3.54) ist durch

$$x_p(t) = \frac{K_0}{2m\omega_0}t\sin\omega_0 t \tag{3.56}$$

gegeben. (Diese lässt sich z.B. mit Hilfe der Operatorenmethode analog zur Herleitung von (3.51) gewinnen.) Wir haben es hier mit einer Schwingung zu tun, deren Amplitude mit wachsendem t beliebig groß wird (s. Fig. 3.8).

Mit (3.48) und (3.51) bzw. (3.56) gewinnen wir die allgemeine Lösung von (3.54). Sie lautet wegen $r = 0$

$$x(t) = c_1\cos\omega_0 t + c_2\sin\omega_0 t + \frac{K_0}{m(\omega_0^2 - \omega^2)}\cos\omega t \tag{3.57}$$

für den Fall $\omega \neq \omega_0$ bzw.

$$x(t) = c_1\cos\omega_0 t + c_2\sin\omega_0 t + \frac{K_0}{2m\omega_0}t\sin\omega_0 t \tag{3.58}$$

im Resonanzfall $\omega = \omega_0$.

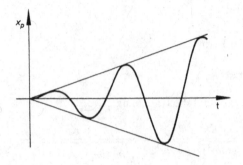

Fig. 3.8: Lösungsverhalten im Resonanzfall

(2) Sei nun $r \neq 0$ (d.h. es liege ein gedämpftes mechanisches System vor). Dann ist aber stets

$$N(\omega) := m^2(\omega_0^2 - \omega^2)^2 + r^2\omega^2 > 0$$

und damit die durch (3.53) erklärte Funktion $A(\omega)$ für alle ω beschränkt. Wir untersuchen, für welche ω die Funktion $N(\omega)$ minimal wird. Eine notwendige Bedingung hierfür ist

$$0 = N'(\omega) = 2m^2(\omega_0^2 - \omega^2)(-2\omega) + 2r^2\omega .$$

Wenn wir $\omega = 0$ ausschließen (liefert ein Minimum für $A(\omega)$!), so folgt hieraus

$$0 = -2m^2(\omega_0^2 - \omega^2) + r^2 ,$$

woraus sich die *Resonanzfrequenz*

$$\omega = \sqrt{\omega_0^2 - \frac{r^2}{2m^2}} = \sqrt{\omega_0^2 - 2\delta^2} =: \omega_r \tag{3.59}$$

ergibt. Dabei ist $\delta = \frac{r}{2m}$ die Abklingkonstante. Man kann leicht nachprüfen, dass für $\omega = \omega_r$ die Nennerfunktion $N(\omega)$ minimal und damit die Amplitude $A(\omega)$ maximal wird (zeige: $N''(\omega_r) > 0$). In Fig. 3.9 sind zwei Resonanzkurven dargestellt.

(II) Durchbiegung eines Trägers

Wir untersuchen die Durchbiegung eines auf zwei Stützen gelagerten Trägers der Länge l mit konstanter Streckenlast q (vgl. Fig. 3.10). Für die Auflagerkräfte gilt

$$Q_A = Q_B = \frac{q \cdot l}{2} \tag{3.60}$$

und für das Moment an der Stelle x daher

$$M(x) = \frac{ql}{2}x - \frac{qx}{2}x = \frac{q}{2}(lx - x^2) . \tag{3.61}$$

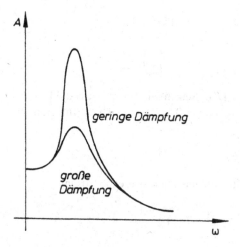

Fig. 3.9: Resonanzkurven

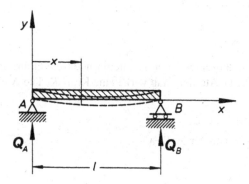

Fig. 3.10: Durchbiegung eines Trägers bei konstanter Streckenlast

Die DGl der elastischen Linie lautet für den Fall kleiner Durchbiegungen (vgl. Abschn. 1.1.1, Gleichung (1.5))

$$y''(x) = -\frac{M(x)}{E \cdot I} \tag{3.62}$$

mit der Biegesteifigkeit $E \cdot I$, so dass sich für die Durchbiegung des Trägers die DGl

$$y'' = -\frac{q}{2EI}(lx - x^2) \tag{3.63}$$

ergibt. Diese ist von der besonders einfachen Form $y'' = g(x)$ und kann unmittelbar durch zweimalige Integration gelöst werden. Wir erhalten

$$y(x) = c_1 + c_2 x - \frac{q}{2EI} \left(l\frac{x^3}{6} - \frac{x^4}{12} \right) \tag{3.64}$$

als allgemeine Lösung der DGl. Setzen wir voraus, dass die Durchbiegung an den Auflagern A bzw. B Null ist, d.h. $y(0) = y(l) = 0$, so lassen sich die Integrationskonstanten c_1, c_2 zu

$$c_1 = 0, \quad c_2 = \frac{ql^3}{24EI}$$

bestimmen, und wir erhalten die uns interessierende Lösung

$$y(x) = \frac{q}{24EI} \left(x^4 - 2lx^3 + l^3 x \right) . \tag{3.65}$$

Bemerkung: Anstelle von Anfangswerten haben wir hier zur eindeutigen Charakterisierung einer Lösung »Randwerte«, d.h. das Lösungsverhalten an den »Rändern« $x = 0$ und $x = l$, vorgeschrieben (vgl. hierzu auch Kapitel 5).

(III) Ein Knickproblem

Wir betrachten einen Stab der Länge l, der an einem Ende frei geführt und am anderen Ende fest eingespannt ist (s. Fig. 3.11). Auf den Stab wirke eine Kraft K. Die Auflagerkräfte seien

$$K_A = K_B = K_0, \tag{3.66}$$

so dass sich für das Moment an der Stelle x

$$M(x) = K \cdot y - K_0 \cdot x \tag{3.67}$$

ergibt. Die DGl der elastischen Linie lautet für kleine Durchbiegungen nach (3.62)

$$y''(x) = -\frac{M(x)}{EI} .$$

Die Auslenkung y des Stabes genügt daher der DGl

$$y'' = -\frac{Ky - K_0 x}{EI}$$

bzw.

$$y'' + \frac{K}{EI} y = \frac{K_0}{EI} x . \tag{3.68}$$

Dies ist eine inhomogene lineare DGl 2-ter Ordnung mit konstanten Koeffizienten. Zur Bestimmung ihrer allgemeinen Lösung berechnen wir zunächst die allgemeine Lösung y_h der homoge-

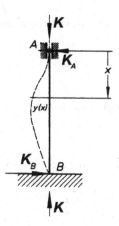

Fig. 3.11: Stabknickung

nen DGl

$$y'' + \frac{K}{EI}y = 0.$$

Die Nullstellen des charakteristischen Polynoms $P(\lambda) = \lambda^2 + \frac{K}{EI}$ lauten: $\lambda_{1/2} = \pm i\sqrt{\frac{K}{EI}}$, und wir erhalten

$$y_h(x) = c_1 \sin\sqrt{\frac{K}{EI}}x + c_2 \cos\sqrt{\frac{K}{EI}}x.$$

Eine spezielle Lösung y_p der inhomogenen DGl ermitteln wir mit Hilfe der Operatorenmethode. Danach gilt

$$y_p(x) = \frac{1}{\left(\frac{d}{dx}\right)^2 + \frac{K}{EI}}\left[\frac{K_0}{EI}x\right] = \frac{K_0}{EI} \cdot \frac{EI}{K}\{1 \mp \underbrace{\ldots\ldots}_{\text{Kein Beitrag}}\}[x] = \frac{K_0}{K}x.$$

Damit lautet die allgemeine Lösung der inhomogenen DGl:

$$y(x) = c_1 \sin\sqrt{\frac{K}{EI}}x + c_2 \cos\sqrt{\frac{K}{EI}}x + \frac{K_0}{K}x. \tag{3.69}$$

Die Konstanten c_1, c_2 lassen sich wieder z.B. aufgrund der »Randbedingungen« $y(0) = y(l) = 0$ bestimmen.

(IV) Die Eulersche DGl. Anwendung auf ein Problem der Potentialtheorie

Wir betrachten die *Eulersche DGl*

$$x^n y^{(n)} + a_{n-1}x^{n-1}y^{(n-1)} + \cdots + a_1 xy' + a_0 y = f(x), \tag{3.70}$$

mit $a_j \in \mathbb{R}$ $(j = 0, 1, \ldots, n - 1)$. Diese lässt sich durch die Substitution

$$x = \begin{cases} e^t & \text{für} \quad x > 0 \\ -e^t & \text{für} \quad x < 0 \end{cases} \quad \text{bzw.} \quad t = \ln |x| \tag{3.71}$$

auf eine lineare DGl n-ter Ordnung mit konstanten Koeffizienten für die Funktion

$$z(t) = y(\pm e^t) \tag{3.72}$$

zurückführen. So gilt etwa für $x > 0$ nach der Kettenregel

$$\frac{\mathrm{d}}{\mathrm{d}t}z(t) = e^t \, y'(e^t) \quad \text{bzw.} \quad xy' = \frac{\mathrm{d}}{\mathrm{d}t}z(t).$$

Für die 2. Ableitung erhalten wir

$$\frac{\mathrm{d}^2}{\mathrm{d}t^2}z(t) = e^t \, y'(e^t) + (e^t)^2 y''(e^t) \quad \text{bzw.} \quad x^2 y'' = \frac{\mathrm{d}^2}{\mathrm{d}t^2}z(t) - \frac{\mathrm{d}}{\mathrm{d}t}z(t).$$

Für die 3. Ableitung zeigt man entsprechend

$$x^3 y''' = \frac{\mathrm{d}^3}{\mathrm{d}t^3}z(t) - 3\frac{\mathrm{d}^2}{\mathrm{d}t^2}z(t) + 2\frac{\mathrm{d}}{\mathrm{d}t}z(t)$$

usw. Die Koeffizienten der durch Einsetzen in die Eulersche DGl (3.70) entstehenden DGl für $z(t)$ sind konstant. Wir verzichten auf den allgemeinen Nachweis und begnügen uns damit, die Methode anhand eines Beispiels zu verdeutlichen:

Beispiel 3.8:

Die homogene Eulersche DGl

$$x^2 y'' + 2xy' - y = 0, \quad x > 0$$

geht mit der Substitution $x = e^t$ wegen

$$xy' = \frac{\mathrm{d}}{\mathrm{d}t}z(t), \quad x^2 y'' = \frac{\mathrm{d}^2}{\mathrm{d}t^2}z(t) - \frac{\mathrm{d}}{\mathrm{d}t}z(t)$$

in die DGl

$$z'' - z' + 2z' - z = 0 \quad \text{bzw.} \quad z'' + z' - z = 0$$

für $z(t)$ über. Das charakteristische Polynom dieser linearen DGl mit konstanten Koeffizienten hat die Nullstellen

$$\lambda_{1/2} = -\frac{1}{2} \pm \frac{\sqrt{5}}{2},$$

so dass sich als allgemeine Lösung

$$z(t) = c_1 e^{\left(-\frac{1}{2} + \frac{\sqrt{5}}{2}\right)t} + c_2 e^{\left(-\frac{1}{2} - \frac{\sqrt{5}}{2}\right)t}$$

oder, mit $e^t = x$,

$$y(x) = c_1 x^{\left(-\frac{1}{2} + \frac{\sqrt{5}}{2}\right)} + c_2 x^{\left(-\frac{1}{2} - \frac{\sqrt{5}}{2}\right)}$$

ergibt.

Beispiel 3.9:

Die zweidimensionale Potentialgleichung in Polarkoordinaten (r, φ) lautet:

$$\frac{\partial^2 U(r, \varphi)}{\partial r^2} + \frac{1}{r} \frac{\partial U(r, \varphi)}{\partial r} + \frac{1}{r^2} \frac{\partial^2 U(r, \varphi)}{\partial \varphi^2} = 0 \,. \tag{3.73}$$

Wir fragen nach Lösungen von (3.73), die sich in der Form

$$U(r, \varphi) = v(r) \cdot w(\varphi) \tag{3.74}$$

darstellen lassen, bei denen also die Variablen r und φ getrennt sind (vgl. hierzu auch Abschn. 5.2). Mit den Beziehungen

$$\frac{\partial U}{\partial r} = v'(r) \cdot w(\varphi) \,, \qquad \frac{\partial^2 U}{\partial r^2} = v''(t) \cdot w(\varphi)$$

$$\frac{\partial U}{\partial \varphi} = v(r) \cdot w'(\varphi) \,, \qquad \frac{\partial^2 U}{\partial \varphi^2} = v(r) \cdot w''(\varphi)$$

geht die Potentialgleichung in die Gleichung

$$v''(r)w(\varphi) + \frac{1}{r} v'(r)w(\varphi) + \frac{1}{r^2} v(r)w''(\varphi) = 0$$

über. Hieraus ergibt sich für $v(r) \neq 0$ und $w(\varphi) \neq 0$

$$\frac{r^2 v''(r)}{v(r)} + \frac{r v'(r)}{v(r)} = -\frac{w''(\varphi)}{w(\varphi)} =: \lambda = \text{const} \,,$$

da die linke Seite dieser Gleichung von φ und ihre rechte Seite von r unabhängig ist; damit müssen beide von r und φ unabhängig sein. Dies führt auf zwei gewöhnliche DGln für $w(\varphi)$ bzw. $v(r)$:

$$w''(\varphi) + \lambda w(\varphi) = 0 \quad \text{bzw.} \quad r^2 v''(r) + r v'(r) - \lambda v(r) = 0 \,,$$

also auf eine DGl 2-ter Ordnung mit konstanten Koeffizienten für $w(\varphi)$ und auf eine Eulersche DGl für $v(r)$. Die allgemeine Lösung von

$$w''(\varphi) + \lambda w(\varphi) = 0$$

lautet, wenn wir $\lambda > 0$ annehmen,

$$w(\varphi) = a \cos \sqrt{\lambda}\varphi + b \sin \sqrt{\lambda}\varphi \quad (a, b \in \mathbb{R}). \tag{3.75}$$

Zur Lösung der Eulerschen DGl

$$r^2 v''(r) + r v'(r) - \lambda v(r) = 0$$

setzen wir $r = e^t$ und erhalten damit für $z(t) := v(e^t)$ die DGl

$$z''(t) - z'(t) + z'(t) - \lambda z(t) = 0,$$

also

$$z''(t) - \lambda z(t) = 0, \quad \lambda > 0.$$

Diese besitzt die allgemeine Lösung

$$z(t) = c\,e^{+\sqrt{\lambda}t} + d\,e^{-\sqrt{\lambda}t} \quad (c, d \in \mathbb{R}).$$

Hieraus gewinnen wir mit $t = \ln r$:

$$v(r) = c\,e^{\sqrt{\lambda}\ln r} + d\,e^{-\sqrt{\lambda}\ln r} = c r^{\sqrt{\lambda}} + d r^{-\sqrt{\lambda}}. \tag{3.76}$$

Nach (3.74) folgt mit (3.75) und (3.76)

$$U(r, \varphi) = \left(c r^{\sqrt{\lambda}} + d r^{-\sqrt{\lambda}}\right)\left(a \cos \sqrt{\lambda}\varphi + b \sin \sqrt{\lambda}\varphi\right) \tag{3.77}$$

Umsetzungen einiger Beispiele in Mathematica können dem Online-Service über die im Vorwort angegebene Internetseite entnommen werden.

Übungen

Übung 3.1:

Gib für die folgenden DGln jeweils ein Fundamentalsystem sowie die allgemeine Lösung an:

(a) $y'' - 4y' + 13y = 0$;   (b) $y''' - 6y'' + 11y' - 6y = 0$;

(c) $y''' - 3y'' + 3y' - y = 0$;   (c) $y^{(4)} + 8y'' + 16y = 0$.

Übung 3.2:

Sei $P(\lambda)$ das zur DGl

$$y^{(n)} + a_{n-1} y^{(n-1)} + \cdots + a_0 y = 0 , \quad a_j \in \mathbb{R} \quad (j = 0, 1, \ldots, n-1)$$

gehörende charakteristische Polynom. Zeige: Mit $\lambda = \sigma + \mathrm{i}\,\tau$ ist auch $\bar{\lambda} = \sigma - \mathrm{i}\,\tau$ eine Nullstelle von $P(\lambda)$.

Übung 3.3*

Eine Scheibe (Trägheitsmoment J) sei an einem Draht (Länge l, Radius r, Gleitmodul G) aufgehängt. Die kleinen Drehschwingungen $\varphi = \varphi(t)$ dieser Scheibe werden durch die DGl

$$J\ddot{\varphi} + k\varphi = 0$$

beschrieben. Dabei ist $k = \frac{\pi}{2l} G r^4$ die Federkonstante. Ermittle für die Anfangsdaten

$$\varphi(0) = \varphi_0 , \quad \dot{\varphi}(0) = 0$$

den zeitlichen Verlauf der Drehschwingungen $\varphi(t)$ sowie die Periode T.

Übung 3.4*

Berechne mit Hilfe der Operatorenmethode die allgemeinen Lösungen der DGln

(a) $y^{(4)} - 2y'' + y = 3x^3 \, \mathrm{e}^{-x}$;

(b) $y'' + y' - 6y = x \, \mathrm{e}^{2x} \cos x$;

(c) $y'' + 6y' + 9y = \mathrm{e}^{3x} \cosh x$.

Übung 3.5*

Bestimme unter Verwendung des Grundlösungsverfahrens die allgemeine Lösung der DGl

$$y'' + y = \tan x .$$

Übung 3.6*

In einem Übertragungssystem 2-ter Stufe mit den Zeitkonstanten T_1, T_2 ($T_2^2 > 4T_1 > 0$) und dem Übertragungsfaktor K werde der Zusammenhang zwischen der Eingangsgröße $x_e(t)$ (t: Zeitvariable) und der Ausgangsgröße $x_a(t)$ durch die DGl

$$T_1 \ddot{x}_a + T_2 \dot{x}_a + x_a = K x_e$$

beschrieben. Berechne $x_a(t)$, wenn

$$x_e(t) = \begin{cases} 0 & \text{für} \quad t \leq 0 \\ 1 & \text{für} \quad t > 0 \end{cases}$$

ist. Wie lautet die Lösung mit

$$\lim_{t \to 0+} x_a(t) = 0 \quad \text{und} \quad \lim_{t \to 0+} \dot{x}_a(t) = 0 \ ?$$

Übung 3.7*

Bestimme die allgemeine Lösung der Eulerschen DGl

$$y''' + \frac{2}{x} y'' - \frac{4}{x^3} y = 0 \quad (x > 0).$$

Übung 3.8:

Die homogene lineare DGl

$$y^{(n)} + a_{n-1} y^{(n-1)} + \cdots + a_0 y = 0$$

heißt *stabil*, falls jede Lösung $y(x)$ für $x \to \infty$ beschränkt bleibt; sie heißt *streng stabil*, falls sie stabil ist und jede Lösung für $x \to \infty$ gegen Null strebt. Untersuche die DGl

$$\ddot{u} + p\dot{u} + qu = 0 \quad (p, q \in \mathbb{R}, \ \text{fest})$$

auf Stabilität.

3.2   Lineare Systeme 1-ter Ordnung

Wir untersuchen Systeme der Form

$$y' = Ay + g \tag{3.78}$$

mit

$$A = [a_{jk}]_{j,k=1,\dots,n}, \quad a_{jk} = \text{const}$$

Da wir uns mit Hilfe von Satz 2.7 (Methode der Variation der Konstanten) stets eine spezielle Lösung des inhomogenen Systems verschaffen können, reduziert sich das Problem der Bestimmung der allgemeinen Lösung des inhomogenen Systems (3.78) auf die Ermittlung eines Fundamentalsystems von $y' = Ay$. Im Folgenden geben wir dazu ein Konstruktionsverfahren an, das im Fall symmetrischer Matrizen A besonders einfach und übersichtlich ist.

3.2.1 Eigenwerte und -vektoren bei symmetrischen Matrizen

Wir wiederholen kurz einige Resultate aus der linearen Algebra über reelle symmetrische Matrizen. Eine ausführliche Behandlung findet sich in Burg/Haf/Wille (Lineare Algebra) [12] .

Eine Matrix $A = [a_{jk}]_{j,k=1,...,n}$, $a_{jk} \in \mathbb{R}$, heißt *symmetrisch*, falls $a_{jk} = a_{kj}$ gilt. (Vertauschung von Zeilen- und Spaltenindizes ändert die Matrix nicht). Unter einem *Eigenwert* λ einer Matrix A versteht man einen solchen Wert λ, für den das lineare Gleichungssystem

$$Ax = \lambda x \quad \text{bzw.} \quad (A - \lambda E)x = 0 \tag{3.79}$$

eine nichttriviale Lösung x besitzt. Dabei ist E die Einsmatrix. Jede zugehörige nichttriviale Lösung x heißt *Eigenvektor*. Die Eigenwerte bzw. Eigenvektoren von A lassen sich mit Hilfe der Beziehungen

$$\det(A - \lambda E) = 0 \quad \text{bzw.} \quad (A - \lambda E)x = 0 \tag{3.80}$$

bestimmen.

Für den Fall symmetrischer Matrizen sind alle Eigenwerte reell, die zugehörigen Eigenvektoren linear unabhängig und paarweise orthogonal. Außerdem lassen sich symmetrische Matrizen stets auf Hauptachsenform transformieren, d.h. zu A gibt es eine orthogonale Matrix T (diese transformiert ein linear unabhängiges System von Vektoren wieder in ein linear unabhängiges) mit

$$\Theta := T^{-1}AT = \begin{bmatrix} \lambda_1 & 0 & \dots & 0 \\ 0 & \lambda_2 & \ddots & \vdots \\ \vdots & \ddots & \ddots & 0 \\ 0 & \dots & 0 & \lambda_n \end{bmatrix}. \tag{3.81}$$

Hierbei ist T^{-1} die zu T inverse Matrix. Die Werte $\lambda_1, \dots, \lambda_n$ sind gerade die Eigenwerte von A, während sich T aus den zugehörigen Eigenvektoren $x_1, \dots, x_n$ ergibt:

$$T = [x_1, \dots, x_n]. \tag{3.82}$$

3.2.2 Systeme mit symmetrischen Matrizen

Für den Fall, dass A eine symmetrische Matrix ist, lässt sich auf einfache Weise ein Fundamentalsystem von

$$y' = Ay \tag{3.83}$$

angeben. Hierzu legen wir die Bezeichnungen aus dem vorhergehenden Abschnitt zugrunde und setzen

$$z := T^{-1}y \quad \text{bzw.} \quad y = Tz. \tag{3.84}$$

Damit erhalten wir für $z(x)$ das homogene System

$$z' = T^{-1}y' = T^{-1}Ay = T^{-1}ATz = \Theta z \tag{3.85}$$

bzw. ausgeschrieben

$$\begin{bmatrix} z_1' \\ z_2' \\ \vdots \\ z_n' \end{bmatrix} = \begin{bmatrix} \lambda_1 & 0 & \dots & 0 \\ 0 & \lambda_2 & \ddots & \vdots \\ \vdots & \ddots & \ddots & 0 \\ 0 & \dots & 0 & \lambda_n \end{bmatrix} \begin{bmatrix} z_1 \\ z_2 \\ \vdots \\ z_n \end{bmatrix}. \tag{3.86}$$

Dieses System zerfällt in n voneinander unabhängige DGln

$$z_1' = \lambda_1 z_1, \dots, z_n' = \lambda_n z_n$$

mit den Lösungen

$$c_1 e^{\lambda_1 x}, \dots, c_n e^{\lambda_n x},$$

und es ergibt sich für y die Darstellung

$$y = Tz = [x_1, \dots, x_n] \begin{bmatrix} c_1 e^{\lambda_1 x} \\ \vdots \\ c_n e^{\lambda_n x} \end{bmatrix} = c_1 x_1 e^{\lambda_1 x} + \dots + c_n x_n e^{\lambda_n x}.$$

Wir zeigen, dass die Lösungen

$$x_1 e^{\lambda_1 x}, \dots, x_n e^{\lambda_n x}$$

ein Fundamentalsystem von $y' = Ay$ bilden: Für $x = 0$ sind diese Lösungen linear unabhängig, da $x_1, \dots, x_n$ Eigenvektoren einer symmetrischen Matrix sind. Nach Satz 2.3, Abschnitt 2.2.1, sind sie es daher für alle $x \in \mathbb{R}$. Damit stellt

$$y(x) = c_1 x_1 e^{\lambda_1 x} + \dots + c_n x_n e^{\lambda_n x} \tag{3.87}$$

die allgemeine Lösung des homogenen Systems $y' = Ay$ dar. Hierbei sind $\lambda_1, \dots, \lambda_n$ die (reellen) Eigenwerte der Matrix A und $x_1, \dots, x_n$ die zugehörigen Eigenvektoren.

Bemerkung: In der Menge $\{\lambda_1, \dots, \lambda_n\}$ der Eigenwerte können dieselben λ-Werte mehrfach (entsprechend ihrer Vielfachheit) auftreten.

Beispiel 3.10:
Wir betrachten das System

$$\begin{aligned} y_1' &= y_2 + y_3 \\ y_2' &= y_1 + y_3 \\ y_3' &= y_1 + y_2, \end{aligned}$$

das wir mit

$$y = \begin{bmatrix} y_1 \\ y_2 \\ y_3 \end{bmatrix} \quad \text{und} \quad A = \begin{bmatrix} 0 & 1 & 1 \\ 1 & 0 & 1 \\ 1 & 1 & 0 \end{bmatrix}$$

in der Form $y' = Ay$ schreiben können. Die Matrix A ist offensichtlich symmetrisch. Wir bestimmen ihre Eigenwerte aus der Beziehung

$$0 = \det(A - \lambda E) = \det \begin{bmatrix} -\lambda & 1 & 1 \\ 1 & -\lambda & 1 \\ 1 & 1 & -\lambda \end{bmatrix} = -\lambda^3 + 3\lambda + 2$$

und erhalten: $\lambda_1 = 2$, $\lambda_{2/3} = -1$. Zugehörige Eigenvektoren (wir berechnen diese mit Hilfe der Beziehung $(A - \lambda E)x = 0$):

Zu $\lambda_1 = 2$: Es gilt

$$\begin{bmatrix} -2 & 1 & 1 \\ 1 & -2 & 1 \\ 1 & 1 & -2 \end{bmatrix} \begin{bmatrix} x_{1/1} \\ x_{1/2} \\ x_{1/3} \end{bmatrix} = \begin{bmatrix} 0 \\ 0 \\ 0 \end{bmatrix},$$

also

$$\begin{aligned} -2x_{1/1} + \ x_{1/2} + \ x_{1/3} &= 0 \\ x_{1/1} - 2x_{1/2} + \ x_{1/3} &= 0 \\ x_{1/1} + \ x_{1/2} - 2x_{1/3} &= 0, \end{aligned}$$

mit der Lösung $x_{1/1} = x_{1/2} = x_{1/3}$ beliebig. Wir wählen daher den bequemen Wert $x_{1/1} = 1$ und erhalten den zu $\lambda_1 = 2$ gehörenden Eigenvektor $x_1 = [1,1,1]^T$.

Zu $\lambda_{2/3} = -1$: Für den Eigenvektor x_2 gilt

$$\begin{bmatrix} 1 & 1 & 1 \\ 1 & 1 & 1 \\ 1 & 1 & 1 \end{bmatrix} \begin{bmatrix} x_{2/1} \\ x_{2/2} \\ x_{2/3} \end{bmatrix} = \begin{bmatrix} 0 \\ 0 \\ 0 \end{bmatrix}.$$

Dies sind drei Gleichungen der Form $x_{2/1} + x_{2/2} + x_{2/3} = 0$. Wir wählen $x_{2/1} = 1$, $x_{2/2} = 0$. Für $x_{2/3}$ folgt dann $x_{2/3} = -x_{2/1} - x_{2/2} = -1$, woraus sich der Eigenvektor $x_2 = [1, 0, -1]^T$ ergibt. Den zweiten Eigenvektor x_3 zu $\lambda = -1$ bestimmen wir aus der Gleichung $x_{3/1} + x_{3/2} + x_{3/3} = 0$ und unter Ausnutzung der Tatsache, dass die Eigenvektoren von symmetrischen Matrizen paarweise orthogonal sind, aus der Gleichung

$$0 = x_2 \cdot x_3 \ ^4 = \begin{bmatrix} 1 \\ 0 \\ -1 \end{bmatrix} \cdot \begin{bmatrix} x_{3/1} \\ x_{3/2} \\ x_{3/3} \end{bmatrix} = 1 \cdot x_{3/1} + 0 \cdot x_{3/2} + (-1) \cdot x_{3/3}.$$

---

4 $x \cdot y$ bezeichnet das innere Produkt (= Skalarprodukt) der Vektoren x und y (s. Burg/Haf/Wille (Analysis) [13]).

Beide Gleichungen zusammen sind etwa für $x_{3/1} = 1$, $x_{3/2} = -2$, $x_{3/3} = 1$ erfüllt, und es ergibt sich $x_3 = [1, -2, 1]^T$. Damit haben wir sämtliche Eigenvektoren bestimmt, und unser Fundamentalsystem lautet

$$\mathrm{e}^{2x} \begin{bmatrix} 1 \\ 1 \\ 1 \end{bmatrix}, \quad \mathrm{e}^{-x} \begin{bmatrix} 1 \\ 0 \\ -1 \end{bmatrix}, \quad \mathrm{e}^{-x} \begin{bmatrix} 1 \\ -2 \\ 1 \end{bmatrix},$$

so dass sich als allgemeine Lösung des DGl-Systems

$$y(x) = c_1 \begin{bmatrix} 1 \\ 1 \\ 1 \end{bmatrix} \mathrm{e}^{2x} + c_2 \begin{bmatrix} 1 \\ 0 \\ -1 \end{bmatrix} \mathrm{e}^{-x} + c_3 \begin{bmatrix} 1 \\ -2 \\ 1 \end{bmatrix} \mathrm{e}^{-x}$$

ergibt.

3.2.3   Hauptvektoren. Jordansche Normalform

Aus der linearen Algebra (vgl. Burg/Haf/Wille (Lineare Algebra) [12]) ist bekannt, dass es im Fall beliebiger (n, n)-Matrizen im Allgemeinen kein System von n linear unabhängigen Eigenvektoren gibt[5]. Dies führt zu Schwierigkeiten bei der Konstruktion eines Fundamentalsystems von

$$y' = A y. \tag{3.88}$$

Die Aufgabe besteht nun darin, das für symmetrische Matrizen erfolgreiche Verfahren der Hauptachsentransformation auf den Fall beliebiger Matrizen zu verallgemeinern. Das entsprechende Verfahren ist das der Transformation auf Jordansche Normalform. (Wir erinnern an Burg/Haf/Wille (Lineare Algebra) [12]) Hierzu führt man zunächst folgende Erweiterung des Begriffs Eigenvektor durch:

Ist A eine (n, n)-Matrix, λ_k ein (im Allgemeinen komplexer) Eigenwert von A und $q \in \mathbb{N}$ beliebig, so heißt x_k *Hauptvektor von* A, falls x_k der Gleichung

$$(A - \lambda_k E)^q x_k = 0 \tag{3.89}$$

genügt. Insbesondere heißt x_k *Hauptvektor q-ter Stufe* – wir schreiben $x_k^{(q)}$ –, falls

$$(A - \lambda_k E)^q x_k^{(q)} = 0 \quad \text{und} \quad (A - \lambda_k E)^{q-1} x_k^{(q)} \neq 0 \tag{3.90}$$

gilt. In dieser Sprechweise sind also Eigenvektoren Hauptvektoren 1-ter Stufe.

In Burg/Haf/Wille (Lineare Algebra) [12] wurde gezeigt: Jede reelle (n, n)-Matrix A besitzt n linear unabhängige Hauptvektoren, wobei sich die zum Eigenwert λ_j gehörenden Hauptvektoren

---

5 Für ein mechanisches Schwingungssystem bedeutet dies z.B.: Es gibt nicht genügend viele Eigenbewegungen, um durch deren Überlagerung den allgemeinen Zustand des Systems beschreiben zu können.

aus den Beziehungen

$$(A - \lambda_j E)x_j = 0 \qquad \text{(Eigenvektoren)}$$

$$(A - \lambda_j E)x_j^{(2)} = x_j \qquad \text{(Hauptvektoren 2-ter Stufe)}$$

$$(A - \lambda_j E)x_j^{(3)} = x_j^{(2)} \qquad \text{(Hauptvektoren 3-ter Stufe)}$$

$$\vdots$$

$$(A - \lambda_j E)x_j^{(q)} = x_j^{(q-1)} \qquad \text{(Hauptvektoren } q\text{-ter Stufe)}$$

$$\text{(Lineare Gleichungssysteme!)}$$

(3.91)

bestimmen lassen. Ferner existiert zu A eine Matrix J mit Halbdiagonalform, so dass

$$J := T^{-1}AT = \begin{bmatrix} J_1 & & 0 & \cdots & \cdots & 0 \\ & J_2 & & & & \vdots \\ 0 & & J_3 & & & 0 \\ \vdots & & & \ddots & & \\ 0 & \cdots & \cdots & 0 & & J_m \end{bmatrix}$$

(3.92)

gilt, J also *Jordansche Normalform* besitzt. Die Jordanzellen J_j ($j = 1, \ldots, m$) haben die Form

$$J_j = \begin{bmatrix} \lambda_j & 1 & 0 & \cdots & 0 \\ 0 & \lambda_j & 1 & \ddots & \vdots \\ \vdots & \ddots & \ddots & \ddots & 0 \\ \vdots & & \ddots & \ddots & 1 \\ 0 & \cdots & \cdots & 0 & \lambda_j \end{bmatrix}, \quad j = 1, \ldots, m, \; [6]$$

(3.93)

mit r_j Zeilen und Spalten. In der Hauptdiagonalen von J_j – und damit von J – stehen also die Eigenwerte der Matrix A. Für die r_j gilt hierbei

$$\det(A - \lambda E) = (-1)^n (\lambda - \lambda_1)^{r_1} \ldots (\lambda - \lambda_k)^{r_k}$$

(3.94)

mit

$$r_1 + r_2 + \cdots + r_k = n .$$

(3.95)

---

[6] In verschiedenen Jordanzellen können dieselben Eigenwerte stehen (s. auch Beisp. 3.11, (b)).

Beispiel 3.11:

$$
\text{(a)} \quad
\begin{bmatrix}
\lambda_1 & 1 & 0 & 0 & 0 & 0 \\
0 & \lambda_1 & 0 & 0 & 0 & 0 \\
0 & 0 & \lambda_2 & 1 & 0 & 0 \\
0 & 0 & 0 & \lambda_2 & 1 & 0 \\
0 & 0 & 0 & 0 & \lambda_2 & 0 \\
0 & 0 & 0 & 0 & 0 & \lambda_3
\end{bmatrix}
\quad ; \quad
\text{(b)} \quad
\begin{bmatrix}
\lambda & 0 & 0 & 0 \\
0 & \lambda & 1 & 0 \\
0 & 0 & \lambda & 0 \\
0 & 0 & 0 & \lambda
\end{bmatrix} .
$$

Die Matrix T in (3.92) ergibt sich, wenn A die l verschiedenen Eigenwerte λ_j $(j = 1, \dots, l)$ besitzt, aus den Eigen- bzw. Hauptvektoren zu

$$
T = [T_1, T_2, \dots, T_l] \tag{3.96}
$$

mit den Matrizen

$$
T_j = \left[x_{j,1}^{(1)}, \dots, x_{j,1}^{(r_1)}, x_{j,2}^{(1)}, \dots, x_{j,2}^{(r_2)}, \dots, x_{j,\alpha_j}^{(1)}, \dots, x_{j,\alpha_j}^{(r_{\alpha_j})} \right] \quad (j = 1, \dots, l). \tag{3.97}
$$

Dabei sind $x_{j,1}^{(r_1)}, x_{j,2}^{(r_2)}, \dots, x_{j,\alpha_j}^{(r_{\alpha_j})}$ zum Eigenwert λ_j gehörende, linear unabhängige Hauptvektoren von höchster Stufe.

3.2.4   Systeme mit beliebigen Matrizen

Wir betrachten das System

$$
y' = A y \tag{3.98}
$$

mit der reellen (n, n)-Matrix A. Mit den Bezeichnungen des vorigen Abschnitts setzen wir

$$
z := T^{-1} y \quad \text{bzw.} \quad y = T z \tag{3.99}
$$

und erhalten für $z(x)$ das homogene System

$$
z' = T^{-1} A T z = J z, \tag{3.100}
$$

wobei J Jordansche Normalform besitzt. Dieses System lässt sich einfach lösen, indem man es für jede Jordanzelle separat löst, z.B. für die erste ($\lambda = \lambda_1$, Vielfachheit $r = r_1$):

$$
\begin{bmatrix}
z_1' \\
z_2' \\
\vdots \\
z_r'
\end{bmatrix}
=
\begin{bmatrix}
\lambda & 1 & 0 & \cdots & 0 \\
0 & \lambda & 1 & \ddots & \vdots \\
\vdots & & \ddots & \ddots & 0 \\
\vdots & & & \ddots & 1 \\
0 & & \cdots & 0 & \lambda
\end{bmatrix}
\begin{bmatrix}
z_1 \\
z_2 \\
\vdots \\
z_r
\end{bmatrix},
\tag{3.101}
$$

also

$$z_1' = \lambda z_1 + z_2$$
$$z_2' = \lambda z_2 + z_3$$

$$\vdots$$

$$z_{r-1}' = \lambda z_{r-1} + z_r$$
$$z_r' = \lambda z_r .$$

Wir lösen zunächst die letzte Gleichung und erhalten $z_r = c_1 e^{\lambda x}$. Mit dieser Lösung gehen wir in die vorletzte Gleichung ein: $z_{r-1}' = \lambda z_{r-1} + z_r = \lambda z_{r-1} + c_1 e^{\lambda x}$.

Die Lösung dieser Gleichung lautet: $z_{r-1} = c_1 x e^{\lambda x} + c_2 e^{\lambda x}$ usw. Insgesamt ergibt sich für das Teilsystem (3.101) der Lösungsvektor

$$\begin{bmatrix} c_1 \dfrac{x^{r-1}}{(r-1)!} e^{\lambda x} + c_2 \dfrac{x^{r-2}}{(r-2)!} e^{\lambda x} + \cdots + c_r e^{\lambda x} \\[2mm] c_1 \dfrac{x^{r-2}}{(r-2)!} e^{\lambda x} + \cdots + c_{r-1} e^{\lambda x} \\[2mm] \vdots \\[2mm] c_1 e^{\lambda x} \end{bmatrix} \tag{3.102}$$

(vgl. hierzu auch Abschn. 3.2.5). Wenn wir nun die Konstanten $c_1, \dots, c_r$ so bestimmen, dass

$$\begin{bmatrix} z_1(0) \\ z_2(0) \\ \vdots \\ z_{i-1}(0) \\ z_i(0) \\ z_{i+1}(0) \\ \vdots \\ z_r(0) \end{bmatrix} = \begin{bmatrix} 0 \\ 0 \\ \vdots \\ 0 \\ 1 \\ 0 \\ \vdots \\ 0 \end{bmatrix} = e_i \quad (i = 1, 2, \dots, r) \tag{3.103}$$

ist, so erhalten wir das Fundamentalsystem

$$\begin{bmatrix} e^{\lambda x} \\ 0 \\ 0 \\ \vdots \\ 0 \end{bmatrix}, \begin{bmatrix} x e^{\lambda x} \\ e^{\lambda x} \\ 0 \\ \vdots \\ 0 \end{bmatrix}, \dots, \begin{bmatrix} \frac{x^{r-1}}{(r-1)!} e^{\lambda x} \\ \frac{x^{r-2}}{(r-2)!} e^{\lambda x} \\ \frac{x^{r-3}}{(r-3)!} e^{\lambda x} \\ \vdots \\ e^{\lambda x} \end{bmatrix} . \tag{3.104}$$

Aus der Beziehung $y = Tz$ gewinnen wir dann (vgl. Abschn. 3.2.3) Lösungen der Form

$$x^{(1)} \frac{x^{q-1}}{(q-1)!} e^{\lambda x} + x^{(2)} \frac{x^{q-2}}{(q-2)!} e^{\lambda x} + \cdots + x^{(q-1)} \frac{x}{1} e^{\lambda x} + x^{(q)} e^{\lambda x}, \qquad (3.105)$$

wobei $x^{(q)}$ ein Hauptvektor der höchsten Stufe q zum Eigenwert λ ist. Auf diese Weise ergeben sich n linear unabhängige Lösungen (und damit ein Fundamentalsystem) für unsere Ausgangsgleichung. Wir verdeutlichen die Methode anhand eines Schemas:

Sei λ_0 z.B. ein 6-facher Eigenwert. Zu λ_0 gebe es 3 linear unabhängige Eigenvektoren (EV): $x_1^{(1)}, x_2^{(1)}, x_3^{(1)}$, zu $x_1^{(1)}$ keinen Hauptvektor (HV) höherer Stufe, zu $x_2^{(1)}$ und $x_3^{(1)}$ je einen Hauptvektor 2-ter Stufe: $x_2^{(2)}, x_3^{(2)}$, und zu $x_3^{(1)}$ einen Hauptvektor 3-ter Stufe: $x_3^{(3)}$. Linear unabhängige Lösungsvektoren lassen sich dann bequem aus der folgenden Tabelle 3.1 bestimmen (wir beachten, dass $x^0 = 1$, $x^1 = x$ ist):

Tabelle 3.1: Schema zur Bestimmung linear unabhängiger Lösungsvektoren

Wir multiplizieren

- $x_1^{(1)}$ mit x^0 und $e^{\lambda_0 x}$;

- dann $x_2^{(1)}$ mit x^0 und $e^{\lambda_0 x}$;

- dann $x_2^{(2)}$ mit x^0 und $e^{\lambda_0 x}$, $x_2^{(1)}$ mit $\dfrac{x^1}{1!}$ und $e^{\lambda_0 x}$ und addieren beide usw.

Es ergeben sich so die 6 linear unabhängigen Lösungsvektoren

$$x_1^{(1)} e^{\lambda_0 x},$$
$$x_2^{(1)} e^{\lambda_0 x},$$
$$x_2^{(2)} e^{\lambda_0 x} + x_2^{(1)} x e^{\lambda_0 x},$$

$$x_3^{(1)} e^{\lambda_0 x},$$

$$x_3^{(2)} e^{\lambda_0 x} + x_3^{(1)} x\, e^{\lambda_0 x},$$

$$x_3^{(3)} e^{\lambda_0 x} + x_3^{(2)} x\, e^{\lambda_0 x} + x_3^{(1)} \frac{x^2}{2} e^{\lambda_0 x}.$$

Bemerkung: Ist λ ein nichtreeller Eigenwert der Matrix A, so erhält man aus den λ entsprechenden Anteilen des komplexen Fundamentalsystems durch Bildung von Real- bzw. Imaginärteil doppelt so viele reelle Lösungen. Der Beitrag des konjugiert-komplexen Eigenwerts $\overline{\lambda}$ ist dadurch »automatisch« erfasst, so dass wir die zu $\overline{\lambda}$ gehörenden Lösungen streichen dürfen. (Siehe hierzu auch Abschnitt 3.2.7, Anwendung (I) (a).)

Beispiel 3.12:

Wir bestimmen die allgemeine Lösung $x(t)$, $y(t)$, $z(t)$ des homogenen Systems

$$\begin{aligned}
\dot{x} &= x - 2y + z \\
\dot{y} &= \quad\; -y - z \\
\dot{z} &= \quad\;\; 4y + 3z.
\end{aligned}$$

Mit

$$x = \begin{bmatrix} x \\ y \\ z \end{bmatrix} \quad \text{und} \quad A = \begin{bmatrix} 1 & -2 & 1 \\ 0 & -1 & -1 \\ 0 & 4 & 3 \end{bmatrix}$$

lässt sich dieses System in der Form $\dot{x} = Ax$ schreiben.

(a) Bestimmung der Eigenwerte aus der Beziehung $\det(A - \lambda_j E) = 0$:

$$\det \begin{bmatrix} 1-\lambda & -2 & 1 \\ 0 & -1-\lambda & -1 \\ 0 & 4 & 3-\lambda \end{bmatrix} = (1-\lambda)[(-1-\lambda)(3-\lambda)+4] = (1-\lambda)^3 = 0$$

liefert den 3-fachen Eigenwert $\lambda_1 = \lambda_2 = \lambda_3 = 1 =: \lambda$.

(b) Bestimmung der Eigenvektoren aus der Beziehung $(A - \lambda E)x = 0$:

$$\begin{bmatrix} 0 & -2 & 1 \\ 0 & -2 & -1 \\ 0 & 4 & 2 \end{bmatrix} \begin{bmatrix} x_1 \\ y_1 \\ z_1 \end{bmatrix} = \begin{bmatrix} 0 \\ 0 \\ 0 \end{bmatrix} \quad \text{bzw.} \quad \begin{aligned} -2y_1 + z_1 &= 0 \\ -2y_1 - z_1 &= 0 \\ 4y_1 + 2z_1 &= 0 \end{aligned}$$

ergibt, wenn wir $x_1 = 1$ wählen, wegen $y_1 = z_1 = 0$ den Eigenvektor $x_1 = [1,0,0]^T$. Es gibt keine weiteren zu x_1 linear unabhängige Eigenvektoren (warum?).

(c) Bestimmung der Hauptvektoren [7] 2-ter Stufe zu x_1 aus der Beziehung $(A - \lambda E)x_1^{(2)} = x_1$:

$$\begin{bmatrix} 0 & -2 & 1 \\ 0 & -2 & -1 \\ 0 & 4 & 2 \end{bmatrix} \begin{bmatrix} x_1^{(2)} \\ y_1^{(2)} \\ z_1^{(2)} \end{bmatrix} = \begin{bmatrix} 1 \\ 0 \\ 0 \end{bmatrix} \quad \text{bzw.} \quad \begin{aligned} -2y_1^{(2)} + z_1^{(2)} &= 1 \\ -2y_1^{(2)} - z_1^{(2)} &= 0 \\ 4y_1^{(2)} + 2z_1^{(2)} &= 0 \end{aligned}$$

ergibt $y_1^{(2)} = -\frac{1}{4}$, $z_1^{(2)} = \frac{1}{2}$ und, wenn wir $x_1^{(2)} = 0$ wählen, den (einzigen) Hauptvektor 2-ter Stufe $x_1^{(2)} = \left[0, -\frac{1}{4}, \frac{1}{2}\right]^T$.

(d) Bestimmung des Hauptvektors 3-ter Stufe zu x_1 aus der Beziehung $(A - \lambda E)x_1^{(3)} = x_1^{(2)}$:

$$\begin{bmatrix} 0 & -2 & 1 \\ 0 & -2 & -1 \\ 0 & 4 & 2 \end{bmatrix} \begin{bmatrix} x_1^{(3)} \\ y_1^{(3)} \\ z_1^{(3)} \end{bmatrix} = \begin{bmatrix} 0 \\ -\frac{1}{4} \\ \frac{1}{2} \end{bmatrix} \quad \text{bzw.} \quad \begin{aligned} -2y_1^{(3)} + z_1^{(3)} &= 0 \\ -2y_1^{(3)} - z_1^{(3)} &= -\frac{1}{4} \\ 4y_1^{(3)} + 2z_1^{(3)} &= \frac{1}{2} \end{aligned}$$

ergibt $y_1^{(3)} = \frac{1}{16}$, $z_1^{(3)} = \frac{1}{8}$ und, wenn wir $x_1^{(3)} = 0$ wählen, den Hauptvektor 3-ter Stufe $x_1^{(3)} = \left[0, \frac{1}{16}, \frac{1}{8}\right]^T$.

Mit den Vektoren

$$x_1 = x_1^{(1)} = \begin{bmatrix} 1 \\ 0 \\ 0 \end{bmatrix}, \quad x_1^{(2)} = \begin{bmatrix} 0 \\ -\frac{1}{4} \\ \frac{1}{2} \end{bmatrix}, \quad x_1^{(3)} = \begin{bmatrix} 0 \\ \frac{1}{16} \\ \frac{1}{8} \end{bmatrix}$$

haben wir ein System von 3 linear unabhängigen Hauptvektoren zum Eigenwert $\lambda = 1$ gefunden.

(e) Wir bestimmen die allgemeine Lösung unseres Systems mit Hilfe des in Tabelle 3.2 dargestellten Schemas (vgl. Tabelle 3.1).

Es ergibt sich ein Fundamentalsystem von Lösungen:

$$e^t \cdot x_1^{(1)}, \quad e^t \left[x_1^{(2)} + t x_1^{(1)}\right], \quad e^t \left[x_1^{(3)} + t x_1^{(2)} + \frac{t^2}{2!} x_1^{(1)}\right],$$

---

[7] Zur Berechnung der Hauptvektoren benutzen wir die Rekursionsformel

$$(A - \lambda E)x_1^{(q)} = x_1^{(q-1)},$$

die aus der Definitionsgleichung (3.90) folgt (vgl. (3.91)).

und damit die gesuchte allgemeine Lösung des Systems:

$$x(t) = C_1\,e^t \left[x_1^{(3)} + t x_1^{(2)} + \frac{t^2}{2} x_1^{(1)} \right] + C_2\,e^t \left[x_1^{(2)} + t x_1^{(1)} \right] + C_3\,e^t \cdot x_1^{(1)}$$

$$= e^t \left\{ C_1 \begin{bmatrix} 0 \\ \frac{1}{16} \\ \frac{1}{8} \end{bmatrix} + (C_1 t + C_2) \begin{bmatrix} 0 \\ -\frac{1}{4} \\ \frac{1}{2} \end{bmatrix} + (C_1 \frac{t^2}{2} + C_2 t + C_3) \begin{bmatrix} 1 \\ 0 \\ 0 \end{bmatrix} \right\} .$$

Tabelle 3.2: Schema zur Bestimmung der allgemeinen Lösung des Systems

Nummer des EV bzw. HV / Stufe	1			
Eigenvektor	$x_1^{(1)}$	$\cdot t^0$	$\cdot \dfrac{t^1}{1!}$	$\cdot \dfrac{t^2}{2!}$
Hauptvektor 2. Stufe	$x_1^{(2)}$		$\cdot t^0$	$\cdot \dfrac{t^1}{1!}$	$\cdot e^t$
Hauptvektor 3. Stufe	$x_1^{(3)}$			$\cdot t^0$

3.2.5 Systeme und Matrix-Funktionen

Wir wollen kurz auf eine weitere Methode zur Lösung des homogenen Systems

$$y' = A y \tag{3.106}$$

eingehen, die im Gegensatz zum vorhergehenden Abschnitt keine Informationen über die Eigenwerte von A benötigt. Diese Methode besteht in der Verwendung von Matrix-Funktionen: In Burg/Haf/Wille (Lineare Algebra) [12] wurde die Matrix-Exponentialfunktion $\exp A$ durch

$$\exp A = \sum_{k=0}^{\infty} \frac{1}{k!} A^k \tag{3.107}$$

($A^0 = E$ = Einsmatrix) bzw. die parameterabhängige Matrix-Exponentialfunktion $\exp(xA)$

durch

$$\exp(xA) = \exp(Ax) = \sum_{k=0}^{\infty} \frac{x^k}{k!} A^k \tag{3.108}$$

erklärt. Ferner wurde gezeigt, dass diese Reihen für jede (n, n)-Matrix A und für alle $x \in \mathbb{R}$ konvergieren und dass die Beziehung

$$\frac{\mathrm{d}}{\mathrm{d}x}[\exp(Ax)] = A \exp(Ax) \tag{3.109}$$

gilt. Setzen wir

$$X := \exp(Ax) \quad \text{und} \quad X' := \frac{\mathrm{d}}{\mathrm{d}x} X, \tag{3.110}$$

so stellt X also eine Lösung der Matrix-Gleichung

$$X' = AX \tag{3.111}$$

dar. Wir sind an einem Fundamentalsystem von (3.106) interessiert. Wir wissen bereits, dass sich ein solches Fundamentalsystem als Lösung der n Anfangswertprobleme

$$y'_k = A y_k, \quad y_k(0) = e_k \quad (k = 1, \dots, n)$$

mit den Einheitsvektoren e_k gewinnen lässt. Fassen wir die Lösungen $y_k(x)$ zu der (n, n)-Matrix

$$Y(x) := [y_1(x), \dots, y_n(x)] \quad \text{kurz: } Y = [y_1, \dots, y_n]$$

zusammen, so können wir diese Anfangswertprobleme (äquivalent) in der Form

$$Y' = AY, \quad Y(0) = E, \tag{3.112}$$

also als Anfangswertproblem für eine Matrixgleichung mit dem Fundamentalsystem $Y(x)$ schreiben. Nach unseren obigen Überlegungen genügt $Y = \exp(Ax)$ der Matrixgleichung (3.111). Ferner folgt aus (3.108) sofort $Y(0) = E$, d.h. wir haben mit

$$Y(x) = \exp(Ax) \tag{3.113}$$

bereits ein Fundamentalsystem der Matrixgleichung $Y' = AY$ gefunden. Die allgemeine Lösung des Systems $y' = A y$ lautet dann

$$y(x) = Y(x)c = \exp(Ax)c, \tag{3.114}$$

mit einem beliebigen konstanten Vektor c. Für die praktische Anwendung dieser Methode ergibt sich das Problem der Berechnung von $\exp(Ax)$. Diese ist im Allgemeinen nur näherungsweise mit Hilfe der Reihendarstellung der Matrix-Exponentialfunktion möglich.

Beispiel 3.13:

Wir berechnen $\exp(Ax)$ für den Fall, dass A eine Jordanzelle, d.h. eine (r, r)-Matrix der Gestalt

$$A = \begin{bmatrix} \lambda & 1 & 0 & \cdots & 0 \\ 0 & \lambda & 1 & \ddots & \vdots \\ \vdots & & \ddots & \ddots & 0 \\ \vdots & & & \ddots & 1 \\ 0 & & \cdots & 0 & \lambda \end{bmatrix},$$

ist. Die Matrix A lässt sich dann wie folgt zerlegen:

$$A = \begin{bmatrix} \lambda & 0 & \cdots\cdots & 0 \\ 0 & \lambda & \ddots & \vdots \\ \vdots & & \ddots & \ddots & \\ \vdots & & & \ddots & 0 \\ 0 & & \cdots\cdots & 0 & \lambda \end{bmatrix} + \begin{bmatrix} 0 & 1 & 0 & \cdots & 0 \\ \vdots & \ddots & \ddots & \ddots & \vdots \\ \vdots & & \ddots & \ddots & 0 \\ \vdots & & & \ddots & 1 \\ 0 & & \cdots\cdots & & 0 \end{bmatrix} =: \lambda E + B.$$

Wir bestimmen zunächst $\exp(Bx)$. Wegen

$$B^k = \begin{bmatrix} 0 & \cdots & 0 & 1 & 0 & \cdots & 0 \\ & & & & \ddots & \ddots & \\ \vdots & & \vdots & & & \ddots & 0 \\ \vdots & & \vdots & & & & 1 \\ \vdots & & \vdots & & & & 0 \\ \vdots & & \vdots & & & & \vdots \\ 0 & \cdots & 0 & & \cdots\cdots & & 0 \end{bmatrix} \Bigg\} \ k\ \text{Zeilen}$$

$$\underbrace{\qquad\qquad}_{k\ \text{Spalten}}$$

für $k < r$ bzw.

$$B^k = 0 \quad \text{(Nullmatrix) für } k \geq r$$

(vgl. Üb. 3.15) gilt

$$\exp(Bx) = \sum_{k=0}^{r-1} \frac{x^k}{k!} B^k = \begin{bmatrix} 1 & x & \frac{x^2}{2!} & \cdots & \frac{x^{r-1}}{(r-1)!} \\ 0 & 1 & x & \cdots & \frac{x^{r-2}}{(r-2)!} \\ \vdots & \ddots & \ddots & \ddots & \vdots \\ & & & \ddots & \ddots & \vdots \\ 0 & & \cdots\cdots & 0 & 1 \end{bmatrix},$$

woraus sich aufgrund der Beziehung

$$\exp[(\lambda E + B)x] = \exp(\lambda x) \cdot \exp(B x)$$

für den gesuchten Ausdruck

$$\exp(A x) = \begin{bmatrix} e^{\lambda x} & x\, e^{\lambda x} & \cdots & \frac{x^{r-1}}{(r-1)!}\, e^{\lambda x} \\ 0 & e^{\lambda x} & \cdots & \frac{x^{r-2}}{(r-2)!}\, e^{\lambda x} \\ \vdots & & \ddots & \vdots \\ 0 & \cdots & 0 & e^{\lambda x} \end{bmatrix}$$

ergibt (vgl. hierzu auch Abschn. 3.2.4).

Mit den Methoden dieses Abschnitts behandeln wir noch die folgende

Anwendung

Die Bewegung eines Massenpunktes in Erdnähe unter Berücksichtigung der Erddrehung wird durch die DGl

$$\dot{v} = g - 2\omega \times v\,^{8} \tag{3.115}$$

beschrieben. Dabei ist $v(t)$ die Geschwindigkeit des Massenpunktes, g die (konstante) Erdbeschleunigung und ω die (konstante) Rotationsgeschwindigkeit der Erde. Setzen wir

$$A = -2 \begin{bmatrix} 0 & -\omega_3 & \omega_2 \\ \omega_3 & 0 & -\omega_1 \\ -\omega_2 & \omega_1 & 0 \end{bmatrix}, \tag{3.116}$$

wobei $\omega_1, \omega_2, \omega_3$ die Koordinaten von ω sind, so lässt sich (3.115) in der Form

$$\dot{v} = A v + g \tag{3.117}$$

schreiben, also als ein inhomogenes lineares DGl-System.

Mit den Anfangsbedingungen

$$x(0) = x_0 \quad \text{und} \quad \dot{x}(0) = v(0) = v_0 \tag{3.118}$$

erhalten wir mit der oben behandelten Methode

$$v(t) = \exp(A t) \left\{ v_0 + \int_0^t [\exp(-A\tau)] g \, d\tau \right\} \tag{3.119}$$

---

8 $\omega \times v$ bezeichnet das äußere Produkt (= Vektorprodukt) der Vektoren ω und v (s. Burg/Haf/Wille (Analysis) [13]).

und durch Integration von (3.119) für die Bewegung $x(t)$ des Massenpunktes

$$x(t) = x_0 + \int_0^t [\exp(A\sigma)]v_0 \, d\sigma + \int_0^t \left\{ \exp A\sigma \int_0^\sigma [\exp(-A\tau)]g \, d\tau \right\} d\sigma \,. \tag{3.120}$$

Wir wollen die Integrale in (3.120) genauer untersuchen. Hierzu berechnen wir zunächst $\exp(A\tau)$: Nach (3.108) gilt

$$\exp(A\tau) = E + A\frac{\tau}{1!} + A^2\frac{\tau^2}{2!} + \cdots + A^k\frac{\tau^k}{k!} + \cdots \,. \tag{3.121}$$

Zur Bestimmung von A^k ($k = 1, 2, \dots$) betrachten wir das charakteristische Polynom von A:

$$\chi(A; \lambda) = \det(A - \lambda E) = \det \begin{bmatrix} -\lambda & 2\omega_3 & -2\omega_2 \\ -2\omega_3 & -\lambda & 2\omega_1 \\ 2\omega_2 & -2\omega_1 & -\lambda \end{bmatrix} \tag{3.122}$$

$$= -\lambda(\lambda^2 + 4|\omega|^2) = -\lambda^3 - 4|\omega|^2\lambda \,.$$

Nach Burg/Haf/Wille (Lineare Algebra) [12], gilt daher

$$-A^3 - 4|\omega|^2 A = 0 \quad \text{oder} \quad A^3 = -4|\omega|^2 A \,.$$

Dies hat zur Folge, dass wir alle Potenzen von A durch A bzw. A^2 ausdrücken können:

$$A^4 = A \cdot A^3 = -4|\omega|^2 A^2$$
$$A^5 = A \cdot A^4 = -4|\omega|^2 A^3 = 16|\omega|^4 A$$
$$A^6 = A \cdot A^5 = 16|\omega|^4 A^2$$

usw. Damit ergibt sich aus (3.121)

$$\exp(A\tau) = E + A\frac{\tau}{1!} + A^2\frac{\tau^2}{2!} + \left(-4|\omega|^2\frac{\tau^3}{3!}\right)A + \left(-4|\omega|^2\frac{\tau^4}{4!}\right)A^2$$

$$+ \left(16|\omega|^2\frac{\tau^5}{5!}\right)A + \left(16|\omega|^4\frac{\tau^6}{6!}\right)A^2 + \cdots$$

$$= E + \left[\frac{\tau}{1!} - \frac{4|\omega|^2\tau^3}{3!} + \frac{16|\omega|^4\tau^5}{5!} \mp \cdots\right]A$$

$$+ \left[\frac{\tau^2}{2!} - \frac{4|\omega|^2\tau^4}{4!} + \frac{16|\omega|^4\tau^6}{6!} \mp \cdots\right]A^2$$

$$= E + \frac{1}{2|\omega|}\left[\frac{2|\omega|\tau}{1!} - \frac{8|\omega|^3\tau^3}{3!} + \frac{32|\omega|^5\tau^5}{5!} \mp \cdots\right]A$$

$$+ \frac{1}{4|\omega|^2}\left[\frac{4|\omega|^2\tau^2}{2!} - \frac{16|\omega|^4\tau^4}{4!} + \frac{64|\omega|^6\tau^6}{6!} \mp \cdots\right]A^2 \,.$$

Beachten wir, dass die beiden letzten Klammerausdrücke im Wesentlichen die Reihenentwicklungen der Funktionen sin und cos sind, so gewinnen wir eine besonders einfache Darstellung von $\exp(A\tau)$, nämlich

$$\exp(A\tau) = E + \frac{\sin(2|\omega|\tau)}{2|\omega|}A + \frac{1-\cos(2|\omega|\tau)}{4|\omega|^2}A^2.$$

(3.123)

Damit ergibt sich mit (3.119), wenn wir die Integrale ausrechnen

$$v(t) = \left[E + \frac{\sin 2\omega t}{2\omega}A + \frac{1-\cos 2\omega t}{4\omega^2}A^2\right] \cdot \left\{\left[tE + \right.\right.$$

$$+\frac{\cos 2\omega t - 1}{4\omega^2}A + \left(\frac{t}{4\omega^2} - \frac{\sin 2\omega t}{8\omega^3}\right)A^2\right]g + v_0\bigg\},$$

(3.124)

und hieraus unter Beachtung der Beziehung

$$x(t) = x_0 + \int_0^t v(\tau)\,d\tau \quad \text{mit } x_0 := x(0)$$

die gesuchte Bahnkurve.

Bemerkung: Mit Hilfe von Matrix-Funktionen, insbesondere bei Verwendung der Matrix-Sinusfunktion bzw. -Cosinusfunktion, lassen sich entsprechend auch *Systeme höherer Ordnung* behandeln. Wir verzichten jedoch auf die Durchführung dieses Programms und verweisen auf die Fachliteratur (s. z.B. *Walter* [117], §18). Stattdessen beschränken wir uns im Folgenden auf solche Systeme höherer Ordnung, die sich auf Systeme 1-ter Ordnung zurückführen lassen und dann mit Hilfe des Eliminationsverfahrens (vgl. Abschn. 3.2.6) behandelt werden können.

3.2.6   Zurückführung auf Differentialgleichungen höherer Ordnung. Systeme höherer Ordnung

Lineare Systeme 1-ter Ordnung mit konstanten Koeffizienten lassen sich unter bestimmten Voraussetzungen durch geeignete Eliminationen auf lineare DGln höherer Ordnung mit konstanten Koeffizienten zurückführen. Dies macht jedoch unsere bisherigen Überlegungen aus Abschnitt 3.2 keineswegs überflüssig, da es oft zweckmäßiger ist, ein System direkt zu untersuchen. Wir erläutern das sogenannte *Eliminationsverfahren* anhand eines Beispiels. Dabei beschränken wir uns auf den homogenen Fall; der inhomogene kann entsprechend behandelt werden.

Beispiel 3.14:

Wir lösen das System

$$y_1' = 5y_1 + y_2$$

(3.125)

$$y_2' = -4y_1 + y_2$$

(3.126)

durch Elimination von $\dot{y}_2$: Aus (3.125) folgt

$$y_2 = y_1' - 5y_1 \quad \text{bzw.} \quad y_2' = y_1'' - 5y_1' \,. \tag{3.127}$$

Setzen wir diese Beziehungen in (3.126) ein, so ergibt sich

$$y_1'' - 5y_1' = -4y_1 + y_1' - 5y_1 \,,$$

also

$$y_1'' - 6y_1' + 9y_1 = 0 \,. \tag{3.128}$$

Für die Nullstellen des charakteristischen Polynoms von (3.128) erhalten wir

$$0 = \lambda^2 - 6\lambda + 9 = (\lambda - 3)^2 \,, \quad \text{d.h.} \quad \lambda_{1/2} = 3 \,.$$

Daher gilt

$$y_1(x) = c_1 \, e^{3x} + c_2 x \, e^{3x} \,.$$

Für $y_2(x)$ ergibt sich dann mit (3.127)

$$\begin{aligned}
y_2(x) &= y_1'(x) - 5y_1(x) \\
&= 3c_1 \, e^{3x} + c_2 \, e^{3x} + 3c_2 x \, e^{3x} - 5c_1 \, e^{3x} - 5c_2 x \, e^{3x} \\
&= (-2c_1 + c_2) \, e^{3x} - 2c_2 x \, e^{3x} \,.
\end{aligned}$$

Die allgemeine Lösung unseres Systems lautet somit

$$\boldsymbol{y}(x) = \begin{bmatrix} y_1(x) \\ y_2(x) \end{bmatrix} = \begin{bmatrix} c_1 \, e^{3x} + c_2 x \, e^{3x} \\ (-2c_1 + c_2) \, e^{3x} - 2c_2 x \, e^{3x} \end{bmatrix} \,.$$

Ein Fundamentalsystem von Lösungen ist aufgrund der Darstellung

$$\boldsymbol{y}(x) = c_1 \begin{bmatrix} 1 \\ -2 \end{bmatrix} e^{3x} + c_2 \begin{bmatrix} x \\ 1 - 2x \end{bmatrix} e^{3x}$$

sofort erkennbar (z.B. gilt für die Wronski-Determinante $W(0) = 1$):

$$\begin{bmatrix} 1 \\ -2 \end{bmatrix} e^{3x} \,, \quad \begin{bmatrix} x \\ 1 - 2x \end{bmatrix} e^{3x} \,.$$

Wir können daraus schließen, dass die Koeffizientenmatrix unseres Systems nur den Eigenvektor $\begin{bmatrix} 1 \\ -2 \end{bmatrix}$ zum Eigenwert $\lambda_{1/2} = 3$ besitzt.

Das Eliminationsverfahren lässt sich auch auf Systeme höherer Ordnung mit konstanten Koeffizienten ausdehnen. Dabei müssen wir beachten, dass die in Abschnitt 2.2 erzielten Resultate auf Systeme der Form

$$\mathbf{y}' = \mathbf{A}\mathbf{y} + \mathbf{g}(x) \tag{3.129}$$

beschränkt sind. Lassen sich Systeme höherer Ordnung auf diese Form zurückführen, so gelten entsprechende Aussagen. So kann z.B. das System

$$y_1'' - y_1 + y_2 = 0$$
$$y_2'' + y_1 + y_2 = 0$$

durch $y_1' =: y_3$, $y_2' =: y_4$ in der Form

$$y_1' = y_3$$
$$y_2' = y_4$$
$$y_3' = y_1 - y_2$$
$$y_4' = -y_1 - y_2$$

geschrieben werden, und Satz 2.3 garantiert uns die Existenz von vier linear unabhängigen Lösungen.

Die Zurückführung von Systemen höherer Ordnung auf solche 1-ter Ordnung ist im allgemeinen jedoch nicht möglich. Dies zeigt uns das Beispiel (vgl. *Laugwitz* [76], Bd. 3, Kap. IX)

$$y_1'' + y_1 + y_2'' + y_2' + y_2 = 0 \tag{3.130}$$
$$y_1' + y_2' + y_2 = 0 . \tag{3.131}$$

Aus (3.130) folgt durch Differentiation

$$y_1''' + y_1' + y_2''' + y_2'' + y_2' = 0$$

und aus (3.131)

$$y_1' = -y_2' - y_2 \quad \text{bzw.} \quad y_1''' = -y_2''' - y_2'' .$$

Für $y_2(x)$ ergibt sich damit

$$(-y_2''' - y_2'') + (-y_2' - y_2) + y_2'' + y_2''' + y_2' = 0 ,$$

also

$$y_2(x) = 0 . \tag{3.132}$$

Aus (3.131) folgt dann $y_1'(x) = 0$. Daher ist $y_1(x)$ konstant, und wir erhalten aus (3.130) und (3.132)

$$0 = y_1'' + y_1 + y_2'' + y_2' + y_2 = y_1 ,$$

so dass unser System nur die triviale Lösung besitzt und nicht, wie erwartet, vier linear unabhängige Lösungen. Dieses System kann also nicht auf die Form $y' = A y$ gebracht werden.

3.2.7   Anwendungen

Wir wollen mit den bereitgestellten Lösungsverfahren einige Anwendungen diskutieren. Unser erstes Beispiel behandelt die Kopplung von zwei schwingungsfähigen Massen. Dieses Beispiel ist aufgrund der zwischen mechanischen und elektrischen Größen bestehenden Analogien (s. Abschn. 1.1.1) für Anwendungen aus der Elektrotechnik (gekoppelte Schwingkreise) gleichermaßen von Bedeutung.

(I a) Ungedämpfte gekoppelte Pendel

Zwei Pendel von gleicher Länge l und gleicher Masse m seien durch eine Feder (Federkonstante k) gemäß Fig. 3.12 verbunden. Wir interessieren uns für das Schwingungsverhalten dieses mechanischen Systems; g bezeichne die Erdbeschleunigung.

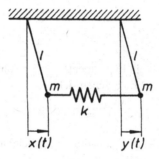

Fig. 3.12: Ungedämpfte gekoppelte Pendel

Zur Vereinfachung gehen wir davon aus, dass nur kleine Auslenkungen aus der Ruhelage (linearisierte Theorie) stattfinden. Dadurch gelangen wir für $x(t)$, $y(t)$ auf das folgende DGl-System (s. hierzu auch Abschn. 1.3.3, Pendelgleichung):

$$m\ddot{x} = -\frac{mg}{l}x - k \cdot (x - y)$$
$$m\ddot{y} = -\frac{mg}{l}y - k \cdot (y - x)$$

(3.133)

also, wenn wir $\omega_0 := \sqrt{\frac{g}{l}}$ und $k_0 := \frac{k}{m}$ setzen,

$$\ddot{x} + \omega_0^2 x = -k_0 \cdot (x - y)$$
$$\ddot{y} + \omega_0^2 y = -k_0 \cdot (y - x).$$

(3.134)

Wir lösen dieses System durch Zurückführung auf ein System 1-ter Ordnung. Hierzu setzen wir

$$\dot{x} =: u, \quad \dot{y} =: v \tag{3.135}$$

und erhalten damit das System

$$
\begin{aligned}
\dot{x} &= u \\
\dot{y} &= v \\
\dot{u} &= -(\omega_0^2 + k_0)x + k_0 y \\
\dot{v} &= k_0 x - (\omega_0^2 + k_0)y,
\end{aligned} \tag{3.136}
$$

das wir mit den Abkürzungen

$$
z := \begin{bmatrix} x \\ y \\ u \\ v \end{bmatrix}, \quad
A := \begin{bmatrix}
0 & 0 & 1 & 0 \\
0 & 0 & 0 & 1 \\
-(\omega_0^2 + k_0) & k_0 & 0 & 0 \\
k_0 & -(\omega_0^2 + k_0) & 0 & 0
\end{bmatrix} \tag{3.137}
$$

in der Form

$$\dot{z} = Az \tag{3.138}$$

schreiben können. Wir bestimmen ein Fundamentalsystem von (3.138). Die Nullstellen des charakteristischen Polynoms $\det(A - \lambda E)$ ergeben sich aus

$$\lambda^4 + 2\lambda^2(\omega_0^2 + k_0) + (\omega_0^2 + k_0)^2 - k_0^2 = 0. \tag{3.139}$$

Setzen wir $s := \lambda^2$, so geht (3.139) in die quadratische Gleichung

$$s^2 + 2s(\omega_0^2 + k_0) + (\omega_0^2 + k_0)^2 - k_0^2 = 0$$

mit den Lösungen

$$s_{1/2} = -(\omega_0^2 + k_0) \pm \frac{1}{2}\sqrt{4(\omega_0^2 + k_0)^2 - 4[(\omega_0^2 + k_0)^2 - k_0^2]} = -\omega_0^2 - k_0 \pm k_0,$$

also

$$s_1 = -\omega_0^2, \quad s_2 = -(\omega_0^2 + 2k_0),$$

über. Die gesuchten Nullstellen lauten damit

$$\lambda_{1/2} = \pm i\,\omega_0, \quad \lambda_{3/4} = \pm i\sqrt{\omega_0^2 + 2k_0}.$$

Wir bestimmen nun die zugehörigen Eigenvektoren: Zu $\lambda_1 = i\,\omega_0$ gehört der Eigenvektor $z_1^{(1)}$ mit $(A - \lambda_1 E)z_1^{(1)} = 0$, d.h. die Koordinaten $x_1\,y_1, u_1, v_1$ von $z_1^{(1)}$ ergeben sich aus dem linearen

Gleichungssystem

$$
\begin{bmatrix}
-\mathrm{i}\,\omega_0 & 0 & 1 & 0 \\
0 & -\mathrm{i}\,\omega_0 & 0 & 1 \\
-(\omega_0^2 + k_0) & k_0 & -\mathrm{i}\,\omega_0 & 0 \\
k_0 & -(\omega_0^2 + k_0) & 0 & -\mathrm{i}\,\omega_0
\end{bmatrix}
\begin{bmatrix}
x_1 \\ y_1 \\ u_1 \\ v_1
\end{bmatrix}
=
\begin{bmatrix}
0 \\ 0 \\ 0 \\ 0
\end{bmatrix}
$$

bzw.

$$
\begin{aligned}
-\mathrm{i}\,\omega_0 x_1 \qquad\qquad\quad + \quad u_1 \qquad\qquad &= 0 \\
- \quad \mathrm{i}\,\omega_0 y_1 \qquad\qquad\quad + \quad v_1 &= 0 \\
-(\omega_0^2 + k_0)x_1 \quad + \qquad k_0 y_1 \quad - \quad \mathrm{i}\,\omega_0 u_1 \qquad\qquad &= 0 \\
k_0 x_1 \quad - \quad (\omega_0^2 + k_0)y_1 \qquad\qquad - \quad \mathrm{i}\,\omega_0 v_1 &= 0 .
\end{aligned}
\tag{3.140}
$$

Aus den ersten beiden Gleichungen folgt

$$
u_1 = \mathrm{i}\,\omega_0 x_1 , \quad v_1 = \mathrm{i}\,\omega_0 y_1 .
$$

Setzen wir dies in die letzten beiden Gleichungen von (3.140) ein, so ergibt sich $x_1 = y_1$, $x_1 \in \mathbb{C}$ beliebig. Wählen wir $x_1 = 1$, so erhalten wir den Eigenvektor

$$
z_1^{(1)} =
\begin{bmatrix}
1 \\ 1 \\ \mathrm{i}\,\omega_0 \\ \mathrm{i}\,\omega_0
\end{bmatrix} .
$$

Entsprechend gewinnen wir Eigenvektoren, die zu den Eigenwerten

$$
\lambda_2 = -\mathrm{i}\,\omega_0 , \quad \lambda_3 = \mathrm{i}\,\sqrt{\omega_0^2 + 2k_0} \quad \text{und} \quad \lambda_4 = -\mathrm{i}\,\sqrt{\omega_0^2 + 2k_0}
$$

gehören:

$$
z_2^{(1)} =
\begin{bmatrix}
1 \\ 1 \\ -\mathrm{i}\,\omega_0 \\ -\mathrm{i}\,\omega_0
\end{bmatrix} , \quad
z_3^{(1)} =
\begin{bmatrix}
1 \\ -1 \\ \mathrm{i}\,\sqrt{\omega_0^2 + 2k_0} \\ -\mathrm{i}\,\sqrt{\omega_0^2 + 2k_0}
\end{bmatrix}
\quad \text{und} \quad
z_4^{(1)} =
\begin{bmatrix}
1 \\ -1 \\ -\mathrm{i}\,\sqrt{\omega_0^2 + 2k_0} \\ \mathrm{i}\,\sqrt{\omega_0^2 + 2k_0}
\end{bmatrix} .
$$

Die zugehörigen reellen Lösungen von Gleichung (3.138) gewinnt man (vgl. Abschn. 3.2.4, Bemerkung) aus den Beziehungen

$$
\mathrm{Re}\left(z_\nu^{(1)} \cdot \mathrm{e}^{\lambda_\nu t} \right) \quad \text{und} \quad \mathrm{Im}\left(z_\nu^{(1)} \cdot \mathrm{e}^{\lambda_\nu t} \right) , \quad \nu = 1,3 .
$$

Damit erhalten wir das folgende reelle Fundamentalsystem, bestehend aus den Eigenlösungen von (3.138):

$$z_1(t) = \begin{bmatrix} 1 \\ 1 \\ 0 \\ 0 \end{bmatrix} \cos \omega_0 t - \begin{bmatrix} 0 \\ 0 \\ \omega_0 \\ \omega_0 \end{bmatrix} \sin \omega_0 t \, ,$$

$$z_2(t) = \begin{bmatrix} 1 \\ 1 \\ 0 \\ 0 \end{bmatrix} \sin \omega_0 t + \begin{bmatrix} 0 \\ 0 \\ \omega_0 \\ \omega_0 \end{bmatrix} \cos \omega_0 t \, ,$$

$$z_3(t) = \begin{bmatrix} 1 \\ -1 \\ 0 \\ 0 \end{bmatrix} \cos \sqrt{\omega_0^2 + 2k_0}t - \begin{bmatrix} 0 \\ 0 \\ \sqrt{\omega_0^2 + 2k_0} \\ -\sqrt{\omega_0^2 + 2k_0} \end{bmatrix} \sin \sqrt{\omega_0^2 + 2k_0}t \, ,$$

$$z_4(t) = \begin{bmatrix} 1 \\ -1 \\ 0 \\ 0 \end{bmatrix} \sin \sqrt{\omega_0^2 + 2k_0}t + \begin{bmatrix} 0 \\ 0 \\ \sqrt{\omega_0^2 + 2k_0} \\ -\sqrt{\omega_0^2 + 2k_0} \end{bmatrix} \cos \sqrt{\omega_0^2 + 2k_0}t \, .$$

Diesen Eigenlösungen (=Eigenbewegungen) entsprechen die in Fig. 3.13 dargestellten Konstellationen.

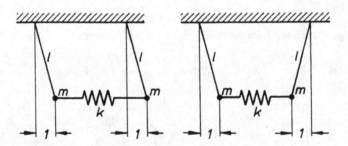

Fig. 3.13: Eigenbewegungen bei gekoppelten Pendeln

Die allgemeine Lösung unseres DGl-Systems (3.138) ergibt sich dann durch Überlagerung der Eigenbewegungen zu

$$z(t) = c_1 z_1(t) + c_2 z_2(t) + c_3 z_3(t) + c_4 z_4(t) \, ,$$

mit beliebigen reellen Konstanten $c_1, \ldots, c_4$.

Wählen wir die Anfangsbedingungen

$$x(0) = x_0 \, , \quad \dot{x}(0) = 0 \, , \quad y(0) = 0 \, , \quad \dot{y}(0) = 0 \tag{3.141}$$

(das erste Pendel wird also ausgelenkt, während sich das zweite im Ruhezustand befindet), so berechnen sich die Konstanten aus

$$
z(0) = \begin{bmatrix} x(0) \\ y(0) \\ \dot{x}(0) \\ \dot{y}(0) \end{bmatrix} = \begin{bmatrix} x_0 \\ 0 \\ 0 \\ 0 \end{bmatrix} = c_1 \begin{bmatrix} 1 \\ 1 \\ 0 \\ 0 \end{bmatrix} + c_2 \begin{bmatrix} 0 \\ 0 \\ \omega_0 \\ \omega_0 \end{bmatrix} + c_3 \begin{bmatrix} 1 \\ -1 \\ 0 \\ 0 \end{bmatrix} + c_4 \begin{bmatrix} 0 \\ 0 \\ \sqrt{\omega_0^2 + 2k_0} \\ -\sqrt{\omega_0^2 + 2k_0} \end{bmatrix},
$$

also aus

$$
x_0 = c_1 + c_3
$$

$$
0 = c_1 - c_3
$$

$$
0 = c_2\omega_0 + c_4\sqrt{\omega_0^2 + 2k_0}
$$

$$
0 = c_2\omega_0 - c_4\sqrt{\omega_0^2 + 2k_0}
$$

zu $c_1 = c_3 = \frac{x_0}{2}$, $c_2 = c_4 = 0$. Dies liefert die spezielle Lösung

$$
\begin{bmatrix} x(t) \\ y(t) \\ u(t) \\ v(t) \end{bmatrix} = \frac{x_0}{2} \left\{ \begin{bmatrix} 1 \\ 1 \\ 0 \\ 0 \end{bmatrix} \cos\omega_0 t - \begin{bmatrix} 0 \\ 0 \\ \omega_0 \\ \omega_0 \end{bmatrix} \sin\omega_0 t + \begin{bmatrix} 1 \\ -1 \\ 0 \\ 0 \end{bmatrix} \cos\sqrt{\omega_0^2 + 2k_0}t \right.
$$

$$
\left. - \begin{bmatrix} 0 \\ 0 \\ \sqrt{\omega_0^2 + 2k_0} \\ -\sqrt{\omega_0^2 + 2k_0} \end{bmatrix} \sin\sqrt{\omega_0^2 + 2k_0}t \right\}.
$$

Für unsere Pendelauslenkungen folgt daher

$$
x(t) = \frac{x_0}{2}\left(\cos\omega_0 t + \cos\sqrt{\omega_0^2 + 2k_0}t \right)
$$

$$
y(t) = \frac{x_0}{2}\left(\cos\omega_0 t - \cos\sqrt{\omega_0^2 + 2k_0}t \right).
$$

Mit den Additionstheoremen für die cos-Funktion erhalten wir hieraus letztendlich

$$
\begin{aligned}
x(t) &= x_0 \cos\frac{\omega_0 - \omega}{2}t \cdot \cos\frac{\omega_0 + \omega}{2}t \\
y(t) &= -x_0 \sin\frac{\omega_0 - \omega}{2}t \cdot \sin\frac{\omega_0 + \omega}{2}t
\end{aligned}
\tag{3.142}
$$

(s. Fig 3.14). Dabei haben wir

$$\omega := \sqrt{\omega_0^2 + 2k_0} \tag{3.143}$$

gesetzt. Wir wollen das Schwingungsverhalten unserer Pendel für den Fall einer *losen Koppelung* der beiden Pendel, d.h. bei schwach gespannter Feder, diskutieren. Wegen

$$\omega = \sqrt{\omega_0^2 + 2k_0} = \omega_0 \sqrt{1 + 2\frac{k_0}{\omega_0^2}} = \omega_0 \left(1 + \frac{k_0}{\omega_0^2} - \frac{k_0^2}{2\omega_0^4} \pm \ldots \right)$$

$$\approx \omega_0 + \frac{k_0}{\omega_0} \tag{3.144}$$

gilt dann die Beziehung

$$\frac{\omega - \omega_0}{2} \approx \frac{k_0}{2\omega_0} \ll 1 \,.$$

Dies hat zur Folge, dass sich die Anteile

$$\cos\frac{\omega_0 - \omega}{2}t \quad \text{bzw.} \quad \sin\frac{\omega_0 - \omega}{2}t$$

in (3.142) nur langsam mit t ändern. Dies erklärt die von den beiden Pendeln ausgeführten Schwebungen (s. Fig. 3.14). Dabei überträgt sich die Energie jeweils vom einen zum anderen Pendel: Maximales Auslenken des ersten hat Ruhezustand des zweiten Pendels zur Folge und umgekehrt.

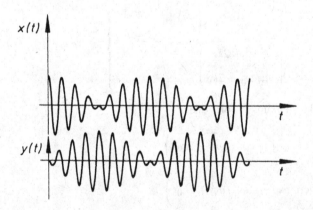

Fig. 3.14: Schwebungscharakter von lose gekoppelten Pendeln

Unser Beispiel zeigt: Obgleich unser Schwingungsproblem durch eine nichtsymmetrische Matrix beschrieben wird, lässt sich der allgemeine Bewegungszustand dennoch durch Überlagerung aus Eigenbewegungen gewinnen. Dies ist für sogenannte *normalisierbare Matrizen* stets der Fall (vgl. z.B. *Collatz* [18], Kap. II, § 7 (26)).

(I b) Gedämpfte gekoppelte Pendel

In diesem Beispiel zeigen wir, dass schon bei einfachen Schwingungssystemen der Fall eintreten kann, dass die Eigenbewegungen zur Beschreibung des allgemeinen Bewegungszustandes nicht mehr ausreichen und zusätzlich zu den Eigenvektoren noch Hauptvektoren herangezogen werden müssen.

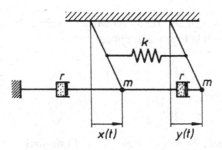

Fig. 3.15: Gedämpfte gekoppelte Pendel

Wir gehen wieder von einem gekoppelten Pendel aus, berücksichtigen diesmal jedoch eine geschwindigkeitsabhängige Dämpfung (s. Fig. 3.15). Die Dämpfungskonstante bezeichnen wir mit r.

Für kleine Auslenkungen $x(t)$, $y(t)$ der Pendel erhalten wir dann das System

$$m\ddot{x} = -\frac{mg}{l}x - \tilde{k} \cdot (x - y) - r\dot{x} + r(\dot{y} - \dot{x})$$
$$m\ddot{y} = -\frac{mg}{l}y - \tilde{k} \cdot (y - x) + r(\dot{x} - \dot{y}).$$

(3.145)

Hierbei ist $\tilde{k}$ eine zur Federkonstante k proportionale Konstante. Setzen wir

$$\omega_0^2 =: \frac{g}{l}, \quad u(t) := \dot{x}(t), \quad v(t) := \dot{y}(t),$$

(3.146)

sowie

$$z(t) = \begin{bmatrix} x(t) \\ y(t) \\ u(t) \\ v(t) \end{bmatrix}, \quad A = \begin{bmatrix} 0 & 0 & 1 & 0 \\ 0 & 0 & 0 & 1 \\ -\omega_0^2 - \frac{\tilde{k}}{m} & \frac{\tilde{k}}{m} & -\frac{2r}{m} & \frac{r}{m} \\ \frac{\tilde{k}}{m} & -\omega_0^2 - \frac{\tilde{k}}{m} & \frac{r}{m} & -\frac{r}{m} \end{bmatrix},$$

(3.147)

so ergibt sich für $z(t)$ das System 1-ter Ordnung

$$\dot{z} = Az.$$

(3.148)

Um den Rechenaufwand zu verringern, vereinfachen wir in folgender Weise: Wir vernachlässigen den Einfluss der Erdbeschleunigung und nehmen ferner $\frac{\tilde{k}}{m} = \frac{r}{m} = 1$ an. Damit erhält unsere

Matrix A die spezielle Form

$$\tilde{A} = \begin{bmatrix} 0 & 0 & 1 & 0 \\ 0 & 0 & 0 & 1 \\ -1 & 1 & -2 & 1 \\ 1 & -1 & 1 & -1 \end{bmatrix}. \tag{3.149}$$

Nach Übung 3.10 lauten die Eigenwerte dieser Matrix $\lambda_1 = 0$, $\lambda := \lambda_2 = \lambda_3 = \lambda_4 = -1$. Zu $\lambda_1 = 0$ bzw. $\lambda = -1$ gehörende Eigenvektoren sind

$$z_1^{(1)} = \begin{bmatrix} 1 \\ 1 \\ 0 \\ 0 \end{bmatrix} \quad \text{bzw.} \quad z_2^{(1)} = \begin{bmatrix} 1 \\ 0 \\ -1 \\ 0 \end{bmatrix};$$

zu $\lambda = -1$ gehörende Hauptvektoren 2-ter bzw. 3-ter Stufe sind

$$z_2^{(2)} = \begin{bmatrix} 0 \\ 1 \\ 1 \\ -1 \end{bmatrix} \quad \text{bzw.} \quad z_2^{(3)} = \begin{bmatrix} 0 \\ 1 \\ 0 \\ 0 \end{bmatrix}.$$

Ein Fundamentalsystem von $\dot{z} = \tilde{A}z$ ergibt sich dann nach der in Abschnitt 3.2.4 entwickelten Methode zu

$$z_1^{(1)}, \quad z_2^{(1)} e^{-t}, \quad \left(z_2^{(2)} + t z_2^{(1)} \right) e^{-t}, \quad \left(z_2^{(3)} + t z_2^{(2)} + \frac{t^2}{2} z_2^{(1)} \right) e^{-t}.$$

Damit lautet die allgemeine Lösung des Systems

$$z(t) = \begin{bmatrix} x(t) \\ y(t) \\ u(t) \\ v(t) \end{bmatrix} = c_1 z_1^{(1)} + c_2 z_2^{(1)} e^{-t} + c_3 \left(z_2^{(2)} + t z_2^{(1)} \right) e^{-t} + c_4 \left(z_2^{(3)} + t z_2^{(2)} + \frac{t^2}{2} z_2^{(1)} \right) e^{-t}$$

$$= c_1 \begin{bmatrix} 1 \\ 1 \\ 0 \\ 0 \end{bmatrix} + \begin{bmatrix} c_2 + c_3 t + c_4 \frac{t^2}{2} \\ c_3 + c_4 + c_4 t \\ -c_2 + c_3 + (-c_3 + c_4)t - c_4 \frac{t^2}{2} \\ -c_3 - c_4 t \end{bmatrix} e^{-t}, \tag{3.150}$$

woraus sich allgemein für unsere gesuchten Pendelbewegungen

$$x(t) = c_1 + \left(c_2 + c_3 t + c_4 \frac{t^2}{2} \right) e^{-t}$$

$$y(t) = c_1 + (c_3 + c_4 + c_4 t) e^{-t} \tag{3.151}$$

mit beliebigen Konstanten $c_1, \ldots, c_4$ ergibt. Durch Vorgabe der Anfangsdaten lassen sich diese

Konstanten aus (3.150) bestimmen.

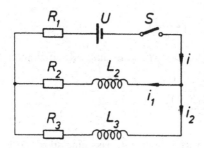

Fig. 3.16: Zweimaschiges Netzwerk

(II) Ein zweimaschiges Netzwerk

Wir wollen das in Abschnitt 1.3, Beispiel 1.31, betrachtete Netzwerk mit Hilfe des Eliminationsverfahrens behandeln. Nach Schließen des Schalters S ergibt sich, wie wir gesehen haben, für
$i_1(t)$, $i_2(t)$ das System

$$L_2 \frac{di_1}{dt} + R_2 i_1 - L_3 \frac{di_2}{dt} - R_3 i_2 = 0$$
$$L_2 \frac{di_1}{dt} + R_2 i_1 + i_1 R_1 + i_2 R_1 - U = 0 \tag{3.152}$$

mit den Anfangsbedingungen

$$i_1(0) = i_2(0) = 0. \tag{3.153}$$

Wir behandeln dieses Anfangswertproblem als Zahlenbeispiel mit der Gleichspannung $U = 110$,
den Ohmschen Widerständen $R_1 = 30$, $R_2 = 10$, $R_3 = 20$ und den Induktivitäten $L_2 = 2$,
$L_3 = 4$. Damit lautet unser System

$$\frac{di_1}{dt} + 5i_1 - 2\frac{di_2}{dt} - 10i_2 = 0 \tag{3.154}$$

$$\frac{di_1}{dt} + 20i_1 + 15i_2 - 55 = 0. \tag{3.155}$$

Wir lösen (3.155) nach i_2 auf und erhalten

$$i_2 = \frac{11}{3} - \frac{4}{3}i_1 - \frac{1}{15}\frac{di_1}{dt}, \tag{3.156}$$

woraus durch Differentiation

$$\frac{di_2}{dt} = -\frac{4}{3}\frac{di_1}{dt} - \frac{1}{15}\frac{d^2 i_1}{dt^2} \tag{3.157}$$

folgt. Setzen wir (3.156) und (3.157) in (3.154) ein, so ergibt sich für i_1

$$\frac{d^2 i_1}{dt^2} + \frac{65}{2}\frac{di_1}{dt} + \frac{275}{2}i_1 = 275,$$

also eine lineare DGl 2-ter Ordnung mit konstanten Koeffizienten. Die Nullstellen des charakteristischen Polynoms

$$P(\lambda) = \lambda^2 + \frac{65}{2}\lambda + \frac{275}{2}$$

lauten: $\lambda_1 = -\frac{55}{2}$, $\lambda_2 = -5$. Beachten wir, dass eine spezielle Lösung der inhomogenen DGl durch $i_{1,p}(t) \equiv 2$ gegeben ist, so ergibt sich die allgemeine Lösung $i_1(t)$ zu

$$i_1(t) = c_1 e^{-\frac{55}{2}t} + c_2 e^{-5t} + 2.$$

Mit (3.156) erhalten wir hieraus dann $i_2(t)$ zu

$$i_2(t) = \frac{1}{2}c_1 e^{-\frac{55}{2}t} - c_2 e^{-5t} + 1.$$

Aufgrund der Anfangsbedingungen $i_1(0) = i_2(0) = 0$ lassen sich die Konstanten c_1, c_2 zu $c_1 = -2$, $c_2 = 0$ berechnen, und wir erhalten für unser Anfangswertproblem die Stromstärken

$$i_1(t) = -2 e^{-\frac{55}{2}t} + 2, \quad i_2(t) = -e^{-\frac{55}{2}t} + 1 \quad \text{bzw.} \quad i(t) = i_1(t) + i_2(t) = -3 e^{-\frac{55}{2}t} + 3.$$

Übungen

Übung 3.9*

Bestimme die allgemeinen Lösungen der folgenden DGl-Systeme (Typ?)

(a)
$$\begin{aligned}
y_1' &= -y_1 + y_2 + y_3 \\
y_2' &= y_1 - y_2 + y_3 \\
y_3' &= y_1 + y_2 + y_3;
\end{aligned}$$

(b)
$$\begin{aligned}
\dot{x}_1 &= 3x_1 + 2x_2 + 4x_3 + 2 e^{8t} \\
\dot{x}_2 &= 2x_1 + 2x_3 + e^{8t} \\
\dot{x}_3 &= 4x_1 + 2x_2 + 3x_3 + 2 e^{8t}.
\end{aligned}$$

Übung 3.10*

Berechne sämtliche Eigenwerte, Eigenvektoren und Hauptvektoren der Matrix

$$A = \begin{bmatrix} 0 & 0 & 1 & 0 \\ 0 & 0 & 0 & 1 \\ -1 & 1 & -2 & 1 \\ 1 & -1 & 1 & -1 \end{bmatrix}$$

und gib ein Fundamentalsystem des DGl-Systems $\dot{z} = Az$ an.

Übung 3.11*

Welche allgemeinen Lösungen besitzen die folgenden DGl-Systeme?

(a) $y_1' = -y_1 + y_2$ (b) $y_1' = y_1 + 2y_2 - 3y_3$

$y_2' = -y_1 - 3y_2$ $y_2' = y_1 + y_2 + 2y_3$

$y_3' = y_1 - y_2 + y_3$; $y_3' = y_1 - y_2 + 4y_3$.

Übung 3.12*

Sei

$$A = \begin{bmatrix} 2 & 0 & 1 \\ 0 & 2 & 0 \\ 0 & 1 & 3 \end{bmatrix} \quad \text{und} \quad b(x) = \begin{bmatrix} e^{2x} \\ 0 \\ e^{2x} \end{bmatrix}.$$

Bestimme die Lösung des Anfangswertproblems

$$y' = Ay + b(x), \quad y(0) = \begin{bmatrix} 1 \\ 1 \\ 1 \end{bmatrix}.$$

Übung 3.13*

Löse das folgende inhomogene DGl-System durch Zurückführung auf eine DGl höherer Ordnung:

$$\dot{x} + y = \sin 2t$$
$$\dot{y} - x = \cos 2t.$$

Übung 3.14*

Zwei Massenpunkte P_1, P_2 mit den Massen m_1, m_2 seien elastisch verbunden (Federkonstante c). Mit $x_1(t)$, $x_2(t)$ bezeichnen wir die zugehörigen Ortsvektoren, die von der Zeit t abhängen. Berechne die Bewegung der Punkte P_1, P_2 unter den Anfangsbedingungen

$$x_1(0) = \dot{x}_1(0) = 0$$

und

$$x_2(0) = \begin{bmatrix} 1 \\ 0 \\ 0 \end{bmatrix}, \quad \dot{x}_2(0) = \begin{bmatrix} 0 \\ 1 \\ 0 \end{bmatrix}.$$

Diskutiere insbesondere das Ergebnis für den Fall $m_1 = 3, m_2 = 1, c = 3$.

Anleitung:

(a) Die gesuchten Funktionen genügen dem DGl-System

$$m_1\ddot{x}_1 = c(x_2 - x_1)$$
$$m_2\ddot{x}_2 = c(x_1 - x_2) \, . \quad \text{(Begründung!)}$$

(b) Untersuche die Bewegung des Schwerpunktes S mit

$$s = \frac{m_1 x_1 + m_2 x_2}{m_1 + m_2} \, .$$

(c) Setze $\overline{S P_1} := y_1, \overline{S P_2} := y_2$ und leite ein DGl-System für $y_1(t)$, $y_2(t)$ her.

(d) Entkopple das in (c) gewonnene System mit Hilfe der Beziehung $m_1 y_1 + m_2 y_2 = 0$ und bestimme eine Lösung des entkoppelten Systems.

Übung 3.15:

Sei $B = [b_{ij}]$ eine (r, r)-Matrix mit

$$b_{ij} = \begin{cases} 1 & \text{für} \quad j = i + 1 \\ 0 & \text{sonst.} \end{cases}$$

Zeige: Für $k < r$ ist $B^k =: A = [a_{ij}]$ eine (r, r)-Matrix mit

$$a_{ij} = \begin{cases} 1 & \text{für} \quad j = i + k \\ 0 & \text{sonst.} \end{cases}$$

Für $k \geq r$ gilt $B^k = 0$.

4 Potenzreihenansätze und Anwendungen

In vielen Fällen ist es möglich, Lösungen von DGln in Form von *Potenzreihen* anzugeben. Dies ist vor allem dann von Interesse, wenn sich die DGln nicht explizit integrieren lassen, wie das häufig bereits bei linearen DGln mit nichtkonstanten Koeffizienten der Fall ist. Wir beschränken uns im Folgenden auf die Betrachtung von linearen DGln 2-ter Ordnung und auf den reellen Fall.

4.1 Potenzreihenansätze

4.1.1 Differentialgleichungen mit regulären Koeffizienten

In der DGl

$$y'' + f(x)y' + g(x)y = h(x) \tag{4.1}$$

seien die Koeffizienten *regulär*, d.h. in einer Umgebung $U_r(0)$ des Nullpunktes als Potenzreihen darstellbar:

$$f(x) = \sum_{k=0}^{\infty} f_k x^k,$$

$$g(x) = \sum_{k=0}^{\infty} g_k x^k, \tag{4.2}$$

$$h(x) = \sum_{k=0}^{\infty} h_k x^k$$

mit $x \in U_r(0)$. Für die gesuchte Lösung $y(x)$ machen wir auf $U_r(0)$ den

$$\text{Potenzreihenansatz:} \quad y(x) = \sum_{k=0}^{\infty} a_k x^k \tag{4.3}$$

und versuchen, die Koeffizienten a_k zu ermitteln. Durch Differenzieren ergibt sich formal

$$y'(x) = \sum_{k=1}^{\infty} k a_k x^{k-1} = \sum_{k=0}^{\infty} (k+1) a_{k+1} x^k$$

und

$$y''(x) = \sum_{k=2}^{\infty} k(k-1) a_k x^{k-2} = \sum_{k=0}^{\infty} (k+2)(k+1) a_{k+2} x^k.$$

Mit diesen Ausdrücken gehen wir in die DGl (4.1) ein und erhalten

$$\sum_{k=0}^{\infty}(k+2)(k+1)a_{k+2}x^k + \left(\sum_{k=0}^{\infty}f_k x^k\right)\left(\sum_{k=0}^{\infty}(k+1)a_{k+1}x^k\right)$$

$$+ \left(\sum_{k=0}^{\infty}g_k x^k\right)\left(\sum_{k=0}^{\infty}a_k x^k\right) = \sum_{k=0}^{\infty}h_k x^k, \quad x \in U_r(0).$$

Zur Berechnung der Produkte der Reihen benötigen wir das Cauchy-Produkt von zwei unendlichen Reihen (s. Burg/Haf/Wille (Analysis) [13]):

$$\sum_{k=0}^{\infty}a_k \cdot \sum_{k=0}^{\infty}b_k = \sum_{k=0}^{\infty}\left(\sum_{j=0}^{k}a_j b_{k-j}\right).$$

Wir erhalten damit

$$\sum_{k=0}^{\infty}(k+2)(k+1)a_{k+2}x^k + \sum_{k=0}^{\infty}\left(\sum_{j=0}^{k}(j+1)f_{k-j}a_{j+1}\right)x^k$$

$$+ \sum_{k=0}^{\infty}\left(\sum_{j=0}^{k}g_{k-j}a_j\right)x^k = \sum_{k=0}^{\infty}h_k x^k, \quad x \in U_r(0).$$

Koeffizientenvergleich liefert die folgende *Rekursionsformel* zur Berechnung der Koeffizienten a_k:

$$(k+2)(k+1)a_{k+2} + \sum_{j=0}^{k}(j+1)f_{k-j}a_{j+1} + \sum_{j=0}^{k}g_{k-j}a_j = h_k$$

bzw.

$$a_{k+2} = \frac{1}{(k+2)(k+1)}\left[h_k - \sum_{j=0}^{k}(j+1)f_{k-j}a_{j+1} - \sum_{j=0}^{k}g_{k-j}a_j\right], \quad k = 0,1,2,\ldots. \quad (4.4)$$

Dabei lassen sich die Koeffizienten a_0, a_1 beliebig vorgeben. Die weiteren a_k ($k \geq 2$) sind dann durch die Rekursionsformel eindeutig bestimmt.

Es ist noch zu prüfen, ob die von uns durchgeführten Vertauschungen der Reihenfolge von Summation und Differentiation erlaubt sind. Es lässt sich zeigen (ein Beweis findet sich z.B. in *Endl/Luh* [33], Bd. III, Abschn. 11.1), dass die Potenzreihe

$$\sum_{k=0}^{\infty}a_k x^k$$

mit den aus (4.4) rekursiv gewonnenen Koeffizienten a_k ($k = 2, 3, \dots$) und mit beliebigen Koeffizienten a_0, a_1 den Konvergenzradius $\varrho = r$ besitzt, so dass die bisher formal durchgeführten Schritte legitim sind. (Man vergleiche hierzu auch Burg/Haf/Wille (Analysis) [13]).

Zwischen den Koeffizienten a_0, a_1 und den Anfangsbedingungen

$$y(0) = y_0, \quad y'(0) = y_1^0 \tag{4.5}$$

besteht der folgende Zusammenhang:

$$y(0) = a_0 = y_0$$

$$y'(x) = \sum_{k=0}^{\infty} (k+1) a_{k+1} x^k \quad \text{bzw.} \quad y'(0) = a_1 = y_1^0.$$

Die Anfangsbedingungen sind also genau dann erfüllt, wenn

$$a_0 = y_0 \quad \text{und} \quad a_1 = y_1^0 \tag{4.6}$$

ist. Damit gilt

Satz 4.1:

Mit $a_0 = y_0$, $a_1 = y_1^0$ und den aus der Rekursionsformel (4.4) bestimmten Koeffizienten a_k ($k = 2, 3, \dots$) ist

$$y(x) = \sum_{k=0}^{\infty} a_k x^k \tag{4.7}$$

die eindeutig bestimmte Lösung der DGl

$$y'' + f(x) y' + g(x) y = h(x), \tag{4.8}$$

die den Anfangsbedingungen

$$y(0) = y_0, \quad y'(0) = y_1^0 \tag{4.9}$$

genügt.

Ein Fundamentalsystem von Lösungen der homogenen DGl

$$y'' + f(x) y' + g(x) y = 0 \tag{4.10}$$

gewinnen wir, wenn wir die Anfangsbedingungen

$$y(0) = 1, \quad y'(0) = 0 \tag{4.11}$$

bzw.

$$y(0) = 0, \quad y'(0) = 1 \tag{4.12}$$

vorschreiben. Die Rekursionsformel (4.4) liefert uns dann zwei Koeffizientenfolgen $\{a_k\}$, $\{\tilde{a}_k\}$, aus denen sich die beiden Lösungen

$$y_1(x) = 1 + \sum_{k=2}^{\infty} a_k x^k, \quad y_2(x) = x + \sum_{k=2}^{\infty} \tilde{a}_k x^k \tag{4.13}$$

ergeben. Diese sind wegen

$$W(0) = \det \begin{bmatrix} 1 & 0 \\ 0 & 1 \end{bmatrix} = 1 \neq 0$$

nach Abschnitt 2.4.1 linear unabhängig.

Bemerkungen:

(1) Falls die Koeffizienten $f(x)$, $g(x)$ und $h(x)$ der DGl (4.8) Polynome in x sind (d.h. ihre Potenzreihenentwicklungen konvergieren in ganz $\mathbb{R}$), so löst

$$y(x) = \sum_{k=0}^{\infty} a_k x^k$$

die DGl (4.8) für alle $x \in \mathbb{R}$.

(2) Wir haben bisher Potenzreihenentwicklungen um den Punkt $x = 0$ betrachtet. Natürlich kann auch jeder andere Entwicklungspunkt, etwa $x = x_0$ genommen werden. Allgemein lässt sich zeigen, dass jede Lösung einer linearen DGl n-ter Ordnung

$$y^{(n)} + a_{n-1}(x)y^{(n-1)} + \cdots + a_0(x)y = h(x)$$

in der Umgebung eines Punktes x_0 in eine Potenzreihe nach Potenzen von $(x - x_0)$ entwickelt werden kann, falls die Funktionen $h(x)$, $a_j(x)$ $(j = 0, 1, \ldots, n-1)$ diese Eigenschaft besitzen.

(3) Ein entsprechendes Resultat gilt auch für nichtlineare DGln, doch treten dort zusätzliche Schwierigkeiten auf, die wir hier nicht diskutieren wollen. Wir verweisen auf die weiterführende Literatur (s. z.B. *Laugwitz* [76], Bd. 3, Kap. IV).

Die folgenden DGln sowie ihre Lösungsfunktionen (=»*spezielle Funktionen der mathematischen Physik*«) spielen in den Anwendungen eine große Rolle.

4.1.2   Hermitesche Differentialgleichung

Eine DGl der Form

$$y'' - 2xy' + \lambda y = 0, \quad \lambda \text{ reeller Parameter} \tag{4.14}$$

heißt *Hermitesche*[1] *Differentialgleichung*. Sie ist offenbar ein Spezialfall der in Abschnitt 4.1.1 behandelten linearen DGl (man setze $f(x) = -2x$, $g(x) = \lambda = $ const, $h(x) = 0$; die Koeffizienten sind also Polynome!). Die Rekursionsformel (4.4) für die Koeffizienten a_{k+2} ($k \geq 0$) nimmt dann die spezielle Form

$$a_{k+2} = \frac{1}{(k+2)(k+1)}[0 - k \cdot (-2)a_k - \lambda a_k] = \frac{2k - \lambda}{(k+2)(k+1)} a_k \qquad (4.15)$$

an. Nach Abschnitt 4.1.1 ist die allgemeine Lösung von (4.14) bei beliebiger Wahl von a_0, a_1 durch

$$y(x) = \sum_{k=0}^{\infty} a_k x^k, \quad x \in \mathbb{R}, \qquad (4.16)$$

gegeben. Wir bestimmen nun ein Fundamentalsystem $y_1(x; \lambda)$, $y_2(x; \lambda)$ von Lösungen.

Die Forderung $y(0) = 1$, $y'(0) = 0$ hat zur Folge:

$$a_0 = 1, \ a_1 = 0 \quad \text{und damit} \quad a_{2n+1} = 0 \quad (n = 0, 1, 2, \dots),$$

also

$$y_1(x; \lambda) = 1 - \frac{\lambda}{2!}x^2 - \frac{(4 - \lambda)\lambda}{4!}x^4 - \frac{(8 - \lambda)(4 - \lambda)\lambda}{6!}x^6 - \dots . \qquad (4.17)$$

Die Forderung $y(0) = 0$, $y'(0) = 1$ hat zur Folge:

$$a_0 = 0, \ a_1 = 1 \quad \text{und damit} \quad a_{2n} = 0 \quad (n = 0, 1, 2, \dots),$$

also

$$\begin{aligned} y_2(x; \lambda) = x + \frac{2 - \lambda}{3!}x^3 + \frac{(6 - \lambda)(2 - \lambda)}{5!}x^5 \\ + \frac{(10 - \lambda)(6 - \lambda)(2 - \lambda)}{7!}x^7 + \dots . \end{aligned} \qquad (4.18)$$

Ein Abbrechen der Reihen (4.17) bzw. (4.18) wird durch folgende Spezialisierung von λ erreicht: Wir setzen $\lambda = 2n$ ($n = 0, 1, 2, \dots$) und erhalten für

$$\lambda = 0 : \ y_1(x; 0) = 1$$
$$\lambda = 2 : \ y_2(x; 2) = x$$
$$\lambda = 4 : \ y_1(x; 4) = 1 - 2x^2$$
$$\lambda = 6 : \ y_2(x; 6) = x - \frac{2}{3}x^3$$

$$\vdots$$

---

[1] Ch. Hermite (1822–1901), französischer Mathematiker

also jeweils ein Polynom vom Grad n als Lösung von (4.14). Verlangen wir noch, dass in diesen Polynomen der Koeffizient bei x^n den Wert 2^n besitzt (Normierung), so folgt

$$
\begin{aligned}
H_0(x) &:= & y_1(x; 0) &= 1 \\
H_1(x) &:= & 2y_2(x; 2) &= 2x \\
H_2(x) &:= & -2y_1(x; 4) &= 4x^2 - 2 \\
H_3(x) &:= & -12y_2(x; 6) &= 8x^3 - 12x \\
&\vdots
\end{aligned}
\tag{4.19}
$$

Die Polynome $H_n(x)$ ($n = 0,1,2,\dots$) heißen *Hermitesche Polynome*. Durch sie sind also Lösungen der Hermiteschen DGl gegeben.

Anwendung auf ein Problem der Quantenmechanik

Wir interessieren uns für die Energieniveaus eines eindimensionalen harmonischen Oszillators.

(I) Klassischer harmonischer Oszillator

Ein einfaches Beispiel für einen harmonischen Oszillator ist durch einen Massenpunkt (Masse m), der an einer Feder (Federkonstante k) schwingt, gegeben (Fig. 4.1).

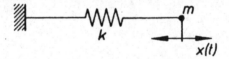

Fig. 4.1: Harmonischer Oszillator

Aus der Gleichgewichtsbedingung $m\ddot{x}(t) = -kx(t)$ folgt für die Schwingungen $x(t)$ des Oszillators die DGl

$$
\ddot{x} + \frac{k}{m}x = 0
$$

bzw. mit der Frequenz $\omega := \sqrt{\frac{k}{m}}$

$$
\ddot{x} + \omega^2 x = 0.
\tag{4.20}
$$

Die allgemeine Lösung von (4.20) lautet

$$
x(t) = c_1 \cos \omega t + c_2 \sin \omega t.
\tag{4.21}
$$

Der Oszillator führt also harmonische Schwingungen aus. Multiplizieren wir (4.20) mit $m\dot{x}$ und integrieren wir anschließend, so erhalten wir die *Energiegleichung* (s. Abschn. 1.3.3, Typ C)

$$\frac{m}{2}\dot{x}^2 + \frac{m\omega^2}{2}x^2 = \text{const} =: E\,, \tag{4.22}$$

wobei $\frac{m}{2}\dot{x}^2$ die kinetische Energie, $\frac{m\omega^2}{2}x^2$ die potentielle Energie und E die Gesamtenergie des Oszillators darstellen. Mit dem Impuls $p_x = m\dot{x}$ lässt sich (4.22) auch in der Form

$$\frac{p_x^2}{2m} + \frac{m\omega^2}{2}x^2 = E \tag{4.23}$$

schreiben. Die linke Seite von (4.23) definiert eine Funktion H mit

$$H(x) = \frac{p_x^2}{2m} + \frac{m\omega^2}{2}x^2\,, \tag{4.24}$$

die sogenannte *Hamiltonfunktion* für den klassischen harmonischen Oszillator.

(II) Quantenmechanischer harmonischer Oszillator

In der Quantenmechanik versteht man unter einem 1-dimensionalen Oszillator ein System, das durch einen »*Hamiltonoperator*« [2] H mit

$$H = \frac{p_x^2}{2\mu} + \frac{\mu\omega_0^2}{2}x^2 \tag{4.25}$$

beschrieben wird. Dabei ist p_x der Impulsoperator, x der Koordinatenoperator, μ die Masse und ω_0 die Frequenz des Teilchens. Für die stationären Zustände des Oszillators besitzt die »*Schrödingergleichung*« [3], diesem Hamiltonoperator entsprechend, die Form

$$H(x)\psi(x) = E\psi(x) \tag{4.26}$$

bzw. ausgeschrieben:

$$-\frac{h^2}{2\mu}\frac{\mathrm{d}^2\psi}{\mathrm{d}x^2} + \frac{\mu\omega_0^2}{2}x^2\psi = E\psi\,. \tag{4.27}$$

Dabei ist $\psi(x)$ die Wellenfunktion, $E = \text{const}$ die Gesamtenergie und h die Plancksche Konstante. Mit den Substitutionen

$$x_0 := \sqrt{\frac{h}{\mu\omega_0}}\,, \quad \xi := \frac{x}{x_0}\,, \quad \lambda := \frac{2E}{h\omega_0} \tag{4.28}$$

---

2 W.R. Hamilton (1805–1865), englischer Mathematiker
3 E. Schrödinger (1887–1961), österreichischer Physiker

folgt hieraus

$$\psi''(\xi) + (\lambda - \xi^2)\psi(\xi) = 0\,.$$

Der Ansatz

$$\psi(\xi) = e^{-\frac{1}{2}\xi^2}\, v(\xi) \tag{4.29}$$

führt dann auf die DGl

$$v''(\xi) - 2\xi v'(\xi) + (\lambda - 1)v(\xi) = 0\,, \tag{4.30}$$

also auf eine Hermitesche DGl für $v(\xi)$. Physikalisch interessant sind diejenigen Lösungen von (4.27), die für $x \rightarrow \pm\infty$ gegen 0 streben. Wie wir gesehen haben, sind die Hermiteschen Polynome $H_n(\xi)$, $n = 0,1,2,\dots$ Lösungen von (4.30) (man beachte, dass hier $\lambda = 2n + 1$, $n = 0,1,2,\dots$ gilt!). Setzen wir diese in (4.29) ein, so gelangen wir zu den Lösungen

$$\psi_n(\xi) = e^{-\frac{1}{2}\xi^2}\, H_n(\xi)\,, \quad n = 0,1,2,\dots\,. \tag{4.31}$$

von (4.27) (s. Fig. 4.2), die das gewünschte Abklingverhalten haben.

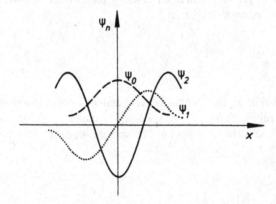

Fig. 4.2: Wellenfunktion eines Oszillators ($n = 0,1,2$)

Es lässt sich zeigen, dass es keine weiteren Lösungen mit dieser Eigenschaft gibt. Also: Nur für die »Eigenwerte«

$$\lambda = 2n + 1\,, \quad n = 0,1,2,\dots \tag{4.32}$$

erhalten wir Lösungen der Schrödingergleichung (4.27), die für $x \rightarrow \pm\infty$ gegen 0 streben. Aus (4.28) folgt daher für die zugehörigen Energiewerte

$$2n + 1 = \lambda = \frac{2E}{\hbar\omega_0} \quad \text{bzw.}$$

$$E = E_n = h\omega_0(n + \frac{1}{2}), \quad n = 0,1,2,\dots. \tag{4.33}$$

Diese Formel zeigt, dass die Energie E des quantenmechanischen harmonischen Oszillators nur diskrete Werte annehmen kann (Fig. 4.3). Die Zahl n, die die Nummer des Quantenniveaus bestimmt, wird *Hauptquantenzahl* genannt.

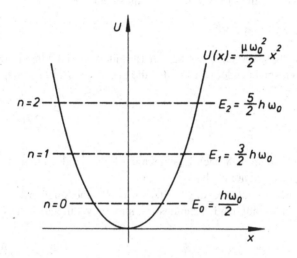

Fig. 4.3: Diskrete Energiewerte beim quantenmechanischen harmonischen Oszillator

Bemerkung: Die Normierung der zu $\lambda = 2n + 1$ gehörenden Wellenfunktionen (4.31) ist so gewählt, dass

$$\frac{1}{2^n n! \sqrt{\pi}} \int_{-\infty}^{\infty} \psi_n^2(\xi)\,d\xi = 1, \quad n = 0,1,2,\dots \tag{4.34}$$

ist.

4.2 Verallgemeinerte Potenzreihenansätze

4.2.1 Differentialgleichungen mit singulären Koeffizienten

Häufig tritt der Fall auf, dass die Koeffizienten einer linearen DGl Singularitäten besitzen. Beispiele sind etwa die *Legendresche Differentialgleichung*

$$y'' - \frac{2x}{1 - x^2}y' + \frac{\lambda(\lambda + 1)}{1 - x^2}y = 0 \quad (\lambda \in \mathbb{R}) \tag{4.35}$$

oder auch die *Besselsche*[4] *Differentialgleichung*

$$y'' + \frac{1}{x}y' + \left(1 - \frac{p^2}{x^2}\right) y = 0 \quad (p \in \mathbb{R}). \tag{4.36}$$

Die Legendresche Differentialgleichung hat Koeffizienten, die an den Stellen $x = 1$ und $x = -1$ singulär sind. Nach Abschnitt 4.1.1 konvergiert der Potenzreihenansatz für $x \in (-1,1)$. Es empfiehlt sich jedoch, mit diesem Ansatz in die äquivalente DGl

$$(1 - x^2)y'' - 2xy' + \lambda(\lambda + 1)y = 0 \tag{4.37}$$

einzugehen. Ein analoges Vorgehen wie bei der Hermiteschen DGl liefert als Polynomlösungen (vgl. Üb. 4.4) nach entsprechender Normierung die *Legendreschen Polynome* (=*Kugelfunktionen 1. Art*):

$$L_0(x) = 1, \quad L_1(x) = x, \quad L_2(x) = \frac{1}{2}(3x^2 - 1), \quad L_3(x) = \frac{5x^3 - 3x}{2}, \dots. \tag{4.38}$$

Diese treten z.B. auf, wenn man nach Lösungen der Potentialgleichung $\Delta U = 0$ fragt, die die Bauart von homogenen Polynomen haben.

Die Besselsche Differentialgleichung besitzt bei $x = 0$ eine Singularität, so dass der bisherige Potenzreihenansatz nicht möglich ist; stattdessen führt ein verallgemeinerter Potenzreihenansatz zum Ziel.

4.2.2   Besselsche Differentialgleichung

Die Besselsche Differentialgleichung der Ordnung p:

$$y'' + \frac{1}{x}y' + \left(1 - \frac{p^2}{x^2}\right) y = 0, \quad p \in \mathbb{R} \tag{4.39}$$

die sich auch in der Form

$$x^2 y'' + xy' + (x^2 - p^2)y = 0 \tag{4.40}$$

schreiben lässt, spielt bei vielen Problemen der Technik und Physik eine bedeutende Rolle, etwa im Zusammenhang mit der Wärmeleitung in einem »langen« Kreiszylinder oder dem Schwingungsverhalten einer kreisförmigen Membran; ebenso in der Astronomie. Wir beschränken unsere Untersuchungen auf den reellen Fall ($p \in \mathbb{R}$), weisen jedoch darauf hin, dass eine vollständige Behandlung erst unter Einbeziehung der komplexen Besselschen DGl möglich ist.[5] Wegen der Singularität der Koeffizienten in $x = 0$ gehen wir jetzt von einem *verallgemeinerten Potenzreihenansatz* der Form

---

4 F.W. Bessel (1784–1846), deutscher Astronom
5 s. hierzu Burg/Haf/Wille (Funktionentheorie) [14]

$$y(x) = \sum_{k=0}^{\infty} a_k x^{\varrho+k}, \quad a_0 \neq 0 \tag{4.41}$$

aus, der hier und in ähnlichen Fällen zum Ziel führt. Dabei ist der Exponent ϱ geeignet zu bestimmen. Wir bilden (formal)

$$x^2 y''(x) = \sum_{k=0}^{\infty} (\varrho+k)(\varrho+k-1)a_k x^{\varrho+k}$$

$$x y'(x) = \sum_{k=0}^{\infty} (\varrho+k)a_k x^{\varrho+k}$$

$$(x^2 - p^2)y(x) = \sum_{k=2}^{\infty} a_{k-2} x^{\varrho+k} - \sum_{k=0}^{\infty} p^2 a_k x^{\varrho+k}.$$

Gehen wir mit diesen Ausdrücken in (4.40) ein und führen wir anschließend einen Koeffizientenvergleich durch, so erhalten wir für

$$k = 0 : [\varrho(\varrho-1) + \varrho - p^2]a_0 = (\varrho^2 - p^2)a_0 = 0,$$

also wegen $a_0 \neq 0$

$$\varrho = \pm p. \quad (\text{»Indexgleichung«}) \tag{4.42}$$

Der Ansatz $\sum\limits_{k=0}^{\infty} a_k x^{\varrho+k}$ ist also nur für $\varrho = \pm p$ sinnvoll.

$$k = 1 : [(\varrho+1)\varrho + (\varrho+1) - \varrho^2]a_1 = [(\varrho+1)^2 - \varrho^2]a_1 = 0$$

liefert für $\varrho \neq -\frac{1}{2} : a_1 = 0$. Für den Fall $\varrho = -\frac{1}{2}$ setzen wir $a_1 = 0$.

$$k > 1 : [(\varrho+k)(\varrho+k-1) + (\varrho+k) - \varrho^2]a_k + a_{k-2}$$
$$= [(\varrho+k)^2 - \varrho^2]a_k + a_{k-2} = 0.$$

Hieraus ergibt sich

$$a_k = -\frac{a_{k-2}}{(\varrho+k)^2 - \varrho^2}, \quad k = 2,3,\ldots. \tag{4.43}$$

Wegen $a_1 = 0$ gilt daher

$$a_{2k+1} = 0, \quad k = 0,1,2,\ldots, \tag{4.44}$$

d.h. sämtliche ungeraden Koeffizienten verschwinden. Wir drücken die geraden Koeffizienten durch $a_0 \neq 0$ aus: Für $\varrho \neq -k$ gilt

$$
\begin{aligned}
a_{2k} &= -\frac{a_{2(k-1)}}{(\varrho+2k)^2 - \varrho^2} = -\frac{a_{2(k-1)}}{(2\varrho+2k)2k} = -\frac{a_{2(k-1)}}{2^2 k(\varrho+k)} \\
&= \frac{a_{2(k-2)}}{2^4 k(k-1)(\varrho+k)(\varrho+k-1)} = \cdots \\
&= (-1)^k \frac{a_0}{2^{2k} k!(\varrho+k)(\varrho+k-1)\ldots(\varrho+1)}, \quad k = 1,2,\ldots.
\end{aligned}
\tag{4.45}
$$

Die Potenzreihe

$$
\sum_{k=1}^{\infty} (-1)^k \frac{x^{2k}}{2^{2k} k!(\varrho+k)(\varrho+k-1)\ldots(\varrho+1)}
$$

lässt sich für beliebige $\varrho \neq -1, -2, \ldots$ durch ein geeignetes Vielfaches der Exponentialreihe majorisieren, besitzt also den Konvergenzradius $R = \infty$. Insbesondere dürfen wir sie daher beliebig oft gliedweise differenzieren. Durch einfaches Nachrechnen bestätigen wir dann, dass (vgl. (4.41), $a_0 = 1$ gesetzt)

$$
y(x) = x^{\varrho} \left\{ 1 + \sum_{k=1}^{\infty} (-1)^k \frac{x^{2k}}{2^{2k} k!(\varrho+k)(\varrho+k-1)\ldots(\varrho+1)} \right\},
\tag{4.46}
$$

für $\varrho = \pm p$ eine Lösung der Besselschen Differentialgleichung ist. Dabei müssen wir jedoch die folgenden Fälle unterscheiden:

(i) Sei p nicht ganzzahlig. Nehmen wir ohne Beschränkung der Allgemeinheit $p > 0$ an, so ergeben sich für $\varrho = p$ bzw. $\varrho = -p$ die Lösungen

$$
y_1(x) = x^p \left\{ 1 + \sum_{k=1}^{\infty} (-1)^k \frac{x^{2k}}{2^{2k} k!(p+k)(p+k-1)\ldots(p+1)} \right\}
\tag{4.47}
$$

bzw.

$$
y_2(x) = \frac{1}{x^p} \left\{ 1 + \sum_{k=1}^{\infty} (-1)^k \frac{x^{2k}}{2^{2k} k!(-p+k)(-p+k-1)\ldots(-p+1)} \right\}.
\tag{4.48}
$$

Während $y_1(x)$ für $x \to 0+$ gegen Null konvergiert, wird $y_2(x)$ für $x \to 0+$ wie $\frac{1}{x^p}$ singulär. Beide Lösungen sind daher linear unabhängig auf $(0, \infty)$ und bilden dort somit ein Fundamentalsystem. Wir wollen $y_1(x)$ und $y_2(x)$ noch geeignet normieren. Hierzu multiplizieren wir sie mit dem Faktor

$$
\frac{1}{2^p \Gamma(p+1)},
\tag{4.49}
$$

wobei Γ die Gammafunktion ist (vgl. Burg/Haf/Wille (Analysis) [13]).

Beachten wir, dass für die Gammafunktion

$$\Gamma(x + k) = x(x + 1)\ldots(x + k - 1)\Gamma(x), \quad x > 0$$

gilt, so erhalten wir das folgende Fundamentalsystem von Lösungen:

$$J_p(x) := x^p \sum_{k=0}^{\infty}(-1)^k \frac{x^{2k}}{2^{2k+p}k!\,\Gamma(p + k + 1)}$$
$$J_{-p}(x) := \frac{1}{x^p} \sum_{k=0}^{\infty}(-1)^k \frac{x^{2k}}{2^{2k-p}k!\,\Gamma(-p + k + 1)}$$
$$x \in (0, \infty). \tag{4.50}$$

Die Funktionen J_p und J_{-p} heißen *Besselsche Funktionen 1. Art* (oder *Zylinderfunktionen 1. Art*). Die allgemeine Lösung der Besselschen DGl lautet in diesem Fall

$$y(x) = C_1 J_p(x) + C_2 J_{-p}(x), \quad x \in (0, \infty). \tag{4.51}$$

(ii) Sei p eine negative ganze Zahl. In diesem Fall ist die Formel (4.46) für $\varrho = p$ nicht sinnvoll (Nullstellen im Nenner!). Außerdem ist der Rekursionsprozess zur Bestimmung der Koeffizienten a_k nicht mehr möglich.

(iii) Sei $p = 0$ oder eine natürliche Zahl. Der verallgemeinerte Potenzreihenansatz liefert dann nur eine Lösung: $J_p(x)$. Eine zweite linear unabhängige Lösung kann z.B. mit Hilfe der Reduktionsmethode (vgl. Abschn. 2.4.2, Satz 2.10) gewonnen werden: $N_n(x)$ ($n = 0,1,2,\ldots$). Man kann zeigen (s. Burg/Haf/Wille (Funktionentheorie) [14]), dass diese Lösung für $x = 0$ eine logarithmische Singularität hat und aus $J_p(x)$ und $J_{-p}(x)$ durch Grenzübergang $p \to n$ gewonnen werden kann:

$$N_n(x) = \lim_{p \to n} \frac{J_p(x) \cdot \cos \pi p - J_{-p}(x)}{\sin \pi p}. \tag{4.52}$$

Man nennt die Funktionen $N_n(x)$ *Besselsche Funktionen 2. Art* (oder *Neumannsche[6] Funktionen*).

Bemerkung 1: Im Fall $p = \frac{1}{2}$ lassen sich die Lösungen mittels elementarer Funktionen explizit darstellen. Es gilt

$$J_{\frac{1}{2}}(x) = \sqrt{\frac{2}{\pi}} \frac{\sin x}{\sqrt{x}}, \quad J_{-\frac{1}{2}}(x) = \sqrt{\frac{2}{\pi}} \frac{\cos x}{\sqrt{x}}.$$

Dies folgt aus den Reihendarstellungen von $J_{\frac{1}{2}}(x)$ und $J_{-\frac{1}{2}}(x)$ unter Verwendung der Funktionalgleichung der Gammafunktion: $\Gamma(x + 1) = x \cdot \Gamma(x)$ für $x > 0$ und der Tatsache, dass $\Gamma\left(\frac{1}{2}\right) = \sqrt{\pi}$ ist (vgl. Burg/Haf/Wille (Funktionentheorie) [14]).

---

6 C. Neumann (1832–1925), deutscher Mathematiker

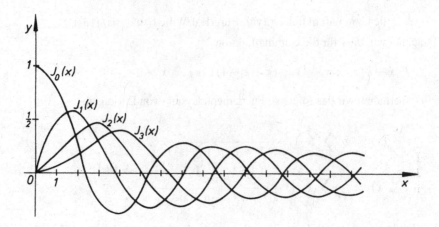

Fig. 4.4: Besselsche Funktionen $J_n(x)$ $(n = 0,1,2,3)$

Anwendung auf die Helmholtzsche Schwingungsgleichung

Nach Beispiel 2.1 führt die Bestimmung der kugelsymmetrischen Lösungen der Helmholtzschen Schwingungsgleichung

$$\Delta U + \kappa^2 U = 0 \tag{4.53}$$

im $\mathbb{R}^3$ für $U(|\boldsymbol{x}|) =: f(r), r = \sqrt{x_1^2 + x_2^2 + x_3^2}$, auf die gewöhnliche DGl

$$f'' + \frac{2}{r}f' + \kappa^2 f(r) = 0. \tag{4.54}$$

Setzen wir

$$f(r) =: \frac{1}{\sqrt{r}}g(\kappa r) \quad \text{und} \quad \kappa r =: R, \tag{4.55}$$

so ergibt sich für $g(R)$

$$g''(R) + \frac{1}{R}g'(R) + \left(1 - \frac{\left(\frac{1}{2}\right)^2}{R^2}\right)g(R) = 0,$$

also eine Besselsche DGl der Ordnung $p = \frac{1}{2}$. Nach Bemerkung 1 ist ein Fundamentalsystem von Lösungen durch die Besselschen Funktionen 1. Art

$$J_{\frac{1}{2}}(R) = \sqrt{\frac{2}{\pi}}\frac{\sin R}{\sqrt{R}} \quad \text{und} \quad J_{-\frac{1}{2}}(R) = \sqrt{\frac{2}{\pi}}\frac{\cos R}{\sqrt{R}}$$

gegeben. Ein Fundamentalsystem der DGl (4.54) lautet wegen (4.55) daher

$$\frac{1}{\sqrt{r}}\frac{\sin \kappa r}{\sqrt{r}}, \quad \frac{1}{\sqrt{r}}\frac{\cos \kappa r}{\sqrt{r}},$$

also

$$\frac{1}{r}\sin \kappa r, \quad \frac{1}{r}\cos \kappa r \qquad (4.56)$$

mit der charakteristischen Singularität $\frac{1}{r}$ im $\mathbb{R}^3$. Diese beiden Lösungen, man nennt sie auch Grundlösungen der Helmholtzschen Schwingungsgleichung, spielen beim Aufbau der Theorie der Helmholtzschen Schwingungsgleichung eine große Rolle (s. Burg/Haf/Wille (Partielle Dgl.) [11]).

Bemerkung 2: Der verallgemeinerte Potenzreihenansatz

$$y(x) = \sum_{k=0}^{\infty} a_k x^{\varrho+k} = x^{\varrho} \sum_{k=0}^{\infty} a_k x^k \quad (a_0 \neq 0) \qquad (4.57)$$

kann allgemein bei linearen DGln der Form

$$x^n y^{(n)} + f_{n-1}(x)x^{n-1}y^{(n-1)} + \cdots + f_0(x)y = g(x) \qquad (4.58)$$

verwendet werden, falls die Koeffizienten $f_i(x)$ $(i = 0,1,\ldots,n-1)$ und $g(x)$ Polynome in x sind oder – allgemeiner – Potenzreihenentwicklungen in einer Umgebung $U_r(0)$ von $x = 0$ besitzen. Koeffizientenvergleich führt dann wegen $a_0 \neq 0$ bei der niedrigsten Potenz auf eine algebraische Gleichung n-ten Grades für ϱ, die sogenannte *Indexgleichung*. Nach dem Fundamentalsatz der Algebra kann es daher höchstens n verschiedene *Indexzahlen* $\varrho_1,\ldots,\varrho_n$ geben, für die der Ansatz (4.57) sinnvoll ist.

Übungen

Übung 4.1*

Ermittle für die folgenden DGln ein Fundamentalsystem unter Verwendung eines geeigneten Potenzreihenansatzes:

(a) $y'' + xy' - 3y = 0$;   (b) $y'' + x^2 y = 0$.

Wo konvergieren die entsprechenden Potenzreihen?

Übung 4.2*

Bestimme mittels Potenzreihenansatz die Lösung des Anfangswertproblems

$$y'' + (\sin x)y = e^{x^2}, \quad y(0) = 1, \quad y'(0) = 0.$$

Für welche $x \in \mathbb{R}$ konvergiert die Potenzreihe? Berechne die Koeffizienten $a_0,\ldots,a_5$.

Übung 4.3*

Die Funktionen B_n ($n \in \mathbb{Z}$) seien durch

$$B_n(x) = \frac{1}{\pi} \int_0^{\pi} \cos(nt - x \sin t)\, dt\,, \quad x \in \mathbb{R}\,,$$

erklärt. Zeige, dass diese den Besselschen DGln

$$y''(x) + \frac{1}{x} y'(x) + \left(1 - \frac{n^2}{x^2}\right) y(x) = 0$$

genügen.

Anleitung: Forme $\frac{d}{dx} B_n(x)$ mittels partieller Integration geeignet um.

Übung 4.4*

(a) Löse die Legendresche[7] DGl

$$y'' - \frac{2x}{1-x^2} y' + \frac{\lambda(\lambda+1)}{1-x^2} y = 0 \quad, \lambda \in \mathbb{R}\,,$$

bzw.

$$(1 - x^2) y'' - 2xy' + \lambda(\lambda+1) = 0$$

mit Hilfe des Potenzreihenansatzes $\sum_{k=0}^{\infty} a_k x^k$.

(b) Sei $y_1(x; \lambda)$ die Reihe aus (a) mit $a_0 = 1$ und $a_1 = 0$ und $y_2(x; \lambda)$ die Reihe mit $a_0 = 0$ und $a_1 = 1$.

Zeige: Ist $\lambda = n \in \mathbb{N}_0$, so reduziert sich abwechselnd eine der beiden Lösungen auf ein Polynom vom Grad n. Bestimme diese Polynome für $\lambda = 0, 1, 2, 3, 4$.

(c) Normiert man die in (b) erhaltenen Polynome so, dass sie an der Stelle $x = 1$ den Wert 1 annehmen, so erhält man die Legendre-Polynome $L_n(x)$:

$$L_n(x) = \begin{cases} \dfrac{y_1(x; n)}{y_1(1; n)}\,, & \text{wenn } n \text{ gerade}, \\[2ex] \dfrac{y_2(x; n)}{y_2(1; n)}\,, & \text{wenn } n \text{ ungerade}. \end{cases}$$

Berechne $L_0(x), \ldots, L_4(x)$.

---

7 A.M. Legendre (1752–1833), französischer Mathematiker

5 Rand- und Eigenwertprobleme. Anwendungen

Bisher haben wir spezielle Lösungen von DGln fast ausschließlich mit Hilfe von Anfangsbedingungen eindeutig charakterisiert, etwa bei DGln n-ter Ordnung durch die n Bedingungen

$$y(x_0) = y_0 , \quad y'(x_0) = y_1^0 , \quad \ldots , \quad y^{(n-1)}(x_0) = y_{n-1}^0 .$$

Im Fall $n = 2$ verlangen wir also von der gesuchten Lösungskurve, dass sie durch einen vorgegebenen Punkt (x_0, y_0) mit vorgegebener Tangentensteigung verläuft (Fig. 5.1).

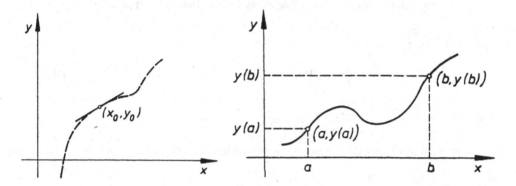

Fig. 5.1: Ein Anfangswertproblem für eine DGl 2-ter Ordnung

Fig. 5.2: Ein Randwertproblem für eine DGl 2-ter Ordnung

Für viele Anwendungen, insbesondere bei Bewegungsvorgängen, ist die Vorgabe von Anfangsdaten der Problemstellung angemessen. Daneben treten in Technik und Naturwissenschaften vielfach Situationen auf, die zweckmäßiger durch andere Bedingungen erfasst werden. So sind häufig Vorgaben an verschiedenen Stellen erforderlich. Von einem *Randwertproblem* sprechen wir, falls eine Lösung einer DGl n-ter Ordnung in einem Intervall $a \leq x \leq b$ gesucht wird, die n algebraischen Bedingungen unterworfen wird, in die die Werte der Lösung und ihrer Ableitungen an den Randstellen $x = a$ und $x = b$ eingehen: Im Fall $n = 2$ z.B. durch Vorgabe von $y(a)$ und $y(b)$ (s. Fig. 5.2).

Beispiel 5.1:
Wir wollen die Durchbiegung eines auf zwei Stützen gelagerten Balkens der Länge l mit linear veränderlicher Streckenlast $q(x) = q_0 \cdot \frac{x}{l}$ untersuchen. Für das Moment an der Stelle x gilt

$$M(x) = \frac{q_0 l}{6} x \cdot \left(1 - \frac{x^2}{l^2} \right) .$$

Die DGl der elastischen Linie für kleine Durchbiegungen lautet (vgl. (1.5))

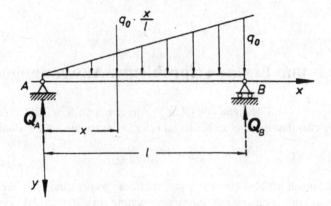

Fig. 5.3: Durchbiegung eines Trägers bei linear veränderlicher Streckenlast

$$y''(x) = -\frac{M(x)}{EI}$$

mit der Biegesteifigkeit $E \cdot I$. Für die Durchbiegung des Trägers ergibt sich damit die DGl

$$y''(x) = -\frac{q_0 l}{6EI} x \left(1 - \frac{x^2}{l^2}\right) ; \quad 0 \le x \le l .$$

Wir bestimmen ihre allgemeine Lösung durch zweimalige Integration und erhalten

$$y(x) = -\frac{q_0 l}{6EI} \left(c_1 + c_2 x + \frac{x^3}{6} - \frac{x^5}{20 l^2}\right) , \quad 0 \le x \le l .$$

Die gesuchte Durchbiegung berechnen wir hieraus durch Vorgabe der Randwerte

$$y(0) = 0 , \quad y(l) = 0 .$$

Für die Koeffizienten c_1, c_2 folgt hieraus

$$0 = \frac{q_0 l}{6EI} c_1 \quad \text{oder} \quad c_1 = 0$$

und

$$0 = -\frac{q_0 l}{6EI} \left(c_2 l + \frac{l^3}{6} - \frac{l^5}{20 l^2}\right) ,$$

d.h. $c_2 = -\frac{7}{60} l^2$, so dass sich die Lösung

$$y(x) = \frac{q_0 l}{6EI} \left(\frac{7}{60} l^2 x - \frac{x^3}{6} + \frac{x^5}{20 l^2}\right)$$

ergibt.

5.1   Rand- und Eigenwertprobleme

5.1.1   Beispiele zur Orientierung

Die bisher diskutierten Beispiele führten zu eindeutig bestimmten Lösungen dieser Probleme. Wir wollen uns anhand von weiteren Beispielen einen Einblick in das Lösungsverhalten bei Randwertproblemen verschaffen.

Beispiel 5.2:

Wir untersuchen das Randwertproblem

$$y'' - y = 0, \quad x \in [0,1] \quad \text{(DGl)}$$
$$y'(0) + y(0) = 1, \quad y'(1) = 0 \quad \text{(Randbedingungen)}.$$

Das charakteristische Polynom $P(\lambda) = \lambda^2 - 1$ besitzt die Nullstellen $\lambda_{1/2} = \pm 1$, so dass die allgemeine Lösung der DGl

$$y(x) = c_1 e^x + c_2 e^{-x}$$

lautet. Wir bestimmen daraus die Koeffizienten c_1, c_2 anhand der Randbedingungen:

$$1 = y'(0) + y(0) = c_1 - c_2 + c_1 + c_2 \quad \text{bzw.} \quad c_1 = \frac{1}{2}$$
$$0 = y'(1) = c_1 e - c_2 \cdot \frac{1}{e} \qquad \text{bzw.} \quad c_2 = \frac{1}{2} e^2 \, .$$

Damit ergibt sich die eindeutig bestimmte Lösung

$$y(x) = \frac{1}{2} \left(e^x + e^{2-x} \right) \, .$$

Beispiel 5.3:

Nun betrachten wir das Randwertproblem

$$y'' = 0, \quad x \in [0,1] \qquad \text{(DGl)}$$
$$y(0) = 0, \quad y'(1) - y(1) = 0 \quad \text{(Randbedingungen)}.$$

Die allgemeine Lösung von $y'' = 0$ ist durch

$$y(x) = c_1 x + c_2$$

gegeben. Die Konstanten c_1, c_2 ergeben sich aus

$$0 = y(0) = c_2$$
$$0 = y'(1) - y(1) = c_1 - c_1 \cdot 1 - c_2$$

zu $c_2 = 0$ und $c_1 \in \mathbb{R}$ beliebig. Damit folgt für die »Lösung« des Randwertproblems

$$y(x) = c_1 x \quad \text{mit beliebigem } c_1 \in \mathbb{R},$$

d.h. das Randwertproblem ist nicht eindeutig lösbar.

Beispiel 5.4:
Schließlich untersuchen wir noch das Randwertproblem

$$y'' = 1, \quad x \in [0,1] \qquad \text{(DGl)}$$
$$y(0) = 0, \quad y'(1) - y(1) = 0 \quad \text{(Randbedingungen)}.$$

Die allgemeine Lösung von $y'' = 1$ ist durch

$$y(x) = \frac{x^2}{2} + c_1 x + c_2$$

gegeben. Für c_1, c_2 folgt aufgrund der Randbedingungen

$$0 = y(0) = c_2$$
$$0 = y'(1) - y(1) = 1 + c_1 - \frac{1}{2} - c_1 = \frac{1}{2} \quad \text{für alle } c_1.$$

Dies ist ein Widerspruch. Das Randwertproblem besitzt daher keine Lösung.

Im Gegensatz zu Anfangswertproblemen, für die alle bisher gewonnenen Sätze gelten, können wir also bei Randwertproblemen im allgemeinen nicht mit einer (eindeutigen) Lösung rechnen.

5.1.2   Randwertprobleme

Wir wollen uns nun von speziellen Beispielen lösen und zu allgemeineren Aussagen kommen. Dabei beschränken wir uns auf die Behandlung linearer Randwertprobleme 2-ter Ordnung. Randwertprobleme höherer Ordnung werden z.B. in *Kamke* [69], Abschn. 4, VIII, behandelt. Wir gehen von dem folgenden *Randwertproblem* aus: Von der DGl

$$L[y] := y'' + f_1(x)y' + f_2(x)y = g(x), \quad x \in [a, b] \tag{5.1}$$

und von den beiden Randbedingungen

$$R_j[y] := \alpha_j y(a) + \beta_j y'(a) + \gamma_j y(b) + \delta_j y'(b) = \varepsilon_j, \quad j = 1,2 \tag{5.2}$$

mit den konstanten Koeffizienten $\alpha_j, \beta_j, \gamma_j, \delta_j$ und ε_j.

Nach Abschnitt 2.4.1 hat die allgemeine Lösung der DGl (5.1) die Form

$$y(x) = y_0(x) + c_1 y_1(x) + c_2 y_2(x), \tag{5.3}$$

wobei $y_0(x)$ eine spezielle Lösung von (5.1) ist und $y_1(x)$, $y_2(x)$ ein Fundamentalsystem des zugehörigen homogenen Problems $L[y] = 0$ bilden. Die Konstanten c_1, c_2 bestimmen sich nach (5.2) aus den Gleichungen

$$R_j[y] = R_j[y_0 + c_1 y_1 + c_2 y_2] = \varepsilon_j, \quad j = 1, 2,$$

die wir auch in der Form

$$c_1 R_1[y_1] + c_2 R_1[y_2] = \varepsilon_1 - R_1[y_0]$$
$$c_1 R_2[y_1] + c_2 R_2[y_2] = \varepsilon_2 - R_2[y_0]$$
(5.4)

schreiben können, was sich durch Nachrechnen leicht bestätigen lässt. Damit haben wir ein lineares Gleichungssystem zur Bestimmung von c_1, c_2 vorliegen. Dieses ist bekanntlich eindeutig lösbar (vgl. Burg/Haf/Wille (Lineare Algebra) [12]), falls das zugehörige homogene System

$$\tilde{c}_1 R_1[y_1] + \tilde{c}_2 R_1[y_2] = 0$$
$$\tilde{c}_1 R_2[y_1] + \tilde{c}_2 R_2[y_2] = 0$$
(5.5)

nur die triviale Lösung $\tilde{c}_1 = \tilde{c}_2 = 0$ besitzt, also falls

$$D := \det \begin{bmatrix} R_1[y_1] & R_1[y_2] \\ R_2[y_1] & R_2[y_2] \end{bmatrix} \neq 0$$
(5.6)

ist. Damit erhalten wir

Satz 5.1:

Die Funktionen f_1, f_2, g seien in $[a, b]$ stetig. Dann ist das inhomogene Randwertproblem (5.1), (5.2) genau dann eindeutig lösbar, wenn $D \neq 0$ ist. Im Fall $D = 0$ besitzt das homogene Randwertproblem nichttriviale Lösungen, während das inhomogene Randwertproblem entweder nicht oder nicht eindeutig lösbar ist.

Beispiel 5.5:

Wir berechnen D für das Randwertproblem

$$L[y] := y'' - y = 0, \quad x \in [0,1]$$
$$R_1[y] := y'(0) + y(0) = 1, \quad R_2[y] := y'(1) = 0$$

(vgl. Beisp. 5.2). Ein Fundamentalsystem von $L[y] = 0$ ist durch

$$y_1(x) = e^x, \quad y_2(x) = e^{-x}$$

gegeben. Hieraus folgt

$$R_1[y_1] = y_1'(0) + y_1(0) = 1 + 1 = 2, \quad R_1[y_2] = y_2'(0) + y_2(0) = -1 + 1 = 0,$$
$$R_2[y_1] = y_1'(1) = e, \quad R_2[y_2] = y_2'(1) = -\frac{1}{e}.$$

Mit (5.6) erhalten wir daher

$$D = \det \begin{bmatrix} R_1[y_1] & R_1[y_2] \\ R_2[y_1] & R_2[y_2] \end{bmatrix} = \det \begin{bmatrix} 2 & 0 \\ e & -\frac{1}{e} \end{bmatrix} = -\frac{2}{e} \neq 0.$$

Nach Satz 5.1 ist unser Randwertproblem also eindeutig lösbar.

5.1.3   Eigenwertprobleme

Bei einem *Eigenwertproblem* wird eine von einem Parameter λ abhängige Schar homogener Randwertprobleme betrachtet, z.B.

$$\begin{aligned} L[y] - \lambda y &= 0 \quad \text{in } [a, b] \\ R_j[y] &= 0, \quad j = 1, 2, \end{aligned} \tag{5.7}$$

wobei wir für L bzw. R_j die Abbildungen aus Abschnitt 5.1.2 verwendet haben. Gesucht sind diejenigen Werte λ, für die das Randwertproblem nichttriviale Lösungen besitzt. Jeden solchen Wert nennt man *Eigenwert* des homogenen Differentialoperators L zu den Randbedingungen $R_j[y] = 0$ ($j = 1, 2$), jede zugehörige nichttriviale Lösung *Eigenlösung* (oder *Eigenfunktion*).

Beispiel 5.6:
Wir betrachten das Eigenwertproblem

$$\begin{aligned} y'' + \lambda y &= 0 \quad \text{in } [0, l] \\ y(0) &= 0, \quad y(l) = 0, \end{aligned} \tag{5.8}$$

und lösen zunächst die DGl $y'' + \lambda y = 0$. Die Lösungen der charakteristischen Gleichung $P(\tau) = \tau^2 + \lambda = 0$ sind: $\tau_{1/2} = \pm\sqrt{-\lambda}$, so dass wir für $\lambda < 0$ das Fundamentalsystem $e^{\tau_1 x}, e^{\tau_2 x}$ und für $\lambda > 0$ das Fundamentalsystem $\cos\sqrt{\lambda}x, \sin\sqrt{\lambda}x$ erhalten. Das Eigenwertproblem (5.8) besitzt damit folgendes Lösungsverhalten:

Für $\lambda < 0$ folgt aus der allgemeinen Lösung $y(x) = c_1 e^{\tau_1 x} + c_2 e^{\tau_2 x}$ aufgrund der Randbedingungen

$$\begin{aligned} y(0) &= c_1 + c_2 = 0 \\ y(l) &= c_1 e^{\tau_1 l} + c_2 e^{\tau_2 l} = 0, \end{aligned}$$

also $c_1 = c_2 = 0$; d.h. für $\lambda < 0$ tritt nur die triviale Lösung auf.

Für $\lambda = 0$ ergibt sich aus $y(x) = c_1 x + c_2$ wegen $y(0) = y(l) = 0$ für c_1, c_2: $c_1 = c_2 = 0$; damit besitzt das Eigenwertproblem ebenfalls nur die triviale Lösung.

Für $\lambda > 0$ folgt aus der allgemeinen Lösung $y(x) = c_1 \cos\sqrt{\lambda}x + c_2 \sin\sqrt{\lambda}x$ aufgrund der Randbedingungen

$$\begin{aligned} y(0) &= c_1 + c_2 \cdot 0 = c_1 = 0 \\ y(l) &= c_2 \sin\sqrt{\lambda}l = 0. \end{aligned}$$

Die letzte Beziehung ist erfüllt, falls entweder $c_2 = 0$ (führt wieder zur trivialen Lösung!) oder $\sin\sqrt{\lambda}l = 0$ bzw. $\sqrt{\lambda}l = k\pi$, $k \in \mathbb{Z}$, ist, also für die Eigenwerte

$$\lambda_k = \frac{k^2\pi^2}{l^2}, \quad k = \pm 1, \pm 2, \ldots. \tag{5.9}$$

Die zugehörigen Eigenfunktionen ergeben sich dann, mit $c_2 = c$ beliebig, zu

$$y_k(x) = c\sin\sqrt{\lambda_k}x = c\sin\frac{k\pi}{l}x, \quad k = \pm 1, \pm 2, \ldots. \tag{5.10}$$

Da die Sinusfunktion eine ungerade Funktion ist, unterscheiden sich die Eigenfunktionen y_k von y_{-k} nur im Vorzeichen, so dass wir uns in (5.9) bzw. (5.10) auf die Indexmenge $\mathbb{N}$ beschränken können.

5.2   Anwendung auf eine partielle Differentialgleichung

Wir haben bisher gewöhnliche DGln, also Gleichungen der Form

$$F[x, y(x), y'(x), \ldots, y^{(n)}(x)] = 0 \tag{5.11}$$

untersucht. Bei *partiellen DGln* hängt die Lösung von mehr als einer Veränderlichen ab, und die Gleichung enthält partielle Ableitungen der gesuchten Lösung. So ist z.B. allgemein eine partielle DGl 2-ter Ordnung bei drei Veränderlichen x, y, z von der Form

$$F[x, y, z, w(x, y, z), w_x, w_y, w_z, w_{xx}, w_{xy}, \ldots, w_{zz}] = 0, \tag{5.12}$$

mit $w_x := \frac{\partial w}{\partial x}$, $w_{xy} := \frac{\partial^2 w}{\partial x \partial y}$ usw. Im Folgenden beschränken wir uns auf die Behandlung eines Schwingungsproblems, das sich auf zwei Eigenwertprobleme für gewöhnliche DGln zurückführen lässt. Weitere partielle DGln werden im Teil »Integraltransformationen« und in Burg/Haf/-Wille (Partielle Dgl.) [11] diskutiert.

5.2.1   Die schwingende Saite

Wir betrachten die an den Stellen $x = 0$ und $x = l$ eingespannte Saite (Fig. 5.4). Mit x bezeichnen wir die Ortsvariable, mit t die Zeitvariable und mit $y(x, t)$ die Auslenkung der Saite zum Zeitpunkt t an der Stelle x. (Fig. 5.4 ist als Momentaufnahme zum Zeitpunkt t zu verstehen.)

Wir gehen davon aus, dass nur kleine Auslenkungen auftreten (vereinfachte linearisierte Theorie). Diese werden durch die *Wellengleichung*[1]

$$\frac{\partial^2 y(x, t)}{\partial x^2} = a(x)\frac{\partial^2 y(x, t)}{\partial t^2}, \quad 0 \leq x \leq l,\ t > 0 \tag{5.13}$$

---

1 s. z.B. *Smirnow* [102], Teil II, Kap. VII/1.

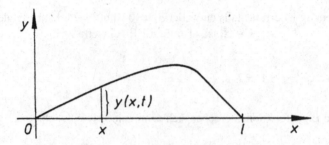

Fig. 5.4: Die schwingende Saite

beschrieben, also durch eine lineare partielle DGl 2-ter Ordnung. Die Funktion $a(x)$ ist hierbei durch

$$a(x) = \frac{\varrho(x)}{p(x)} \qquad (5.14)$$

gegeben, wobei

$\quad p(x)$ = Elastizitätsmodul · Querschnitt der Saite

$\quad \varrho(x)$ = Dichte der Saite (im Ruhezustand)

ist. In $a(x)$ sind also geometrische Eigenschaften und Materialeigenschaften der Saite berücksichtigt. Zur Vereinfachung nehmen wir an:

$$a(x) = \text{const} = 1 . \qquad (5.15)$$

Um eine sinnvoll gestellte Aufgabe zu erhalten, formulieren wir das folgende *Rand- und Anfangswertproblem*: Gesucht ist eine (noch zu präzisierende) Funktion $y(x,t)$, die der *Wellengleichung*

$$\frac{\partial^2 y(x,t)}{\partial x^2} = \frac{\partial^2 y(x,t)}{\partial t^2} , \qquad 0 \le x \le l, \ t > 0, \qquad (5.16)$$

den *Randbedingungen*

$$y(0,t) = y(l,t) = 0, \quad t \ge 0, \qquad (5.17)$$

(d.h. an den Einspannstellen soll keine Auslenkung stattfinden) und den *Anfangsbedingungen*

$$y(x,0) = g(x) \quad \text{(Auslenkung zum Zeitpunkt } t = 0)$$
$$\left.\frac{\partial y(x,t)}{\partial t}\right|_{t=0} = h(x) \quad \text{(Anfangsgeschwindigkeit)} \quad (0 \le x \le l) \qquad (5.18)$$

genügt. Hierbei ergeben sich wegen (5.17) für die Funktionen g, h die *Verträglichkeitsbedingun-*

gen

$$g(0) = g(l) = 0, \quad h(0) = h(l) = 0. \tag{5.19}$$

Zur Bestimmung einer Lösung des Rand- und Anfangswertproblems gehen wir vom *Separationsansatz*

$$y(x, t) = \varphi(x) \cdot \psi(t) \tag{5.20}$$

aus, wobei $\varphi(x)$ nur vom Ort x und $\psi(t)$ nur von der Zeit t abhängt. Setzen wir diesen Ansatz in die Wellengleichung ein, so erhalten wir

$$\frac{\partial^2}{\partial x^2}(\varphi(x) \cdot \psi(t)) = \frac{\partial^2}{\partial t^2}(\varphi(x) \cdot \psi(t))$$

bzw. durch Differentiation der Produkte

$$\varphi''(x) \cdot \psi(t) = \varphi(x) \cdot \psi''(t).$$

Falls $\varphi, \psi \neq 0$ ist, folgt hieraus die Beziehung

$$\frac{\varphi''(x)}{\varphi(x)} = \frac{\psi''(t)}{\psi(t)}.$$

Da die linke Seite dieser Gleichung nur von x und die rechte Seite nur von t abhängt, muss also gelten

$$\frac{\varphi''(x)}{\varphi(x)} = \frac{\psi''(t)}{\psi(t)} = \text{const} =: -\lambda. \tag{5.21}$$

Unsere partielle DGl (5.16) zerfällt damit in die beiden gewöhnlichen DGln

$$\varphi''(x) + \lambda\varphi(x) = 0, \quad \psi''(t) + \lambda\psi(t) = 0. \tag{5.22}$$

Wir wollen jetzt die Randbedingungen (5.17) berücksichtigen. Wegen $y(0, t) = 0 = \varphi(0) \cdot \psi(t)$ für alle $t > 0$ folgt $\varphi(0) = 0$. Die Möglichkeit $\psi(t) \equiv 0$ scheidet aus, da sie zur identisch verschwindenden Lösung des Problems führen würde. Entsprechend zeigt man: $\varphi(l) = 0$, und wir erhalten zur Bestimmung von $\varphi(x)$ das Eigenwertproblem

$$\varphi''(x) + \lambda\varphi(x) = 0, \quad x \in [0, l]$$
$$\varphi(0) = 0, \quad \varphi(l) = 0. \tag{5.23}$$

Nach Beispiel 5.6 erhalten wir für (5.23) die Eigenwerte

$$\lambda_n = \frac{n^2\pi^2}{l^2}, \quad n \in \mathbb{N}, \tag{5.24}$$

und die Eigenfunktionen

$$\varphi_n(x) = c \sin \sqrt{\lambda_n} x = c \sin \frac{n\pi}{l} x, \quad n \in \mathbb{N}, \; x \in [0,1] \tag{5.25}$$

$$(c \in \mathbb{R} \text{ beliebig}).$$

Mit den Eigenwerten (5.24) lässt sich die allgemeine Lösung von $\psi''(t) + \lambda \psi(t) = 0$ für $t > 0$ in der Form

$$\psi_n(t) = A_n \cos \frac{n\pi}{l} t + B_n \sin \frac{n\pi}{l} t, \quad n \in \mathbb{N}, \tag{5.26}$$

schreiben, wobei wir jetzt die Konstanten A_n, B_n nicht mehr aus den Randbedingungen ermitteln können. Durch

$$y_n(x, t) := \varphi_n(x) \cdot \psi_n(t), \quad n \in \mathbb{N}, \tag{5.27}$$

ist dann eine Folge von Lösungen der Wellengleichung (5.16) gegeben, die alle den Randbedingungen (5.17) genügen. Wir drücken y_n durch die nach (5.25) und (5.26) bestimmten Funktionen φ_n, ψ_n aus und erhalten ($c = 1$ gesetzt)

$$y_n(x, t) = \sin \frac{n\pi}{l} x \left(A_n \cos \frac{n\pi}{l} t + B_n \sin \frac{n\pi}{l} t \right). \tag{5.28}$$

Es ergibt sich nun das Problem, die Konstanten A_n, B_n so zu bestimmen, dass auch die Anfangsbedingungen erfüllt sind. Aufgrund der Linearität der Wellengleichung ist jede endliche Linearkombination von Lösungen wieder eine Lösung von (5.16) (zeigen!). Dies reicht jedoch zur Bestimmung von A_n und B_n nicht aus. Daher überlagern wir die unendlich vielen Lösungen y_n: Durch *Superposition* erhalten wir damit den formalen Lösungsansatz

$$y(x, t) = \sum_{n=1}^{\infty} y_n(x, t) = \sum_{n=1}^{\infty} \sin \frac{n\pi}{l} x \left(A_n \cos \frac{n\pi}{l} t + B_n \sin \frac{n\pi}{l} t \right). \tag{5.29}$$

Aus den Anfangsbedingungen (5.18) folgt (formal!)

$$y(x, 0) = g(x) = \sum_{n=1}^{\infty} A_n \sin \frac{n\pi}{l} x \tag{5.30}$$

bzw.

$$\left. \frac{\partial y(x, t)}{\partial t} \right|_{t=0} = h(x) = \sum_{n=1}^{\infty} \left[\sin \frac{n\pi}{l} x \cdot (\dots) \right]_{t=0}$$

$$= \sum_{n=1}^{\infty} \frac{n\pi}{l} B_n \cdot \sin \frac{n\pi}{l} x. \tag{5.31}$$

Wir setzen nun die Funktionen g, h durch die Vorschriften

$$g(-x) = -g(x), \quad h(-x) = -h(x) \tag{5.32}$$

zunächst ungerade auf das Intervall $[-l, l]$ fort und anschließend durch

$$g(x + 2l) = g(x), \quad h(x + 2l) = h(x) \tag{5.33}$$

$2l$-periodisch auf ganz $\mathbb{R}$ (vgl. Fig. 5.5).

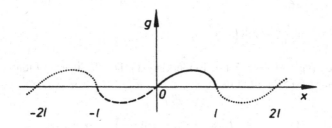

Fig. 5.5: Fortsetzung der Funktion g (bzw. h)

Dadurch lassen sich die Ausdrücke (5.30) bzw. (5.31) als Fourierentwicklungen dieser Funktionen auffassen (vgl. hierzu Burg/Haf/Wille (Analysis) [13]), und wir können die gesuchten Konstanten A_n, B_n als Fourierkoeffizienten von g bzw. h berechnen:

$$
\begin{aligned}
A_n &= \frac{2}{l} \int\limits_0^l g(s) \sin \frac{n\pi}{l} s \, ds \\
&\qquad\qquad\qquad\qquad n \in \mathbb{N}. \\
\frac{n\pi}{l} B_n &= \frac{2}{l} \int\limits_0^l h(s) \sin \frac{n\pi}{l} s \, ds
\end{aligned}
\tag{5.34}
$$

Setzen wir die so gewonnenen Konstanten A_n, B_n in den Lösungsansatz (5.29) ein, so ergibt sich eine formale Lösung für unser Problem in Form einer unendlichen Reihe.

Bemerkung 1: Für den Nachweis, dass diese formale Lösung tatsächlich unser Problem eindeutig löst, sind die Funktionen g und h in (5.18) zu präzisieren und Konvergenzuntersuchungen nötig (etwa um die Vertauschung von Differentiation und Summation zu gewährleisten). Wir verzichten auf diese Untersuchungen und verweisen auf die einschlägige Literatur (z.B. *Churchill* [15], Chapt. 7, pp. 126–134).

Bemerkung 2: Die Wärmeausbreitung in einem homogenen Stab von endlicher Länge lässt sich nach dieser Methode entsprechend behandeln (s. z.B. *Smirnow* [102], Teil II, Kap. VII/5).

5.2.2   Physikalische Interpretation

Wir wollen die gewonnenen Resultate physikalisch deuten und sie zuvor noch etwas erweitern, um den Einfluss von Geometrie und Materialeigenschaften der Saite deutlicher zu machen. Lassen wir anstelle von (5.15) den allgemeineren Fall

$$a(x) = \frac{\varrho(x)}{p(x)} = \text{const} =: a^{-2} \tag{5.35}$$

zu, so ergeben sich anstelle von (5.28) die Funktionen

$$y_n(x, t) = \sin\frac{n\pi}{l}x \cdot \left(A_n \cos\frac{n\pi a}{l}t + B_n \sin\frac{n\pi a}{l}t\right), \tag{5.36}$$

die wir auch in der Form

$$y_n(x, t) = D_n \sin\frac{n\pi}{l}x \cdot \sin\left(\frac{n\pi a}{l}t + \varphi_n\right) \tag{5.37}$$

schreiben können (vgl. Abschn. 3.1.4, Bemerkung 1). Durch Superposition dieser Funktionen erhalten wir dann statt (5.29) die Lösung

$$y(x, t) = \sum_{n=1}^{\infty} y_n(x, t) = \sum_{n=1}^{\infty} D_n \sin\frac{n\pi}{l}x \cdot \left(\sin\frac{n\pi a}{l}t + \varphi_n\right), \tag{5.38}$$

wobei sich die Koeffizienten A_n, B_n bzw. D_n aus (5.34) entsprechenden Formeln bestimmen lassen. Wir wollen den Einfluss der als Lösung von Eigenwertproblemen aus (5.36) gewonnenen Funktionen $y_n(x, t)$ untersuchen. Diese stellen offensichtlich harmonische Schwingungen mit

Amplitude $D_n \sin\dfrac{n\pi}{l}x$ (abhängig von x)

Phase φ_n (unabhängig von x)

Frequenz $\omega_n = \dfrac{n\pi a}{l}$

dar. Sie werden *stehende Wellen* genannt: Die Punkte der Saite führen harmonische Schwingungen mit gleichen Phasen φ_n und vom Ort x abhängigen Amplitüden $D_n \sin\frac{n\pi}{l}x$ aus. Die Saite erzeugt dabei einen Ton, dessen Intensität (=Lautstärke) von der maximalen Amplitude

$$D_n \cdot \max_x \left(\sin\frac{n\pi}{l}x\right) = D_n \cdot 1 = D_n \tag{5.39}$$

abhängt. Die Stellen x, für die maximale Amplitude eintritt, also für

$$x = \frac{l}{2n}, \quad \frac{3l}{2n}, \quad \dots, \quad \frac{(2n-1)l}{2n}, \tag{5.40}$$

heißen *Bäuche*, solche mit verschwindender Amplitude, also für

$$x = 0, \quad \frac{l}{n}, \quad \dots, \quad \frac{(n-1)l}{n}, \quad l, \tag{5.41}$$

nennt man *Knoten* der stehenden Wellen. Die Tonhöhe der *n*-ten harmonischen Schwingung hängt von der Frequenz

$$\omega_n = \frac{n\pi a}{l} = \frac{n\pi}{l}\sqrt{\frac{p}{\varrho}} \tag{5.42}$$

ab. Für $n = 1$ erhalten wir den *Grundton*, für $n = 2, 3, \ldots$ die entsprechenden *Obertöne*. Nach (5.38) setzt sich also ein durch unsere Saite erzeugter Ton durch Überlagerung aus Grund- und Obertönen zusammen. Formel (5.42) zeigt uns, wie sich die Tonhöhe ändert, wenn wir Geometrie bzw. Materialeigenschaften der Saite ändern.

Zusammenfassung der Methode:

(i) Bestimmung sämtlicher stehender Wellen (Lösung von Eigenwertproblemen),

(ii) Bestimmung der Saitenschwingung durch Überlagerung aus stehenden Wellen (durch Fourieranalyse der Anfangswerte $g(x)$ und $h(x)$).

Bemerkung 3: Man nennt dieses wichtige Verfahren auch »Methode der stehenden Wellen« oder »Fourier-Methode«.

5.3   Anwendung auf ein nichtlineares Problem (Stabknickung)

Die Untersuchung von nichtlinearen Problemen gewinnt in zunehmendem Maße an Bedeutung. Ziel dieses Abschnittes ist es, anhand eines einfachen Beispiels einen Zusammenhang zwischen nichtlinearen Problemen und ihren Linearisierungen aufzuzeigen. Hierbei soll ein für nichtlineare Vorgänge typisches Phänomen, das der Lösungsverzweigung, verdeutlicht werden.

5.3.1   Aufgabenstellung

Wir betrachten einen Stab der Länge *l*. Ein Ende sei fest gelagert; das andere längs der Stabachse frei beweglich. Auf den Stab wirke in Achsenrichtung eine Kraft *P*. Wir interessieren uns für die Durchbiegung des Stabes.

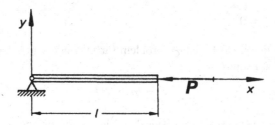

Fig. 5.6: Stabknickung bei Belastung in Achsenrichtung

Zur Vereinfachung gehen wir von einem dünnen, homogenen, nicht kompressiblen Stab aus. Mit *s* bezeichnen wir die vom eingespannten Stabende aus gemessene Bogenlänge und mit $\eta(s)$

den Winkel zwischen Tangente an den (ausgelenkten) Stab und der positiven x-Achse in Abhängigkeit von s (vgl. Fig. 5.7). Die Größen M, E, I seien wie in Abschnitt 1.1.1 erklärt. Benutzen

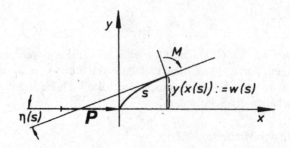

Fig. 5.7: Auslenkung des Stabes als Funktion der Bogenlänge

wir s als Parameter, so erhalten wir aus den physikalischen Beziehungen

$$-\frac{M(s)}{EI} = \frac{d\eta(s)}{ds}, \quad M(s) = P \cdot w(s)$$

und der geometrischen Beziehung

$$\frac{dw(s)}{ds} = \sin \eta(s)$$

für $\eta(s)$, $w(s)$ ($0 \leq s \leq l$) ein System von nichtlinearen DGln 1-ter Ordnung:

$$\begin{aligned} \frac{d\eta}{ds} &= -\lambda w \quad \left(\lambda := \frac{P}{EI}\right) \\ \sin \eta &= \frac{dw}{ds}. \end{aligned} \tag{5.43}$$

Wir fordern noch, dass in den Endpunkten des Stabes keine (vertikale) Auslenkung erfolgen soll. Dies führt zu den Randbedingungen

$$w(0) = 0, \quad w(l) = 0. \tag{5.44}$$

Insgesamt ergibt sich damit ein Eigenwertproblem für $\eta(s)$ und $w(s)$, das im Fall $\lambda = 0$ (d.h. $P = 0$) nur die trivialen Lösungen

$$\eta(s) = w(s) = 0 \tag{5.45}$$

liefert (warum?). Für $\lambda \neq 0$ lässt sich $\eta(s)$ aus dem Eigenwertproblem

$$\frac{d^2\eta}{ds^2} = -\lambda \frac{dw}{ds} = -\lambda \sin \eta, \quad 0 \leq s \leq l,$$

$$\eta'(0) = -\lambda w(0), \quad \eta'(l) = -\lambda w(l) = 0$$

bzw.

$$\begin{aligned} \eta'' + \lambda \sin \eta = 0, \quad 0 \le s \le l \\ \eta'(0) = \eta'(l) = 0 \end{aligned} \tag{5.46}$$

bestimmen, während sich $w(s)$ aus

$$-\frac{1}{\lambda}\frac{d\eta}{ds} = w(s) \tag{5.47}$$

berechnet.

5.3.2 Das linearisierte Problem

Für kleine Auslenkungen des Stabes können wir in (5.43) näherungsweise $\sin \eta$ durch η ersetzen, und wir erhalten das lineare Eigenwertproblem

$$\begin{aligned} \frac{d\eta}{ds} = -\lambda w, \quad \eta = \frac{dw}{ds} \\ w(0) = w(l) = 0. \end{aligned}$$

Hieraus ergibt sich für w wegen $\frac{d^2 w}{ds^2} = \frac{d\eta}{ds} = -\lambda w$ das Eigenwertproblem

$$\begin{aligned} w'' + \lambda w = 0 \\ w(0) = w(l) = 0, \end{aligned} \tag{5.48}$$

und η lässt sich aus $\eta = \frac{dw}{ds}$ bestimmen. Nach Abschnitt 5.1.3, Beispiel 5.6 besitzt (5.48) die Eigenwerte

$$\lambda_k = \frac{k^2 \pi^2}{l^2}, \quad k \in \mathbb{N}, \tag{5.49}$$

und die zugehörigen Eigenfunktionen

$$w_k(s) = c \cdot \sin \sqrt{\lambda_k} s = c \cdot \sin \frac{k\pi}{l} s \quad (k \in \mathbb{N}, \ c \in \mathbb{R} \text{ beliebig}). \tag{5.50}$$

Physikalische Interpretation

Wegen $\lambda = \frac{P}{EI}$ gilt mit (5.49)

$$P_k = EI \frac{k^2 \pi^2}{l^2}, \quad k \in \mathbb{N}, \tag{5.51}$$

und die Eigenfunktionen lassen sich in der Form

$$w_k(s) = c \cdot \sin \sqrt{\frac{P_k}{EI}} s = c \cdot \sin \frac{k\pi}{l} s \quad (k \in \mathbb{N} \text{ beliebig}) \tag{5.52}$$

darstellen. Für $0 < P < P_1$ ist nur die triviale Lösung $w(s) = 0$ vorhanden, d.h. es findet keine Auslenkung des Stabes statt. Für

$$P = P_1 = EI\frac{\pi^2}{l^2} \quad (Eulersche\ Knicklast) \tag{5.53}$$

treten neben die triviale Lösung noch nichttriviale Lösungen

$$w_1(s) = c \cdot \sin\frac{\pi}{l}s, \quad c \in \mathbb{R}\ \text{beliebig}; \tag{5.54}$$

entsprechend für $P_k = EI\frac{k^2\pi^2}{l^2}$ $(k = 2,3,\dots)$ die nichttrivialen Lösungen $w_k(s) = c \cdot \sin\frac{k\pi}{l}s$ $(k = 2,3,\dots)$ mit $c \in \mathbb{R}$ beliebig. Man spricht von instabilen Auslenkungsformen (s. Fig. 5.8).

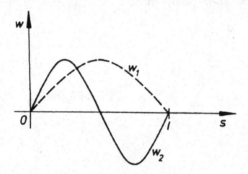

Fig. 5.8: Stabile und instabile Auslenkungsformen

Wir beachten, dass $w(s) \equiv 0$ für alle Werte von P eine Lösung unseres Eigenwertproblems (5.47) ist, während nichttriviale Lösungen (und damit Auslenkungen des Stabes) nur unter den (diskreten) Belastungen P_k auftreten können. Zur Veranschaulichung stellen wir den Betrag der maximalen Auslenkung von $w(s)$ als Funktion von P_k dar und erhalten damit ein sogenanntes *Verzweigungsdiagramm* (s. Fig. 5.9).

Man spricht in diesem Fall von senkrechter *Verzweigung*. Für $P_k < P < P_{k+1}$ $(k = 1,2,\dots)$ müsste der Stab also wieder in die Ruhelage zurückschnellen. Dies trifft in Wirklichkeit nicht zu. Das linearisierte Problem stellt offensichtlich ein zu grobes Modell für die Stabknickung dar.

5.3.3   Das nichtlineare Problem. Verzweigungslösungen

Wir wenden uns wieder dem nichtlinearen Eigenwertproblem

$$\frac{d^2\eta}{ds^2} + \lambda\sin\eta = 0, \quad 0 \le s \le l,$$
$$\eta'(0) = \eta'(l) = 0 \tag{5.55}$$

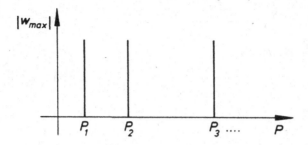

Fig. 5.9: Senkrechte Lösungsverzweigung im linearen Fall

zu. Zur Ermittlung der nichttrivialen Lösungen betrachten wir anstelle dieser Randwertaufgabe das *Anfangswertproblem*

$$\frac{d^2\varphi}{ds^2} + \lambda \sin \varphi = 0, \quad 0 \le s \le l,$$
$$\varphi(0) = \alpha, \quad \varphi'(0) = 0 \tag{5.56}$$

mit $\lambda > 0$ und $\alpha \in (0, \pi)$. Genauer gesagt, handelt es sich hier um eine Schar von Anfangswertproblemen mit dem Scharparameter α. Für unsere Belange ist wesentlich, dass sämtliche Lösungen von (5.56), für die $\varphi'(l) = 0$ gilt, auch Lösungen von (5.55) sind. Wir wollen dies durch geeignete Wahl von α erreichen.

Anfangswertprobleme der Form (5.55) haben wir bereits in Abschnitt 1.3.3, Anwendung (II), im Zusammenhang mit dem Schwingungsverhalten eines ebenen Pendels diskutiert. Demnach besitzt (5.56) die eindeutig bestimmte Lösung

$$\varphi(s) = 2 \arcsin \left[k \sin am \left(\frac{\alpha}{2}, \sqrt{\lambda} s + K \right) \right] \quad ^2$$

mit

$$k = \sin \frac{\alpha}{2}, \quad K = K(k) = \int_0^{\frac{\pi}{2}} \frac{dv}{\sqrt{1 - k^2 \sin^2 v}}$$

und der Schwingungsdauer

$$\tau = \frac{4}{\sqrt{\lambda}} K.$$

Wir interessieren uns nun für diejenigen Lösungen φ, für die $\varphi'(l) = 0$ erfüllt ist (wir nennen sie wieder η): Wegen $\varphi'(0) = 0$, $\varphi(0) = \alpha$ und der τ-Periodizität von φ ist diese Bedingung genau

---

2 Man beachte die geringfügige Abweichung der Lösung gegenüber Abschnitt 1.3.3 aufgrund der unterschiedlichen Anfangsbedingungen.

dann erfüllt, wenn ·

$$l = \frac{\tau}{2}n = \frac{2}{\sqrt{\lambda}}K \cdot n\,, \quad n \in \mathbb{N}\,,$$

also

$$K = K(k) = \frac{1}{2n}\sqrt{\lambda}\,, \quad n \in \mathbb{N}\,, \tag{5.57}$$

ist.

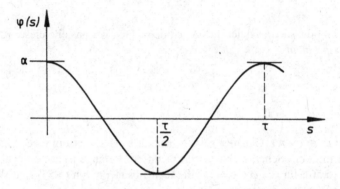

Fig. 5.10: Zur Bestimmung von Funktionen φ mit $\varphi'(l) = 0$

Zwischen den Werten K und α besteht eine umkehrbar eindeutige Zuordnung (vgl. Abschn. 1.3.3): Durchläuft K die Werte zwischen $\frac{\pi}{2}$ und $+\infty$, so durchläuft α die Werte zwischen 0 und π und umgekehrt. Nichttriviale Lösungen $\eta(s)$ existieren nur für $\alpha > 0$, d.h. für $K > \frac{\pi}{2}$. Aus (5.57) folgt daher

$$\lambda = \lambda_n(k) = \left(\frac{2n}{l}\right)^2 \cdot K^2(k) > \left(\frac{2n}{l}\right)^2 \cdot \left(\frac{\pi}{2}\right)^2\,, \quad n \in \mathbb{N}\,,$$

also

$$\lambda = \lambda_n(k) > \left(\frac{n\pi}{l}\right)^2\,. \tag{5.58}$$

Für solche λ-Werte treten also nichttriviale Lösungen $\eta(s)$ auf, und zwar so viele, als es natürliche Zahlen n mit $\frac{1}{2n}\sqrt{\lambda} > \frac{\pi}{2}$ gibt:

Für

$$\left(\frac{\pi}{l}\right)^2 < \lambda \leq \left(\frac{2\pi}{l}\right)^2 \qquad \text{eine nichttriviale Lösung}$$

und allgemein für

$$\left(\frac{n\pi}{l}\right)^2 < \lambda \le \left(\frac{(n+1)\pi}{l}\right)^2 \quad n \text{ nichttriviale Lösungen}$$

$\eta_n(s)$ mit $0 < \eta_n(s) < \pi$. Mit der Beziehung

$$w(s) = -\frac{1}{\lambda}\frac{d\eta}{ds}$$

erhalten wir dann die gesuchten Lösungen $w_n(s)$ bzw. $y_n(x)$ für die Durchbiegung des Stabes.

Wir stellen die Abhängigkeit der maximalen Durchbiegung wie im linearisierten Fall durch ein *Verzweigungsdiagramm* dar (s. Fig. 5.11).

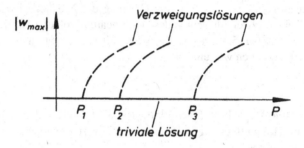

Fig. 5.11: Lösungsverzweigung im nichtlinearen Fall

Hierbei ist $P_n = \lambda_n E I = \left(\frac{n\pi}{l}\right)^2 E I$, $n \in \mathbb{N}$. Wir beachten, dass dies dieselben Stellen P_n wie im linearen Fall sind. Man nennt diese Stellen P_n *Verzweigungspunkte*, die von der P-Achse (= triviale Lösung) abzweigenden Kurven *Verzweigungslösungen* der trivialen Lösung. Dieses Verzweigungsdiagramm entspricht der Realität bedeutend besser als das für den linearen Fall gewonnene: Für Kräfte $P < P_1$ findet keine Durchbiegung statt. Wird die Eulersche Knicklast P_1 überschritten, so ist (neben der trivialen Lösung) eine Durchbiegung des Stabes möglich, die bis auf das Vorzeichen eindeutig bestimmt ist. Überschreitet P den Wert P_2, so ist eine weitere (bis auf das Vorzeichen eindeutig bestimmte) Durchbiegung möglich usw. Diese lassen sich alle experimentell nachweisen.

Wie wir gesehen haben, stimmen in unserem Beispiel die Verzweigungspunkte des nichtlinearen Problems mit den Eigenwerten des zugehörigen linearisierten Problems überein. Dies gibt Anlass zu der Frage: Lassen sich die Verzweigungspunkte bei nichtlinearen Problemen stets als Eigenwerte ihrer Linearisierungen gewinnen? Das Beispiel

$$\begin{aligned} x + y^3 &= \lambda x \\ -x^3 + y &= \lambda y \end{aligned} \tag{5.59}$$

zeigt, dass nicht jeder Eigenwert des zugehörigen linearen Problems auch Verzweigungspunkt des nichtlinearen Problems sein muss: Das zu (5.59) gehörende lineare Problem

$$x = \lambda x$$
$$y = \lambda y,$$

das wir auch in der Form

$$\begin{bmatrix} 1 & 0 \\ 0 & 1 \end{bmatrix} \begin{bmatrix} x \\ y \end{bmatrix} = \lambda \begin{bmatrix} x \\ y \end{bmatrix}$$

schreiben können, besitzt wegen

$$\det \begin{bmatrix} 1-\lambda & 0 \\ 0 & 1-\lambda \end{bmatrix} = (1-\lambda)^2 = 0$$

den zweifachen Eigenwert $\lambda_{1/2} = 1$, d.h. die Ordnung der Nullstelle ist 2, also *gerade*. Wir zeigen, dass $\lambda = 1$ kein Verzweigungspunkt des nichtlinearen Problems ist. Hierzu multiplizieren wir die erste der Gleichungen (5.59) mit y, die zweite mit x und subtrahieren anschließend diese Gleichungen. Dadurch erhalten wir, unabhängig von λ,

$$y^4 + x^4 = 0$$

oder $x = y = 0$. Für alle $\lambda \in \mathbb{R}$ liegt daher nur die triviale Lösung vor.

Dagegen kann mit Hilfsmitteln, die uns hier nicht zur Verfügung stehen, unter gewissen Voraussetzungen gezeigt werden:[3]

Verzweigungspunkte der nichtlinearen Probleme sind notwendig aus der Menge der Eigenwerte ihrer Linearisierungen.

Unser obiges Beispiel zeigt, dass diese Bedingung nicht hinreichend ist. Kann für einen Eigenwert λ_0 nachgewiesen werden, dass seine »*algebraische Vielfachheit*« (dies ist bei einer quadratischen Matrix die Ordnung der Nullstelle λ_0 von $\det(A - \lambda E)$, s. Burg/Haf/Wille (Lineare Algebra) [12]) *ungerade* ist, so ist damit sichergestellt, dass λ_0 Verzweigungspunkt des zugehörigen nichtlinearen Problems ist. Bei gerader Vielfachheit sind zusätzliche Untersuchungen nötig.

Übungen

Übung 5.1*

Untersuche die folgenden Randwertprobleme auf Lösbarkeit und bestimme gegebenenfalls ihre Lösungen:

$$y'' + y = x, \quad x \in [0, \pi];$$

---

3 Vgl. hierzu *Krasnoselskii* [72], Kap. IV,§2.

Randbedingungen:

(a) $y(0) = 0$, $y(\pi) = 0$;

(b) $y(0) = 0$, $y(\pi) = \pi$;

(c) $y(0) = 2$, $y(\frac{\pi}{2}) = -3$.

Übung 5.2*

Für welche $s \in \mathbb{R}$ ist das Randwertproblem

$$y'' = x^2, \quad x \in [0,1]$$
$$sy(0) + y'(0) = 1, \quad y(1) + sy'(1) = s$$

eindeutig lösbar? Berechne für diese Fälle die Lösung.

Übung 5.3*

Gegeben sei das Randwertproblem

$$y'' = f(x), \quad x \in [0, \pi]$$
$$y(0) = 0, \quad y'(\pi) = 0,$$

mit einer in $[0, \pi]$ stetigen Funktion f.

(a) Gib eine spezielle Lösung von $y'' = f(x)$ an (Integralausdruck) sowie die allgemeine Lösung dieser DGl. Welche Lösung ergibt sich für das Randwertproblem?

(b) Die Funktion $G \colon \mathbb{R}^2 \to \mathbb{R}$ sei durch

$$G(x, z) = \begin{cases} -z & \text{für} \quad z \le x \\ -x & \text{für} \quad z > x \end{cases}$$

erklärt (*Greensche Funktion* des Randwertproblems). Zeige: Die in (a) gewonnene Lösung lässt sich in der Form

$$\int_0^\pi G(x, z) f(z) \, dz, \quad x \in [0, \pi] \quad \text{darstellen.}$$

Übung 5.4*

Das Eigenwertproblem

$$y'' + \frac{1}{x} y' + \frac{\lambda}{x^2} y = 0, \quad x \in [1, e^{2\pi}], \ \lambda \in \mathbb{R},$$
$$y'(1) = y'(e^{2\pi}) = 0$$

sei vorgegeben.

(a) Bestimme Fundamentalsysteme der DGl in Abhängigkeit von λ.

(b) Ermittle sämtliche Eigenwerte und -funktionen des Eigenwertproblems.

Teil II

Distributionen

6 Verallgemeinerung des klassischen Funktionsbegriffs

In diesem Kapitel erweitern wir den klassischen Funktionsbegriff auf Distributionen und zeigen, wie diese mit den stetigen Funktionen zusammenhängen.

6.1 Motivierung und Definition

6.1.1 Einführende Betrachtungen

In zahlreichen Fällen zeigt es sich, dass der klassische Funktionsbegriff, wie wir ihn in Burg/Haf/Wille (Analysis) [13] kennengelernt haben, nicht ausreicht, so dass eine geeignete Erweiterung erforderlich ist. Wir wollen dies anhand eines Beispiels aus den Anwendungen begründen: Die Wärmeausbreitung in einem unendlich langen Stab bei vorgegebener Anfangstemperaturverteilung wird durch das folgende Anfangswertproblem in idealisierter Form beschrieben: Gesucht ist eine Temperaturfunktion $u(x, t)$ ($x \in \mathbb{R}$: Ortsvariable, $t \geq 0$: Zeitvariable), die der

1-dimensionalen Wärmeleitungsgleichung

$$\frac{\partial^2 u(x,t)}{\partial x^2} = \frac{\partial u(x,t)}{\partial t}, \quad t > 0, \ -\infty < x < \infty \tag{6.1}$$

und der *Anfangsbedingung*

$$u(x,0) = g(x), \quad -\infty < x < \infty \tag{6.2}$$

genügt. Als Lösung ergibt sich (vgl. Abschn. 8.4.1)

$$u(x,t) = \frac{1}{2\sqrt{\pi t}} \int\limits_{-\infty}^{\infty} g(y) \, e^{-\frac{(x-y)^2}{4t}} \, dy \tag{6.3}$$

oder, wenn wir

$$u_0(x,t;y) := \frac{1}{2\sqrt{\pi t}} e^{-\frac{(x-y)^2}{4t}} \tag{6.4}$$

setzen,

$$u(x,t) = \int\limits_{-\infty}^{\infty} g(y) u_0(x,t;y) \, dy. \tag{6.5}$$

Wir wollen u_0 eingehender betrachten. Durch einfaches Nachrechnen zeigt man, dass u_0 für $t > 0$ bei konstantem y der Wärmeleitungsgleichung (6.1) genügt. Man nennt u_0 *Grundlösung der Wärmeleitungsgleichung* . Ferner gilt (vgl. Üb. 6.1)

$$u_0(x, t; y) \underset{t \to 0+}{\longrightarrow} \begin{cases} 0 & \text{für} \quad x \neq y \\ \infty & \text{für} \quad x = y, \end{cases}$$

d.h. u_0 verhält sich für $t \to 0$ singulär. Wie sollen wir u_0 verstehen? Offensichtlich kann u_0 für $t = 0$ nicht als Funktion im »gewohnten« Sinn aufgefasst werden. Jedoch lässt sich u_0 durch Grenzübergang aus klassischen Lösungen von (6.1) bestimmen. Um dies zu zeigen, wählen wir die spezielle Anfangstemperaturverteilung (s. Fig. 6.1)

$$g_\varepsilon(x) := \begin{cases} \dfrac{1}{2\varepsilon} & \text{für} \quad |x - y| < \varepsilon \quad (\varepsilon > 0 \text{ beliebig}) \\ 0 & \text{sonst} \end{cases}$$

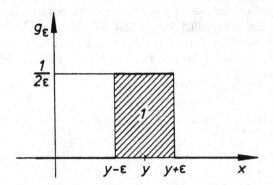

Fig. 6.1: Speziell gewählte Anfangstemperaturverteilung

Die Wärmemenge $Q(t)$ im Stab zum Zeitpunkt t berechnet sich aus

$$Q(t) = \int\limits_{-\infty}^{\infty} u(x, t)\, dx\,,$$

woraus sich für die Wärmemenge zum Zeitpunkt $t = 0$ der Wert

$$Q(0) = \int\limits_{-\infty}^{\infty} u(x, 0)\, dx = \int\limits_{-\infty}^{\infty} g_\varepsilon(x)\, dx = \frac{1}{2\varepsilon} \int\limits_{y-\varepsilon}^{y+\varepsilon} dx = 1$$

ergibt. Durch Anwendung des Mittelwertsatzes der Integralrechnung folgt aus (6.5) für $t > 0$

$$u_\varepsilon(x, t) = \int\limits_{-\infty}^{\infty} g_\varepsilon(\eta) u_0(x, t; \eta)\, d\eta = \frac{1}{2\varepsilon} \int\limits_{y-\varepsilon}^{y+\varepsilon} u_0(x, t; \eta)\, d\eta = u_0(x, t; y^*)$$

mit $y - \varepsilon < y^* < y + \varepsilon$. Da u_0 für $t > 0$ stetig ist, erhalten wir hieraus (man beachte: $y^* \to y$ für $\varepsilon \to 0$)

$$u_\varepsilon(x, t) \to u_0(x, t; y) \quad \text{für} \quad \varepsilon \to 0 \ (t > 0).$$

Dieser Grenzprozess lässt sich in idealisierter Weise physikalisch folgendermaßen interpretieren:

Denken wir uns zum Zeitpunkt $t = 0$ die gesamte Wärmemenge $Q = 1$ im Punkt y konzentriert, so beschreibt $u_0(x, t; y)$ die sich hieraus bildende Temperaturverteilung zum Zeitpunkt $t > 0$.

Analoge Situationen finden wir in den Anwendungen häufig vor; z.B. wenn wir Modelle verwenden, bei denen eine Masse oder eine elektrische Ladung auf einen Punkt konzentriert ist. Die Präzisierung von »Funktionen vom Typ u_0« ist daher von Bedeutung. Wir werden zeigen, dass wir u_0 als »verallgemeinerte Funktion« auffassen können und hierzu die klassischen Funktionen erweitern. Wir orientieren uns dabei an der Lösungsformel (6.5)

$$u(x, t) = \int\limits_{-\infty}^{\infty} g(y) u_0(x, t; y) \, dy$$

der Wärmeleitungsgleichung, die wir auch folgendermaßen deuten können: Durch $u_0(x, t; y)$ wird aufgrund von (6.5) jeder Anfangstemperaturverteilung $g(y)$ der Zahlenwert $u(x, t)$ der Temperatur im Punkt x zur Zeit t zugeordnet: $g \to F_{u_0}(g) = u(x, t)$, wobei F_{u_0} durch

$$F_{u_0}(g) = \int\limits_{-\infty}^{\infty} g(y) u_0(x, t; y) \, dy \tag{6.6}$$

erklärt ist. Die Idee, die zur Verallgemeinerung der klassischen Funktionen führt[1], besteht – auf unser Beispiel bezogen – darin, anstelle von u_0 die »lineare Abbildung« F_{u_0} zu betrachten.

Losgelöst von unserem speziellen Problem der Wärmeleitung werden wir den folgenden Standpunkt einnehmen: Als verallgemeinerte Funktionen fassen wir »lineare Abbildungen« F auf, die jeder Funktion g einer gewissen Klasse von Funktionen (»Grundraum«) eine reelle oder komplexe Zahl $F(g)$ zuordnen. Solche Abbildungen nennt man lineare Funktionale (zur genauen Definition s. Abschn. 6.1.3). Insbesondere wird jeder klassischen (stetigen) Funktion f durch

$$F_f(g) := \int\limits_{-\infty}^{\infty} g(x) f(x) \, dx \tag{6.7}$$

das »lineare Funktional« F_f zugeordnet: $f \to F_f$. Wir wollen nachfolgend zeigen, dass wir bei geeigneter Wahl des Grundraumes die Funktion f und das lineare Funktional F_f als gleich ansehen können.

---

1 sie geht auf den französischen Mathematiker L. Schwartz (1950) zurück.

6.1.2   Der Grundraum $C_0^\infty(\mathbb{R}^n)$

Wir führen zunächst den Begriff des Trägers einer Funktion ein. Die Punkte des $\mathbb{R}^n$ schreiben wir jetzt in der Form $x = (x_1, \ldots, x_n)$. Ist $f : \mathbb{R}^n \to \mathbb{R}$, so versteht man unter dem *Träger* (oder *Support*) von f die Menge

$$\text{Tr } f := \overline{\{x \in \mathbb{R}^n \mid f(x) \neq 0\}},\tag{6.8}$$

wobei wir wie üblich (vgl. Burg/Haf/Wille (Analysis) [13]) mit $\overline{A}$ die Abschließung einer Menge $A \subset \mathbb{R}^n$ bezeichnen: $\overline{A} = A \cup \{\text{Häufungspunkte von } A\}$.

> **Definition 6.1:**
> Die Menge aller in $\mathbb{R}^n$ erklärten stetigen Funktionen mit kompaktem (d.h. mit abgeschlossenem und beschränktem) Träger bezeichnen wir mit $C_0(\mathbb{R}^n)$. Die Menge aller in $\mathbb{R}^n$ beliebig oft stetig differenzierbaren Funktionen mit kompaktem Träger bezeichnen wir mit $C_0^\infty(\mathbb{R}^n)$.

Gibt es überhaupt »genügend viele« $C_0^\infty(\mathbb{R}^n)$-Funktionen? Wir wollen jetzt zeigen, wie eine Fülle von solchen Funktionen konstruiert werden kann. Hierzu gehen wir aus von

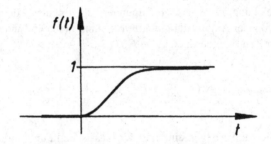

Fig. 6.2: Eine beliebig oft stetig differenzierbare Funktion

Beispiel 6.1:
Die Funktion

$$f(t) := \begin{cases} 0 & \text{für} \quad t \leq 0 \\ e^{-\frac{1}{t}} & \text{für} \quad t > 0 \end{cases} \qquad \text{(s. Fig. 6.2)}$$

ist zwar beliebig oft stetig differenzierbar (vgl. Üb. 6.2), besitzt jedoch keinen kompakten Träger. Aus f lässt sich aber leicht eine Funktion aus $C_0^\infty(\mathbb{R}^n)$ gewinnen, etwa die Funktion

$$g(x) := f(1 - |x|^2) = \begin{cases} 0 & \text{für} \quad |x| \geq 1 \\ e^{-\frac{1}{1-|x|^2}} & \text{für} \quad |x| < 1 \end{cases} \qquad \text{(s. Fig. 6.3)}.$$

Dabei ist $x = (x_1, \ldots, x_n)$ und $|x| = \sqrt{x_1^2 + \cdots + x_n^2}$.

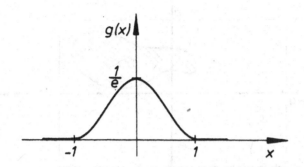

Fig. 6.3: Eine $C_0^\infty(\mathbb{R}^n)$-Funktion $(n = 1)$

Sei nun h durch $h(x) := Cg(x)$ $(C > 0)$ definiert. Durch passende Wahl der Konstanten C kann erreicht werden, dass

$$\int\limits_{\mathbb{R}^n} h(x)\,dx = 1$$

gilt. Setzen wir schließlich noch

$$h_\alpha(x) := \frac{1}{\alpha^n} h\left(\frac{x}{\alpha}\right), \quad \alpha > 0, \tag{6.9}$$

so folgt: $h_\alpha \in C_0^\infty(\mathbb{R}^n)$ mit $\operatorname{Tr} h_\alpha = \{x \in \mathbb{R}^n \mid |x| \leq \alpha\}$ und

$$\int\limits_{\mathbb{R}^n} h_\alpha(x)\,dx = 1. \tag{6.10}$$

Bemerkung 1: Im Folgenden schreiben wir anstelle von $\int\limits_{\mathbb{R}^n} f(x)\,dx$ einfach $\int f(x)\,dx$ und beachten, dass dieses Integral bei Funktionen mit kompaktem Träger durch Integration über einen hinreichend großen Quader berechnet werden kann. Dies bedeutet aber: n-fach hintereinander ausgeführte 1-dimensionale Integration, z.B. für $n = 2$:

$$\int f(x)\,dx = \int\limits_{-a}^{a}\left[\int\limits_{-a}^{a} f(x_1, x_2)\,dx_1\right]dx_2,$$

falls $f \in C_0(\mathbb{R}^2)$ und $a > 0$ hinreichend groß gewählt wird (s. Fig. 6.4).

Mit Hilfe der in Beispiel 6.1 konstruierten Funktion h_α lässt sich nun aus jeder beliebigen stetigen Funktion u, die einen kompakten Träger besitzt, sofort eine $C_0^\infty(\mathbb{R}^n)$-Funktion konstruieren.

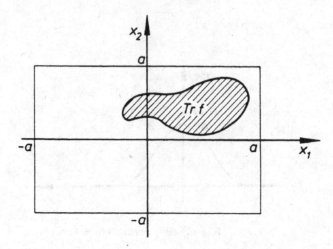

Fig. 6.4: Berechnung von $\int\limits_{\mathbb{R}^n} f(x)\,\mathrm{d}x$ durch Integration über einen hinreichend großen Quader ($n = 2$)

Hierzu setzen wir

$$u_\alpha(x) := \int u(y)h_\alpha(y - x)\,\mathrm{d}y \tag{6.11}$$

und zeigen

Satz 6.1:

Sei $u \in C_0(\mathbb{R}^n)$. Dann gilt für $\alpha > 0$: Die durch (6.11) erklärte Funktion u_α gehört zu $C_0^\infty(\mathbb{R}^n)$, und es gilt

$$\lim_{\alpha \to 0} u_\alpha(x) = u(x) \quad \text{gleichmäßig in } \mathbb{R}^n.$$

Beweis:

(i) Die Funktion u_α ist beliebig oft stetig differenzierbar: Bei Differentiation des Integrals $\int u(y)h_\alpha(y - x)\,\mathrm{d}y$ nach x dürfen wir die Reihenfolge von Differentiation und Integration vertauschen (endlicher Integrationsbereich!). Ferner ist der Integrand beliebig oft differenzierbar, da h_α eine $C_0^\infty(\mathbb{R}^n)$-Funktion ist.

(ii) Der Träger von u_α ist beschränkt: Nach Voraussetzung ist $u \in C_0(\mathbb{R}^n)$. Es gibt daher eine Konstante $a > 0$ mit $u(y) = 0$ für alle y mit $|y| \geq a$. Sei nun $u_\alpha(x) \neq 0$. Dann folgt für solche x: $|x| \leq \alpha + |y| \leq \alpha + a$, d.h. $\mathrm{Tr}\, u_\alpha$ ist beschränkt. Zusammen mit (i) bedeutet dies: $u_\alpha \in C_0^\infty(\mathbb{R}^n)$.

(iii) Zum Nachweis der gleichmäßigen Konvergenz von u_α gegen u für $\alpha \to 0$ beachten wir (6.10):

$$\int h_\alpha(x)\,\mathrm{d}x = 1 \quad \text{bzw.} \quad \int h_\alpha(y - x)\,\mathrm{d}y = 1\,.$$

Damit erhalten wir

$$u_\alpha(x) - u(x) = \int u(y)h_\alpha(y-x)\,dy - u(x)\int h_\alpha(y-x)\,dy$$

$$= \int [u(y) - u(x)]h_\alpha(y-x)\,dy$$

$$= \frac{1}{\alpha^n}\int [u(y) - u(x)]h\left(\frac{y-x}{\alpha}\right)dy\,.$$

Setzen wir $z := \frac{y-x}{\alpha}$, so folgt mit $dy = \alpha^n\,dz$

$$u_\alpha(x) - u(x) = \int [u(x+\alpha z) - u(x)]h(z)\,dz\,.$$

Da der Integrand einen kompakten Träger hat und dort gleichmäßig stetig ist (eine auf einem Kompaktum stetige Funktion ist dort gleichmäßig stetig!), ergibt sich

$$u_\alpha(x) \xrightarrow[\alpha\to 0]{} u(x) \quad \text{gleichmäßig auf } \mathbb{R}^n.$$

$\square$

Bemerkung 2: Führen wir in $C_0^\infty(\mathbb{R}^n)$ die linearen Operationen

$$(f+g)(x) := f(x) + g(x)\,, \quad (\alpha f)(x) := \alpha f(x) \quad (\alpha \in \mathbb{R})\,,$$

ein, so bildet $C_0^\infty(\mathbb{R}^n)$ einen *linearen Raum* (vgl. hierzu auch Burg/Haf/Wille (Lineare Algebra) [12]).

Wir wählen im Folgenden $C_0^\infty(\mathbb{R}^n)$ als *Grundraum*, da sich dieser als besonders geeignet erweist.

6.1.3   Distributionen (im weiteren Sinn)

Wir erinnern zunächst an den allgemeinen Abbildungsbegriff (vgl. Burg/Haf/Wille (Analysis) [13]): Sind A, B beliebige Mengen, so versteht man unter einer Abbildung von A in B eine Vorschrift, die jedem $x \in A$ genau ein $y \in B$ zuordnet. Ist insbesondere der Bildbereich B in $\mathbb{C}$ enthalten, so nennt man diese Abbildung ein *Funktional*. Wir beschränken uns im Folgenden auf Funktionale, deren Bildbereich in $\mathbb{R}$ enthalten ist. Ein solches Funktional F heißt *linear* , falls für alle $x, y \in A$ und $\alpha \in \mathbb{R}$

$$F(x+y) = Fx + Fy\,, \quad F(\alpha x) = \alpha Fx \tag{6.12}$$

gilt. Motiviert durch unsere Überlegungen am Ende von Abschnitt 6.1.1, gelangen wir zu der folgenden

Definition 6.2:

Unter einer *Distribution (im weiteren Sinn)*, auch *verallgemeinerte Funktion*[2] genannt, versteht man ein lineares Funktional auf dem Grundraum $C_0^\infty(\mathbb{R}^n)$. Die Menge aller dieser Distributionen bezeichnen wir mit $\mathcal{L}(\mathbb{R}^n)$.

Von grundlegender Bedeutung ist das folgende

Beispiel 6.2:

Sei f eine beliebige stetige Funktion mit kompaktem Träger in $\mathbb{R}^n$. Aufgrund von

$$F\varphi := \int f(x)\varphi(x)\,\mathrm{d}x\,, \quad \varphi \in C_0^\infty(\mathbb{R}^n) \text{ beliebig}$$

$$(= \int f\varphi\,\mathrm{d}x \quad \text{kurz geschrieben})$$

(6.13)

ordnen wir f ein auf $C_0^\infty(\mathbb{R}^n)$ erklärtes Funktional F zu ($F\varphi$ ist eine reelle Zahl!). Wir sagen: F *wird durch die stetige Funktion f induziert* und schreiben daher statt F auch F_f. Wegen

$$F_f(\varphi + \psi) = \int f \cdot (\varphi + \psi)\,\mathrm{d}x = \int f\varphi\,\mathrm{d}x + \int f\psi\,\mathrm{d}x = F_f\varphi + F_f\psi\,,$$

bzw.

(6.14)

$$F_f(\alpha\varphi) = \int f \cdot (\alpha\varphi)\,\mathrm{d}x = \alpha \int f\varphi\,\mathrm{d}x = \alpha F_f\varphi\,,$$

für alle $\varphi, \psi \in C_0^\infty(\mathbb{R}^n)$ und alle $\alpha \in \mathbb{R}$ sehen wir, dass F_f eine Distribution im Sinne von Definition 6.2 ist: $F_f \in \mathcal{L}(\mathbb{R}^n)$.

Bemerkung: Bei weiterführenden Untersuchungen über Distributionen, etwa im Zusammenhang mit der »Faltung«, wird ein geeigneter Stetigkeitsbegriff benötigt. Je nachdem, welche »Topologie« dem Grundraum aufgeprägt wird, gelangt man zu den Distributionen im engeren Sinn, den Schwartzschen Distributionen, den $\mathcal{L}_2$-Distributionen usw. Um einen leichteren Zugang zum Verständnis der Distributionen zu ermöglichen, beschränken wir uns auf die Behandlung von Distributionen im weiteren Sinn, die keinerlei topologische Eigenschaften des Grundraums erfordern. Wir verweisen jedoch auf die weiterführende Literatur (z.B. *Walter* [116]).

6.2   Distributionen als Erweiterung der klassischen Funktionen

6.2.1   Stetige Funktionen und Distributionen

Wir wollen im Folgenden untersuchen, welcher Zusammenhang zwischen den klassischen (stetigen) Funktionen und den in Abschnitt 6.1.3 eingeführten Distributionen besteht. Aufgrund von

---

2 Zur Bezeichnung »verallgemeinerte Funktion« vgl. Bemerkung in Abschn. 6.2.1

Beispiel 6.2 können wir jeder stetigen Funktion mit kompaktem Träger eine Distribution F_f zuordnen:

$$f \to F_f \quad \text{mit} \quad f \in C_0(\mathbb{R}^n) \quad \text{und} \quad F_f \in \mathcal{L}(\mathbb{R}^n).$$

Lässt sich nun auch umgekehrt aus der Kenntnis einer Distribution F_f, die durch eine stetige Funktion f induziert ist, die Funktion f wieder zurückgewinnen? Dies gelingt in der Tat. Es gilt nämlich

Satz 6.2:

Jedem $f \in C_0(\mathbb{R}^n)$ kann durch

$$F_f \varphi = \int f \cdot \varphi \, dx, \quad \varphi \in C_0^\infty(\mathbb{R}^n) \tag{6.15}$$

umkehrbar eindeutig ein $F_f \in \mathcal{L}(\mathbb{R}^n)$ zugeordnet werden. Die Funktion f lässt sich aus der Distribution F_f aufgrund der Beziehung

$$f(x) = \lim_{\alpha \to 0} F_f h_{\alpha,x}(y) \tag{6.16}$$

berechnen. Dabei ist $h_{\alpha,x}(y) := h_\alpha(y - x)$ und h_α die in Beispiel 6.1 eingeführte $C_0^\infty(\mathbb{R}^n)$-Funktion.

Beweis:

Sei $x \in \mathbb{R}^n$ beliebig und $f \in C_0(\mathbb{R}^n)$. Ferner sei f_α durch

$$f_\alpha(x) := \int f(y) h_\alpha(y - x) \, dy = \int f(y) h_{\alpha,x}(y) \, dy$$

erklärt (vgl. hierzu (6.11)). Nach Satz 6.1 konvergiert $f_\alpha(x)$ für $\alpha \to 0$ gleichmäßig gegen $f(x)$ in $\mathbb{R}^n$. Da $h_{\alpha,x} \in C_0^\infty(\mathbb{R}^n)$ ist, gilt andererseits

$$\int f(y) h_{\alpha,x}(y) \, dy = F_f h_{\alpha,x}(y).$$

Insgesamt folgt damit

$$f_\alpha(x) = F_f h_{\alpha,x}(y) \to f(x) \quad \text{für} \quad \alpha \to 0.$$

Die Funktion f ist durch F_f eindeutig bestimmt.   □

Bemerkung: Satz 6.2 besagt, dass eine umkehrbar eindeutige Zuordnung zwischen den stetigen Funktionen f (mit kompaktem Träger) und den durch sie induzierten Distributionen F_f besteht: $f \leftrightarrow F_f$. Wir können daher f und F_f als zwei Seiten ein und derselben Sache auffassen und somit f mit F_f identifizieren. Wir bringen dies durch die Schreibweise

$$f = F_f \qquad\qquad\qquad (6.17)$$

zum Ausdruck. In diesem Sinn können wir $C_0(\mathbb{R}^n)$ als Teilmenge von $\mathcal{L}(\mathbb{R}^n)$ ansehen:

$$C_0(\mathbb{R}^n) \subset \mathcal{L}(\mathbb{R}^n). \qquad\qquad\qquad (6.18)$$

Auf diesem Hintergrund gewinnt auch die Sprechweise »verallgemeinerte Funktionen« für die Elemente aus $\mathcal{L}(\mathbb{R}^n)$ ihren Sinn.

Der klassische Funktionsbegriff ordnet

jedem $x \in \mathbb{R}^n$ eine Zahl $f(x)$

zu. Die Theorie der Distributionen benutzt dagegen die andere Möglichkeit, f als lineares Funktional F zu charakterisieren, das

jedem $\varphi \in C_0^\infty(\mathbb{R}^n)$ eine Zahl $F_f \varphi = F(\varphi)$

zuordnet. Nachfolgend zeigen wir, dass $\mathcal{L}(\mathbb{R}^n)$ eine echte Erweiterung (= Verallgemeinerung) von $C_0(\mathbb{R}^n)$ darstellt.

6.2.2   Die Diracsche Delta-Funktion

Nach (6.18) sind die klassischen (stetigen) Funktionen in der Menge $\mathcal{L}(\mathbb{R}^n)$ der Distributionen enthalten. Ein besonders wichtiges Beispiel für eine Distribution, die nicht zu $C_0(\mathbb{R}^n)$ gehört, ist gegeben durch

Beispiel 6.3:
Die *Diracsche* [3] *Delta-Funktion* (genauer: *Delta-Distribution*) F_δ ist durch

$$F_\delta \varphi := \varphi(0) \quad \text{für } \varphi \in C_0^\infty(\mathbb{R}^n) \text{ beliebig} \qquad\qquad (6.19)$$

erklärt; d.h. jedem $\varphi \in C_0^\infty(\mathbb{R}^n)$ wird der Zahlenwert $\varphi(0)$ zugeordnet. Offensichtlich ist F_δ ein lineares Funktional, denn für beliebige $\varphi_1, \varphi_2 \in C_0^\infty(\mathbb{R}^n)$ und alle $\alpha \in \mathbb{R}$ oder $\mathbb{C}$ gilt

$$F_\delta(\varphi_1 + \varphi_2) = (\varphi_1 + \varphi_2)(0) = \varphi_1(0) + \varphi_2(0) = F_\delta \varphi_1 + F_\delta \varphi_2$$

bzw.

$$F_\delta(\alpha \varphi_1) = (\alpha \varphi_1)(0) = \alpha \varphi_1(0) = \alpha F_\delta \varphi_1 \,,$$

d.h. $F_\delta \in \mathcal{L}(\mathbb{R}^n)$.

---

3 P.A.M. Dirac (1902–1986), englischer Mathematiker

Sei $h_{\alpha,x}$ die in Satz 6.2 eingeführte Funktion aus $C_0^\infty(\mathbb{R}^n)$. Dann gilt für $\alpha > 0$ und $x \in \mathbb{R}^n$ (beide festgehalten)

$$F_\delta h_{\alpha,x}(y) = h_{\alpha,x}(0) = h_\alpha(-x) = \frac{1}{\alpha^n} h\left(\frac{-x}{\alpha}\right)$$

$$= \frac{1}{\alpha^n} \cdot \begin{cases} 0 & \text{für } x \neq 0 \text{ und } \alpha \text{ hinreichend klein} \\ \underbrace{h(0)}_{\neq 0} & \text{für } x = 0. \end{cases}$$

Hieraus folgt

$$F_\delta h_{\alpha,x}(y) \xrightarrow[\alpha \to 0+]{} \begin{cases} 0 & \text{für } x \neq 0 \\ +\infty & \text{für } x = 0. \end{cases}$$

Nach Satz 6.2 kann F_δ somit (im Sinn von Abschnitt 6.2.1, Bemerkung) nicht Element von $C_0(\mathbb{R}^n)$ sein, denn

$$\delta(x) = \begin{cases} 0 & \text{für } x \neq 0 \\ +\infty & \text{für } x = 0 \end{cases}$$

ist keine Funktion im klassischen Sinn.

Bemerkung: Für F_δ verwendet man in der Regel die Schreibweise δ:

$$F_\delta \varphi = \delta\varphi = \varphi(0) \tag{6.20}$$

und schreibt außerdem (symbolisch)

$$\delta\varphi = \int \delta(x)\varphi(x)\,dx. \tag{6.21}$$

Wir werden in Abschnitt 7.2.1 mit Hilfe der δ-Funktion die eingangs gestellte Frage nach dem Verhalten der Grundlösung der Wärmeleitungsgleichung beantworten.

Übungen

Übung 6.1:

Zeige: Die Funktion

$$u_0(x,t;y) = \frac{1}{2\sqrt{\pi t}}\,e^{-\frac{(x-y)^2}{4t}}, \quad x, y \in \mathbb{R},$$

genügt für $t > 0$ der Wärmeleitungsgleichung (6.1), und es gilt für $t \to 0+$

$$u_0(x,t;y) \to \begin{cases} 0 & \text{für } x \neq y \\ +\infty & \text{für } x = y. \end{cases}$$

Übung 6.2:

Weise mittels vollständiger Induktion nach, dass die Funktion

$$f(t) = \begin{cases} 0 & \text{für } t \leq 0 \\ e^{-\frac{1}{t}} & \text{für } t > 0 \end{cases}$$

in $\mathbb{R}$ beliebig oft stetig differenzierbar ist.

Anleitung: Untersuche für den Nachweis der Differenzierbarkeit im Nullpunkt die entsprechenden Differenzenquotienten.

7 Rechnen mit Distributionen. Anwendungen

Wir wollen der Frage nachgehen, wie man mit Distributionen rechnen kann: Wie sie addiert, multipliziert, differenziert werden. Ferner soll anhand von Beispielen aufgezeigt werden, wie sich Probleme aus den Anwendungen mit Hilfe von Distributionen behandeln lassen.

7.1 Rechnen mit Distributionen

7.1.1 Grundoperationen

Zwei Elemente F_1, F_2 aus $\mathcal{L}(\mathbb{R}^n)$ sehen wir als *gleich* an: $F_1 = F_2$, falls

$$F_1\varphi = F_2\varphi \quad \text{für alle} \quad \varphi \in C_0^\infty(\mathbb{R}^n) \tag{7.1}$$

ist. Nun führen wir die folgenden *Grundoperationen* ein:

(i) *Addition*: Für F_1, $F_2 \in \mathcal{L}(\mathbb{R}^n)$ ist $F_1 + F_2$ durch

$$(F_1 + F_2)\varphi := F_1\varphi + F_2\varphi \quad \text{für alle} \quad \varphi \in C_0^\infty(\mathbb{R}^n) \tag{7.2}$$

erklärt. Offensichtlich gilt: $F_1 + F_2 \in \mathcal{L}(\mathbb{R}^n)$.

(ii) *Multiplikation mit einer skalaren Größe*: Für $F \in \mathcal{L}(\mathbb{R}^n)$ ist αF ($\alpha \in \mathbb{R}$ oder $\mathbb{C}$) durch

$$(\alpha F)\varphi := F(\alpha\varphi) \quad \text{für alle} \quad \varphi \in C_0^\infty(\mathbb{R}^n) \tag{7.3}$$

erklärt. Offensichtlich gilt: $\alpha F \in \mathcal{L}(\mathbb{R}^n)$.

Bemerkung: Aufgrund von (i) und (ii) folgt, dass $\mathcal{L}(\mathbb{R}^n)$ einen *linearen Raum* bildet (vgl. hierzu Burg/Haf/Wille (Lineare Algebra) [12]). Diese linearen Operationen sind überdies für den Spezialfall von Distributionen, die durch stetige Funktionen induziert sind, mit der üblichen klassischen Addition und Multiplikation gleichbedeutend; z.B. gilt für $f, g \in C_0(\mathbb{R}^n)$ und $\varphi \in C_0^\infty(\mathbb{R}^n)$

$$(F_f + F_g)\varphi = F_f\varphi + F_g\varphi = \int f\varphi \, dx + \int g\varphi \, dx = \int (f + g)\varphi \, dx = F_{f+g}\varphi,$$

d.h. $F_f + F_g = F_{f+g}$.

(iii) *Multiplikation mit einer beliebig oft differenzierbaren Funktion*: Für $F \in \mathcal{L}(\mathbb{R}^n)$ und $\psi \in C^\infty(\mathbb{R}^n)$ ist $\psi \cdot F$ durch

$$(\psi \cdot F)\varphi := F(\psi \cdot \varphi) \quad \text{für alle} \quad \varphi \in C_0^\infty(\mathbb{R}^n) \tag{7.4}$$

erklärt. Mit $\psi \in C^\infty(\mathbb{R}^n)$, $\varphi \in C_0^\infty(\mathbb{R}^n)$ folgt $\psi \cdot \varphi \in C_0^\infty(\mathbb{R}^n)$. Daher gilt $\psi \cdot F \in \mathcal{L}(\mathbb{R}^n)$. Insbesondere folgt für $f \in C_0(\mathbb{R}^n)$

$$(\psi \cdot F_f)\varphi = F_f(\psi \cdot \varphi) = \int f\psi\varphi \, \mathrm{d}x = F_{f \cdot \psi}\varphi, \quad \varphi \in C_0^\infty(\mathbb{R}^n) \text{ beliebig,}$$

also $\psi \cdot F_f = F_{f \cdot \psi}$, d.h. dass auch diese Multiplikation im Spezialfall der klassischen Funktionen mit der üblichen Multiplikation übereinstimmt. Dagegen ist es nicht möglich, in $\mathcal{L}(\mathbb{R}^n)$ eine Multiplikation zu definieren, die für beliebige stetige Funktionen f, g mit der üblichen (klassischen) Multiplikation $f \cdot g$ identisch ist.

7.1.2   Differentiation. Beispiele

Bei der Einführung eines geeigneten Ableitungsbegriffs für Distributionen orientieren wir uns am klassischen Ableitungsbegriff in $\mathbb{R}$. Hierzu sei f eine in $\mathbb{R}$ stetig differenzierbare Funktion mit kompaktem Träger: $f \in C_0^1(\mathbb{R})$. Nach Abschnitt 6.2.1 dürfen wir dann die Funktion f bzw. ihre (klassische) Ableitung f' mit den Distributionen F_f bzw. $F_{f'}$ identifizieren, d.h. es gilt

$$f = F_f \quad \text{bzw.} \quad f' = F_{f'}.$$

Dies führt uns zu

$$\frac{\mathrm{d}}{\mathrm{d}x} F_f = F_{\frac{\mathrm{d}}{\mathrm{d}x}f} = F_{f'},$$

wobei F_f bzw. $F_{f'}$ für beliebiges $\varphi \in C_0^\infty(\mathbb{R})$ die Darstellung

$$F_f\varphi = \int f\varphi \, \mathrm{d}x \quad \text{bzw.} \quad F_{f'}\varphi = \int f'\varphi \, \mathrm{d}x$$

besitzt. Wir formen das letzte Integral um:

$$F_{f'}\varphi = \int (f\varphi)' \, \mathrm{d}x - \int f\varphi' \, \mathrm{d}x$$

und wählen $a > 0$ so, dass φ für $|x| \geq a$ verschwindet. Nach dem Hauptsatz der Differential- und Integralrechnung gilt dann

$$\int (f\varphi)' \, \mathrm{d}x = \int\limits_{-a}^{a} (f\varphi)' \, \mathrm{d}x = f(x)\varphi(x)\Big|_{x=-a}^{x=a} = 0$$

und damit

$$F_{f'}\varphi = -\int f\varphi' \, \mathrm{d}x = -F_f\varphi'.$$

Insgesamt erhalten wir die Beziehung

$$\left(\frac{d}{dx}F_f\right)\varphi = -F_f\left(\frac{d}{dx}\varphi\right).$$ (7.5)

Wir nehmen nun (7.5) zum Anlass für die folgende

Definition 7.1:

Für beliebige $F \in \mathcal{L}(\mathbb{R})$ verstehen wir unter der *Ableitung von F* die durch

$$\left(\frac{d}{dx}F\right)\varphi := -F\left(\frac{d}{dx}\varphi\right), \quad \varphi \in C_0^\infty(\mathbb{R}) \text{ beliebig}$$ (7.6)

erklärte Abbildung $\frac{d}{dx}F$. Entsprechend lassen sich für Distributionen $F \in \mathcal{L}(\mathbb{R}^n)$ *partielle Ableitungen* $\frac{\partial}{\partial x_j}F$ $(j = 1, \ldots, n)$ durch

$$\left(\frac{\partial}{\partial x_j}F\right)\varphi := -F\left(\frac{\partial}{\partial x_j}\varphi\right), \quad \varphi \in C_0^\infty(\mathbb{R}^n) \text{ beliebig}$$ (7.7)

erklären.

Bemerkung 1: Da mit φ auch $\frac{d\varphi}{dx}$ bzw. $\frac{\partial\varphi}{\partial x_j}$ C_0^∞-Funktionen sind, sind die durch Definition 7.1 erklärten Ableitungen sinnvoll. Zudem ist offensichtlich, dass $\frac{d}{dx}F$ bzw. $\frac{\partial}{\partial x_j}F$ wieder eine Distribution ist.

Nach Bemerkung 1 gilt: $\frac{\partial}{\partial x_j}F \in \mathcal{L}(\mathbb{R}^n)$. Wir können daher $\frac{\partial}{\partial x_j}F$ erneut differenzieren und gelangen so zu *partiellen Ableitungen 2-ter Ordnung* (bzw. durch Weiterführung zu solchen *höherer Ordnung*), und wir erkennen:

Distributionen dürfen beliebig oft differenziert werden.

Dabei ist die Reihenfolge der Differentiation beliebig. Wir zeigen dies für den Fall der Ableitungen 2-ter Ordnung und benutzen hierzu den Satz von Schwarz über die Vertauschung der Reihenfolge der Differentiation bei klassischen Funktionen.

Demnach gilt für $\varphi \in C_0^\infty(\mathbb{R}^n)$

$$\frac{\partial^2\varphi}{\partial x_k\partial x_j} = \frac{\partial^2\varphi}{\partial x_j\partial x_k},$$

woraus sich mit Definition 7.1

$$\left(\frac{\partial^2}{\partial x_j\partial x_k}F\right)\varphi = -\left(\frac{\partial}{\partial x_k}F\right)\left(\frac{\partial}{\partial x_j}\varphi\right) = F\left(\frac{\partial^2}{\partial x_k\partial x_j}\varphi\right)$$

$$= F\left(\frac{\partial^2}{\partial x_j\partial x_k}\varphi\right) = \left(\frac{\partial^2}{\partial x_k\partial x_j}F\right)\varphi,$$

also

$$\frac{\partial^2}{\partial x_j \partial x_k} F = \frac{\partial^2}{\partial x_k \partial x_j} F \tag{7.8}$$

ergibt. Ferner gelten für die Ableitungen die üblichen Rechenregeln, etwa für $F_1, F_2 \in \mathcal{L}(\mathbb{R}^n)$ und $\alpha_1, \alpha_2 \in \mathbb{R}$ oder $\mathbb{C}$

$$\frac{\partial}{\partial x_j}(\alpha_1 F_1 + \alpha_2 F_2) = \alpha_1 \frac{\partial}{\partial x_j} F_1 + \alpha_2 \frac{\partial}{\partial x_j} F_2 \,; \tag{7.9}$$

ebenso für $F \in \mathcal{L}(\mathbb{R}^n)$ und $\psi \in C^\infty(\mathbb{R}^n)$ die Produktregel

$$\frac{\partial}{\partial x_j}(\psi F) = \frac{\partial \psi}{\partial x_j} F + \psi \frac{\partial}{\partial x_j} F \,, \tag{7.10}$$

was sich durch Nachrechnen leicht bestätigen lässt.

Beispiel 7.1:
Die Funktion

$$f(x) = \begin{cases} 0 & \text{für} \quad x < 0 \\ x & \text{für} \quad x \geq 0 \end{cases} \quad \text{(s. Fig. 7.1)} \tag{7.11}$$

induziert auf $C_0^\infty(\mathbb{R})$ die Distribution F_f mit

$$F_f \varphi = \int\limits_{-\infty}^{\infty} f(x)\varphi(x)\,\mathrm{d}x = \int\limits_{0}^{\infty} x\varphi(x)\,\mathrm{d}x \,.$$

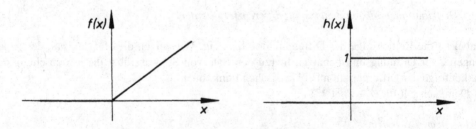

Fig. 7.1: Graph der durch (7.11) erklärten Funkti-   Fig. 7.2: Graph der durch (7.13) erklärten Funkti-
    on f on h

Wir berechnen die Distributionenableitung $\frac{\mathrm{d}}{\mathrm{d}x} F_f$. Nach Definition 7.1 gilt

$$\left(\frac{\mathrm{d}}{\mathrm{d}x} F_f\right)\varphi = -F_f\left(\frac{\mathrm{d}}{\mathrm{d}x}\varphi\right) = -\int\limits_{0}^{\infty} x \cdot \varphi'(x)\,\mathrm{d}x \,, \quad \varphi \in C_0^\infty(\mathbb{R}) \text{ beliebig.}$$

Beachten wir, dass φ für genügend großes $a > 0$ verschwindet, so ergibt sich mit Hilfe partieller Integration

$$\left(\frac{\mathrm{d}}{\mathrm{d}x}F_f\right)\varphi = -x\cdot\varphi(x)\Big|_{x=0}^{x=a} + \int\limits_0^a 1\cdot\varphi(x)\,\mathrm{d}x = \int\limits_0^\infty 1\cdot\varphi(x)\,\mathrm{d}x\,. \tag{7.12}$$

Führen wir die *Heaviside-Sprungfunktion*[1] h durch

$$h(x) := \begin{cases} 0 & \text{für } x < 0 \\ 1 & \text{für } x \geq 0 \end{cases} \quad \text{(s. Fig. 7.2)} \tag{7.13}$$

ein, so lässt sich (7.12) in der Form

$$\left(\frac{\mathrm{d}}{\mathrm{d}x}F_f\right)\varphi = \int\limits_{-\infty}^\infty h(x)\varphi(x)\,\mathrm{d}x = F_h\varphi \tag{7.14}$$

schreiben, und wir erkennen:

Die Distributionenableitung von f ist gleich der durch die Heaviside-Funktion induzierten Distribution.

Beispiel 7.2:
Wir wollen die Ableitung von F_h aus Beispiel 7.1 berechnen und beachten dabei, dass h im Nullpunkt unstetig ist. Für $\varphi \in C_0^\infty(\mathbb{R})$ gilt, wenn wir a geeignet wählen,

$$\left(\frac{\mathrm{d}}{\mathrm{d}x}F_h\right)\varphi = -F_h\left(\frac{\mathrm{d}}{\mathrm{d}x}\varphi\right) = -\int\limits_{-\infty}^\infty h(x)\varphi'(x)\,\mathrm{d}x$$

$$= -\int\limits_0^\infty \varphi'(x)\,\mathrm{d}x = -\int\limits_0^a \varphi'(x)\,\mathrm{d}x$$

$$= -(\varphi(a) - \varphi(0)) = \varphi(0) = \delta\varphi\,.$$

Die Distributionenableitung der Heaviside-Funktion ist gleich der δ-Distribution.

Bemerkung 2: Wir beachten, dass sowohl die Funktion f als auch die Funktion h im klassischen Sinn im Nullpunkt nicht differenzierbar sind.

---

1 O. Heaviside (1850–1925), englischer Physiker

7.2   Anwendungen

7.2.1   Grundlösung der Wärmeleitungsgleichung

Wir wollen zeigen, dass sich mit Hilfe der δ-Distribution das Verhalten der Grundlösung u_0 der Wärmeleitungsgleichung (vgl. Abschn. 6.1.1) befriedigend erklären lässt. Hierzu vereinbaren wir zunächst, was wir unter der Konvergenz einer Folge $\{F_k\}$ von Distributionen verstehen wollen:

Wir sagen, $\{F_k\}$ *aus* $\mathcal{L}(\mathbb{R}^n)$ *ist konvergent mit Grenzwert* $F \in \mathcal{L}(\mathbb{R}^n)$, wenn für jedes $\varphi \in C_0^\infty(\mathbb{R}^n)$ die reelle (bzw. komplexe) Zahlenfolge $\{F_k\varphi\}$ gegen die reelle (bzw. komplexe) Zahl $F\varphi$ konvergiert:

$$\lim_{k \to \infty} F_k\varphi = F\varphi \quad \text{für alle} \quad \varphi \in C_0^\infty(\mathbb{R}^n). \tag{7.15}$$

Sei nun u eine in $\mathbb{R}^n$ stetige Funktion, für die das Integral $\int |u(x)|\,dx$ existiert und $\int u(x)\,dx = 1$ ist. Aus u bilden wir die Funktion u_α mit

$$u_\alpha(x) := \frac{1}{\alpha^n} u\left(\frac{x}{\alpha}\right), \quad \alpha > 0. \tag{7.16}$$

Wir zeigen: Die durch u_α induzierte Distribution F_{u_α} strebt für $\alpha \to 0+$ gegen die δ-Distribution:

$$\lim_{\alpha \to 0+} F_{u_\alpha} = \delta. \tag{7.17}$$

Dieser Grenzwert ist dabei so zu verstehen, dass für jede Folge $\{\alpha_k\}$ mit $\alpha_k \to 0+$ für $k \to \infty$ $\lim_{k \to \infty} F_{u_{\alpha_k}} = \delta$ gilt.

Beweis:
Mit $z := \frac{x}{\alpha}$ folgt

$$\int u_\alpha(x)\,dx = \frac{1}{\alpha^n} \int u\left(\frac{x}{\alpha}\right) dx = \int u(z)\,dz = 1$$

und daher

$$F_{u_\alpha}\varphi = \int u_\alpha(x)\varphi(x)\,dx = \varphi(0) \int u_\alpha(x)\,dx + \int [\varphi(x) - \varphi(0)]u_\alpha(x)\,dx$$

$$= \varphi(0) + \int [\varphi(x) - \varphi(0)]u_\alpha(x)\,dx.$$

Das letzte Integral strebt für $\alpha \to 0+$ gegen 0 (zeigen!). Dies bedeutet aber: $F_{u_\alpha}\varphi \to \varphi(0)$ für $\alpha \to 0+$, d.h. F_{u_α} konvergiert für $\alpha \to 0+$ gegen δ. □

Wir wenden diese Eigenschaft von F_{u_α} auf die Diskussion der Grundlösung u_0 der 1-dimensionalen Wärmeleitungsgleichung an. Hierzu legen wir den $\mathbb{R}^1$ zugrunde und setzen

$$u(x) := \frac{1}{2\sqrt{\pi}} e^{-\frac{x^2}{4}}, \quad x \in \mathbb{R}^1.$$

Wegen $u \geq 0$ und

$$\int u(x)\, dx = \frac{1}{2\sqrt{\pi}} \int\limits_{-\infty}^{\infty} e^{-\frac{x^2}{4}}\, dx = 1$$

(vgl. Burg/Haf/Wille (Analysis) [13]) sind unsere obigen Voraussetzungen erfüllt. Daher folgt mit

$$u_\alpha(x) = \frac{1}{\alpha} u\left(\frac{x}{\alpha}\right) = \frac{1}{2\sqrt{\pi}\,\alpha} e^{-\frac{x^2}{4\alpha^2}}$$

die Beziehung: $F_{u_\alpha} \to \delta$ für $\alpha \to 0+$. Im Sinn von Abschnitt 6.2.1, Bemerkung, bedeutet dies, wenn wir α durch $\sqrt{t}$ ersetzen und Formel (6.4) beachten,

$$u_0(x, t; 0) = \frac{1}{2\sqrt{\pi t}} e^{-\frac{x^2}{4t}} \to \delta \quad \text{für} \quad t \to 0+ \, . \tag{7.18}$$

Erklären wir die *Diracsche Delta-Funktion* δ_x durch

$$\delta_x \varphi := \varphi(x)\,, \quad x \in \mathbb{R}^n\,, \quad \varphi \in C_0^\infty(\mathbb{R}^n)\,, \quad {}^2 \tag{7.19}$$

so gilt entsprechend

$$u_0(x, t; y) = \frac{1}{2\sqrt{\pi t}} e^{-\frac{(x-y)^2}{4t}} \to \delta_y \quad \text{für} \quad t \to 0+ \, . \tag{7.20}$$

Wir erhalten also:

> *Die Grundlösung u_0 der Wärmeleitungsgleichung strebt für $t \to 0+$ im Distributionensinn gegen die Diracsche Deltafunktion δ_y.*

Damit haben wir eine präzise Antwort auf unsere Frage, wie wir u_0 verstehen können, erhalten. **Bemerkung**: Mit den bereitgestellten Hilfsmitteln über Distributionen können zahlreiche weitere Probleme aus den Anwendungen, insbesondere im Zusammenhang mit gewöhnlichen und partiellen Differentialgleichungen, behandelt werden. So lässt sich z.B. der Begriff der Grundlösung einer linearen partiellen DGl mit konstanten Koeffizienten mit Hilfe der δ-Distribution ganz allgemein erfassen (s. z.B. *Walter* [116], § 5, VI).

7.2.2   Ein Differentialgleichungsproblem

Wir wollen nun eine DGl der Form

$$\ddot{x}(t) + a_1(t)\dot{x}(t) + a_0(t)x(t) = f(t) \tag{7.21}$$

mit $a_0, a_1 \in C^\infty(\mathbb{R}^n)$ und $f \in C_0(\mathbb{R})$ untersuchen. Dabei sei die Funktion f nicht explizit bekannt. Stattdessen sollen über f folgende Informationen vorliegen: Ist $[t', t'']$ ein »genügend

---

2 Gelegentlich schreibt man statt $\delta_x \varphi = \varphi(x)$ auch $\delta(t-x)\varphi(t) = \varphi(x)$, also $\delta(t-x)$ anstelle von δ_x.

kleines« Zeitintervall, so gilt (s. Fig. 7.3)

$$f(t) = 0 \quad \text{für} \quad t \notin [t', t''] \, ;$$

$$\int\limits_{t'}^{t''} f(t) \, dt = A \neq 0 \tag{7.22}$$

mit vorgegebenem Wert A. Wir haben es hier mit einer Situation zu tun, wie wir sie in der Praxis häufig vorfinden: A als Maß für die Schwärzung einer Fotoplatte, für den Impuls eines Teilchens, usw.

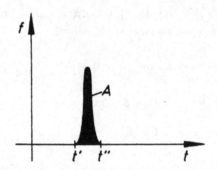

Fig. 7.3: Kurzzeitig wirkende Inhomogenität

Wir gelangen zu einer *Näherungslösung*, wenn wir anstelle von (7.21) die DGl

$$\ddot{x}(t) + a_1(t)\dot{x}(t) + a_0(t)x(t) = A\delta_{t'} \tag{7.23}$$

zugrunde legen. Dabei ist $\delta_{t'}$ die durch (7.19) erklärte Diracsche Delta-Funktion; $x(t)$ ist jetzt als Distribution zu verstehen: $x(t)$ und die durch $x(t)$ induzierte Distribution aus $\mathcal{L}(\mathbb{R})$ werden identifiziert; $\dot{x}$ bzw. $\ddot{x}$ bedeuten die entsprechenden Distributionenableitungen. Da für die Koeffizientenfunktionen $a_0(t)$, $a_1(t) \in C^\infty$ gilt, sind nach Abschnitt 7.1.1, (iii), $a_1\dot{x}$ und $a_0 x$ definiert und ebenfalls aus $\mathcal{L}(\mathbb{R})$.

Wir betrachten jetzt speziell den harmonischen Oszillator mit Masse $m = 1$ und Federkonstante $k = 1$.

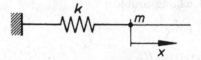

Fig. 7.4: Harmonischer Oszillator

Bis zum Zeitpunkt $t = 0$ befinde sich der Oszillator im Ruhezustand. Anstelle einer äußeren

Kraft $K(t)$ sei der Impuls

$$\int_0^{t_1} K(t)\,dt = mv(t_1) - mv(0) = 4 \tag{7.24}$$

vorgegeben. Dabei sei $v = \dot{x}$ die Geschwindigkeit des Massenpunktes und $t_1 > 0$ hinreichend klein. Wegen (7.23) können wir dann näherungsweise von der DGl

$$\ddot{x} + x = 4\delta \tag{7.25}$$

ausgehen, d.h. wir denken uns die durch den gesamten Impuls zugeführte Energie zum Zeitpunkt $t = 0$ im Punkt $x = 0$ konzentriert. Mit $x_1 := x$ und $x_2 := \dot{x}$ lässt sich die DGl (7.25) als System 1-ter Ordnung schreiben:

$$\begin{aligned} \dot{x}_1 &= \quad x_2 \\ \dot{x}_2 &= -x_1 + 4\delta\,. \end{aligned} \tag{7.26}$$

Das zugehörige homogene System lautet

$$\begin{aligned} \dot{x}_1 &= \quad x_2 \\ \dot{x}_2 &= -x_1\,. \end{aligned} \tag{7.27}$$

Ein Fundamentalsystem von (7.27) ist – im klassischen Sinn – durch

$$x_1(t) = \begin{bmatrix} \sin t \\ \cos t \end{bmatrix}, \quad x_2(t) = \begin{bmatrix} -\cos t \\ \sin t \end{bmatrix}$$

gegeben. Wir fassen jetzt diese klassischen Funktionen als Distributionen auf und gewinnen dadurch ein Fundamentalsystem im Distributionensinn[3]. Zur Bestimmung einer partikulären Lösung des inhomogenen Systems (7.26) wenden wir die Methode der Variation der Konstanten an (s. hierzu Abschn. 2.3.2, Satz 2.7). Hierzu setzen wir

$$X(t) = [x_1(t), x_2(t)] = \begin{bmatrix} \sin t & -\cos t \\ \cos t & \sin t \end{bmatrix}, \quad b = \begin{bmatrix} 0 \\ 4\delta \end{bmatrix}.$$

Benutzen wir den Ansatz

$$x(t) = X(t)c(t)\,, \tag{7.28}$$

so genügt $c(t)$ dem System

$$\dot{c}(t) = X^{-1}(t)b = \begin{bmatrix} \sin t & \cos t \\ -\cos t & \sin t \end{bmatrix} \begin{bmatrix} 0 \\ 4\delta \end{bmatrix} = \begin{bmatrix} 4\cos t \cdot \delta \\ 4\sin t \cdot \delta \end{bmatrix}$$

---

3 Für den Fall, dass die Koeffizientenfunktionen aus $C^\infty(\mathbb{R})$ sind, treten bei linearen Systemen keine weiteren Distributionenlösungen auf (s. z.B. *Walter* [116], § 6, VI).

(s. Beweis von Satz 2.7). Da die Funktionen $\cos t$, $\sin t$ aus $C^\infty(\mathbb{R})$ sind, folgt mit Abschnitt 7.1.1, (iii), für beliebige $\varphi \in C_0^\infty(\mathbb{R})$:

$$(4\cos t \cdot \delta)\varphi = \delta(4\cos t \cdot \varphi) = 4\cos 0 \cdot \varphi(0) = 4\delta\varphi$$

bzw.

$$(4\sin t \cdot \delta)\varphi = \delta(4\sin t \cdot \varphi) = 4\sin 0 \cdot \varphi(0) = 0 = 0\varphi\,,$$

wobei 0 die durch $f(t) \equiv 0$ induzierte Distribution bedeutet. Mit dem in Abschnitt 7.1.1 erklärten Gleichheitsbegriff folgt daher

$$4\cos t \cdot \delta = 4\delta \quad \text{bzw.} \quad 4\sin t \cdot \delta = 0\,.$$

Beachten wir Beispiel 7.2, so erhalten wir mit der Heaviside-Funktion h:

$$\dot{c}(t) = \begin{bmatrix} 4\delta \\ 0 \end{bmatrix} \quad \text{bzw.} \quad c(t) = \begin{bmatrix} 4h(t) \\ 0 \end{bmatrix}\,.$$

Daraus ergibt sich mit (7.28)

$$x(t) = X(t)c(t) = \begin{bmatrix} \sin t & -\cos t \\ \cos t & \sin t \end{bmatrix} \begin{bmatrix} 4h(t) \\ 0 \end{bmatrix} = \begin{bmatrix} 4\sin t \cdot h(t) \\ 4\cos t \cdot h(t) \end{bmatrix} = \begin{bmatrix} x_1(t) \\ x_2(t) \end{bmatrix}\,,$$

also, wenn wir wieder $x(t) = x_1(t)$ setzen,

$$x(t) = 4\sin t \cdot h(t) = \begin{cases} 0 & \text{für} \quad t \le 0 \\ 4\sin t & \text{für} \quad t > 0\,. \end{cases}$$

Dies ist eine partikuläre Lösung unserer DGl (7.25) (s. Üb. 7.2).

Bemerkung 1: Aufgaben dieser Art lassen sich schneller mit Hilfe der Fourier- bzw. Laplace-Transformation von Distributionen behandeln. (Zu diesen Begriffsbildungen s. Kapitel 8 bzw. 9, insbes. 8.3.5.)

Bemerkung 2: Eine weitere Anwendung im Zusammenhang mit der $\mathfrak{Z}$-Transformation findet sich in Abschnitt 10.1.2.

Übungen

Übung 7.1:

Sei δ die Diracsche Deltafunktion und k eine beliebige natürliche Zahl. Zeige, dass die k-te Distributionenableitung von δ durch

$$\left(\frac{d^k}{dx^k}\delta\right)\varphi = (-1)^k \frac{d^k}{dx^k}\varphi(x)\bigg|_{x=0}\,,$$

mit $\varphi \in C_0^\infty(\mathbb{R})$ beliebig, gegeben ist.

Übung 7.2*

Bestätige durch Nachrechnen, dass $x(t) = 4 \sin t \cdot h(t)$ eine (Distributionen-) Lösung der DGl

$$\ddot{x} + x = 4\delta$$

darstellt. Dabei ist $h(t)$ die Heaviside-Funktion und δ die Diracsche Deltafunktion.

Teil III

Integraltransformationen

Vorbemerkung

Unter einer *Integraltransformation* T versteht man eine eindeutige Zuordnung $f \rightarrow T(f)$ der Form

$$[T(f)](x) = \int_D K(x,y) f(y)\,dy\,, \quad x \in D\,, \qquad ^4$$

wobei D bei unseren Betrachtungen ein nicht notwendig beschränktes Intervall in $\mathbb{R}$ ist. Damit dieser Ausdruck überhaupt sinnvoll ist, müssen die Funktion f und die *Kernfunktion K* geeigneten Voraussetzungen genügen.

Wir wollen uns im Folgenden zunächst mit zwei speziellen Integraltransformationen beschäftigen:

(i) Mit der *Fouriertransformation*[5]

$$\mathfrak{F}[f(t)] = \frac{1}{2\pi} \int_{-\infty}^{\infty} e^{-ist}\, f(t)\,dt\,, \quad s \in \mathbb{R}\,,$$

d.h.

$$D = (-\infty, \infty)\,, \quad K(s,t) = \frac{1}{2\pi} e^{-ist}\,.$$

(ii) Mit der *Laplacetransformation*[6]

$$\mathfrak{L}[f(t)] = \int_{0}^{\infty} e^{-zt}\, f(t)\,dt\,, \quad z \in \mathbb{C}\,,$$

d.h.

$$D = (0, \infty)\,, \quad K(z,t) = e^{-zt}\,.$$

Im Zusammenhang mit der Fouriertransformation befassen wir uns außerdem

(iii) Mit der *Hilberttransformation*[7]

$$\mathfrak{H}[f(t)] = -\frac{1}{\pi}\,\text{C.H.} \int_{-\infty}^{\infty} \frac{f(t)}{x-t}\,dt\,, \quad x \in \mathbb{R}$$

---

4 Wir verwenden im Folgenden auch die Schreibweise $T[f(y)]$.
5 J.B. Fourier (1768 – 1830), französischer Mathematiker und Physiker
6 P.S. Laplace (1749 – 1827), französischer Mathematiker und Astronom
7 D. Hilbert (1862 – 1943), deutscher Mathematiker

d.h.

$$D = (-\infty, \infty), \quad K(x, t) = \frac{1}{x - t}$$

(s. Abschn. 8.3.6).

Diese und andere Integraltransformationen stellen ein wertvolles Hilfsmittel für den Ingenieur und Naturwissenschaftler dar. Ihre Bedeutung besteht vor allem darin, dass sie sich häufig vorteilhaft bei der Lösung von mathematischen Aufgaben, insbesondere bei Differentialgleichungsproblemen, verwenden lassen. Hierbei wird das Ausgangsproblem (im Originalbereich) auf ein äquivalentes Problem im Bildbereich abgebildet und dort gelöst. Anschließend bestimmt man die Lösung des ursprünglichen Problems durch »Rücktransformation«. Wir verdeutlichen die Vorgehensweise anhand eines Schemas:

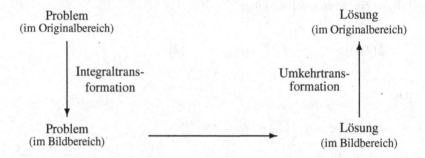

Es stellt sich die Frage, welche Integraltransformation man bei der Verwirklichung dieses Programms verwenden soll. Die Antwort hängt wesentlich von der Problemstellung ab und setzt einige Erfahrung voraus. In den Abschnitten 8.4 und 9.4 lernen wir einige typische Anwendungssituationen kennen.

Wir wollen noch klären, wie die Integrale in (i) bzw. (ii) und (iii) zu verstehen sind. Aufgrund der Eulerschen Formeln (vgl. Burg/Haf/Wille (Analysis) [13]) erkennen wir, dass die Integranden in (i) bzw. (ii) komplexwertige Funktionen, also von der Form

$$g(t) + \mathrm{i}\, h(t), \quad t \in D \subset \mathbb{R},$$

mit reellwertigen Funktionen g und h, sind. Die Integrale sind dann durch

$$\int_D [g(t) + \mathrm{i}\, h(t)]\, \mathrm{d}t := \int_D g(t)\, \mathrm{d}t + \mathrm{i} \int_D h(t)\, \mathrm{d}t,$$

also durch zwei reelle Integrale, erklärt. Sowohl bei der Fourier- als auch bei der Laplace-Transformation haben wir es überdies mit uneigentlichen Integralen zu tun (unbeschränkte Integrationsbereiche! Vgl. Burg/Haf/Wille (Analysis) [13]), die von einem Parameter (z.B.

s in (i)) abhängen. Ihre Untersuchung läuft auf die Betrachtung von Integralen der Form

$$\int_{-\infty}^{\infty} f(x, y)\, dx \quad \text{bzw.} \quad \int_{0}^{\infty} f(x, y)\, dx \,,$$

mit y als Parameter, hinaus. Wir erinnern daran, dass diese uneigentlichen Integrale (bei festgehaltenem y) durch die Grenzwerte

$$\lim_{A, B \to \infty} \int_{-B}^{A} f(x, y)\, dx \quad \text{bzw.} \quad \lim_{A \to \infty} \int_{0}^{A} f(x, y)\, dx$$

erklärt sind. Dabei sind die Grenzübergänge $A \to \infty$ und $B \to \infty$ unabhängig voneinander durchzuführen. Wir sagen, die entsprechenden Integrale existieren (oder konvergieren), falls diese Grenzwerte existieren.

Das erste dieser Integrale lässt sich noch aufspalten:

$$\int_{-\infty}^{\infty} \cdots = \int_{-\infty}^{a} \cdots + \int_{a}^{\infty} \cdots \,, \quad a \in \mathbb{R} \text{ beliebig} \,,$$

und wenn wir in $\int_{-\infty}^{a} \cdots$ die obere und die untere Grenze vertauschen und x durch $(-x)$ ersetzen, auf zwei Integrale vom Typ

$$\int_{a}^{\infty} f(x, y)\, dx$$

zurückführen.

In einem gesonderten Abschnitt stellen wir einige wichtige Hilfsmittel über solche parameterabhängige Integrale zusammen (s. Anhang).

Das Integral in (iii) ist als Cauchy-Hauptwert zu verstehen. Dieser ist durch

$$\text{C. H.} \int_{-\infty}^{\infty} \frac{f(t)}{x - t}\, dt = \lim_{\varepsilon \to 0} \left(\int_{-\infty}^{x-\varepsilon} \cdots + \int_{x+\varepsilon}^{\infty} \cdots \right)$$

erklärt.

Schließlich behandeln wir in den Abschnitten 8.5 und 10 interessante Sonderfälle von Integraltransformationen, nämlich:

(iv) Die *diskrete Fouriertransformation* DFT und als Spezialfall die schnelle Fouriertransformation FFT, sowie

(v) die 3-*Transformation*,

bei denen anstelle der kontinuierlichen Funktion f nur deren Werte an *diskreten* Stellen benutzt werden.

8 Fouriertransformation

8.1 Motivierung und Definition

8.1.1 Einführende Betrachtungen

Zur Motivierung stellen wir einige heuristische Überlegungen an die Spitze dieses Abschnittes. In Burg/Haf/Wille (Analysis) [13], haben wir gesehen, dass sich jede 2π-periodische, stetige, stückweise glatte Funktion f in eine Fourierreihe entwickeln lässt:

$$f(x) = \sum_{k=-\infty}^{\infty} c_k \, \mathrm{e}^{\mathrm{i}kx} \,.$$

Hierbei sind c_k die komplexen Fourierkoeffizienten

$$c_k = \frac{1}{2\pi} \int_{-\pi}^{\pi} f(t) \, \mathrm{e}^{-\mathrm{i}kt} \, \mathrm{d}t \,, \quad k \in \mathbb{Z} \,.$$

Hat f die Periode $2\pi l$, so lauten die entsprechenden Formeln

$$f(x) = \sum_{k=-\infty}^{\infty} c_k \, \mathrm{e}^{\mathrm{i}k\frac{1}{l}x} \tag{8.1}$$

bzw.

$$c_k = \frac{1}{2\pi l} \int_{-l\pi}^{l\pi} f(t) \, \mathrm{e}^{-\mathrm{i}k\frac{1}{l}t} \, \mathrm{d}t \,, \quad k \in \mathbb{Z} \,. \tag{8.2}$$

Wir wollen uns nun von der Periodizitätsforderung an f lösen und der Frage nachgehen, welche Form die (8.1) bzw. (8.2) entsprechenden Ausdrücke dann besitzen. Hierzu setzen wir (8.2) in (8.1) ein:

$$f(x) = \sum_{k=-\infty}^{\infty} \left(\frac{1}{2\pi l} \int_{-l\pi}^{l\pi} f(t) \, \mathrm{e}^{-\mathrm{i}k\frac{1}{l}t} \, \mathrm{d}t \right) \mathrm{e}^{\mathrm{i}k\frac{1}{l}x}$$

$$= \sum_{k=-\infty}^{\infty} \frac{1}{l} \frac{1}{2\pi} \int_{-l\pi}^{l\pi} f(t) \, \mathrm{e}^{\mathrm{i}k\frac{1}{l}(x-t)} \, \mathrm{d}t \,.$$

Setzen wir $\frac{1}{l} =: \Delta s$ und beachten wir, dass wir einen Ausdruck der Form

$$\sum_{k=0}^{\infty} g(k \Delta s) \cdot \Delta s$$

als Riemannsche Summe einer Funktion g bei äquidistanter Zerlegung $\frac{1}{l}, \frac{2}{l}, \dots$ auffassen können, die für geeignete g in das uneigentliche Integral

$$\int_{0}^{\infty} g(s) \, ds$$

übergeht, so erhalten wir durch Grenzübergang $l \to \infty$ bzw. $\Delta s \to 0$

$$f(x) = \sum_{k=-\infty}^{\infty} \left(\frac{1}{2\pi} \int_{-l\pi}^{l\pi} f(t) \, e^{i(x-t)k\Delta s} \, dt \right) \Delta s$$

$$\to \int_{-\infty}^{\infty} \left(\frac{1}{2\pi} \int_{-\infty}^{\infty} f(t) \, e^{i(x-t)s} \, dt \right) ds \, .$$

Es ergeben sich damit formal die Beziehungen

$$f(x) = \int_{-\infty}^{\infty} \left(\frac{1}{2\pi} \int_{-\infty}^{\infty} f(t) \, e^{-ist} \, dt \right) e^{ixs} \, ds \tag{8.3}$$

oder kurz

$$f(x) = \int_{-\infty}^{\infty} \hat{f}(s) \, e^{ixs} \, ds \, , \tag{8.4}$$

wenn wir $\hat{f}$ durch

$$\hat{f}(s) = \frac{1}{2\pi} \int_{-\infty}^{\infty} f(t) \, e^{-ist} \, dt \tag{8.5}$$

erklären.

Bemerkung 1: Den Ausdrücken (8.4) und (8.5) entsprechen die Ausdrücke (8.1) und (8.2) im periodischen Fall. Die Formeln (8.2) bzw. (8.5) liefern das *Spektrum*[1] *der Funktion* f: Im Fall

---

1 Die durch die Formeln (8.2) bzw. (8.5) gewonnenen Graphen der Funktionen $k \to c_k$ bzw. $s \to \hat{f}(s)$ nennt man das Spektrum der Funktion f.

periodischer Vorgänge haben wir es stets mit einem *diskreten Spektrum* (oder *Linienspektrum*) zu tun, da nur ganzzahlige Vielfache der Grundfrequenz $\omega := \frac{1}{T}$ auftreten können (vgl. Fig. 8.2). *Kontinuierliche Spektren* treten im Zusammenhang mit nichtperiodischen Vorgängen auf und werden durch Formel (8.5) erfasst (vgl. Fig. 8.4). Wir verdeutlichen dies anhand von Beispielen.

Beispiel 8.1:

(*Diskretes Spektrum*) Wir betrachten die Rechteckschwingung (Periode T)

$$f(x) = \begin{cases} 1 & \text{für} \quad 0 \le x < \dfrac{T}{2} \\[2mm] -1 & \text{für} \quad -\dfrac{T}{2} \le x < 0 \end{cases} \quad \text{und } f(x+T) = f(x)$$

(vgl. Fig. 8.1). Für die Fourierkoeffizienten c_k ergibt sich mit $\omega := \frac{2\pi}{T}$ aus der Formel (8.2) für $k \in \mathbb{Z}$

$$c_k = \frac{1}{T} \int\limits_{-\frac{T}{2}}^{\frac{T}{2}} f(t)\,e^{-i k \omega t}\,dt = \frac{1}{T} \int\limits_{-\frac{T}{2}}^{0} (-1)\,e^{-i k \omega t}\,dt + \frac{1}{T} \int\limits_{0}^{\frac{T}{2}} 1\,e^{-i k \omega t}\,dt$$

$$= \begin{cases} \dfrac{i}{\pi k}[(-1)^k - 1] & \text{für} \quad k \ne 0 \\[2mm] 0 & \text{für} \quad k = 0. \end{cases}$$

Wir erhalten also

$$c_k = \begin{cases} -\dfrac{2}{\pi k}\,i & \text{für} \quad k = 2n+1 \quad (n \in \mathbb{Z}) \\[2mm] 0 & \text{sonst} \end{cases}$$

und damit ein diskretes Spektrum. Hierbei empfiehlt es sich, den Betrag von c_k als Funktion von k darzustellen (vgl. Fig. 8.2). Wir stellen die Funktion f noch mit Hilfe ihres Spektrums dar, d.h. wir zerlegen f in harmonische Schwingungen. Aus (8.1) folgt für $x \ne l \cdot \frac{T}{2}, l \in \mathbb{Z}$

$$f(x) = \sum_{k=-\infty}^{\infty} c_k\,e^{i k \omega x} = \sum_{k=-\infty}^{-1} c_k\,e^{i k \omega x} + \sum_{k=0}^{\infty} c_k\,e^{i k \omega x}$$

$$= \sum_{k=1}^{\infty} c_{-k}\,e^{-i k \omega x} + \sum_{k=0}^{\infty} c_k\,e^{i k \omega x}$$

$$= \frac{2 i}{\pi} \left(\sum_{n=1}^{\infty} \frac{e^{-i(2n+1)\omega x}}{2n+1} - \sum_{n=1}^{\infty} \frac{e^{i(2n+1)\omega x}}{2n+1} \right)$$

$$= \frac{2 i}{\pi} \sum_{n=1}^{\infty} \frac{-2\sin(2n+1)\omega x}{2n+1}\,i,$$

also

$$f(x) = \frac{4}{\pi} \sum_{n=1}^{\infty} \frac{\sin(2n+1)\omega x}{2n+1}, \quad \omega = \frac{2\pi}{T}, \quad x \neq l \cdot \frac{T}{2}, \quad l \in \mathbb{Z}.$$

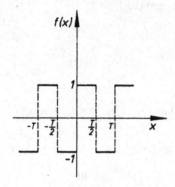

Fig. 8.1: Rechteckschwingung   Fig. 8.2: Diskretes Spektrum einer Rechteckschwingung

Beispiel 8.2:

(*Kontinuierliches Spektrum*) Wir bestimmen die Fouriertransformierte (oder Spektralfunktion) $\hat{f}$
für den Rechteckimpuls

$$f(x) = \begin{cases} 1 & \text{für} \quad |x| \leq a \\ 0 & \text{für} \quad |x| > a \end{cases} \quad \text{(vgl. Fig. 8.3)}.$$

Aus Formel (8.5) erhalten wir für $s \neq 0$

$$\hat{f}(s) = \frac{1}{2\pi} \int_{-\infty}^{\infty} f(t)\,e^{-ist}\,dt = \frac{1}{2\pi} \int_{-a}^{a} 1 \cdot e^{-ist}\,dt$$

$$= \frac{1}{2\pi} \frac{e^{-ist}}{(-is)}\bigg|_{t=-a}^{t=a} = \frac{1}{2\pi} \frac{e^{isa} - e^{-isa}}{is} = \frac{1}{\pi} \frac{\sin as}{s}$$

bzw. für $s = 0$

$$\hat{f}(0) = \frac{1}{2\pi} \int_{-a}^{a} 1\,dt = \frac{a}{\pi}.$$

Insgesamt ergibt sich das kontinuierliche Spektrum durch

$$\hat{f}(s) = \begin{cases} \dfrac{1}{\pi}\dfrac{\sin as}{s} & \text{für} \quad s \neq 0 \\ \dfrac{a}{\pi} & \text{für} \quad s = 0 \end{cases} \qquad \text{(s. Fig. 8.4)}$$

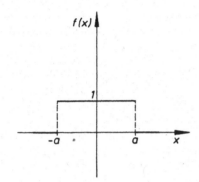

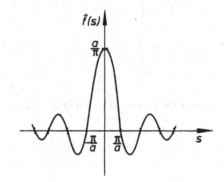

Fig. 8.3: Rechteckimpuls

Fig. 8.4: Kontinuierliches Spektrum eines Rechteckimpulses

Wir stellen die Funktion f noch mit Hilfe ihres Spektrums dar. Aus Formel (8.4) folgt, wenn wir $\int\limits_{-\infty}^{\infty} \ldots$ in der Form $\lim\limits_{A\to\infty} \int\limits_{-A}^{A} \ldots$ interpretieren (vgl. hierzu Abschn. 8.2.2),

$$f(x) = \lim_{A\to\infty} \int_{-A}^{A} \hat{f}(s)\, \mathrm{e}^{\mathrm{i} xs}\, \mathrm{d}s = \lim_{A\to\infty} \int_{-A}^{A} \frac{\sin as}{\pi s}\, \mathrm{e}^{\mathrm{i} xs}\, \mathrm{d}s \,.$$

Durch Umformung des letzten Integrals gewinnen wir für f die Darstellung

$$f(x) = \frac{2}{\pi} \int_{0}^{\infty} \frac{\sin as}{s} \cos xs\, \mathrm{d}s \,, \qquad 2$$

also eine »Zerlegung von f in harmonische Schwingungen« (vgl. hierzu Bemerkung 2 (b)).

Bemerkung 2:

(a) Für Funktionen f, für die die Formeln (8.1), (8.2) bzw. (8.4), (8.5) gelten, können wir sagen:

---

2 Wir beachten, dass das Integral $\int\limits_{-\infty}^{\infty} \frac{\sin as}{s} \sin xs\, \mathrm{d}s$ keinen Beitrag liefert, da der Integrand eine ungerade Funktion ist.

Ist das Spektrum von f bekannt, so ist damit f (eindeutig) festgelegt und umgekehrt.

(b) Die Darstellungsformel (8.3) ermöglicht eine Zerlegung der Funktion f in dem Intervall $(-\infty, \infty)$ in harmonische Schwingungen: Setzen wir

$$a(s) := \frac{1}{\pi} \int\limits_{-\infty}^{\infty} f(t) \cos st \, dt$$

$$b(s) := \frac{1}{\pi} \int\limits_{-\infty}^{\infty} f(t) \sin st \, dt \, ,$$

(8.6)

so können wir f unter Beachtung der Beziehungen

$$\int\limits_{-\infty}^{\infty} \cos st \cdot \cos xs \, ds = 2 \int\limits_{0}^{\infty} \cos st \cdot \cos xs \, ds \, ,$$

$$\int\limits_{-\infty}^{\infty} \sin st \cdot \cos xs \, ds = 0 \quad \text{usw.}$$

mit Hilfe von (8.3) durch

$$f(x) = \int\limits_{0}^{\infty} \big[a(s) \cos xs + b(s) \sin xs \big] \, ds$$

(8.7)

ausdrücken (zeigen!). Die Frequenzen s der harmonischen Schwingungen

$$a(s) \cos xs \, , \quad b(s) \sin xs$$

durchlaufen sämtliche Werte von 0 bis ∞. Ihre Amplituden $a(s)$, $b(s)$ hängen von diesen Frequenzen ab und lassen sich aus (8.6) bestimmen.

Der Formel (8.7) entspricht bei 2π-periodischen Funktionen die Formel

$$f(x) = \sum\limits_{k=0}^{\infty} (a_k \cos kx + b_k \sin kx)$$

(8.8)

mit den diskreten Frequenzen k.

(c) Anhand von Beispiel 8.2 wird deutlich, dass wir mit Hilfe der Fouriertransformation auch zeitlich begrenzte Vorgänge erfassen können. Wir setzen hierzu $f \equiv 0$ außerhalb des entsprechenden Zeitintervalls.

8.1.2   Definition der Fouriertransformation. Beispiele

Wir lösen uns nun vom heuristischen Standpunkt und präzisieren unsere bisherigen Überlegungen. Zunächst untersuchen wir, unter welchen Voraussetzungen an die Funktion f der Ausdruck

$$\int_{-\infty}^{\infty} f(t)\, e^{-i\,st}\, dt$$

überhaupt sinnvoll ist. Hierzu führen wir den Begriff der »stückweise stetigen« bzw. »stückweise stetig differenzierbaren« Funktion[3] ein.

Definition 8.1:

Die Funktion $f \colon \mathbb{R} \to \mathbb{R}$ *heißt im Intervall* $I = [a, b]$ *stückweise stetig*, falls I in endlich viele durchschnittsfremde Teilintervalle I_k zerlegt werden kann, so dass f im Inneren von I_k stetig ist und an den Endpunkten von I_k die links- und rechtsseitigen Grenzwerte von f existieren (vgl. auch Fig. 8.5); d.h. endlich viele Sprungstellen von f in I sind zugelassen. Wir sagen, *f ist in $\mathbb{R}$ stückweise stetig*, falls f in jedem endlichen Intervall $I = [a, b]$ stückweise stetig ist. Entsprechend heißt f in $\mathbb{R}$ stückweise stetig differenzierbar, falls f' in $\mathbb{R}$ stückweise stetig ist. An den Sprungstellen von f', etwa in x_0, erklären wir f' durch

$$f'(x_0) = \frac{f'(x_0+) + f'(x_0-)}{2}\,.$$

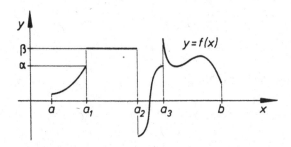

Fig. 8.5: Stückweise stetige Funktion[4]

---

3 Man nennt diese auch stückweise glatt (vgl. Burg/Haf/Wille (Analysis) [13]).
4 Zur Fig. 8.5:

$$\beta = \lim_{\varepsilon \to 0} f(a_1 + \varepsilon) =: f(a_1+)$$
$$\alpha = \lim_{\varepsilon \to 0} f(a_1 - \varepsilon) =: f(a_1-) \qquad (\varepsilon > 0)\,.$$

Bemerkung 1: Das Riemann-Integral über eine im Intervall $I = \bigcup_{k=1}^{n} I_k$ stückweise stetige Funktion f ist durch

$$\int_I f(x)\, dx := \sum_{k=1}^{n} \int_{I_k} f(x)\, dx$$

gegeben.

Definition 8.2:

Wir sagen, die Funktion $f : \mathbb{R} \to \mathbb{R}$ *ist in* $\mathbb{R}$ *absolut integrierbar*[5], wenn das uneigentliche Integral

$$\int_{-\infty}^{\infty} |f(x)|\, dx$$

existiert.

Zum Nachweis der Existenz eines solchen Integrals ist der folgende Hilfssatz häufig nützlich:

Hilfssatz 8.1:

(*Vergleichskriterium*) Sei f in $\mathbb{R}$ stückweise stetig, g in $\mathbb{R}$ absolut integrierbar und gelte

$$|f(x)| \le |g(x)| \quad \text{für alle} \quad x \in \mathbb{R}. \tag{8.9}$$

Dann ist auch f in $\mathbb{R}$ absolut integrierbar.

Beweis:

Vgl. Burg/Haf/Wille (Analysis) [13].

Wir zeigen nun

Hilfssatz 8.2:

Sei f in $\mathbb{R}$ stückweise stetig und absolut integrierbar. Dann existiert das Integral

$$\int_{-\infty}^{\infty} f(t)\, e^{-ist}\, dt \tag{8.10}$$

für alle $s \in \mathbb{R}$.

---

5 Wir weisen darauf hin, dass der von uns beschrittene Weg auch für Abbildungen $f : \mathbb{R} \to \mathbb{C}$ möglich ist, vgl. auch Abschn. 8.2.1.

Beweis:

Aus der absoluten Integrierbarkeit von f in $\mathbb{R}$ und der Abschätzung

$$|f(t)\,e^{-i\,st}| \leq |f(t)| \quad \text{für alle} \quad s \in \mathbb{R} \tag{8.11}$$

folgt mit Hilfssatz 8.1 die Behauptung. $\qquad\qquad\qquad\qquad\qquad\qquad\qquad\quad\square$

Bemerkung 2: Mit Hilfe von Satz 2 (a) (Anhang), folgt sofort, dass das Integral (8.10) als Funktion von s in $\mathbb{R}$ stetig ist. Wegen Abschätzung (8.11) ist (8.10) nach Satz 1 (Anhang) nämlich gleichmäßig konvergent.

Definition 8.3:

Sei f in $\mathbb{R}$ stückweise stetig und absolut integrierbar. Ordnet man f aufgrund der Beziehung

$$\hat{f}(s) = \frac{1}{2\pi} \int\limits_{-\infty}^{\infty} f(t)\,e^{-i\,st}\,dt\,, \quad s \in \mathbb{R} \tag{8.12}$$

die Funktion $\hat{f}$ zu, so nennt man $\hat{f}$ *Fouriertransformierte* oder *Spektralfunktion von* f. Neben $\hat{f}(s)$ verwendet man auch die Schreibweise: $\mathfrak{F}[f(t)]$.

Diese Definition ist nach Hilfssatz 8.2 sinnvoll. Überdies stellt $\hat{f}(s)$ nach Bemerkung 2 eine für $s \in \mathbb{R}$ stetige (komplexwertige) Funktion dar.

Beispiel 8.3:

Wir berechnen die Fouriertransformierte der Funktion $f(t) = e^{-|t|}$:

$$\hat{f}(s) = \frac{1}{2\pi} \int\limits_{-\infty}^{\infty} e^{-|t|}\,e^{-i\,st}\,dt = \frac{1}{2\pi}\left(\int\limits_{-\infty}^{0} e^{t}\,e^{-i\,st}\,dt + \int\limits_{0}^{\infty} e^{-t}\,e^{-i\,st}\,dt\right)$$

$$= \lim_{R_1,R_2\to\infty} \frac{1}{2\pi}\left(\frac{e^{(1-i\,s)t}}{1-i\,s}\bigg|_{t=-R_1}^{t=0} + \frac{e^{-(1+i\,s)t}}{-(1+i\,s)}\bigg|_{t=0}^{t=R_2}\right)$$

$$= \frac{1}{2\pi}\left(\frac{1}{1-i\,s} + \frac{1}{1+i\,s}\right) = \frac{1}{\pi}\frac{1}{1+s^2}\,, \quad s \in \mathbb{R}.$$

Dabei haben wir benutzt:

$$|e^{-R}\cdot e^{\pm i\,sR}| \leq e^{-R} \to 0 \quad \text{für} \quad R \to \infty.$$

Beispiel 8.4:

Die Heaviside-Funktion h mit

$$h(t) = \begin{cases} 0 & \text{für } t < 0 \\ 1 & \text{für } t \geq 0 \end{cases} \quad \text{(s. Fig. 8.6)}$$

besitzt wegen

$$\hat{h}(0) = \int_0^\infty 1 \, dt$$

im Punkt $s = 0$ keine Fouriertransformierte, ebenso für $s \neq 0$:

$$\hat{h}(s) = \int_0^\infty 1 \cdot e^{-ist} \, dt = \lim_{R \to \infty} \int_0^R e^{-ist} \, dt = \lim_{R \to \infty} \left(\left. \frac{e^{-ist}}{(-is)} \right|_{t=0}^{t=R} \right).$$

Wir beachten, dass der Grenzwert im letzten Ausdruck nicht existiert (warum?). Die Heaviside-Funktion verletzt die Integrierbarkeitsforderung in Hilfssatz 8.2, so dass kein Widerspruch zu unseren bisherigen Überlegungen besteht.

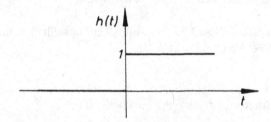

Fig. 8.6: Heaviside-Funktion h

8.2   Umkehrung der Fouriertransformation

Wir wollen der Frage nachgehen, unter welchen Voraussetzungen wir vom Bildbereich der Fouriertransformation zum Originalbereich zurückgelangen, d.h. wann die Formel (8.4) gilt.

8.2.1   Umkehrsatz im Raum $\mathfrak{S}$

Wir beweisen zunächst einen Umkehrsatz unter besonders bequemen Voraussetzungen. Hierzu sei $f \in C^\infty(\mathbb{R})$, wobei wir jetzt unter $C^\infty(\mathbb{R})$ die Menge aller in $\mathbb{R}$ komplexwertigen beliebig oft stetig differenzierbaren Funktionen verstehen[6]. Wir verlangen außerdem, dass die Funktion f und alle ihre Ableitungen stärker als jede Potenz von $\frac{1}{|x|}$ für $|x| \to \infty$ gegen 0 konvergieren. Die Menge dieser Funktionen bezeichnen wir mit $\mathfrak{S}$. Eine genaue Beschreibung von $\mathfrak{S}$ ist durch

$$\mathfrak{S} = \{f \in C^\infty(\mathbb{R}) \mid \sup_{x \in \mathbb{R}} |x^p f^{(q)}(x)| < \infty, \ p, q \in \mathbb{N}_0\}$$

gegeben. Zum Beispiel gehört $f(x) = e^{-x^2}$ zu $\mathfrak{S}$; außerdem jede beliebig oft stetig differenzierbare Funktion, die außerhalb einer kompakten Menge verschwindet.

Satz 8.1:

Für Funktionen $f \in \mathfrak{S}$ lässt sich f aus $\hat{f}$ mit Hilfe der Umkehrformel

$$f(x) = \int\limits_{-\infty}^{\infty} \hat{f}(s) \, e^{ixs} \, ds \tag{8.13}$$

berechnen.

Bemerkung: Man nennt (8.13) auch Inversionsformel und schreibt für die Umkehrabbildung symbolisch $\mathfrak{F}^{-1}[\hat{f}(s)]$. Die rechte Seite von (8.13) ist als uneigentliches Integral zu verstehen (vgl. Vorbemerkung zu den Integraltransformationen).

Beweis:

von Satz 8.1:

(i) Wir zeigen zunächst, dass mit f auch $\hat{f}$ zu $\mathfrak{S}$ gehört: Wegen $f \in \mathfrak{S}$ ist der Ausdruck

$$t^q (1 + t^2) f(t) \, e^{-ist}$$

für $t \in \mathbb{R}$ ($s \in \mathbb{R}$, $q \in \mathbb{N}_0$) beschränkt. Wegen

$$\int\limits_{-\infty}^{\infty} \left(\frac{d}{ds}\right)^q \left(e^{-ist} f(t)\right) dt = (-i)^q \int\limits_{-\infty}^{\infty} t^q e^{-ist} f(t) \, dt \quad {}^{7}$$

$$= (-i)^q \int\limits_{-\infty}^{\infty} \frac{1}{1 + t^2} \cdot t^q (1 + t^2) f(t) \, e^{-ist} \, dt \tag{8.14}$$

besitzt das erste Integral eine von s unabhängige Majorante, ist also nach Satz 1 (s. Anhang) gleichmäßig konvergent bezüglich s. Nach Satz 2 (b) (s. Anhang) dürfen wir die

---

6 D.h. f ist in der Form $f(x) = f_1(x) + i f_2(x)$, $x \in \mathbb{R}$, darstellbar, und die reellwertigen Funktionen $f_1(x)$, $f_2(x)$ sind beliebig oft stetig differenzierbar.

7 Wir verwenden hier – wie schon in Abschnitt 3.1.1 – anstelle von $\frac{d^q}{ds^q}$ die Operatorschreibweise $\left(\frac{d}{ds}\right)^q$.

Reihenfolge von Differentiation und Integration in (8.14) vertauschen, woraus sich

$$\hat{f}^{(q)}(s) = \left(\frac{\mathrm{d}}{\mathrm{d}s}\right)^q \hat{f}(s) = \frac{1}{2\pi} \int_{-\infty}^{\infty} (-\mathrm{i}\,t)^q\, \mathrm{e}^{-\mathrm{i}st}\, f(t)\, \mathrm{d}t = [\widehat{(-\mathrm{i}\,t)^q f}](s) \tag{8.15}$$

ergibt. Mit $f \in \mathfrak{S}$ folgt $(-\mathrm{i}\,t)^q f \in \mathfrak{S}$, so dass $\hat{f}$ beliebig oft stetig differenzierbar ist. Wir zeigen jetzt die Beschränktheit von $s^p\, \hat{f}^{(q)}(s)$. Hierzu formen wir (8.15) mittels partieller Integration um und beachten, dass wegen $f \in \mathfrak{S}$ die Randanteile verschwinden:

$$s^p\, \hat{f}^{(q)}(s) = s^p \int_{-\infty}^{\infty} \underbrace{\mathrm{e}^{-\mathrm{i}st}}_{u'}\, \underbrace{(-\mathrm{i}\,t)^q f(t)}_{v}\, \mathrm{d}t$$

$$= -s^p \int_{-\infty}^{\infty} \frac{\mathrm{e}^{-\mathrm{i}st}}{(-\mathrm{i}s)} \frac{\mathrm{d}}{\mathrm{d}t}[(-\mathrm{i}\,t)^q f(t)]\, \mathrm{d}t$$

$$\vdots \quad (p-1)\text{-fache Wiederholung}$$

$$= (-\mathrm{i})^p \int_{-\infty}^{\infty} \mathrm{e}^{-\mathrm{i}st} \left(\frac{\mathrm{d}}{\mathrm{d}t}\right)^p [(-\mathrm{i}\,t)^q f(t)]\, \mathrm{d}t\,.$$

Da mit f auch $(-\mathrm{i}\,t)^q f$ und $\left(\frac{\mathrm{d}}{\mathrm{d}t}\right)^p [(-\mathrm{i}\,t)^q f]$ zu $\mathfrak{S}$ gehören, folgt hieraus die Beschränktheit von $s^p\, \hat{f}^{(q)}(s)$. Damit ist gezeigt: $\hat{f} \in \mathfrak{S}$.

(ii) Zum Beweis unseres Satzes haben wir zu zeigen:

$$\int_{-\infty}^{\infty} \mathrm{e}^{\mathrm{i}xs} \left[\frac{1}{2\pi} \int_{-\infty}^{\infty} f(t)\, \mathrm{e}^{-\mathrm{i}st}\, \mathrm{d}t\right] \mathrm{d}s = f(x)\,. \tag{8.16}$$

Wir führen hierzu eine Hilfsfunktion $\varphi \in \mathfrak{S}$ ein, die wir nachher geeignet spezialisieren. Wegen $f, \varphi \in \mathfrak{S}$ lassen sich die Voraussetzungen von Satz 2 (c) (s. Anhang) leicht überprüfen, so dass wir in

$$\int_{-\infty}^{\infty} \mathrm{e}^{\mathrm{i}xs}\, \varphi(s) \left[\frac{1}{2\pi} \int_{-\infty}^{\infty} f(t)\, \mathrm{e}^{-\mathrm{i}st}\, \mathrm{d}t\right] \mathrm{d}s$$

die Integrationsreihenfolge vertauschen dürfen. Wir erhalten dann:

$$\int_{-\infty}^{\infty} \mathrm{e}^{\mathrm{i}xs}\, \varphi(s)\, \hat{f}(s)\, \mathrm{d}s = \int_{-\infty}^{\infty} \mathrm{e}^{\mathrm{i}xs}\, \varphi(s) \left[\frac{1}{2\pi} \int_{-\infty}^{\infty} f(t)\, \mathrm{e}^{-\mathrm{i}st}\, \mathrm{d}t\right] \mathrm{d}s$$

$$= \int\limits_{-\infty}^{\infty} f(t) \left[\frac{1}{2\pi} \int\limits_{-\infty}^{\infty} \varphi(s)\, \mathrm{e}^{-\mathrm{i}(t-x)s}\, \mathrm{d}s \right] \mathrm{d}t$$

$$= \int\limits_{-\infty}^{\infty} f(t)\hat{\varphi}(t-x)\, \mathrm{d}t = \int\limits_{-\infty}^{\infty} f(x+t')\hat{\varphi}(t')\, \mathrm{d}t' \,.$$

Dabei haben wir $t - x =: t'$ gesetzt. Ersetzen wir t' wieder durch t, so gilt

$$\int\limits_{-\infty}^{\infty} \mathrm{e}^{\mathrm{i}xs}\, \varphi(s)\hat{f}(s)\, \mathrm{d}s = \int\limits_{-\infty}^{\infty} f(x+t)\hat{\varphi}(t)\, \mathrm{d}t \,.$$

Aus dieser Beziehung folgt, wenn wir $\varphi(s)$ durch die ebenfalls zu $\mathfrak{S}$ gehörende Funktion $\varphi_\varepsilon(s) := \varphi(\varepsilon s)$ mit der Fouriertransformierten $\hat{\varphi}_\varepsilon(t) = \frac{1}{\varepsilon}\hat{\varphi}\left(\frac{t}{\varepsilon}\right)$ (s. Üb. 8.3) ersetzen,

$$\int\limits_{-\infty}^{\infty} \mathrm{e}^{\mathrm{i}xs}\, \varphi(\varepsilon s)\hat{f}(s)\, \mathrm{d}s = \frac{1}{\varepsilon} \int\limits_{-\infty}^{\infty} f(x+t)\hat{\varphi}\left(\frac{t}{\varepsilon}\right) \mathrm{d}t$$

$$= \int\limits_{-\infty}^{\infty} f(x+\varepsilon t'')\hat{\varphi}(t'')\, \mathrm{d}t'' \quad (\varepsilon > 0) \tag{8.17}$$

mit $t'' := \frac{t}{\varepsilon}$. Wir führen nun den Grenzübergang $\varepsilon \to 0$ durch: Wegen $f, \varphi \in \mathfrak{S}$ sind die Integrale in (8.17) gleichmäßig bez. ε konvergent, und wir dürfen nach Satz 2 (a) (s. Anhang) Integration und Grenzübergang vertauschen. Dadurch ergibt sich, wenn wir t'' wieder durch t ersetzen,

$$\varphi(0) \int\limits_{-\infty}^{\infty} \mathrm{e}^{\mathrm{i}xs}\, \hat{f}(s)\, \mathrm{d}s = f(x) \int\limits_{-\infty}^{\infty} \hat{\varphi}(t)\, \mathrm{d}t \,. \tag{8.18}$$

Nun wählen wir $\varphi(x) := \mathrm{e}^{-\frac{x^2}{2}}$. Die zugehörige Fouriertransformierte lautet (vgl. Üb. 8.1 (b))

$$\hat{\varphi}(s) = \frac{1}{\sqrt{2\pi}}\, \mathrm{e}^{-\frac{s^2}{2}} \,,$$

und wir erhalten mit $\varphi(0) = 1$ aus (8.18)

$$\int\limits_{-\infty}^{\infty} \mathrm{e}^{\mathrm{i}xs}\, \hat{f}(s)\, \mathrm{d}s = f(x) \int\limits_{-\infty}^{\infty} \frac{1}{\sqrt{2\pi}}\, \mathrm{e}^{-\frac{t^2}{2}}\, \mathrm{d}t = f(x) \cdot \frac{1}{\sqrt{2\pi}} \int\limits_{-\infty}^{\infty} \mathrm{e}^{-\frac{t^2}{2}}\, \mathrm{d}t = f(x) \,,$$

womit Satz 8.1 bewiesen ist. $\qquad\qquad\qquad\qquad\qquad\qquad\qquad\qquad\qquad\qquad\qquad\quad \square$

8.2.2   Umkehrsatz für stückweise glatte Funktionen

Der Umkehrsatz gilt auch unter erheblich schwächeren Voraussetzungen. Für die Anwendungen besonders geeignet ist die folgende Fassung:

Satz 8.2:

Sei f eine in $\mathbb{R}$ stückweise glatte Funktion. Ferner sei f in $\mathbb{R}$ absolut integrierbar. Für beliebige $x \in \mathbb{R}$ gilt dann

$$\frac{f(x+) + f(x-)}{2} = \lim_{A \to \infty} \int_{-A}^{A} \hat{f}(s)\, e^{i\,xs}\, ds\,. \tag{8.19}$$

Insbesondere gilt in jedem Stetigkeitspunkt x von f

$$f(x) = \lim_{A \to \infty} \int_{-A}^{A} \hat{f}(s)\, e^{i\,xs}\, ds\,. \tag{8.20}$$

(Zum Beweis s. z.B. *Smirnow* [102], Teil II, Kap. IV, § 3.)

Bemerkung 1: Man nennt die rechte Seite von (8.19) den *Cauchy-Hauptwert* von $\int_{-\infty}^{\infty} \hat{f}(s)\, e^{i\,xs}\, ds$ und schreibt dafür häufig auch

$$\text{C. H.} \int_{-\infty}^{\infty} \hat{f}(s)\, e^{i\,xs}\, ds \quad \text{oder} \quad \oint_{-\infty}^{\infty} \hat{f}(s)\, e^{i\,xs}\, ds\,. \quad [8] \tag{8.21}$$

Wir beachten den Unterschied zum uneigentlichen Integral $\int_{-\infty}^{\infty} \hat{f}(s)\, e^{i\,xs}\, ds$, das durch

$$\lim_{A,B \to \infty} \int_{-A}^{B} \hat{f}(s)\, e^{i\,xs}\, ds$$

erklärt ist, wobei die Grenzübergänge $A \to \infty$, $B \to \infty$ unabhängig voneinander durchzuführen sind.

Wir zeigen anhand eines Beispiels, dass Satz 8.2 nur dann richtig ist, wenn wir $\int_{-\infty}^{\infty} \hat{f}(s)\, e^{i\,xs}\, ds$ als Cauchy-Hauptwert interpretieren.

---

[8] Vgl. hierzu auch Burg/Haf/Wille (Analysis) [13]

Beispiel 8.5:

Für die Funktion

$$f(x) = \begin{cases} 1 & \text{für} \quad |x| \le 1 \\ 0 & \text{für} \quad |x| > 1 \end{cases}$$

lautet die Fouriertransformierte

$$\hat{f}(s) = \begin{cases} \dfrac{\sin s}{\pi s} & \text{für} \quad s \ne 0 \\ \dfrac{1}{\pi} & \text{für} \quad s = 0 \end{cases}$$

(vgl. Beisp. 8.2). Das Umkehrintegral

$$\int_{-\infty}^{\infty} \hat{f}(s)\,e^{i\,xs}\,ds = \frac{1}{\pi} \int_{-\infty}^{\infty} \frac{\sin s}{s}\,e^{i\,xs}\,ds$$

$$= \frac{1}{2\pi} \int_{-\infty}^{\infty} \frac{e^{-i\,s} - e^{i\,s}}{(-i\,s)}\,e^{i\,xs}\,ds = \frac{1}{2\pi\,i} \int_{-\infty}^{\infty} \left[\frac{e^{i(x+1)s}}{s} - \frac{e^{i(x-1)s}}{s} \right] ds$$

divergiert an den Sprungstellen $x = 1$ und $x = -1$ von f (warum?). Dagegen existieren die jeweiligen Cauchy-Hauptwerte. So gilt etwa für $x = 1$

$$\lim_{A \to \infty} \int_{-A}^{A} \hat{f}(s)\,e^{i\,s}\,ds = \lim_{A \to \infty} \frac{1}{2\pi\,i} \int_{-A}^{A} \frac{e^{i\,2s} - 1}{s}\,ds$$

$$= \frac{1}{2\pi} \lim_{A \to \infty} \int_{-A}^{A} \frac{\sin 2s}{s}\,ds + \frac{1}{2\pi\,i} \lim_{A \to \infty} \int_{-A}^{A} \frac{\cos 2s - 1}{s}\,ds .$$

Berücksichtigen wir, dass der Integrand des letzten Integrals eine ungerade Funktion[9] ist, und beachten wir das nachfolgende Beispiel 8.6, so erhalten wir

$$\lim_{A \to \infty} \int_{-A}^{A} \hat{f}(s)\,e^{i\,s}\,ds = \frac{1}{2\pi} \cdot \pi + 0 = \frac{1}{2} ,$$

woraus sich aufgrund der Definition von f

---

9 Wir erinnern daran (s. Burg/Haf/Wille (Analysis) [13]), dass für ungerade Funktionen $f(-x) = -f(x)$ und für gerade Funktionen $f(-x) = f(x)$ gilt.

$$\lim_{A \to \infty} \int_{-A}^{A} \hat{f}(s)\, e^{i\,s}\, ds = \frac{1}{2} = \frac{f(1+) + f(1-)}{2}$$

ergibt (siehe Fig. 8.7).

Wir benutzen nun Satz 8.2 zur Berechnung eines uneigentlichen Integrals, das bereits in Burg/-Haf/Wille (Analysis) [13] unter weit größeren Anstrengungen berechnet wurde.

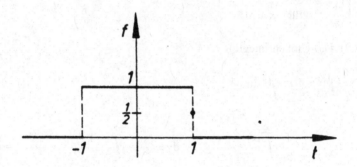

Fig. 8.7: Verhalten der inversen Fouriertransformation an einer Sprungstelle

Beispiel 8.6:

Für die in Beispiel 8.5 betrachtete Funktion $f(x)$ gilt im Punkt $x = 0$ nach Satz 8.2

$$f(0) = \lim_{A \to \infty} \int_{-A}^{A} \hat{f}(s)\, e^{i\,0s}\, ds = \frac{1}{\pi} \lim_{A \to \infty} \int_{-A}^{A} \frac{\sin s}{s} \cdot 1\, ds = 1\,,$$

d.h. wir erhalten die Beziehungen

$$\lim_{A \to \infty} \int_{-A}^{A} \frac{\sin s}{s}\, ds = \pi \quad \text{bzw.} \quad \int_{0}^{\infty} \frac{\sin s}{s}\, ds = \frac{\pi}{2}\,,$$

wenn wir ausnützen, dass der Integrand eine gerade Funktion ist. Ersetzen wir s durch $2s$, so ergibt sich die in Beispiel 8.5 benötigte Beziehung.

Bemerkung 2: Mit Hilfe der Inversionsformel ist es möglich, zu vorgegebenen Bildfunktionen die zugehörigen Originalfunktionen zu berechnen. In der Praxis lässt sich dieses Problem häufig einfacher dadurch behandeln, dass man die Fouriertransformationen wichtiger Funktionen zu einem Katalog (Tabelle) zusammenfasst und diesem die zu $\hat{f}$ gehörende Originalfunktion f

entnimmt. Sowohl für die Fourier- als auch für die Laplacetransformation stehen umfangreiche Tabellen zur Verfügung (z.B. *Beyer* [6], *Oberhettinger* [90]).

8.2.3   Eindeutigkeit der Umkehrung

Eine unmittelbare Konsequenz des Umkehrsatzes ist der folgende Identitätssatz (oder Eindeutigkeitssatz) für die Fouriertransformation.

Satz 8.3:

Für die Funktionen f_1, f_2 seien die Voraussetzungen von Satz 8.2 erfüllt, und es gelte

$$\hat{f}_1(s) = \hat{f}_2(s) \quad \text{für alle} \quad s \in \mathbb{R}. \tag{8.22}$$

Dann gilt in jedem Punkt x, in dem f_1 und f_2 stetig sind,

$$f_1(x) = f_2(x). \tag{8.23}$$

Beweis:
(8.23) ergibt sich direkt aus Satz 8.2, Formel (8.20). □

Bemerkung: Diese Version von Satz 8.2 ist in vielen Fällen besonders geeignet, um von der Lösung eines Problems im Bildbereich zur Lösung im Originalbereich zu gelangen (vgl. hierzu Abschn. 8.4).

8.3   Eigenschaften der Fouriertransformation

Wir stellen einige grundlegende Eigenschaften der Fouriertransformation zusammen, die für das Arbeiten mit der Fouriertransformation von großem Nutzen sind. Insbesondere gewinnen wir damit Möglichkeiten, den in Abschnitt 8.2.2, Bemerkung 2, genannten Katalog erheblich zu erweitern (»Baukastenprinzip«).

8.3.1   Linearität

Sind f, f_1, f_2 in $\mathbb{R}$ stückweise stetige und dort absolut integrierbare Funktionen, so folgt aus der Definition der Fouriertransformation

$$\mathfrak{F}[f_1 + f_2] = \frac{1}{2\pi} \int\limits_{-\infty}^{\infty} [f_1(t) + f_2(t)] \, e^{-ist} \, dt$$

$$= \frac{1}{2\pi} \int\limits_{-\infty}^{\infty} f_1(t) \, e^{-ist} \, dt + \frac{1}{2\pi} \int\limits_{-\infty}^{\infty} f_2(t) \, e^{-ist} \, dt$$

$$= \mathfrak{F}[f_1] + \mathfrak{F}[f_2]$$

bzw.

$$\mathfrak{F}[\alpha f] = \frac{1}{2\pi} \int\limits_{-\infty}^{\infty} \alpha f(t)\,e^{-ist}\,dt = \alpha \frac{1}{2\pi} \int\limits_{-\infty}^{\infty} f(t)\,e^{-ist}\,dt$$

$$= \alpha \mathfrak{F}[f] \quad \text{für} \quad \alpha \in \mathbb{R}.$$

Es gelten also die Beziehungen

$$\mathfrak{F}[f_1 + f_2] = \mathfrak{F}[f_1] + \mathfrak{F}[f_2] \tag{8.24}$$

$$\mathfrak{F}[\alpha f] = \alpha \mathfrak{F}[f], \quad \alpha \in \mathbb{R}. \tag{8.25}$$

Wir sagen, die Fouriertransformation ist eine *lineare Abbildung*.

8.3.2   Verschiebungssatz

Wir interessieren uns für die Fouriertransformierte von $f(t \pm h)$. Es gilt der folgende

Satz 8.4:

Sei f in $\mathbb{R}$ stückweise stetig und dort absolut integrierbar. Dann gilt für beliebige $h \in \mathbb{R}$

$$\mathfrak{F}[f(t \pm h)] = e^{\pm ish}\,\mathfrak{F}[f(t)], \quad s \in \mathbb{R}. \tag{8.26}$$

Beweis:

Aus Definition 8.3 folgt

$$\mathfrak{F}[f(t \pm h)] = \frac{1}{2\pi} \int\limits_{-\infty}^{\infty} f(t \pm h)\,e^{-ist}\,dt$$

und hieraus mit $\tau := t \pm h$

$$\mathfrak{F}[f(t \pm h)] = \frac{1}{2\pi} \int\limits_{-\infty}^{\infty} f(\tau)\,e^{-is(\tau \mp h)}\,d\tau = e^{\pm ish} \cdot \frac{1}{2\pi} \int\limits_{-\infty}^{\infty} f(\tau)\,e^{-is\tau}\,d\tau\,.$$

Ersetzen wir im letzten Integral τ noch durch t, so ergibt sich die Behauptung.   □

8.3.3   Faltungsprodukt

Bei der Lösung von Problemen mit Hilfe der Fouriertransformation treten im Bildbereich in vielen Fällen Produkte der Form $\mathfrak{F}[f_1] \cdot \mathfrak{F}[f_2]$ auf. Unser Ziel ist es, diese Produkte als *eine* Fouriertransformierte einer geeigneten Funktion f, die sich aus f_1 und f_2 bestimmen lässt, darzustellen.

Dies ermöglicht uns in vielen Fällen die Anwendbarkeit des Identitätssatzes (s. Abschn. 8.4). Wir führen die folgende Begriffsbildung ein:

Definition 8.4:

Unter dem *Faltungsprodukt* (kurz *Faltung*) der Funktionen f_1 und f_2 versteht man den Ausdruck

$$(f_1 * f_2)(t) := \frac{1}{2\pi} \int_{-\infty}^{\infty} f_1(t - u) f_2(u) \, du \,. \tag{8.27}$$

Wir prüfen, unter welchen Voraussetzungen an f_1 und f_2 diese Definition sinnvoll ist:

Hilfssatz 8.3:

[10] Seien f_1, f_2 in $\mathbb{R}$ stetige Funktionen. Ferner sei f_2 in $\mathbb{R}$ absolut integrierbar und f_1 in $\mathbb{R}$ durch eine Konstante $M > 0$ beschränkt. Dann existiert das Integral

$$\int_{-\infty}^{\infty} f_1(t - u) f_2(u) \, du \tag{8.28}$$

für alle $t \in \mathbb{R}$, und es gilt die Abschätzung

$$|f_1 * f_2| \leq \frac{M}{2\pi} \int_{-\infty}^{\infty} |f_2(u)| \, du \,. \tag{8.29}$$

Beweis:

Nach Voraussetzung gilt $|f_1(t)| \leq M$ für alle $t \in \mathbb{R}$, woraus

$$|f_1(t - u) f_2(u)| \leq M |f_2(u)|$$

folgt. Hieraus und aus der absoluten Integrierbarkeit von f_2 in $\mathbb{R}$ ergibt sich die Existenz des Integrals

$$\int_{-\infty}^{\infty} f_1(t - u) f_2(u) \, du \,, \quad t \in \mathbb{R} \,.$$

---

10 Sowohl dieser als auch der folgende Satz lassen sich unter erheblich schwächeren Voraussetzungen an f_1 und f_2 beweisen (s. z.B. *Goldberg* [40], p. 18 – 20).

Ferner gilt

$$|(f_1 * f_2)(t)| \le \frac{1}{2\pi} \int\limits_{-\infty}^{\infty} |f_1(t-u)f_2(u)|\,\mathrm{d}u \le \frac{M}{2\pi} \int\limits_{-\infty}^{\infty} |f_2(u)|\,\mathrm{d}u\,.$$

Damit ist der Hilfssatz bewiesen. $\square$

Bemerkung: Durch Konvergenzbetrachtungen lässt sich zeigen, dass $(f_1 * f_2)(t)$ unter den Voraussetzungen von Hilfssatz 8.3 eine in $\mathbb{R}$ stetige und dort absolut integrierbare Funktion ist. Die entscheidende Bedeutung der Faltung für die Anwendungen kommt in dem folgenden Satz zum Ausdruck:

Satz 8.5:

(*Faltungssatz*) Seien f_1, f_2 in $\mathbb{R}$ stetige und dort absolut integrierbare Funktionen. Ferner sei f_1 in $\mathbb{R}$ beschränkt. Dann gilt

$$\mathfrak{F}[f_1 * f_2] = \mathfrak{F}[f_1] \cdot \mathfrak{F}[f_2]\,. \tag{8.30}$$

Beweis:

Wir begnügen uns mit einer Beweisskizze. Aus der Definition der Fouriertransformation und der Faltung folgt

$$\mathfrak{F}[f_1 * f_2] = \frac{1}{2\pi} \int\limits_{-\infty}^{\infty} [(f_1 * f_2)(t)]\,\mathrm{e}^{-\mathrm{i}st}\,\mathrm{d}t$$

$$= \frac{1}{2\pi} \int\limits_{-\infty}^{\infty} \left[\frac{1}{2\pi} \int\limits_{-\infty}^{\infty} f_1(t-u)f_2(u)\,\mathrm{d}u \right] \mathrm{e}^{-\mathrm{i}st}\,\mathrm{d}t$$

$$= \frac{1}{2\pi} \int\limits_{-\infty}^{\infty} \left[\frac{1}{2\pi} \int\limits_{-\infty}^{\infty} f_1(t-u)\,\mathrm{e}^{-\mathrm{i}s(t-u)}\,f_2(u)\,\mathrm{e}^{-\mathrm{i}su}\,\mathrm{d}u \right] \mathrm{d}t\,.$$

Durch entsprechende Konvergenzuntersuchungen folgt (man benutze Satz 2 (c) (Anhang)), dass der letzte Integralausdruck existiert, und dass wir die Reihenfolge der Integration vertauschen dürfen. Dies führt zu

$$\mathfrak{F}[f_1 * f_2] = \frac{1}{2\pi} \int\limits_{-\infty}^{\infty} \left[\frac{1}{2\pi} \int\limits_{-\infty}^{\infty} f_1(t-u)\,\mathrm{e}^{-\mathrm{i}s(t-u)}\,\mathrm{d}t \right] f_2(u)\,\mathrm{e}^{-\mathrm{i}su}\,\mathrm{d}u\,.$$

Hieraus ergibt sich mit

$$\frac{1}{2\pi} \int\limits_{-\infty}^{\infty} f_1(t-u)\,e^{-is(t-u)}\,dt = \frac{1}{2\pi} \int\limits_{-\infty}^{\infty} f_1(\tau)\,e^{-is\tau}\,d\tau = \mathfrak{F}[f_1]$$

der Zusammenhang

$$\mathfrak{F}[f_1 * f_2] = \mathfrak{F}[f_1] \cdot \frac{1}{2\pi} \int\limits_{-\infty}^{\infty} f_2(u)\,e^{-isu}\,du = \mathfrak{F}[f_1] \cdot \mathfrak{F}[f_2]$$

und damit die Behauptung. $\qquad\qquad\qquad\qquad\qquad\qquad\qquad\qquad\qquad\qquad\qquad$ $\square$

Beispiel 8.7:

Die Funktion f genüge den Voraussetzungen von Satz 8.5, und g_t sei durch

$$g_t(u) = \frac{1}{2\sqrt{\pi t}}\,e^{-\frac{u^2}{4t}}, \quad u \in \mathbb{R}, \quad t > 0 \text{ fest},$$

gegeben. Dann gilt nach Übung 8.1 (b)

$$\mathfrak{F}[g_t(u)] = \frac{1}{2\pi}\,e^{-s^2 t} = \hat{g}_t(s),$$

und $\hat{f}(s) \cdot \hat{g}_t(s)$ lässt sich nach Satz 8.5 durch

$$\hat{f}(s) \cdot \hat{g}_t(s) = \widehat{(f * g_t)}(s) = \mathfrak{F}\left[\frac{1}{2\pi 2\sqrt{\pi t}} \int\limits_{-\infty}^{\infty} f(x-u)\,e^{-\frac{u^2}{4t}}\,du \right], \quad x \in \mathbb{R},\, t > 0,$$

darstellen. Wir beachten, dass die Funktion in $[\ldots]$ bezüglich $\mathfrak{F}$ als Funktion von x aufzufassen ist.

8.3.4   Differentiation

Wir wollen untersuchen, wie sich die Differentiation bei Anwendung der Fouriertransformation überträgt. Wir zeigen zunächst

Satz 8.6:

Sei f eine in $\mathbb{R}$ stetige stückweise glatte Funktion. Ferner seien f und f' in $\mathbb{R}$ absolut integrierbar. Dann gilt

$$\mathfrak{F}[f'(t)] = (is)\mathfrak{F}[f(t)], \quad s \in \mathbb{R}, \tag{8.31}$$

d.h. der Differentiation im Originalbereich entspricht die Multiplikation mit dem Faktor (is) im Bildbereich.

Beweis:

(i) Sei $s \neq 0$. Dann erhalten wir durch partielle Integration

$$\int\limits_{-A}^{B} f(t) \, e^{-ist} \, dt = f(t) \frac{e^{-ist}}{(-is)} \bigg|_{t=-A}^{t=B} + \frac{1}{is} \int\limits_{-A}^{B} f'(t) \, e^{-ist} \, dt \, .$$

Wegen $|e^{-ist}| = 1$ ist der Beweis für $s \neq 0$ abgeschlossen, wenn wir zeigen, dass

$$\lim_{B \to \infty} f(B) = \lim_{A \to \infty} f(-A) = 0$$

ist. Wir nehmen hierzu an, dies sei nicht erfüllt, es gelte also etwa $\lim_{B \to \infty} f(B) \neq 0$. Zu einem $\varepsilon > 0$ gibt es dann beliebig große Werte t mit $|f(t)| > \varepsilon$. Wir wählen $t = t_0$ so, dass

$$|f(t_0)| > \varepsilon \quad \text{und} \quad \int\limits_{t_0}^{\infty} |f'(t)| \, dt < \frac{\varepsilon}{2}$$

gilt (letzteres ist aufgrund der absoluten Integrierbarkeit von f' in $\mathbb{R}$ möglich). Aus dem Hauptsatz der Differential- und Integralrechnung für stetiges und stückweise glattes f:

$$f(t) - f(t_0) = \int\limits_{t_0}^{t} f'(u) \, du \, ,$$

erhalten wir für alle $t > t_0$ die Abschätzung

$$|f(t) - f(t_0)| = \left| \int\limits_{t_0}^{t} f'(u) \, du \right| \leq \int\limits_{t_0}^{t} |f'(u)| \, du < \frac{\varepsilon}{2}$$

und hieraus, wegen $|f(t_0)| > \varepsilon$,

$$|f(t)| > \frac{\varepsilon}{2} \quad \text{für alle} \quad t \geq t_0 \, .$$

Dies ist ein Widerspruch zu der Voraussetzung, dass f absolut integrierbar in $\mathbb{R}$ ist, und wir erhalten $\lim_{B \to \infty} f(B) = 0$. Entsprechend zeigt man $\lim_{A \to \infty} f(-A) = 0$.

(ii) Im Fall $s = 0$ haben wir zu zeigen:

$$\mathfrak{F}[f'(t)] = \frac{1}{2\pi} \int\limits_{-\infty}^{\infty} f'(t) \, dt = 0 \, .$$

Dies folgt aus der Beziehung

$$\int_{-A}^{B} f'(t)\,dt = f(B) - f(-A)$$

für $A, B \to \infty$ unter Beachtung von Teil (i). □

Für viele Anwendungen, etwa auf Differentialgleichungsprobleme, ist es erforderlich, die Stetigkeitsforderung an f abzuschwächen. Es gilt

Satz 8.7:
Sei f in $\mathbb{R}$ stückweise glatt und seien f, f' in $\mathbb{R}$ absolut integrierbar. Ferner besitze f die n Unstetigkeitsstellen $a_1, a_2, \ldots, a_n$. Dann gilt für $s \in \mathbb{R}$

$$\mathfrak{F}[f'(t)] = (\mathrm{i}\,s)\mathfrak{F}[f(t)] - \frac{1}{2\pi}\sum_{k=1}^{n}[f(a_k+) - f(a_k-)]\,\mathrm{e}^{-\mathrm{i}\,sa_k}\,. \tag{8.32}$$

Beweis:

Wir beschränken uns auf den Fall, dass nur eine Unstetigkeitsstelle $t = a_1$ auftritt, und modifizieren den Beweis von Satz 8.6 in folgender Weise: Wir schreiben

$$\int_{-A}^{B} f(t)\,\mathrm{e}^{-\mathrm{i}\,st}\,dt = \int_{-A}^{a_1-} f(t)\,\mathrm{e}^{-\mathrm{i}\,st}\,dt + \int_{a_1+}^{B} f(t)\,\mathrm{e}^{-\mathrm{i}\,st}\,dt$$

und integrieren auf der rechten Seite partiell:

$$\int_{-A}^{B} f(t)\,\mathrm{e}^{-\mathrm{i}\,st}\,dt = f(t)\frac{\mathrm{e}^{-\mathrm{i}\,st}}{(-\mathrm{i}\,s)}\bigg|_{t=-A}^{t=a_1-} + f(t)\frac{\mathrm{e}^{-\mathrm{i}\,st}}{(-\mathrm{i}\,s)}\bigg|_{t=a_1+}^{t=B}$$

$$+ \frac{1}{\mathrm{i}\,s}\int_{-A}^{a_1-} f'(t)\,\mathrm{e}^{-\mathrm{i}\,st}\,dt + \frac{1}{\mathrm{i}\,s}\int_{a_1+}^{B} f'(t)\,\mathrm{e}^{-\mathrm{i}\,st}\,dt\,, \quad s \neq 0.$$

Hieraus folgt für $A, B \to \infty$ und $s \neq 0$, wenn wir mit $\frac{1}{2\pi}$ durchmultiplizieren,

$$\mathfrak{F}[f(t)] = \frac{1}{2\pi}[f(a_1+) - f(a_1-)]\frac{\mathrm{e}^{-\mathrm{i}\,sa_1}}{\mathrm{i}\,s} + \frac{1}{\mathrm{i}\,s}\mathfrak{F}[f'(t)]\,.$$

Für $s = 0$ folgt die Behauptung aus

$$\int\limits_{-\infty}^{\infty} f'(t)\,dt = \int\limits_{-\infty}^{a_1-} f'(t)\,dt + \int\limits_{a_1+}^{\infty} f'(t)\,dt$$

wie im Beweis von Satz 8.6.   □

Antwort auf die Frage nach der Fouriertransformation bei höheren Ableitungen der Funktion f gibt

Satz 8.8:

Sei f $(r-1)$-mal stetig differenzierbar und $f^{(r-1)}$ stückweise glatt in $\mathbb{R}$. Ferner seien $f, f', \ldots, f^{(r)}$ absolut integrierbar in $\mathbb{R}$. Dann gilt

$$\mathfrak{F}[f^{(r)}(t)] = (\mathrm{i}\,s)^r \mathfrak{F}[f(t)]\,, \quad s \in \mathbb{R}\,. \tag{8.33}$$

Beweis:
Mit Hilfe vollständiger Induktion.

Beispiel 8.8:
Wir berechnen $\mathfrak{F}[y''' + 5y' - y]$. Aufgrund der Linearität von $\mathfrak{F}$ gilt

$$\mathfrak{F}[y''' + 5y' - y] = \mathfrak{F}[y'''] + 5\mathfrak{F}[y'] - \mathfrak{F}[y]\,,$$

und mit Satz 8.8 folgt hieraus

$$\begin{aligned}
\mathfrak{F}[y''' + 5y' - y] &= (\mathrm{i}\,s)^3\mathfrak{F}[y] + 5(\mathrm{i}\,s)\mathfrak{F}[y] - \mathfrak{F}[y] \\
&= (-\mathrm{i}\,s^3 + 5\,\mathrm{i}\,s - 1)\mathfrak{F}[y]\,.
\end{aligned}$$

Bemerkung: Die in diesem Abschnitt gewonnenen Sätze sind für die Lösung von linearen DGln von großer Bedeutung. Sie erlauben bei gewöhnlichen DGln eine Algebraisierung der entsprechenden Probleme: Aus den Ableitungstermen werden Potenzausdrücke, und im Bildbereich entstehen lineare Gleichungen bzw. Gleichungssysteme für die Fouriertransformierten der gesuchten Lösungen. Bei partiellen DGln führt die Verwendung der Fouriertransformation häufig auf einfachere Probleme mit gewöhnlichen DGln (vgl. Abschn. 8.4).

8.3.5   Fouriertransformation und temperierte Distributionen

In den Kapiteln 6 bzw. 7 haben wir Distributionen als lineare Funktionale auf dem Grundraum $C_0^{\infty}(\mathbb{R}^n)$ eingeführt und einige wichtige Eigenschaften von Distributionen kennengelernt. Wir interessieren uns nun für die Frage, wie sich die Fouriertransformation auf Distributionen überträgt. Da $\hat{\varphi}$ für $\varphi \in C_0^\infty(\mathbb{R})$ zwar existiert, jedoch im Allgemeinen nicht mehr zu $C_0^\infty(\mathbb{R})$ gehört, ist $C_0^\infty(\mathbb{R})$ als Grundraum nicht geeignet. Benötigt wird daher ein anderer Grundraum, der die wichtigsten Eigenschaften von $C_0^\infty(\mathbb{R})$ besitzt, und der überdies garantiert, dass mit φ auch $\hat{\varphi}$ zu diesem Raum gehört. Dies leistet gerade der in Abschnitt 8.2.1 eingeführte Raum $\mathfrak{S} = \mathfrak{S}(\mathbb{R})$ (vgl. Teil (i) des Beweises von Satz 8.1). Außerdem lässt sich zeigen, dass mit $\varphi \in \mathfrak{S}$ auch alle Distributionenableitungen (im Sinne von Definition 7.1) wieder zu $\mathfrak{S}$ gehören.

Wir verwenden nun $\mathfrak{S}$ als Grundraum und definieren in Analogie zu Abschnitt 6.1.3 *temperierte Distributionen* (im weiteren Sinn) als Menge aller linearen Funktionale auf $\mathfrak{S}$; wir bezeichnen diese Menge mit $\mathfrak{T}(\mathbb{R})$. Zur Übertragung der Fouriertransformation von $\mathfrak{S}$ auf $\mathfrak{T}(\mathbb{R})$ kann man sich an denjenigen Distributionen aus $\mathfrak{T}(\mathbb{R})$ orientieren, die durch Funktionen aus $\mathfrak{S}$ induziert sind. Auf diese Weise gelangt man zu der folgenden

Definition 8.5:

Als *Fouriertransformation von $F \in \mathfrak{T}(\mathbb{R})$* versteht man das durch

$$\hat{F}(\varphi) = F(\hat{\varphi}) \quad \text{für alle } \varphi \in \mathfrak{S} \tag{8.34}$$

erklärte Funktional $\hat{F}$.

Da mit φ auch $\hat{\varphi}$ zu $\mathfrak{S}$ gehört, ist diese Definition sinnvoll. Wegen

$$\hat{F}(\varphi_1 + \varphi_2) = F(\widehat{\varphi_1 + \varphi_2}) = F(\hat{\varphi}_1 + \hat{\varphi}_2) = F\hat{\varphi}_1 + F\hat{\varphi}_2 = \hat{F}\varphi_1 + \hat{F}\varphi_2 \tag{8.35}$$

und

$$\hat{F}(\alpha\varphi_1) = F(\widehat{\alpha\varphi_1}) = F(\alpha\hat{\varphi}_1) = \alpha F(\hat{\varphi}_1) = \alpha\hat{F}\varphi_1 \tag{8.36}$$

für alle $\alpha \in \mathbb{R}$ und alle $\varphi_1, \varphi_2 \in \mathfrak{S}$ ist $\hat{F}$ ein lineares Funktional auf $\mathfrak{S}$, gehört also wieder zu $\mathfrak{T}(\mathbb{R})$. Die Rechenregeln für die klassische Fouriertransformation, insbesondere die Ableitungsregeln, gelten entsprechend auch für die Fouriertransformation von temperierten Distributionen.

Beispiel 8.9:

Bezeichne δ die durch

$$\delta(\varphi) := \varphi(0) \quad \text{für alle } \varphi \in \mathfrak{S}$$

erklärte Diracsche Delta-Distribution (s. Abschn. 6.2.2). Dann gilt nach Definition 8.5 für beliebige $\varphi \in \mathfrak{S}$

$$\hat{\delta}(\varphi) = \delta(\hat{\varphi}) = \hat{\varphi}(0) = \frac{1}{2\pi}\int \varphi(t)\,e^{-i\cdot 0t}\,dt = \int \varphi(t)\cdot\frac{1}{2\pi}\,dt =: F_{\frac{1}{2\pi}}(\varphi),$$

wobei $F_{\frac{1}{2\pi}}$ das durch die Funktion $f(x) \equiv \frac{1}{2\pi}$ induzierte Funktional ist.

Mit dem Gleichheitsbegriff von Abschnitt 7.1.1 und der Beziehung (6.16) folgt dann

$$\hat{\delta} = F_{\frac{1}{2\pi}} = \frac{1}{2\pi} \, . \tag{8.37}$$

Bemerkung: In der Literatur wird die (klassische) Fouriertransformation häufig ohne den Normierungsfaktor $\frac{1}{2\pi}$ eingeführt. Man erhält in diesem Fall $\hat{\delta} = 1$.

8.3.6　Fouriertransformation kausaler Funktionen und Hilberttransformation

In den Anwendungen, insbesondere in der Nachrichtentechnik, hat man es häufig mit sogenannten *kausalen Funktionen* zu tun. Das sind solche Funktionen $f(t)$, die für $t < 0$ identisch verschwinden.

Fig. 8.8: Eine kausale Funktion

Mit der in Abschnitt 8.1.2 eingeführten Heaviside-Sprungfunktion $h(t)$, kann jede kausale Funktion offensichtlich auch in der Form

$$f(t)h(t) \tag{8.38}$$

ausgedrückt werden. Wir wollen nun die Fouriertransformation einer kausalen Funktion berechnen. Mit Blick auf (8.38) bietet sich hier der Faltungssatz an. Die Schwierigkeit dabei ist, dass die Heaviside-Funktion (im klassischen Sinne) keine Fouriertransformierte besitzt (s. Beisp. 8.4, Abschn. 8.1.2). Ein naheliegender Ausweg besteht darin, die Fouriertransformierte von $h(t)$ (und damit auch von einer kausalen Funktion) im Sinne der Distributionentheorie aufzufassen[11]. Eine mathematisch einwandfreie Behandlung würde jedoch den Rahmen dieses Bandes sprengen. Insbesondere erfordern der Faltungsbegriff und der Faltungssatz für Distributionen einigen Aufwand (s. z.B. *Walter* [116], § 8 und § 11). Unsere weiteren Überlegungen sind daher mehr heuristischer Art. Es gilt (s. z.B. *Föllinger* [39], S. 205)

$$\mathfrak{F}[h(t)] = \text{C. H.} \left(\frac{1}{\mathrm{i}\,s} \right) + \pi \delta(s) \, . \tag{8.39}$$

11　Wir verzichten in diesem Abschnitt auf den Faktor $\frac{1}{2\pi}$ in der Definition der Fouriertransformation. Dies hat dann zur Folge, dass dieser Faktor in der Umkehrformel auftritt.

Dabei ist C. H. $\left(\frac{1}{\mathrm{i}\,s}\right)$ durch

$$\mathrm{C.\,H.}\left(\frac{1}{\mathrm{i}\,s}\right)\varphi = \mathrm{C.\,H.}\int\limits_{-\infty}^{\infty}\frac{1}{\mathrm{i}\,s}\varphi(s)\,\mathrm{d}s \quad \text{für} \quad \varphi \in C_0^\infty(\mathbb{R}) \tag{8.40}$$

erklärt, wobei C. H. den *Cauchy-Hauptwert* des Integrals bezeichnet:

$$\mathrm{C.\,H.}\int\limits_{-\infty}^{\infty}\cdots = \lim_{\varepsilon \to 0}\left(\int\limits_{-\infty}^{-\varepsilon}\cdots + \int\limits_{\varepsilon}^{\infty}\cdots\right).$$

$\delta(s)$ ist , wie bisher, die Diracsche δ-Distribution (s. Abschn. 6.2.2 bzw. 7.2.1):

$$\delta(s)\varphi = \delta\varphi = \varphi(0) \quad \text{für} \quad \varphi \in C_0^\infty(\mathbb{R}). \tag{8.41}$$

Unterwerfen wir (8.38) der Fouriertransformation, und wenden wir den Faltungssatz an, so ergibt sich

$$\frac{1}{2\pi}F(s) * \mathfrak{F}[h(t)] = F(s)$$

oder, mit (8.39),

$$\frac{1}{2\pi}F(s) * \left[\mathrm{C.\,H.}\left(\frac{1}{\mathrm{i}\,s}\right) + \pi\delta(s)\right] = F(s). \tag{8.42}$$

Verwenden wir das Distributivgesetz der Faltung (s. Üb. 8.4), so folgt aus (8.42)

$$\frac{1}{2\pi\,\mathrm{i}}F(s) * \mathrm{C.\,H.}\left(\frac{1}{s}\right) + \frac{1}{2}F(s) * \delta(s) = F(s). \tag{8.43}$$

(Der Faktor $\frac{1}{\mathrm{i}}$ bzw. π kann nach vorne gezogen werden!). Mit der Beziehung

$$F(s) * \delta(s) = F(s) \tag{8.44}$$

(δ spielt bezüglich der Faltung die Rolle des Eins-Elementes!) ergibt sich aus (8.43)

$$\frac{1}{2\pi\,\mathrm{i}}F(s) * \mathrm{C.\,H.}\left(\frac{1}{s}\right) + \frac{1}{2}F(s) = F(s)$$

oder

$$\frac{1}{\pi\,\mathrm{i}}F(s) * \mathrm{C.\,H.}\left(\frac{1}{s}\right) = F(s). \tag{8.45}$$

Hieraus folgt die Beziehung

$$\frac{1}{\pi\,i}\,C.\,H. \int\limits_{-\infty}^{\infty} F(\sigma)\frac{1}{s-\sigma}\,d\sigma = \frac{1}{\pi\,i}\,C.\,H. \int\limits_{-\infty}^{\infty} \frac{F(\sigma)}{s-\sigma}\,d\sigma = F(s)\,. \tag{8.46}$$

Nun zerlegen wir $F(s)$ in Real- und Imaginärteil: $F(s) := \operatorname{Re} F(s) + i \operatorname{Im} F(s) = R(s) + i\,I(s)$ und erhalten

$$R(s) + i\,I(s) = \frac{1}{\pi}\,C.\,H. \int\limits_{-\infty}^{\infty} \frac{I(\sigma)}{s-\sigma}\,d\sigma - i\,\frac{1}{\pi}\,C.\,H. \int\limits_{-\infty}^{\infty} \frac{R(\sigma)}{s-\sigma}\,d\sigma\,. \tag{8.47}$$

Ein Vergleich der entsprechenden Real- und Imaginärteile liefert

$$R(s) = \frac{1}{\pi}\,C.\,H. \int\limits_{-\infty}^{\infty} \frac{I(\sigma)}{s-\sigma}\,d\sigma \tag{8.48}$$

$$I(s) = -\frac{1}{\pi}\,C.\,H. \int\limits_{-\infty}^{\infty} \frac{R(\sigma)}{s-\sigma}\,d\sigma\,. \tag{8.49}$$

Wir sehen: Bei einer kausalen Funktion ist der Realteil der Fouriertransformation (eindeutig) durch den Imaginärteil bestimmt und umgekehrt. Man sagt, die Funktionen $R(s)$ und $I(s)$ sind zueinander *konjugiert*.

Die Formeln (8.48) und (8.49) gelten, wenn die kausale Funktion $f(t)$ quadratisch integrierbar ist, d.h. wenn das Integral

$$\int\limits_{0}^{\infty} |f(t)|^2\,dt$$

existiert. Formel (8.49) führt uns zu

Definition 8.6:

   Unter der *Hilberttransformation* der (reellen) Funktion $f(t)$ versteht man den durch

$$\mathfrak{H}[f(t)] := -\frac{1}{\pi}\,C.\,H. \int\limits_{-\infty}^{\infty} \frac{f(t)}{x-t}\,dt \tag{8.50}$$

erklärten Ausdruck. Eine weitere Schreibweise ist: $\overline{f}_H(x)$.

Bemerkung: Unsere obigen Betrachtungen zeigen, dass Real- und Imaginärteil eines komplexen Fourierspektrums durch eine Hilberttransformation miteinander verknüpft sind und dass (8.48) die Umkehrung zu (8.49) darstellt. Diese unterscheidet sich von (8.49) nur durch das Vorzeichen. Für die Umkehrtransformation verwendet man die Schreibweise $\mathfrak{H}^{-1}[\overline{f}_H(x)]$. Offensichtlich gilt:

$$\mathfrak{H}^{-1} = -\mathfrak{H} \qquad\qquad (8.51)$$

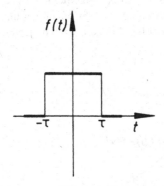

Fig. 8.9: Rechteckimpuls
Fig. 8.10: Hilberttransformation des Rechteckimpulses 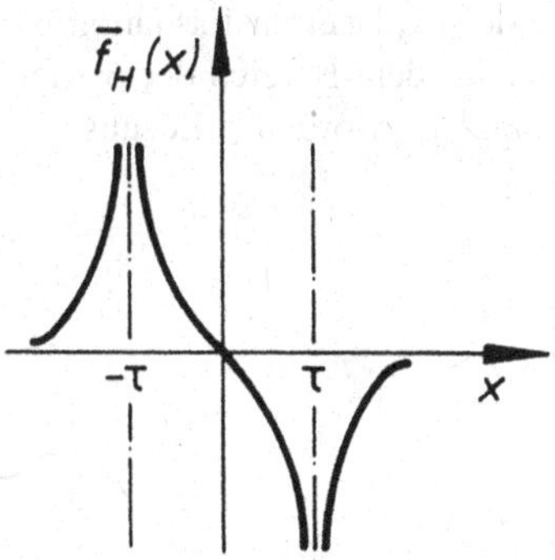

Beispiel 8.10:

Wir berechnen die Hilberttransformation des Rechteckimpulses

$$f(t) = \begin{cases} 1 & \text{für} \quad -\tau \leq t \leq \tau \\ 0 & \text{sonst.} \end{cases}$$

Nach Definition 8.6 gilt für diese Funktion

$$\overline{f}_H(x) = -\frac{1}{\pi}\,\text{C.\,H.}\int\limits_{-\tau}^{\tau}\frac{dt}{x-t} = \frac{1}{\pi}\ln\left|\frac{x-\tau}{x+\tau}\right|\,.$$

In der Theorie der sogenannten *realistischen Systeme*, die mit kausalen Funktionen arbeitet, spielt die Hilberttransformation eine bedeutende Rolle. Mit ihrer Hilfe lassen sich die realistischen Systeme *charakterisieren*. So kann unter gewissen Voraussetzungen gezeigt werden (s. z.B. *Sauer/Szabó* [98], S. 289 bzw. *Titchmarsh* [112], S. 122):

Eine Funktion

$$H(\omega) = H_1(\omega) + \mathrm{i}\,H_2(\omega) \qquad\qquad (8.52)$$

stellt den Frequenzgang eines realistischen Systems dann und nur dann dar, wenn die Komponenten $H_1(\omega)$ und $H_2(\omega)$ die Hilberttransformationen voneinander sind.

8.4   Anwendungen auf partielle Differentialgleichungsprobleme

Im Folgenden interessieren wir uns für Anwendungen der Fouriertransformation. Wir klammern dabei Probleme mit gewöhnlichen DGln aus; diese lassen sich im allgemeinen zweckmäßiger mit Hilfe der Laplacetransformation behandeln (vgl. Abschn. 9.4). Wir begnügen uns hier mit Beispielen aus dem Bereich der partiellen DGln[12]. Dabei beschränken wir uns jeweils auf die Bestimmung einer formalen Lösung.

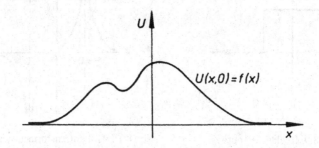

Fig. 8.11: Anfangstemperaturverteilung

8.4.1   Wärmeleitungsgleichung

Wir denken uns einen unendlich langen homogenen Stab (x-Achse), für den die Temperaturverteilung $f(x)$ zum Zeitpunkt $t = 0$ vorgegeben sei. Wir fragen nach der Temperaturverteilung $U(x, t)$ zum Zeitpunkt $t > 0$. Dies führt – idealisiert – auf das folgende noch zu präzisierende Problem:

Gesucht ist eine Funktion $U(x, t)$, die der *Wärmeleitungsgleichung*

$$\frac{\partial U(x, t)}{\partial t} = \frac{\partial^2 U(x, t)}{\partial x^2}, \quad -\infty < x < \infty, \ t > 0, \tag{8.53}$$

und der *Anfangsbedingung*

$$\lim_{t \to 0+} U(x, t) = f(x), \quad -\infty < x < \infty, \tag{8.54}$$

genügt.

---

12 Eine ausführliche Diskussion, insbesondere der physikalischen Grundlagen, findet sich z.B. in *Smirnow* [102], Teil II, Kap. VII.

Zur Bestimmung einer (formalen) Lösung dieses Problems bilden wir die Fouriertransformation von $U(x, t)$ bezüglich x (d.h. wir halten t fest):

$$\hat{U}(s, t) = \frac{1}{2\pi} \int\limits_{-\infty}^{\infty} U(x, t)\, e^{-isx}\, dx\,. \tag{8.55}$$

Differentiation nach t und anschließende Vertauschung der Reihenfolge von Differentiation und Integration auf der rechten Seite ergibt

$$\frac{\partial \hat{U}(s, t)}{\partial t} = \frac{1}{2\pi} \int\limits_{-\infty}^{\infty} \frac{\partial U(x, t)}{\partial t}\, e^{-isx}\, dx\,,$$

woraus wegen (8.53)

$$\frac{\partial \hat{U}(s, t)}{\partial t} = \frac{1}{2\pi} \int\limits_{-\infty}^{\infty} \frac{\partial^2 U(x, t)}{\partial x^2}\, e^{-isx}\, dx$$

folgt. Unter Beachtung von (8.33) erhalten wir hieraus die Beziehung

$$\frac{\partial \hat{U}(s, t)}{\partial t} = (is)^2 \hat{U}(s, t)\,, \quad t > 0\,. \tag{8.56}$$

Dies ist (bei festem $s \in \mathbb{R}$) eine gewöhnliche DGl für $\hat{U}(s, t)$ bezüglich t. Der Anfangsbedingung (8.54) entspricht im Bildbereich, wenn wir den Grenzübergang $t \to 0+$ mit der Integration vertauschen, die Bedingung

$$\lim_{t \to 0+} \hat{U}(s, t) = \frac{1}{2\pi} \int\limits_{-\infty}^{\infty} e^{-isx} \lim_{t \to 0+} U(x, t)\, dx$$

$$= \frac{1}{2\pi} \int\limits_{-\infty}^{\infty} e^{-isx} f(x)\, dx = \hat{f}(s)\,. \tag{8.57}$$

Insgesamt erhalten wir daher für $\hat{U}(s, t)$ bei festem $s \in \mathbb{R}$ das folgende Anfangswertproblem:

$$\frac{\partial \hat{U}(s, t)}{\partial t} = -s^2 \hat{U}(s, t)\,, \quad t > 0,\ s \in \mathbb{R}\,,$$
$$\hat{U}(s, 0) = \hat{f}(s)\,, \quad s \in \mathbb{R}\,. \tag{8.58}$$

(Problem im Bildbereich)

Da f vorgegeben ist, können wir $\hat{f}(s)$ als bekannt voraussetzen. Die Lösung von Problem (8.58) lässt sich sofort angeben (vgl. Abschn. 6.1):

$$\hat{U}(s,t) = \hat{f}(s) \cdot e^{-s^2 t}, \quad t > 0, \; s \in \mathbb{R}.$$

Setzen wir

$$g_t(u) := \frac{1}{2\sqrt{\pi t}} \, e^{-\frac{u^2}{4t}},$$

so können wir $\hat{U}$ aufgrund von Beispiel 8.7 in der Form

$$\hat{U}(s,t) = 2\pi \, \hat{f}(s) \cdot \hat{g}_t(s) = 2\pi \widehat{(f * g_t)}(s) \tag{8.59}$$

darstellen (Lösung im Bildbereich). Beachten wir den Eindeutigkeitssatz für die Fouriertransformation (Satz 8.3), so erhalten wir den Lösungsausdruck

$$U(x,t) = 2\pi (f * g_t)(x) = 2\pi (g_t * f)(x) = 2\pi \cdot \frac{1}{2\pi} \int\limits_{-\infty}^{\infty} g_t(x-u) f(u) \, du$$

bzw. wenn wir g_t einsetzen

$$U(x,t) = \frac{1}{2\sqrt{\pi t}} \int\limits_{-\infty}^{\infty} e^{-\frac{(x-u)^2}{4t}} f(u) \, du, \quad t > 0, \; x \in \mathbb{R}. \tag{8.60}$$

Mit Hilfe dieser Formel lässt sich bei vorgegebener Temperaturverteilung f zum Zeitpunkt $t = 0$ der Temperaturausgleich im unendlich langen Stab beschreiben: $U(x,t)$ stellt die Temperatur an der beliebigen Stelle x des Stabes zum beliebigen Zeitpunkt $t > 0$ dar.

Bemerkung: Wir weisen nachdrücklich darauf hin, dass (8.60) eine formale Lösung unseres Problems darstellt. Zum Nachweis, dass diese tatsächlich sinnvoll ist, ist es erforderlich, das Problem zu präzisieren (etwa Voraussetzungen an f zu formulieren) und nachzuprüfen, ob (8.60) die Wärmeleitungsgleichung (8.53) bzw. die Anfangsbedingung (8.54) erfüllt. Für die hierbei auftretenden Vertauschungsoperationen sind Konvergenzuntersuchungen nötig, auf die wir hier verzichten wollen. Wir verweisen stattdessen auf die weiterführende Literatur (s. z.B. *Seeley* [101], pp. 93–96).

8.4.2   Potentialgleichung

Wir geben längs der x-Achse das elektrostatische Potential $U(x,0) = f(x)$ vor und wollen das zugehörige Potential $U(x,y)$ in der oberen Halbebene ($y > 0$) bestimmen. Die elektrische Feldstärke ergibt sich dann durch Gradientenbildung aus U.

Die Bestimmung von U führt auf das folgende (noch zu präzisierende) 2-dimensionale Randwertproblem der Potentialtheorie:

Gesucht ist eine Funktion $U(x,y)$, die der *Potentialgleichung*

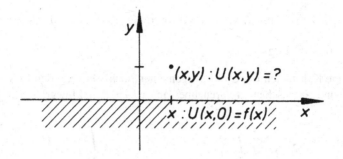

Fig. 8.12: Potential der Halbebene

$$\Delta U = \frac{\partial^2 U}{\partial x^2} + \frac{\partial^2 U}{\partial y^2} = 0, \quad x \in \mathbb{R}, \; y > 0 \tag{8.61}$$

und der *Randbedingung*

$$\lim_{y \to 0+} U(x, y) = f(x) \tag{8.62}$$

genügt.

Wir berechnen eine (formale) Lösung, indem wir zunächst die Fouriertransformierte von U bezüglich x bilden (d.h. wir halten y fest):

$$\hat{U}(s, y) = \frac{1}{2\pi} \int\limits_{-\infty}^{\infty} U(x, y)\, e^{-isx}\, dx \,. \tag{8.63}$$

Nun differenzieren wir diesen Ausdruck zweimal nach y und vertauschen die Reihenfolge von Differentiation und Integration:

$$\frac{\partial^2 \hat{U}(s, y)}{\partial y^2} = \frac{\partial^2}{\partial y^2} \frac{1}{2\pi} \int\limits_{-\infty}^{\infty} U(x, y)\, e^{-isx}\, dx = \frac{1}{2\pi} \int\limits_{-\infty}^{\infty} \frac{\partial^2 U(x, y)}{\partial y^2}\, e^{-isx}\, dx \,.$$

Aufgrund der Potentialgleichung (8.61) können wir im letzten Integral $\frac{\partial^2 U}{\partial y^2}$ durch $-\frac{\partial^2 U}{\partial x^2}$ ersetzen:

$$\frac{\partial^2 \hat{U}(s, y)}{\partial y^2} = -\frac{1}{2\pi} \int\limits_{-\infty}^{\infty} \frac{\partial^2 U(x, y)}{\partial x^2}\, e^{-isx}\, dx \,.$$

Hieraus ergibt sich mit (8.33)

$$\frac{\partial^2 \hat{U}(s, y)}{\partial y^2} = -(is)^2 \hat{U}(s, y) = s^2 \hat{U}(s, y), \quad y > 0, \; s \in \mathbb{R} \text{ fest}, \tag{8.64}$$

also eine gewöhnliche DGl für $\hat{U}$, von der wir sofort die allgemeine Lösung angeben können:

$$\hat{U}(s, y) = C_1 \, e^{|s|y} + C_2 \, e^{-|s|y} \,. \tag{8.65}$$

Dabei hängen die Konstanten C_1, C_2 im Allgemeinen noch von s ab. Benutzen wir die Randbedingung (8.62) und vertauschen wir Grenzübergang $y \to 0+$ und Integration, so ergibt sich

$$\lim_{y \to 0+} \hat{U}(s, y) = \frac{1}{2\pi} \lim_{y \to 0+} \int_{-\infty}^{\infty} U(x, y) \, e^{-isx} \, dx = \frac{1}{2\pi} \int_{-\infty}^{\infty} \lim_{y \to 0+} U(x, y) \, e^{-isx} \, dx \tag{8.66}$$

$$= \frac{1}{2\pi} \int_{-\infty}^{\infty} f(x) \, e^{-isx} \, dx = \hat{f}(s) \,.$$

Andererseits folgt aus (8.65), dass $\hat{U}(s, y)$ (s fest) für $y \to +\infty$ nur dann beschränkt bleibt, falls $C_1 = 0$ ist. Damit ist

$$\lim_{y \to 0+} \hat{U}(s, y) = \hat{f}(s) = C_2 \,,$$

und wir erhalten

$$\hat{U}(s, y) = \hat{f}(s) \, e^{-|s|y} \tag{8.67}$$

als Lösung im Bildbereich. Wir suchen nun eine Funktion $g_y(x)$ so, dass $\hat{g}_y(s) = e^{-|s|y}$ ist. Diese Funktion ist durch

$$g_y(x) = \frac{2y}{x^2 + y^2} \tag{8.68}$$

gegeben (zeigen!). Daher lässt sich $\hat{U}$ als Produkt von zwei Fouriertransformierten darstellen:

$$\hat{U}(s, y) = \hat{g}_y(s) \cdot \hat{f}(s) \,.$$

Mit (8.30) können wir dieses Produkt in der Form

$$\hat{U}(s, y) = \widehat{(g_y * f)}(s)$$

schreiben, und mit dem Identitätssatz für die Fouriertransformation folgt

$$U(x, y) = (g_y * f)(x) = \frac{1}{2\pi} \int_{-\infty}^{\infty} g_y(x - u) f(u) \, du \,.$$

Setzen wir noch (8.68) ein, so ergibt sich die formale Lösung

$$U(x, y) = \frac{1}{\pi} \int\limits_{-\infty}^{\infty} \frac{y}{(x-u)^2 + y^2} f(u)\, du\,, \quad y > 0,\ x \in \mathbb{R}. \tag{8.69}$$

Bemerkung: Man nennt (8.69) *Poisson'sche Integralformel*[13] für die Halbebene. Es lässt sich zeigen (s. z.B. *Seeley* [101], pp. 69–71), dass (8.69) für jede in $\mathbb{R}$ beschränkte und stetige Potentialverteilung f der Potentialgleichung (8.61) genügt und die Randbedingung (8.62) gleichmäßig in jedem Intervall $[-A, A]$ erfüllt.

Übungen

Übung 8.1:

Überprüfe, ob den folgenden Funktionen f die angegebenen Fouriertransformierten $\hat{f}$ entsprechen:

(a) $\quad f(t) = \begin{cases} 1 - |t| & \text{für} \quad |t| \le 1 \\ 0 & \text{sonst} \end{cases}$; $\quad \hat{f}(s) = \frac{1}{2\pi} \left(\frac{\sin \frac{s}{2}}{\frac{s}{2}} \right)^2$;

(b) $\quad f(t) = e^{-\frac{t^2}{2}}$; $\quad\quad\quad\quad\quad\quad \hat{f}(s) = \frac{1}{\sqrt{2\pi}} e^{-\frac{s^2}{2}}$.

Übung 8.2*

Berechne das folgende Integral mit Hilfe des Umkehrsatzes für die Fouriertransformation

$$\text{C. H.} \int\limits_{-\infty}^{\infty} \frac{\sin sa \cdot \cos sx}{s}\, ds = \lim_{A \to \infty} \int\limits_{-A}^{A} \frac{\sin sa \cdot \cos sx}{s}\, ds\,, \quad a > 0\,.$$

Anleitung: Bestimme die Fouriertransformierte der Funktion

$$f(x) = \begin{cases} 1 & \text{für} \quad |x| \le a \\ 0 & \text{für} \quad |x| > a \end{cases}$$

und benutze Satz 8.2.

Übung 8.3:

Sei f in $\mathbb{R}$ stückweise stetig und absolut integrierbar. Weise nach, dass für $a > 0$ die Beziehung

$$\mathfrak{F}[f(at)] = \frac{1}{a} \hat{f}\left(\frac{s}{a} \right)$$

gilt.

---

13 S.D. Poisson (1781–1840), französischer Mathematiker und Physiker

Übung 8.4:

Rechne die folgenden Eigenschaften der Faltung nach:

(a) $f_1 * f_2 = f_2 * f_1$ (Kommutativität);

(b) $(f_1 * f_2) * f_3 = f_1 * (f_2 * f_3)$ (Assoziativität);

(c) $f_1 * (f_2 + f_3) = (f_1 * f_2) + (f_1 * f_3)$ (Distributivität).

Übung 8.5*

Bilde die DGln

(a) $y'' + 2y' - 6y = g$;   (b) $y^{(4)} - 3y'' + 8y = g$

mittels Fouriertransformation ab und bestimme ihre Lösungen im Bildbereich.

Übung 8.6*

Bestimme mit Hilfe der Fouriertransformation eine (formale) Lösung $f(x)$ der Integralglei-chung

$$f(x) = g(x) + \int\limits_{-\infty}^{\infty} k(x - u) f(u)\, du , \quad -\infty < x < \infty$$

(g, k vorgegebene Funktionen).

8.5   Diskrete Fouriertransformation

Bei zahlreichen Fragestellungen der Technik, etwa der Mess- und Regelungstechnik wie auch der Systemtheorie oder der Analyse von Schwingungen, liegen von der betrachteten Funktion aufgrund von Messungen nur ihre Werte an *diskreten* Stellen vor. Als besonders leistungsfähige mathematische Hilfsmittel bei der Behandlung solcher Fälle erweisen sich

*   die *diskrete Fouriertransformation* DFT mit dem wichtigen Spezialfall *schnelle Fourier-transformation* FFT (*Fast Fourier Transform*) (s. Abschn. 8.5.1 und 8.5.2)

und

*   die $\mathfrak{Z}$-*Transformation* (s. Abschn. 10).

8.5.1   Diskrete Fouriertransformation (DFT)

Wir zeigen zunächst eine konkrete Anwendungssituation auf, die wir mit Genehmigung des Au-tors [61] entnehmen konnten: Im Zusammenhang mit Schwingungsanalysen, z.B. bei Maschinen, Fahrzeugen und Bauwerken, werden bei der Messung der Erregerkräfte und der entsprechenden Strukturantworten die analogen Zeitsignale in Analog-Digital-Wandlern *zeitdiskret* abgetastet und digitalisiert. Die dabei gewonnenen Messdaten liegen dann einem sogenannten Spektrum-Analysator als Zeitreihen vor, wo sie numerisch weiterverarbeitet werden können. Mit Hilfe dieser Spektrum-Analysatoren ist es möglich, Frequenzanalysen breitbandiger Signale durchzuführen und dadurch entsprechende Anregungen zu verwenden. Entscheidend für die Entwicklung der Spektrum-Analysatoren waren der rasche Fortschritt der digitalen Rechentechnik und die Bereitstellung geeigneter numerischer Verfahren der schnellen Fouriertransformation FFT, wobei der Algorithmus von *Cooley* und *Tukey* [20] besondere Bedeutung erlangte. Dadurch gelang es, die Rechenzeit zur Durchführung breitbandiger Frequenzanalysen ganz wesentlich zu verringern. Auf dieser Grundlage konnten sich z.B. ganz neue Methoden der experimentellen Modalanalyse entwickeln, etwa das Phasentrennungsverfahren. Eine ausführliche Darstellung dieser interessanten Anwendung der FFT findet sich in dem o.g. Buch von H. Irretier. Eine umfassende historische Abhandlung zur diskreten Fouriertransformation inklusive einer Vielzahl weiterer Literaturhinweise liefert der Artikel von Heidemann et.al. [50]. Wir begnügen uns in diesem Abschnitt mit einer Einführung in die Theorie der DFT. Zunächst erinnern wir an Abschnitt 8.1.1. Dort haben wir gesehen, dass sich jede 2π-periodische, stetige, stückweise glatte Funktion f durch ihre Fourierreihe darstellen lässt:

$$f(x) = \sum_{k=-\infty}^{\infty} c_k \, e^{ikx}, \quad x \in \mathbb{R}. \tag{8.70}$$

Hierbei sind die komplexen Fourierkoeffizienten c_k durch

$$c_k = \frac{1}{2\pi} \int_0^{2\pi} f(t) \, e^{-ikt} \, dt, \quad k \in \mathbb{Z} \tag{8.71}$$

gegeben. (Beachte: $\int_0^{2\pi} \ldots = \int_{-\pi}^{\pi} \ldots$. Warum ?)

Es sei an dieser Stelle bemerkt, daß sich alle Aussagen aufgrund der Transformation

$$f(x) := g\left(x \cdot \frac{L}{2\pi}\right)$$

auch auf L-periodische Funktionen g mit $L \in \mathbb{R}^+$, übertragen lassen. Im Folgenden fassen wir $f : \mathbb{R} \to \mathbb{C}$ als 2π-periodische komplexwertige Abbildung auf. Entsprechend der diskreten Abtastung sei f an den $N \in \mathbb{N}$ äquidistanten Stellen

$$x_j = j \cdot \frac{2\pi}{N}, \quad j = 0, \ldots, N-1 \tag{8.72}$$

vorgegeben, siehe Fig 8.13. Die durch die Abtastung vorliegenden Funktionswerte fassen wir mit

$$f_j = f(x_j), \quad j = 0, \ldots, N-1 \tag{8.73}$$

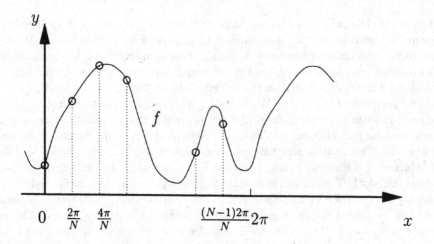

Fig. 8.13: Äquidistante Abtastung der 2π-periodischen Funktion f

im Vektor

$$f = (f_0, \ldots, f_{N-1})^{\mathrm{T}} \in \mathbb{C}^N \tag{8.74}$$

zusammen.

Bei nahezu allen Anwendungen ist es von grundlegender Bedeutung, dass man die durch (8.71) gegebenen komplexen Fourierkoeffizienten c_k für die problemspezifisch relevanten Frequenzen effizient bestimmen respektive approximieren kann. Das Integral (8.71) wird hierzu durch eine Quadraturformel angenähert. Wir nutzen eine einfache summierte Rechteckregel

$$c_k \quad \approx \quad \frac{1}{2\pi} \frac{2\pi}{N} \sum_{j=0}^{N-1} f(x_j) \, e^{-\mathrm{i}kx_j}$$

$$\overset{(8.72)(8.73)}{=} \frac{1}{N} \sum_{j=0}^{N-1} f_j \, e^{-\mathrm{i}\,2\pi kj/N}, \quad k \in \mathbb{Z}.$$

Aufgrund der Periodizität der Abbildung f entspricht die verwendete Rechteckregel in diesem Fall der summierten Trapezregel, so dass eine höhere Genauigkeit vorliegt.

Definition 8.7:
Die Abbildung $\mathcal{F}_N : \mathbb{C}^N \to \mathbb{C}^N$, die einem Vektor $(f_0, \ldots, f_{N-1})^{\mathrm{T}} \in \mathbb{C}^N$ durch

$$\hat{c}_k := \frac{1}{N} \sum_{j=0}^{N-1} f_j \, e^{-\mathrm{i}\,2\pi kj/N}, \quad k = 0, \ldots, N-1, \tag{8.75}$$

den Vektor $\hat{c} = (\hat{c}_0, \ldots, \hat{c}_{N-1})^\mathrm{T} \in \mathbb{C}^N$ zuordnet, heißt diskrete Fouriertransformation (DFT).

Die DFT lässt sich in Matrix-Vektor-Form

$$\hat{c} = \mathcal{F}_N(f) = \frac{1}{N} \boldsymbol{F}_N f \tag{8.76}$$

unter Verwendung der komplexwertigen $N \times N$ Fouriermatrix

$$\boldsymbol{F}_N = \left(\mathrm{e}^{-\mathrm{i}\, 2\pi kj/N} \right)_{j,k=0,\ldots,N-1} \tag{8.77}$$

schreiben. Die der Abbildung somit zugeordnete Matrix ist offensichtlich symmetrisch und beinhaltet wegen der N-Periodizität von $\mathrm{e}^{-\mathrm{i}\, 2\pi m/N}$, $m \in \mathbb{Z}$, nur N verschiedene Werte. Beispielsweise erhalten wir für $N = 2$

$$\boldsymbol{F}_N = \boldsymbol{F}_2 = \begin{bmatrix} 1 & 1 \\ 1 & -1 \end{bmatrix} \in \mathbb{C}^{2\times 2}$$

und für $N = 4$

$$\boldsymbol{F}_N = \boldsymbol{F}_4 = \begin{bmatrix} 1 & 1 & 1 & 1 \\ 1 & -\mathrm{i} & -1 & \mathrm{i} \\ 1 & -1 & 1 & -1 \\ 1 & \mathrm{i} & -1 & -\mathrm{i} \end{bmatrix} \in \mathbb{C}^{4\times 4} \,. \tag{8.78}$$

Häufig wird auch bereits die Anwendung der Fouriermatrix gemäß

$$\hat{f} := \boldsymbol{F}_N f \tag{8.79}$$

als diskrete Fouriertransformation bezeichnet, da sich $\hat{f}$ und $\hat{c}$ nur durch die multiplikative Konstante $1/N$ unterscheiden und im Rahmen der schnellen Fouriertransformation die sukzessive Anwendung der DFT in der Form (8.79) verstanden wird.

Zum Nachweis der Bijektivität der diskreten Fouriertransformation ist es stets ausreichend, die Regularität der Fouriermatrix zu beweisen. Hierzu betrachten wir zunächst folgendes Lemma:

Hilfssatz 8.4:

Für alle $N \in \mathbb{N}$ gilt

$$\sum_{j=0}^{N-1} \mathrm{e}^{\mathrm{i}\, 2\pi jn/N} = \begin{cases} N, & \text{falls } n = k \cdot N, k \in \mathbb{Z}, \\ 0, & \text{sonst.} \end{cases}$$

Beweis:

Für $n = k \cdot N$, $k \in \mathbb{Z}$, erhalten wir

$$e^{i 2\pi jn/N} = e^{i 2\pi jk} = 1 \quad \text{für alle } j \in \{0, \dots, N-1\}$$

und somit

$$\sum_{j=0}^{N-1} e^{i 2\pi jn/N} = N.$$

Falls N nicht n teilt, so gilt $e^{i 2\pi n/N} \neq 1$ und wir erhalten den zweiten Teil der Behauptung aus

$$\underbrace{(1 - e^{i 2\pi n/N})}_{\neq 0} \sum_{j=0}^{N} e^{i 2\pi jn/N} = \sum_{j=0}^{N-1} e^{i 2\pi jn/N} - \sum_{j=1}^{N} e^{i 2\pi jn/N} = e^0 - e^{i 2\pi n} = 0.$$

$\square$

Satz 8.9:

Die diskrete Fouriertransformation ist bijektiv. Die inverse diskrete Fouriertransformation (IDFT) $\mathcal{F}_N^{-1} : \mathbb{C}^N \to \mathbb{C}^N$ ist durch

$$f_k = \sum_{j=0}^{N-1} \hat{c}_j\, e^{i 2\pi jk/N}, \quad k = 0, \dots, N-1 \tag{8.80}$$

gegeben. In Matrixschreibweise gilt mit der Fouriermatrix (8.77)

$$\mathcal{F}_N^{-1}(\hat{c}) = \overline{F}_N \hat{c}.$$

Beweis:

Für die Koeffizienten a_{st}, $s, t = 1, \dots, N$, der durch

$$A := \frac{1}{N} \overline{F}_N F_N \in \mathbb{C}^{N \times N}$$

gegebenen Matrix erhalten wir unter Verwendung des Hilfssatzes 8.4 die Darstellung

$$a_{st} = \frac{1}{N} \sum_{j=0}^{N-1} \overline{e^{-i 2\pi sj/N}} \cdot e^{-i 2\pi jt/N} = \frac{1}{N} \sum_{j=0}^{N-1} e^{i 2\pi (s-t)j/N} = \begin{cases} 1, & \text{für } s = t, \\ 0, & \text{sonst.} \end{cases}$$

Folglich ergibt sich

$$F_N^{-1} = \frac{1}{N} \overline{F}_N,$$

sowie

$$\mathcal{F}_N^{-1}(\mathcal{F}_N(f)) = \mathcal{F}^{-1}(\frac{1}{N}\boldsymbol{F}_N f) = \overline{\boldsymbol{F}}_N \frac{1}{N}\boldsymbol{F}_N f = f.$$

$\square$

Bemerkung: Aufgrund der Symmetrie der Matrix $\boldsymbol{F}_N$ gilt

$$\boldsymbol{F}_N^{-1} = \frac{1}{N}\overline{\boldsymbol{F}}_N = \frac{1}{N}\overline{\boldsymbol{F}}_N^{\mathrm{T}} = \frac{1}{N}\boldsymbol{F}_N^*, \qquad (8.81)$$

so dass mit

$$\boldsymbol{G}_N = \frac{1}{\sqrt{N}}\boldsymbol{F}_N$$

eine unitäre Matrix vorliegt.

Zusammenfassend lässt sich die DFT in folgender Form als MATLAB-Programm umsetzen, siehe Fig. 8.14.

```
% Programm zur diskreten Fouriertransformation
%
% Eingabe: Vektor der Funktionsabtastungen
% Ausgabe: Diskrete Fourierkoeffizienten
%

function c = DFT(f)
  N = length(f);  % Ermittlung der Vektorlänge
  for k = 0:N-1
      c(k+1) = 0;
      for j = 0:N-1
          c(k+1) = c(k+1) + f(j+1) * exp(-i*2*pi*k*j/N);
      end;
  end;
  c = c / N;
```

Fig. 8.14: MATLAB-Implementierung der DFT

Eine Darstellung der DFT in Mathematica kann dem Online-Service über die im Vorwort angegebene Internetseite entnommen werden.

Da die Einträge der Fouriermatrix stets den Betrag eins aufweisen, entspricht der Aufwand der DFT(N) (DFT bei N Stützstellen) in der vorliegenden Form neben der Skalarmultiplikation mit $\frac{1}{N}$ im Wesentlichen dem Matrix-Vektor-Produkt $\hat{f} = \boldsymbol{F}_N f$ mit einer vollbesetzten Matrix $\boldsymbol{F}_N$, d.h.

$\mathcal{O}(N^2)$ arithmetischen Operationen.

Der durch Satz 8.9 vorliegenden Beziehung

$$f_k = \sum_{j=0}^{N-1} \hat{c}_j \, e^{i\,2\pi jk/N} \,, \quad k = 0, \dots, N-1$$

im diskreten Fall entspricht die Beziehung

$$f(x) = \sum_{k=-\infty}^{\infty} c_k \, e^{i\,kx}$$

im kontinuierlichen Fall, so dass man im ersten Fall von einer endlichen Fourierreihe spricht. Den endlich vielen Fourierkoeffizienten im diskreten Fall

$$\hat{c}_k = \frac{1}{N} \sum_{j=0}^{N-1} f_j \, e^{-i\,2\pi kj/N} \,, \quad k = 0, \dots, N-1 \tag{8.82}$$

entsprechen im kontinuierlichen Fall die (unendlich vielen) Fourierkoeffizienten

$$c_k = \frac{1}{2\pi} \int_{0}^{2\pi} f(t) \, e^{-i\,kt} \, dt \,, \quad k \in \mathbb{Z} \,.$$

Aus diesem Blickwinkel ist es daher naheliegend, die diskreten Fourierkoeffizienten (8.82) analog zum kontinuierlichen Fall für alle $k \in \mathbb{Z}$ festzulegen und zudem den Vektor der Funktionsauswertungen N-periodisch fortzusetzen, womit für alle $k \in \mathbb{Z}$ der Zusammenhang $f_k = f(k\frac{2\pi}{N})$ gilt. Wir erhalten somit die N-periodischen komplexwertigen Folgen

$$(f_k)_{k \in \mathbb{Z}} \quad \text{und} \quad (\hat{c}_k)_{k \in \mathbb{Z}} \,. \tag{8.83}$$

Betrachten wir ein festes $N \in \mathbb{N}$ (N gerade), dann ergibt sich für $j, r \in \mathbb{Z}$ wegen

$$e^{-i\,2\pi(k+rN)j/N} = \underbrace{e^{-i\,2\pi rj}}_{=1} \cdot e^{-i\,2\pi kj/N}$$

die Eigenschaft

$$\hat{c}_{k+rN} = \frac{1}{N} \sum_{j=0}^{N-1} f_j \, e^{-i\,2\pi(k+rN)j/n} = \frac{1}{N} \sum_{j=0}^{N-1} f_j \, e^{-i\,2\pi kj/N} = \hat{c}_k \,.$$

Die Werte $\hat{c}_k$ sind folglich N-periodisch und stellen damit für integrierbare Funktionen im Gegensatz zur Folge der Fourierkoeffizienten mit Ausnahme des Spezialfalls $\hat{c}_k \equiv 0$ keine Nullfolge für $k \to \pm\infty$ dar. Folglich können mittels einer diskreten Fouriertransformation bei integrierbaren Funktionen und festen, geraden $N \in \mathbb{N}$ nicht alle Fourierkoeffizienten der Ausgangsfunktion gleichermaßen gut angenähert werden, da für betragsmäßig große $k \in \mathbb{Z}$ ein weitestgehend periodischer Fehlerverlauf zu erwarten ist. Zudem ist es aufgrund der Periodizität der diskreten Fourierkoeffizienten ausreichend, den Vektor $\hat{c} = (\hat{c}_0, \ldots, \hat{c}_{N-1})^{\mathrm{T}}$ respektive $\hat{f} = (\hat{f}_0, \ldots, \hat{f}_{N-1})^{\mathrm{T}}$ abzuspeichern.

Analog zu den in Abschnitt 8.3 dargestellten Eigenschaften der Fouriertransformation ergeben sich entsprechende Zusammenhänge für die diskrete Fouriertransformation. Ausgehend von den N-periodischen komplexwertigen Folgen $(\tilde{f}_k)_{k\in\mathbb{Z}}$ und $(\tilde{g}_k)_{k\in\mathbb{Z}}$ seien $l, m, n \in \mathbb{Z}$ sowie

$$f = \begin{bmatrix} f_0 \\ \vdots \\ f_{N-1} \end{bmatrix} := \begin{bmatrix} \tilde{f}_n \\ \vdots \\ \tilde{f}_{n+N-1} \end{bmatrix}, \quad g = \begin{bmatrix} g_0 \\ \vdots \\ g_{N-1} \end{bmatrix} := \begin{bmatrix} \tilde{g}_l \\ \vdots \\ \tilde{g}_{l+N-1} \end{bmatrix}$$

und

$$h = \begin{bmatrix} h_0 \\ \vdots \\ h_{N-1} \end{bmatrix} := \begin{bmatrix} \tilde{f}_{m+n} \\ \vdots \\ \tilde{f}_{m+n+N-1} \end{bmatrix}$$

gegeben. Dann lassen sich folgende Eigenschaften der diskreten Fouriertransformation formulieren:

(i) Die DFT ist linear, d.h. für $\alpha, \beta \in \mathbb{C}$ und

$$\hat{a} = \mathcal{F}_N(f), \quad \hat{b} = \mathcal{F}_N(g)$$

gilt

$$\mathcal{F}_N(\alpha f + \beta g) = \alpha\hat{a} + \beta\hat{b}. \tag{8.84}$$

(ii) Die DFT erfüllt den Verschiebungssatz, d.h. für

$$\hat{a} = \mathcal{F}_N(f), \quad \hat{c} = \mathcal{F}_N(h)$$

gilt mit $w = \mathrm{e}^{\mathrm{i}2\pi/N}$ der Zusammenhang

$$\hat{c}_k = w^{km}\hat{a}_k, \quad k = 0, \ldots, N-1. \tag{8.85}$$

(iii) Wird die Faltung

$$* : \mathbb{C}^N \times \mathbb{C}^N \to \mathbb{C}^N$$
$$f * g \mapsto d := f * g$$

durch

$$d_k := \frac{1}{N} \sum_{j=0}^{N-1} g_j f_{\substack{N\\k-j}} {}^{14} \quad , k = 0, \ldots, N-1 \tag{8.86}$$

definiert, so gilt mit

$$\hat{a} = \mathcal{F}_N(f), \quad \hat{b} = \mathcal{F}_N(g) \text{ und } \hat{d} = \mathcal{F}_N(d)$$

der Faltungssatz

$$\hat{d}_k = \hat{a}_k \hat{b}_k, \quad k = 0, \ldots, N-1. \tag{8.87}$$

Das heißt $\mathcal{F}_N(f * g)$ ergibt sich aus der komponentenweisen Multiplikation von $\mathcal{F}_N(f)$ und $\mathcal{F}_N(g)$.

Wir überlassen die einfachen Beweise dem Leser.

Bemerkung: Zur Berechnung der Faltung benötigt man N^2 Multiplikationen (N Skalarprodukte in $\mathbb{C}^N$), das gliedweise Produkt auf der rechten Seite von (8.87) erfordert dagegen nur N Multiplikationen. Diese Tatsache lässt sich sehr vorteilhaft zur Konstruktion von schnellen Algorithmen nutzen. Die Faltung spielt überdies bei der Multiplikation von ganzen Zahlen und von Polynomen eine wichtige Rolle. In den Anwendungen ist sie vor allem für die Signalverarbeitung von Bedeutung. Nicht zuletzt aus diesen Gründen ist man an schnellen Berechnungsverfahren für die diskrete Fouriertransformation interessiert (s. auch einführende Bemerkungen zu Abschn. 8.5.1).

Bevor wir eine differenzierte Untersuchung der Approximationsgüte vornehmen, werden wir die Eigenschaften der diskreten Fourierkoeffizienten zunächst anhand zweier Beispiele verdeutlichen.

Beispiel 8.11:

(a) Wir betrachten die 2π-periodische Funktion

$$f(x) = \begin{cases} e^{x/4\pi}, & \text{für } x \in (0, 2\pi) \\ \frac{1}{2}(1 + e^{1/2}), & \text{für } x = 0 \end{cases}, \quad f(x + 2\pi) = f(x) \text{ für alle } x \in \mathbb{R}. \tag{8.88}$$

Für die Fourierkoeffizienten erhalten wir die Darstellung

$$c_k = \frac{1}{2\pi} \int_0^{2\pi} e^{x/4\pi} \cdot e^{-ikx} \, dx = \frac{e^{1/2} - 1}{\frac{1}{2} - i2\pi k}, \quad k \in \mathbb{Z}.$$

---

14 Unter der N-periodischen Subtraktion $\overset{N}{-}$ verstehen wir hier für $k, j \in \mathbb{Z}$ den Rest von $k - j$ bei ganzzahliger Division durch N, d.h. $z = k \overset{N}{-} j$ ist die eindeutig bestimmte Zahl aus $[0, \ldots, N-1]$, für die ein $y \in \mathbb{Z}$ mit $k - l = y \cdot N + z$ existiert. Da f eine Periode der N-periodischen Folge $(\hat{f}_k)_{k \in \mathbb{Z}}$ repräsentiert, ergeben sich die Zahlenwerte $f_{\substack{N\\k-j}}$ auch durch einfaches Durchlaufen der Folge.

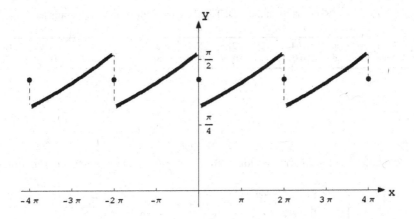

Fig. 8.15: Funktionsverlauf für f gemäß (8.88)

Für die Wahl $N = 8$ sind in Abbildung 8.16 (links) die Beträge der Fourierkoeffizienten des kontinuierlichen Falls ($|c_k|$) und des diskreten Falls ($|\hat{c}_k|$) gegenübergestellt. Wir erkennen eine gute Übereinstimmung im Bereich $-4 \leq k \leq 4$. Darüber hinaus zeigen sich größere Abweichungen aufgrund der bereits angesprochenen N-Periodizität der diskreten Fourierkoeffizienten. Dieser Sachverhalt wird auch durch die Fehlerdarstellung

$$|c_k - \hat{c}_k|$$

in Fig. 8.16 (rechts) belegt. Die auf einem handelsüblichen Laptop ermittelten Rechenzeiten der DFT(N) gemäß Algorithmus laut Fig. 8.14 können der Tabelle 8.1 entnommen werden. Wir erkennen deutlich den prognostizierten quadratischen Anstieg der Rechenzeit in Abhängigkeit vom gewählten Parameter N.

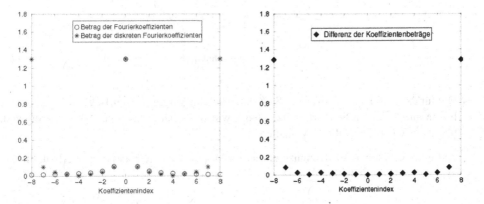

Fig. 8.16: Gegenüberstellung der Beträge der Fourierkoeffizienten $|c_k|$ und $|\hat{c}_k|$ (links) und Darstellung des Fehlerverlaufs $||c_k| - |\hat{c}_k||$ (rechts) über dem Index k zum Beispiel 8.11 (a) für $N = 8$.

Tabelle 8.1: Rechenaufwand der DFT in Abhängigkeit vom Abtastparameter N.

Anz. der Abtastungen N	64	128	256	512	1024	2048	4096	8192	16384
Rechenzeit in Sekunden	0.01	0.04	0.17	0.64	2.56	10.17	40.96	164.12	661.36

(b) (Sägezahnkurve) Für die in Abbildung 8.17 dargestellte 2π-periodische Funktion

$$f(x) = \begin{cases} x, & \text{für } x \in (-\pi, \pi) \\ 0, & \text{für } x = \pi \end{cases} , \quad f(x + 2\pi) = f(x) \quad \text{für alle } x \in \mathbb{R}$$

erhalten wir laut Burg/Haf/Wille (Analysis) [13] die komplexen Fourierkoeffizienten zu

$$c_k = \begin{cases} \frac{(-1)^k i}{k}, & k \in \mathbb{Z} \setminus \{0\} \\ 0, & k = 0. \end{cases}$$

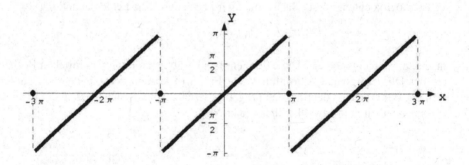

Fig. 8.17: Sägezahnkurve

Die für $N = 16$ in der Abbildung 8.18 dargestellten Vergleiche der Beträge der kontinuierlichen und diskreten Fourierkoeffizienten sowie deren betragsmäßige Differenz zeigen das bereits in Teil (a) diskutierte Verhalten.

Auf eine Auflistung der Rechenzeiten wird verzichtet, da die Ergebnisse qualitativ mit der Tabelle 8.1 übereinstimmen.

Mit dem folgenden Satz erhalten wir eine Darstellung des Quadraturfehlers in Abhängigkeit von den vorliegenden kontinuierlichen Fourierkoeffizienten.

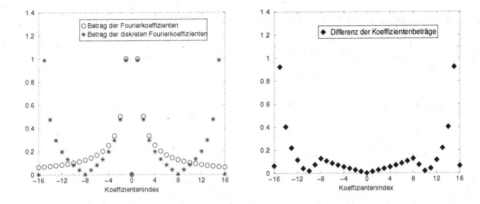

Fig. 8.18: Gegenüberstellung der Beträge der Fourierkoeffizienten $|c_k|$ und $|\hat{c}_k|$ (links) und Darstellung des Fehlerverlaufs $||c_k| - |\hat{c}_k||$ (rechts) über dem Index k zum Beispiel 8.11 (b) für $N = 16$.

Satz 8.10:

Sei $f : \mathbb{R} \to \mathbb{C}$ eine 2π-periodische, stückweise glatte Funktion mit der zugehörigen Fourierreihe

$$f(x) = \sum_{k=-\infty}^{\infty} c_k \, e^{i k x} \, . \tag{8.89}$$

Dann gilt für die Differenz zwischen den diskreten und kontinuierlichen Fourierkoeffizienten für die Abtastrate N die Darstellung

$$\hat{c}_n - c_n = \sum_{s \in \mathbb{Z} \setminus \{0\}} c_{n+sN}$$

für alle $n \in \mathbb{Z}$.

Beweis:

Aus (8.89) folgt für $x_j = j \cdot \frac{2\pi}{N}$, $j = 0, \ldots, N - 1$ die Auswertung

$$f(x_j) = \sum_{k=-\infty}^{\infty} c_k \, e^{i 2\pi j k / N}$$

und somit aus Gleichung (8.75) die Form der diskreten Fourierkoeffizienten zu

$$\hat{c}_n = \frac{1}{N} \sum_{j=0}^{N-1} \left(\sum_{k=-\infty}^{\infty} c_k \, e^{i 2\pi j (k-n)/N} \right) = \frac{1}{N} \sum_{k=-\infty}^{\infty} c_k \left(\sum_{j=0}^{N-1} e^{i 2\pi j (k-n)/N} \right) \, .$$

Unter Berücksichtigung von Hilfssatz 8.4 ergibt sich

$$\sum_{j=0}^{N-1} e^{i 2\pi j (k-n)/N} = \begin{cases} N, & \text{für } k = n + sN, s \in \mathbb{Z} \\ 0, & \text{sonst,} \end{cases}$$

womit die Behauptung aus

$$\hat{c}_n = \sum_{s=-\infty}^{\infty} c_{n+sN} = c_n + \sum_{s \in \mathbb{Z}\setminus\{0\}} c_{n+sN}$$

folgt.   □

Die Approximationsgüte der diskreten Fourierkoeffizienten ist laut Satz 8.10 vom Abfallverhalten der kontinuierlichen Fourierkoeffizienten für betragsmäßig steigenden Index k und von der Abtastrate N abhängig. Liegt mit $k \to \pm\infty$ jeweils eine streng monoton fallende Folge $(|c_k|)$ vor, so ergibt sich die auch in den Abbildungen 8.16 (rechts) und 8.18 (rechts) gute Annäherung von $\hat{c}_n$ an c_n für betragsmäßig kleine $n \in \mathbb{Z}$. Zumeist ergibt sich eine akzeptable Näherung

$$c_n \approx \hat{c}_n$$

für $n \in \left[-\frac{N}{2}, \frac{N}{2}\right]$.

8.5.2   Schnelle Fouriertransformation (FFT)

Das Ziel der schnellen Fouriertransformation (Fast Fourier Transform (FFT)) liegt in der Reduzierung des Rechenaufwandes der diskreten Fouriertransformation. Die Vorgehensweise basiert auf der Divide-and-Conquer-Technik (Teile-und-Herrsche-Strategie), bei der eine sukzessive Halbierung der Abtastungen vorgenommen wird. Demzufolge setzen wir die Stützstellenzahl als Zweierpotenz, d.h.

$$N = 2^m, \quad m \in \mathbb{N}$$

voraus. Unter Verwendung der Abkürzung

$$\gamma_N := e^{-i 2\pi/N}$$

schreiben wir die diskrete Fouriertransformation in der Form

$$\hat{c}_k \stackrel{(8.82)}{=} \frac{1}{N} \sum_{j=0}^{N-1} f_j\, e^{-i 2\pi k j/N} = \frac{1}{N} \underbrace{\sum_{j=0}^{N-1} f_j \gamma_N^{kj}}_{=:\hat{f}_k} \tag{8.90}$$

für $k = 0, \ldots, N-1$.

Wir zerlegen die obige Summe in zwei Teilsummen gemäß

$$\hat{f}_k = \sum_{j=0}^{\frac{N}{2}-1} f_j \gamma_N^{kj} + \sum_{j=0}^{\frac{N}{2}-1} f_{\frac{N}{2}+j} \gamma_N^{k\left(\frac{N}{2}+j\right)}, \quad k = 0, \ldots, N-1, \tag{8.91}$$

und betrachten gerade und ungerade Indizes k getrennt.

Fall 1: k sei gerade, d.h. $k = 2l, l \in \{0, \ldots, \frac{N}{2}-1\}$.

Unter Berücksichtigung von

$$\gamma_N^{kj} = \gamma_N^{2lj} = e^{\frac{-i4\pi lj}{N}} = e^{\frac{-i2\pi lj}{N/2}} = \gamma_{\frac{N}{2}}^{lj}$$

sowie

$$\gamma_N^{k\left(\frac{N}{2}+j\right)} = \underbrace{\gamma_N^{lN}}_{=1} \cdot \gamma_N^{2lj} = \gamma_{\frac{N}{2}}^{lj}$$

erhalten wir

$$\hat{f}_{2l} \overset{(8.91)}{=} \sum_{j=0}^{\frac{N}{2}-1} (f_j + f_{\frac{N}{2}+j}) \gamma_{\frac{N}{2}}^{lj}, \quad l = 0, \ldots, \frac{N}{2}-1.$$

Nach Ausführung von $\frac{N}{2}$ Additionen $f_j + f_{j+\frac{N}{2}}, j = 0, \ldots, \frac{N}{2}-1$, können folglich alle diskreten Fourierkoeffizienten mit geradem Index k mit dem Aufwand einer DFT($\frac{N}{2}$) berechnet werden.

Fall 2: k sei ungerade, d.h. $k = 2l + 1, l \in \{0, \ldots, \frac{N}{2}-1\}$.

Hierbei ergibt sich unter Verwendung von

$$\gamma_N^{(2l+1)j} = \gamma_N^j \gamma_N^{2lj} = \gamma_N^j \gamma_{\frac{N}{2}}^{lj}, \quad \gamma_N^{(2l+1)\left(\frac{N}{2}+j\right)} = \underbrace{\gamma_N^{(2l+1)\frac{N}{2}}}_{=-1} \gamma_N^{(2l+1)j} = -\gamma_N^j \gamma_{\frac{N}{2}}^{lj},$$

die Darstellung

$$\hat{f}_{2l+1} \overset{(8.91)}{=} \sum_{j=0}^{\frac{N}{2}-1} f_j \gamma_N^{(2l+1)j} + \sum_{j=0}^{\frac{N}{2}-1} f_{\frac{N}{2}+j} \gamma_N^{(2l+1)\left(\frac{N}{2}+j\right)}$$

$$= \sum_{j=0}^{\frac{N}{2}-1} (f_j - f_{\frac{N}{2}+j}) \gamma_N^j \gamma_{\frac{N}{2}}^{lj}, \quad l = 0, \ldots, \frac{N}{2}-1.$$

Nach einem Aufwand von $\frac{N}{2}$ Subtraktionen $f_j - f_{\frac{N}{2}+j}$, $j = 0, \ldots, \frac{N}{2} - 1$, und $\frac{N}{2}$ Multiplikationen mit den Drehfaktoren $\gamma_N^j = \mathrm{e}^{-\mathrm{i}2\pi j/N}$, $j = 0, \ldots, \frac{N}{2} - 1$, erhalten wir somit analog zum ersten Fall eine Halbierung des Rechenaufwandes.

Zusammenfassend ist es uns gelungen, die Matrix-Vektor-Multiplikation

$$\tilde{f} = F_N f, \quad F_N \in \mathbb{C}^{N \times N}$$

mit einem Aufwand von $\frac{3}{2}N$ arithmetischen Operationen in zwei Matrix-Vektor-Produkte mit Matrizen aus $\mathbb{C}^{\frac{N}{2} \times \frac{N}{2}}$ zu zerlegen. Vernachlässigen wir die abschließende Division durch den Abtastparameter N, so liegen somit zwei Abbildungen mit dem Aufwand einer DFT($\frac{N}{2}$) vor. Diese Vorgehensweise wird sukzessive m-mal durchgeführt, bis der Aufwand von 2^m DFT(1) vorliegt. Da die DFT(1) der Identität entspricht und für $k = 0, \ldots, m - 1$ die Zerlegung stets

$$2^k \cdot \frac{3}{2} \cdot \left(\frac{N}{2^k}\right) = \frac{3}{2}N$$

arithmetische Operationen benötigt, ergibt sich mit

$$m = \log_2 2^m = \log_2 N$$

ein Gesamtaufwand von

$$\mathcal{O}(N \cdot m) = \mathcal{O}(N \log_2 N)$$

arithmetischen Operationen. Mittels der Grundoperatordarstellungen laut Abbildung 8.19 lässt sich die schnelle Fouriertransformation auch sehr übersichtlich in Form eines Flussdiagramms verdeutlichen. Für $N = 8$ ergibt sich das in Fig. 8.20 aufgeführte Schema.

Fig. 8.19: Schematische Darstellung der FFT-Grundoperationen

Wird das Verfahren in der Form gemäß Fig. 8.20 durchgeführt, d.h. die Ausgabewerte nach jedem Reduktionsschritt auf dem Speicherplatz des Eingabevektors abgelegt, so erhält der endgültige Ausgabevektor die diskrete Fouriertransformierte $\hat{c} = \frac{1}{N}(\hat{f}_0, \ldots, \hat{f}_{n-1})^{\mathrm{T}}$ in bitreversibler Anordnung. An der Stelle

$$r = 2^{m-1}r_{m-1} + \ldots + 2r_1 + r_0 = (r_{m-1}, \ldots, r_0)_2$$

des Ausgabevektors steht also der Wert mit dem Index

$$k = (r_0, \ldots, r_{m-1})_2 = 2^{m-1}r_0 + \ldots + 2r_{m-2} + r_{m-1}.$$

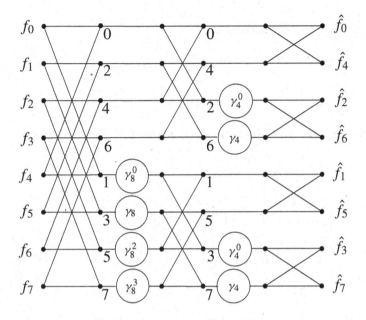

Fig. 8.20: Schematische Darstellung einer FFT für $N = 8$

Beispielhaft für den Parameter $N = 8$ ist die Bitumkehr in Tabelle 8.2 dargestellt

Tabelle 8.2: Bitumkehr

r	k
$0 = (0,0,0)_2$	$(0,0,0)_2 = 0$
$1 = (0,0,1)_2$	$(1,0,0)_2 = 4$
$2 = (0,1,0)_2$	$(0,1,0)_2 = 2$
$3 = (0,1,1)_2$	$(1,1,0)_2 = 6$
$4 = (1,0,0)_2$	$(0,0,1)_2 = 1$
$5 = (1,0,1)_2$	$(1,0,1)_2 = 5$
$6 = (1,1,0)_2$	$(0,1,1)_2 = 3$
$7 = (1,1,1)_2$	$(1,1,1)_2 = 7$

Aufgrund der Bitreversibilität wird eine abschließende Multiplikation mit einer Permutations-matrix durchgeführt, so dass die Ausgabewerte in der Reihenfolge der Eingabewerte vorliegen.

Letztendlich haben wir den Aufwand der DFT(N) dadurch signifikant reduziert, dass die voll-besetzte Matrix $\boldsymbol{F}_N$ als Produkt von schwachbesetzten Matrizen ausgedrückt wird. Für den Fall,

$N = 4$ ergibt sich die Permutationsmatrix

$$P_4 = \begin{bmatrix} 1 & 0 & 0 & 0 \\ 0 & 0 & 1 & 0 \\ 0 & 1 & 0 & 0 \\ 0 & 0 & 0 & 1 \end{bmatrix}$$

und die Fouriermatrix F_4 lässt sich formal durch die beschriebene Vorgehensweise somit in der Form

$$F_4 \overset{(8.78)}{=} \begin{bmatrix} 1 & 1 & 1 & 1 \\ 1 & -i & -1 & i \\ 1 & -1 & 1 & -1 \\ 1 & i & -1 & -i \end{bmatrix}$$

$$= \begin{bmatrix} 1 & 0 & 0 & 0 \\ 0 & 0 & 1 & 0 \\ 0 & 1 & 0 & 0 \\ 0 & 0 & 0 & 1 \end{bmatrix} \begin{bmatrix} 1 & 1 & 0 & 0 \\ 1 & -1 & 0 & 0 \\ 0 & 0 & 1 & 1 \\ 0 & 0 & 1 & -1 \end{bmatrix} \begin{bmatrix} 1 & 0 & 0 & 0 \\ 0 & 1 & 0 & 0 \\ 0 & 0 & 1 & 0 \\ 0 & 0 & 0 & -i \end{bmatrix} \begin{bmatrix} 1 & 0 & 1 & 0 \\ 0 & 1 & 0 & 1 \\ 1 & 0 & -1 & 0 \\ 0 & 1 & 0 & -1 \end{bmatrix}$$

darstellen. Es sei an dieser Stelle bemerkt, dass bei der Multiplikation die Besetzungsstruktur der Einzelmatrizen ausgenutzt wird und daher Multiplikationen ausschließlich mit den Nichtnullelementen durchgeführt werden. Generell wird die FFT jedoch auf der Basis der Grundoperationen gemäß Fig 8.19 durchgeführt. Ein MATLAB-Programm ist in Abbildung 8.21 dargestellt.

Eine Darstellung der FFT in Mathematica kann dem Online-Service über die im Vorwort angegebene Internetseite entnommen werden.

Anhand der in Beispiel 8.11 (b) vorgestellten Sägezahnkurve werden wir nun die Rechenzeiten der DFT(N) und der FFT(N) für verschiedene Zweierpotenzen $N = 2^m$, $m \in \mathbb{N}$, gegenüberstellen. Die in Tabelle 8.3 aufgeführten CPU-Zeiten eines handelsüblichen Laptops belegen einerseits die immense Rechenzeitersparnis der FFT gegenüber der DFT und zeigen andererseits den prognostizierten Rechenaufwand in den Größenordnungen $\mathcal{O}(N^2)$ für die DFT(N) und $\mathcal{O}(N \log_2 N)$ für die FFT(N).

Tabelle 8.3: Rechenzeitvergleich für DFT und FFT

m	8	10	12
$N = 2^m$	256	1024	4096
Rechenzeit DFT in Sekunden	0.06	0.96	15.21
Rechenzeit FFT in Sekunden	0.02	0.11	0.69

Bemerkung: Mit der inversen diskreten Fouriertransformation ermittelt man aus gegebenen diskreten Fourierkoeffizienten $\hat{c} \in \mathbb{C}^N$ den zugehörigen Vektor der Funktionsauswertungen

```
% Programm zur schnellen Fouriertransformation
%
% Eingabe: Vektor der Funktionsabtastungen
% Ausgabe: Diskrete Fourierkoeffizienten
%

function c = FFT(f)
  N = length(f);  % Ermittlung der Vektorlänge
  m = log2(N);    % Ermittlung des Exponenten
  n = N;
  for k = 1:m
      gamma = exp(-i*2*pi/n);
      for p=1:2^(k-1)
          b = 2^(m-k+1)*(p-1);
          for l=1:2^(m-k)
              y(l+b)        = f(l+b) + f(l+b+2^(m-k));
              y(l+b+2^(m-k)) = (f(l+b) - f(l+b+2^(m-k))) * gamma^{l-1};
          end;
      end;
      f = y;
      n = n/2;
  end;
  c = bitumkehr(f)/N;
```

Fig. 8.21: MATLAB-Implementierung der FFT

$f \in \mathbb{C}^N$. Unter Berücksichtigung des Satzes 8.9 erhalten wir

$$f = \mathcal{F}_N^{-1}(\hat{c}) = \overline{F}_N \hat{c} = \overline{F_N \overline{\hat{c}}}.$$

Folglich kann die schnelle Fouriertransformation zur effizienten Auswertung der Matrix-Vektor-Multiplikation auch bei der Rücktransformation genutzt werden, so dass sich die Berechnung von f aus $\hat{c}$ ebenfalls durch $\mathcal{O}(N \log_2 N)$ arithmetische Operationen realisieren lässt.

Das Anwendungsspektrum der diskreten Fouriertransformation ist nicht nur auf die Signalanalyse beschränkt. Wie wir dem folgenden Anwendungsbeispiel entnehmen können, lässt sich die diskrete Fouriertransformation auch zur Lösung spezieller linearer Gleichungssysteme nutzen, die beispielsweise bei der Numerik partieller Differentialgleichungen auftreten. Bei vorliegender 2π-periodischer, stetiger Funktion $f : \mathbb{R} \to \mathbb{C}$ und gegebener Wellenzahl $k \in \mathbb{C} \setminus \{0\}$ betrachten wir die in Burg/Haf/Wille (Partielle Dgl.) [11] ausführlich diskutierte inhomogene Helmholtzsche Schwingungsgleichung, die sich in einer Raumdimension in der Form

$$u''(x) + k^2 u(x) = f(x), \quad x \in \mathbb{R}$$

schreiben lässt. Aufgrund der 2π-Periodizität beschränken wir die Betrachtung auf das Intervall $[0, 2\pi)$, da sich die vollständige Lösung hiermit durch

$$u(x + 2\pi) = u(x) \quad \text{für alle } x \in \mathbb{R} \quad \text{ergibt.}$$

```
% Programm zur bitreversiblen Vertauschung
%           von Vektoreinträgen
%
% Eingabe: Vektor der Dimension 2^m
% Ausgabe: Vektor mit bitreversibler Speicherung
%

function y = bitumkehr(x)
  l = length(x);
  for i=1:l
      p(i) = i-1;
  end;
  q = dec2bin(p);
  s = size(q',1);
  for i=1:l
      for j=1:s
          z(i,s-j+1)=q(i,j);
      end;
  end;
  p = bin2dec(z) + 1;
  for i=1:l
      y(i) = x(p(i));
  end;
```

Fig. 8.22: MATLAB-Implementierung der Bitumkehr

Nutzen wir wiederum die äquidistante Unterteilung gemäß (8.72) mit $x_j = \frac{2\pi j}{N}$, $j = 0, \ldots, N$, so erhalten wir mit der Approximation

$$u''(x_j) \approx \frac{u(x_{j+1}) - 2u(x_j) + u(x_{j-1})}{\left(\frac{2\pi}{N}\right)^2}, \quad j = 0, \ldots, N-1$$

unter Berücksichtigung der Periodizität für die Näherungen $u_j \approx u(x_j)$, $j = 0, \ldots, N-1$, das lineare Gleichungssystem

$$\underbrace{\begin{bmatrix} a & -1 & 0 & \cdots & \cdots & 0 & -1 \\ -1 & a & -1 & 0 & \cdots & \cdots & 0 \\ 0 & -1 & a & -1 & 0 & \cdots & 0 \\ \vdots & & & \ddots & & & \vdots \\ 0 & \cdots & 0 & -1 & a & -1 & 0 \\ 0 & \cdots & \cdots & 0 & -1 & a & -1 \\ -1 & 0 & \cdots & \cdots & 0 & -1 & a \end{bmatrix}}_{=:C \in \mathbb{C}^{N \times N}} \underbrace{\begin{bmatrix} u_0 \\ \vdots \\ \vdots \\ \vdots \\ u_{N-1} \end{bmatrix}}_{=:u \in \mathbb{C}^N} = -\frac{4\pi^2}{N^2} \underbrace{\begin{bmatrix} f_0 \\ \vdots \\ \vdots \\ \vdots \\ f_{N-1} \end{bmatrix}}_{=:g \in \mathbb{C}^N}, \tag{8.92}$$

wobei $f_j = f(x_j)$, $j = 0, \ldots, N-1$, und $a = 2 - \left(\frac{2\pi k}{N}\right)^2$ gilt. Die resultierende Matrix gehört in die Klasse der zirkulanten Matrizen, die eine Untermenge der bekannten Toeplitz-Matrizen darstellen. Auf der Grundlage des folgenden Satzes, dessen Beweis dem sehr ansprechenden Buch von *Hanke-Bourgeois* [49] entnommen werden kann, kann die Invertierung regulärer zirkulanter Matrizen sehr effizient unter Verwendung der Fouriermatrix $F_N \in \mathbb{C}^{N \times N}$ durchgeführt werden.

Satz 8.11:
Sei $C \in \mathbb{C}^{N \times N}$ eine zirkulante Matrix und $F_N \in \mathbb{C}^{N \times N}$ die Fouriermatrix laut (8.77), dann gilt

$$CF_N^* = F_N^* D \tag{8.93}$$

mit der durch die Eigenwerte $\lambda_k, k = 1, \ldots, N$ der Matrix C gebildeten Diagonalmatrix $D = \mathrm{diag}(\lambda_1, \ldots, \lambda_n) \in \mathbb{C}^{N \times N}$.

Mit der bereits diskutierten Eigenschaft $F_N^* \overset{(8.81)}{=} N F_N^{-1}$ ergibt sich aus (8.93) die Darstellung

$$C = F_N^{-1} D F_N, \tag{8.94}$$

und somit folgt im Fall einer regulären Matrix C direkt

$$C^{-1} = F_N^{-1} D^{-1} F_N. \tag{8.95}$$

Da die erste Spalte der Fouriermatrix F_N stets die Darstellung $f_1 = (1, \ldots, 1)^T \in \mathbb{R}^N$ aufweist, ergibt sich die notwendige Berechnung der Eigenwerte aus (8.94) durch Anwendung der Fouriermatrix auf die erste Spalte $c_1 \in \mathbb{C}^N$ der zirkulanten Matrix gemäß

$$F_N c_1 = D f_1 = D \begin{bmatrix} 1 \\ \vdots \\ 1 \end{bmatrix} = \begin{bmatrix} \lambda_1 \\ \vdots \\ \lambda_n \end{bmatrix}. \tag{8.96}$$

Diese Eigenschaften werden erst durch den Sachverhalt ermöglicht, dass bereits die erste Spalte c_1 alle Informationen der zirkulanten Matrix C beinhaltet. Mit (8.94) lässt sich das Matrix-Vektor-Produkt $g = Cu$ unter Verwendung der schnellen Fouriertransformation als Komposition der vier Einzeloperationen

Operation	Aufwand	
$z = F_N u$	$\mathcal{O}(N \log_2 N)$	
$\lambda = F_N c_1$	$\mathcal{O}(N \log_2 N)$	
$y = (\lambda_1 z_1, \ldots, \lambda_n z_n)^T$	$\mathcal{O}(N)$	(8.97)
$g = F_N^{-1} y$	$\mathcal{O}(N \log_2 N)$	

mit einem Aufwand von $\mathcal{O}(N \log_2 N)$ anstelle $\mathcal{O}(N^2)$ arithmetischen Operationen realisieren, wobei $z = (z_1, \ldots, z_n)^\mathrm{T}$ gilt. Analog lässt sich das aus der Helmholtzschen Schwingungsgleichung resultierende Gleichungssystem $\boldsymbol{Cu} = \boldsymbol{g}$ (siehe (8.92)) mit $\mathcal{O}(N \log_2 N)$ arithmetischen Operationen lösen, wobei nach (8.95) innerhalb der Folge von Einzeloperationen gemäß (8.97) lediglich die Operationen $\boldsymbol{y} = (\lambda_1 z_1, \ldots, \lambda_n z_n)^\mathrm{T}$ durch $\boldsymbol{y} = (\lambda_1^{-1} z_1, \ldots, \lambda_n^{-1} z_n)^\mathrm{T}$ ersetzt werden muss.

Die beschriebene Vorgehensweise kann zudem auch auf beliebige Toeplitz-Matrizen erweitert werden, siehe [49].

Übungen

Übung 8.7:

Beweise die Regeln (i), (ii) und (iii) für die DFT (s. Abschn. 8.5.1).

Übung 8.8:

Wie lautet die Fourier-Matrix $\boldsymbol{F}_N$ für die Fälle $N = 3$ und $N = 4$?

Übung 8.9:

Weise die Parsevalsche Gleichung

$$\sum_{k=0}^{N-1} |c_k|^2 = \frac{1}{N} \sum_{k=0}^{N-1} |y_k|^2$$

nach.

Übung 8.10:

Bestimme für $f(x) = \sum_{k=0}^{7} (k+1)e^{ikx}$ und $N = 2^3$ die FFT und die DFT.

9 Laplacetransformation

Neben der Fouriertransformation spielt die Laplacetransformation in Technik und Naturwissenschaften eine wichtige Rolle. Sie erweist sich insbesondere für die Lösung von gewöhnlichen DGln als äußerst wichtiges Hilfsmittel.

9.1 Motivierung und Definition

9.1.1 Zusammenhang zur Fouriertransformation

Wir wissen aus Abschnitt 8.1.2, dass für Funktionen f, die in $\mathbb{R}$ stückweise stetig und dort absolut integrierbar sind, die Fouriertransformierte $\hat{f}$ existiert. Diese Voraussetzungen sind jedoch für viele Funktionen verletzt. So ist z.B. die Heaviside-Funktion

$$h(t) = \begin{cases} 0 & \text{für} \quad t < 0 \\ 1 & \text{für} \quad t \geq 0 \end{cases}$$

in $\mathbb{R}$ nicht absolut integrierbar. Dasselbe gilt für die Funktionen

$$e^{\alpha t}, \quad \sin \omega t, \quad \cos \omega t.$$

Es lässt sich leicht zeigen, dass diese Funktionen keine Fouriertransformierte besitzen (nachrechnen!). In vielen Anwendungen treten nun aber Funktionen von diesem Typ auf, häufig verbunden mit der zusätzlichen Eigenschaft

$$f(t) = 0 \quad \text{für} \quad t < 0. \tag{9.1}$$

Diese ist z.B. bei allen Vorgängen erfüllt, die zu einem bestimmten Zeitpunkt beginnen, den wir willkürlich $t = 0$ setzen (Einschaltvorgänge usw.). Um auch solche Fälle erfassen zu können, führen wir den *konvergenzerzeugenden Faktor*

$$e^{-\alpha t} \quad (\alpha > 0) \tag{9.2}$$

ein und betrachten anstelle von f die Funktion f^* mit

$$f^*(t) = \begin{cases} 0 & \text{für} \quad t < 0, \\ e^{-\alpha t} f(t) & \text{für} \quad t \geq 0. \end{cases} \tag{9.3}$$

Bilden wir nun (formal) die Fouriertransformierte von f^*, so erhalten wir

$$\mathfrak{F}[f^*(t)] = \frac{1}{2\pi} \int\limits_{-\infty}^{\infty} f^*(t)\, e^{-ist}\, dt$$

$$= \frac{1}{2\pi} \int\limits_{0}^{\infty} e^{-\alpha t}\, f(t)\, e^{-ist}\, dt$$

$$= \frac{1}{2\pi} \int\limits_{0}^{\infty} e^{-(\alpha + is)t}\, f(t)\, dt \, .$$

Hieraus ergibt sich mit $z := \alpha + is$

$$\mathfrak{F}[f^*(t)] = \frac{1}{2\pi} \int\limits_{-\infty}^{\infty} e^{-zt}\, f(t)\, dt \, . \tag{9.4}$$

9.1.2   Definition der Laplacetransformation

Wir nehmen den am Ende des vorigen Abschnittes aufgezeigten Zusammenhang zum Anlass für die folgende

Definition 9.1:

Sei $f : \mathbb{R}_0^+ \to \mathbb{R}^1$. Ordnet man f aufgrund der Beziehung

$$F(z) = \int\limits_{0}^{\infty} e^{-zt}\, f(t)\, dt \, , \quad z \in \mathbb{C} \tag{9.5}$$

die Funktion F zu, so nennt man F die *Laplacetransformierte* (oder *Unterfunktion*) von f; f heißt *Originalfunktion* (oder *Oberfunktion*). Neben $F(z)$ verwendet man auch die Schreibweise $\mathfrak{L}[f(t)]$.

Bemerkung: Wird die Laplacetransformation im Folgenden auf eine Funktion $f : \mathbb{R} \to \mathbb{R}$ angewandt, so setzen wir stets $f(t) = 0$ für $t < 0$ voraus.

Wir untersuchen das Konvergenzverhalten der Laplacetransformation. Hierzu führen wir den Begriff »Funktion von exponentieller Ordnung« ein.

---

1 Unter $\mathbb{R}_0^+$ verstehen wir das Intervall $[0, \infty)$.

Definition 9.2:

Wir sagen: $f\colon \mathbb{R}_0^+ \to \mathbb{R}$ ist von *exponentieller Ordnung* $\gamma \in \mathbb{R}$, falls es eine Konstante $M > 0$ gibt, so dass für alle t mit $0 \le t < \infty$ gilt:

$$|f(t)| \le M\, e^{\gamma t} \,. \tag{9.6}$$

Zum Beispiel ist $f(t) = t^2$ von exponentieller Ordnung 1, da für alle $t \ge 0$

$$|t^2| = t^2 < 2\, e^t = 2 + 2t + t^2 + \dots$$

gilt. Ferner sind alle Polynome sowie die Sinus- und Cosinusfunktion von exponentieller Ordnung.

Satz 9.1:

Sei f in $\mathbb{R}_0^+$ stückweise stetig und von exponentieller Ordnung γ. Dann existiert die Laplacetransformierte $F(z)$ für alle $z \in \mathbb{C}$ mit $\operatorname{Re} z > \gamma$ (=Konvergenzhalbebene).

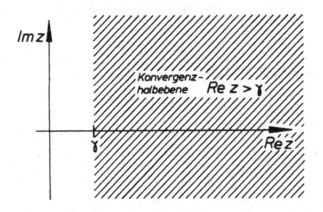

Fig. 9.1: Konvergenzbereich der Laplacetransformation

Beweis:

Nach Voraussetzung ist f von exponentieller Ordnung $\gamma \in \mathbb{R}$. Es gibt daher eine Konstante $M > 0$ mit $|f(t)| \le M\, e^{\gamma t}$ für alle $t \ge 0$. Hieraus folgt die Abschätzung

$$|e^{-zt}\, f(t)| = |e^{-\operatorname{Re} z \cdot t}|\,|e^{-i\operatorname{Im} z \cdot t}|\,|f(t)|$$
$$\le e^{-\operatorname{Re} z \cdot t} \cdot 1 \cdot M\, e^{\gamma t} = M\, e^{-(\operatorname{Re} z - \gamma)t} = M\, e^{-\alpha t} \,,$$

wobei wir $\alpha = \mathrm{Re}\, z - \gamma$ gesetzt haben. Andererseits existiert das Integral

$$\int\limits_0^\infty \mathrm{e}^{-\alpha t}\, \mathrm{d}t$$

für $\alpha > 0$ (vgl. Beisp. 9.1), so dass die Behauptung unseres Satzes aus dem Vergleichskriterium für uneigentliche Integrale (Hilfssatz 8.1) folgt.   □

Bemerkung: Es lässt sich zeigen, dass $F(z)$ eine in der Konvergenzhalbebene holomorphe Funktion ist, so dass sich Resultate und Methoden der Funktionentheorie zur Diskussion der Laplacetransformation verwenden lassen (s. hierzu z.B. *Doetsch* [28], Bd. I, Kap. 3, § 2).

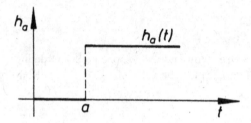

Fig. 9.2: Heaviside-Funktion h_a

Beispiel 9.1:

Wir erklären die Heaviside-Funktion h_a durch

$$h_a(t) := \begin{cases} 0 & \text{für} \quad 0 \le t < a \\ 1 & \text{für} \quad t \ge a \end{cases} \tag{9.7}$$

und berechnen $\mathfrak{L}[h_a(t)]$ für $\mathrm{Re}\, z = x > 0$:

$$\mathfrak{L}[h_a(t)] = \int\limits_0^\infty \mathrm{e}^{-zt}\, h_a(t)\, \mathrm{d}t = \int\limits_a^\infty \mathrm{e}^{-zt} \cdot 1\, \mathrm{d}t$$

$$= \lim_{A \to \infty} \int\limits_a^A \mathrm{e}^{-zt}\, \mathrm{d}t = \lim_{A \to \infty} \left. \frac{\mathrm{e}^{-zt}}{(-z)} \right|_{t=a}^{t=A}$$

$$= \lim_{A \to \infty} \frac{1}{z} \left(\mathrm{e}^{-az} - \mathrm{e}^{-Az} \right) = \begin{cases} \dfrac{\mathrm{e}^{-az}}{z} & \text{für} \quad a \ne 0, \\[2mm] \dfrac{1}{z} & \text{für} \quad a = 0. \end{cases}$$

Beispiel 9.2:

Wir berechnen die Laplacetransformierte für die Cosinus- bzw. Sinusfunktion. Sei $z = x + \mathrm{i}\,y$. Für $x > 0$ gilt dann

$$\mathcal{L}[\cos \omega t] + \mathrm{i}\,\mathcal{L}[\sin \omega t] = \int_0^\infty \mathrm{e}^{-zt} \cos \omega t\, \mathrm{d}t + \mathrm{i} \int_0^\infty \mathrm{e}^{-zt} \sin \omega t\, \mathrm{d}t$$

$$= \int_0^\infty \mathrm{e}^{-zt}\, \mathrm{e}^{\mathrm{i}\omega t}\, \mathrm{d}t = \lim_{A \to \infty} \int_0^A \mathrm{e}^{(-z + \mathrm{i}\omega)t}\, \mathrm{d}t$$

$$= \lim_{A \to \infty} \frac{\mathrm{e}^{(-z+\mathrm{i}\omega)A} - 1}{-z + \mathrm{i}\omega} = \lim_{A \to \infty} \frac{\mathrm{e}^{-xA} \cdot \mathrm{e}^{\mathrm{i}(\omega-y)A} - 1}{-z + \mathrm{i}\omega} = \frac{1}{z - \mathrm{i}\omega} = \frac{z + \mathrm{i}\omega}{z^2 + \omega^2},$$

d.h. für $x = \operatorname{Re} z > 0$ erhalten wir, wenn wir dieselbe Rechnung für $-\omega$ statt ω durchführen und die entsprechenden Gleichungen addieren bzw. subtrahieren

$$\mathcal{L}[\cos \omega t] = \frac{z}{z^2 + \omega^2} \quad \text{bzw.} \quad \mathcal{L}[\sin \omega t] = \frac{\omega}{z^2 + \omega^2}.$$

Beispiel 9.3:

Die Laplacetransformierte der Exponentialfunktion lautet für $\operatorname{Re} z > a$

$$\mathcal{L}[\mathrm{e}^{at}] = \int_0^\infty \mathrm{e}^{-zt}\, \mathrm{e}^{at}\, \mathrm{d}t = \int_0^\infty \mathrm{e}^{(a-z)t}\, \mathrm{d}t = \lim_{A \to \infty} \frac{\mathrm{e}^{(a-z)t}}{a - z} \Big|_{t=0}^{t=A} = \frac{1}{z - a}.$$

9.2 Umkehrung der Laplacetransformation

9.2.1 Umkehrsatz und Identitätssatz

Unser Anliegen ist es, einen dem Umkehrsatz für die Fouriertransformation entsprechenden Satz für die Laplacetransformation zu gewinnen. Dies geschieht durch Zurückführung auf Satz 8.2: Die Funktion f sei von exponentieller Ordnung γ mit Konstante $M > 0$, verschwinde für $t < 0$ und sei in $\mathbb{R}$ stückweise glatt. Setzen wir für $t \in \mathbb{R}$ und $x > \gamma$

$$f^*(t) := \mathrm{e}^{-xt} f(t), \tag{9.8}$$

so ist auch f^* in $\mathbb{R}$ stückweise glatt und verschwindet für $t < 0$. Außerdem ist f^* absolut integrierbar in $\mathbb{R}$. Dies folgt aus

$$\int_{-\infty}^\infty |f^*(t)|\, \mathrm{d}t = \int_0^\infty \mathrm{e}^{-xt} |f(t)|\, \mathrm{d}t \le M \int_0^\infty \mathrm{e}^{-xt}\, \mathrm{e}^{\gamma t}\, \mathrm{d}t = M \int_0^\infty \mathrm{e}^{-(x-\gamma)t}\, \mathrm{d}t, \quad x > \gamma.$$

Daher existiert $\widehat{f^*}$ nach Hilfssatz 8.2, und wir erhalten

$$\widehat{f^*}(s) = \frac{1}{2\pi} \int\limits_{-\infty}^{\infty} f^*(t)\,e^{-ist}\,dt = \frac{1}{2\pi} \int\limits_{0}^{\infty} f(t)\,e^{-(x+is)t}\,dt$$

$$= \frac{1}{2\pi} F(x+is)\,, \quad x > \gamma\,.$$

Nach Satz 8.2 gilt daher für $x > \gamma$

$$\frac{f^*(t+) + f^*(t-)}{2} = \lim_{A\to\infty} \int\limits_{-A}^{A} \widehat{f^*}(s)\,e^{its}\,ds = \frac{1}{2\pi} \lim_{A\to\infty} \int\limits_{-A}^{A} F(x+is)\,e^{its}\,ds$$

bzw. wegen $f^*(t) = e^{-xt} f(t)$

$$\frac{f(t+) + f(t-)}{2} = \frac{e^{xt}}{2\pi} \lim_{A\to\infty} \int\limits_{-A}^{A} F(x+is)\,e^{its}\,ds = \frac{1}{2\pi} \lim_{A\to\infty} \int\limits_{-A}^{A} F(x+is)\,e^{(x+is)t}\,ds\,.$$

Mit der Substitution $z := x + is$ ergibt sich hieraus

$$\frac{f(t+) + f(t-)}{2} = \frac{1}{2\pi i} \lim_{A\to\infty} \int\limits_{x-iA}^{x+iA} F(z)\,e^{zt}\,dz\,, \quad \operatorname{Re} z > \gamma\,.$$

Damit ist gezeigt:

Satz 9.2:

   (*Umkehrsatz für die Laplacetransformation*) Die Funktion f erfülle die obigen Voraussetzungen. Dann gilt für alle $x > \gamma$

$$\frac{1}{2\pi i} \lim_{A\to\infty} \int\limits_{x-iA}^{x+iA} e^{zt}\,F(z)\,dz = \begin{cases} \dfrac{f(t+) + f(t-)}{2} & \text{für } t > 0, \\[2mm] \dfrac{f(0+)}{2} & \text{für } t = 0, \\[2mm] 0 & \text{für } t < 0. \end{cases} \qquad (9.9)$$

   Insbesondere gilt in jedem Stetigkeitspunkt t von f

$$f(t) = \frac{1}{2\pi i} \lim_{A\to\infty} \int\limits_{x-iA}^{x+iA} e^{zt}\,F(z)\,dz\,, \quad x > \gamma\,. \qquad (9.10)$$

Mit diesem Satz lässt sich aus der Laplacetransformierten F von f:

$$F(z) = \int_0^\infty e^{-zt} f(t)\,dt\,, \quad \text{Re}\, z > \gamma\,, \tag{9.11}$$

die zugehörige Oberfunktion f zurückgewinnen.

Für die durch (9.9) bzw. (9.10) erklärte Umkehrabbildung schreibt man symbolisch $\mathcal{L}^{-1}[F(z)]$.

Bemerkung: Die Integration in (9.9) bzw. (9.10) ist längs einer Parallelen zur imaginären Achse durch den festen Punkt $x > \gamma$ durchzuführen (s. Fig. 9.3).

9.2.2   Berechnung der Inversen[2]

Die Inversionsformel (9.9) ermöglicht es, die inverse Laplacetransformation einer vorgegebenen Funktion F direkt zu berechnen. Für die konkrete Durchführung betrachtet man das Integral

$$\frac{1}{2\pi i} \int_{C_R} e^{zt}\, F(z)\,dz\,, \tag{9.12}$$

wobei C_R der in Figur 9.4 angegebene Weg ist.

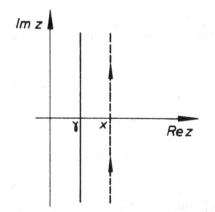

Fig. 9.3: Integrationsweg in den Umkehr-
formeln

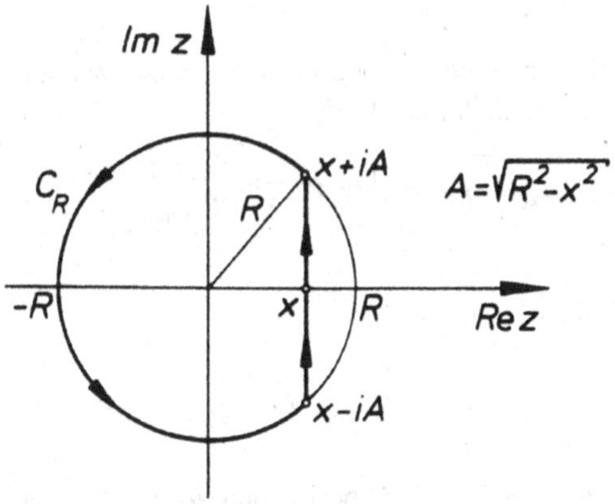

Fig. 9.4: Wahl des Integrationsweges bei praktischer
Berechnung

Bezeichnen wir den Kreisbogen, der die Punkte $x + i\,A$ und $x - i\,A$ verbindet, mit S_R, so gilt

$$\frac{1}{2\pi i} \lim_{A \to \infty} \int_{x-i A}^{x+i A} e^{zt}\, F(z)\,dz = \lim_{R \to \infty} \left[\frac{1}{2\pi i} \int_{C_R} e^{zt}\, F(z)\,dz - \frac{1}{2\pi i} \int_{S_R} e^{zt}\, F(z)\,dz \right]. \tag{9.13}$$

---

2 Dieser Abschnitt setzt Kenntnisse in Funktionentheorie voraus und kann daher zunächst übersprungen werden. Die benötigten Grundlagen finden sich in Burg/Haf/Wille (Funktionentheorie) [14].

Für den Fall, dass $F(z)$ Polstellen als Singularitäten besitzt, kann der Residuensatz (s. Burg/Haf/-Wille (Funktionentheorie) [14]) zur Berechnung des Integrals (9.12) herangezogen werden.

Gilt für $F(z)$ die Abschätzung

$$|F(z)| < \frac{M}{R^\alpha} \qquad (9.14)$$

mit $z \in S_R$, $M > 0$ und $\alpha > 0$, so lässt sich zeigen (wir überlassen diesen Nachweis dem Leser)

$$\int_{S_R} e^{zt} F(z) \, dz \to 0 \quad \text{für} \quad R \to \infty. \qquad (9.15)$$

Wir erläutern die Methode anhand von

Beispiel 9.4:

Für die Funktion $F(z) = \frac{1}{z-3}$ bestimmen wir $\mathcal{L}^{-1}[F(z)]$. Mit $z = R \, e^{i\varphi}$ gilt

$$|F(z)| = \frac{1}{|z - 3|} \le \frac{1}{|z| - 3} = \frac{1}{R - 3} < \frac{2}{R}$$

für hinreichend große R. Daher verschwindet nach (9.15) das Integral über S_R für $R \to \infty$, und wir erhalten mit (9.13)

$$\mathcal{L}^{-1}[F(z)] = f(t) = \lim_{R \to \infty} \frac{1}{2\pi i} \int_{C_R} e^{zt} F(z) \, dz .$$

Das Residuum von

$$e^{zt} F(z) = \frac{e^{zt}}{z - 3}$$

an der Stelle $z = 3$ besitzt den Wert e^{3t}, so dass sich nach dem Residuensatz

$$\mathcal{L}^{-1}[F(z)] = \sum \text{Res} \left(\frac{e^{zt}}{z - 3} \right) = e^{3t} = f(t)$$

ergibt.

Bemerkung: In der Praxis gelingt die Bestimmung der Originalfunktion häufig anhand einer Tabelle (eine solche findet sich z.B. am Ende von Abschnitt 9.4), indem man versucht, die zugehörige Originalfunktion zu einer bekannten Bildfunktion zu finden. Dabei sind oft zuvor noch Umformungen nötig, die sich mit Hilfe von Abschnitt 9.3 durchführen lassen.

Eine direkte Konsequenz von Satz 9.2 ist

Satz 9.3:

(*Eindeutigkeitssatz für die Laplacetransformation*) Für die Funktionen f_1, f_2 seien die Voraussetzungen von Satz 9.2 erfüllt. Ferner gelte $F_1(z) = F_2(z)$ für $\operatorname{Re} z > \gamma$. Dann gilt in jedem Stetigkeitspunkt t von f_1 und f_2: $f_1(t) = f_2(t)$.

9.3   Eigenschaften der Laplacetransformation

In Analogie zu Abschnitt 8.3 stellen wir nun einige Eigenschaften der Laplacetransformation zusammen. Falls keine anderen Voraussetzungen angegeben sind, gehen wir im Folgenden stets davon aus, dass die verwendeten Funktionen stückweise stetig in $\mathbb{R}$ sind und für $t < 0$ verschwinden. Außerdem seien sie von exponentieller Ordnung γ.

9.3.1   Linearität

Die Zuordnung $f \rightarrow \mathcal{L}[f]$ ist linear, d.h. es gilt (Zeigen!)

$$\mathcal{L}[f_1 + f_2] = \mathcal{L}[f_1] + \mathcal{L}[f_2] \tag{9.16}$$

$$\mathcal{L}[\alpha f] = \alpha \mathcal{L}[f], \quad \alpha \in \mathbb{R}. \tag{9.17}$$

9.3.2   Verschiebungssätze. Streckungssatz

Wir untersuchen, wie sich die Laplacetransformation $\mathcal{L}[f]$ ändert, wenn wir f mit einem Exponentialfaktor multiplizieren bzw. linear transformieren. Dies ist z.B. dann von Bedeutung, wenn ein Einschaltvorgang nicht zum Zeitpunkt $t = 0$, sondern zu einem anderen Zeitpunkt beginnt. Es gilt

Satz 9.4:

Unter den obigen Voraussetzungen folgt mit $\mathcal{L}[f(t)] = F(z)$ für jedes α

$$\mathcal{L}[e^{\alpha t} f(t)] = F(z - \alpha), \quad \operatorname{Re} z > \gamma + \alpha. \tag{9.18}$$

Ist ferner g durch $g(t) = h_\delta(t) f(t - \delta)$ ($\delta > 0$) erklärt, wobei h_δ die Heaviside-Funktion ist, so gilt

$$\mathcal{L}[g(t)] = \mathcal{L}[h_\delta(t) f(t - \delta)] = e^{-\delta z} F(z). \tag{9.19}$$

Für $a > 0$ gilt

$$\mathcal{L}[f(at)] = \frac{1}{a} F\left(\frac{z}{a}\right), \quad \operatorname{Re} z > a \cdot \gamma. \tag{9.20}$$

Man nennt (9.18), (9.19) *Verschiebungssätze*, (9.20) den *Streckungssatz*.

Beweis:

Wir beweisen (9.19) und überlassen den restlichen Beweis dem Leser. Es gilt

$$\mathcal{L}[g(t)] = \int\limits_0^\infty e^{-zt}\, g(t)\, dt = \int\limits_\delta^\infty e^{-zt}\, f(t-\delta)\, dt\,,$$

woraus mit $u := t - \delta$

$$\mathcal{L}[g(t)] = \int\limits_0^\infty e^{-z(u+\delta)}\, f(u)\, du = e^{-z\delta} \int\limits_0^\infty e^{-zu}\, f(u)\, du = e^{-\delta z}\, F(z)$$

und damit (9.19) folgt. $\qquad\qquad\qquad\qquad\qquad\qquad\qquad\qquad\qquad\qquad$ $\square$

Beispiel 9.5:

Wir bestimmen $\mathcal{L}[\cosh(\alpha t)]$. Aufgrund der Linearität von $\mathcal{L}$ gilt

$$\mathcal{L}[\cosh(\alpha t)] = \mathcal{L}\left[\frac{e^{\alpha t} + e^{-\alpha t}}{2}\right] = \frac{1}{2}\mathcal{L}\left[e^{\alpha t}\right] + \frac{1}{2}\mathcal{L}\left[e^{-\alpha t}\right]\,.$$

Hieraus ergibt sich mit Beispiel 9.3

$$\mathcal{L}[\cosh(\alpha t)] = \frac{1}{2}\left(\frac{1}{z-\alpha} + \frac{1}{z+\alpha}\right) = \frac{z}{z^2 - \alpha^2}\,, \quad \mathrm{Re}\, z > |\alpha|\,.$$

Beispiel 9.6:

Wir berechnen $\mathcal{L}[e^{-t}\cos(2t)]$. Wegen

$$\mathcal{L}[\cos(2t)] = \frac{z}{z^2 + 4} = F(z)\,, \quad \mathrm{Re}\, z > 0$$

(vgl. Beisp. 9.2) folgt mit (9.18)

$$\mathcal{L}[e^{-t}\cos(2t)] = F(z+1) = \frac{z+1}{(z+1)^2 + 4} = \frac{z+1}{z^2 + 2z + 5}\,, \quad \mathrm{Re}\, z > 0\,.$$

9.3.3   Faltungsprodukt

Wie im Fall der Fouriertransformation sind wir wieder daran interessiert, Produkte im Bildbereich der Laplacetransformation geeignet darzustellen. Hierzu führen wir einen Faltungsbegriff ein, der auf die Laplacetransformation zugeschnitten ist.

Definition 9.3:

Seien f_1, f_2 in $\mathbb{R}$ stückweise stetige Funktionen mit $f_1(t) = f_2(t) = 0$ für $t < 0$. Unter der *Faltung der Funktionen f_1 und f_2* versteht man den Ausdruck

$$(f_1 * f_2)(t) = \int\limits_0^t f_1(t-u)f_2(u)\,\mathrm{d}u\,, \quad t \in \mathbb{R}. \tag{9.21}$$

Bemerkung: Zwischen der Faltung bei der Fouriertransformation, wir schreiben $f_1 *_F f_2$ (vgl. Def. 8.4), und in Definition 9.3, wir schreiben $f_1 *_L f_2$, besteht folgender Zusammenhang: Verschwinden f_1 und f_2 für $t < 0$, so gilt

$$(f_1 *_F f_2)(t) = \frac{1}{2\pi} \int\limits_{-\infty}^{\infty} f_1(t-u)f_2(u)\,\mathrm{d}u = \frac{1}{2\pi} \int\limits_0^t f_1(t-u)f_2(u)\,\mathrm{d}u$$

$$= \frac{1}{2\pi}(f_1 *_L f_2)(t)\,.$$

Von entscheidender Bedeutung ist wieder ein Faltungssatz:

Satz 9.5:

(Faltungssatz) Die Funktion f_1 sei in $\mathbb{R}$ stetig, die Funktion f_2 stückweise stetig; beide seien von exponentieller Ordnung γ, und es gelte $f_1(t) = f_2(t) = 0$ für $t < 0$. Dann existiert die Laplacetransformierte der Faltung $f_1 * f_2$ für $\mathrm{Re}\,z > \gamma$, und es gilt

$$\mathfrak{L}[f_1 * f_2] = \mathfrak{L}[f_1] \cdot \mathfrak{L}[f_2]\,. \tag{9.22}$$

Beweisskizze:[3] Nach Definition 9.3 gilt

$$\mathfrak{L}[(f_1 * f_2)(t)] = \int\limits_0^{\infty} \mathrm{e}^{-zt}[(f_1 * f_2)(t)]\,\mathrm{d}t = \int\limits_0^{\infty} \mathrm{e}^{-zt}\left[\int\limits_0^t f_1(t-u)f_2(u)\,\mathrm{d}u\right]\mathrm{d}t$$

$$= \int\limits_{t=0}^{t=\infty}\left[\int\limits_{u=0}^{u=t} \mathrm{e}^{-zt}\,f_1(t-u)f_2(u)\,\mathrm{d}u\right]\mathrm{d}t\,.$$

Wir vertauschen nun die Reihenfolge der Integrationen (Hierzu sind Konvergenzuntersuchungen nötig!).

---

3 Ein ausführlicher Beweis findet sich z.B. in *Martensen* [77], Teil III, § 18.

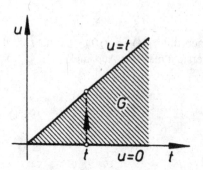
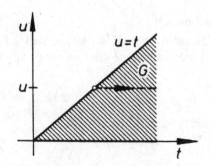

Fig. 9.5: Integrationsgrenzen bei Laplacetrans-   Fig. 9.6: Integrationsgrenzen nach Vertauschung
formation der Faltung   der Reihenfolge der Integration

Dies ergibt

$$\mathcal{L}[(f_1 * f_2)(t)] = \int\limits_{u=0}^{u=\infty}\left[\int\limits_{t=u}^{t=\infty} e^{-zt}\, f_1(t-u)f_2(u)\,\mathrm{d}t\right]\mathrm{d}u$$

$$= \int\limits_{0}^{\infty} f_2(u)\left[\int\limits_{u}^{\infty} e^{-zt}\, f_1(t-u)\,\mathrm{d}t\right]\mathrm{d}u\,,$$

bzw. mit der Substitution $v := t - u$,

$$\mathcal{L}[(f_1 * f_2)(t)] = \int\limits_{0}^{\infty} f_2(u)\left[\int\limits_{0}^{\infty} e^{-z(u+v)}\, f_1(v)\,\mathrm{d}v\right]\mathrm{d}u$$

$$= \int\limits_{0}^{\infty} f_2(u)\,e^{-zu}\,\mathrm{d}u \cdot \int\limits_{0}^{\infty} e^{-zv}\, f_1(v)\,\mathrm{d}v$$

$$= \mathcal{L}[f_2] \cdot \mathcal{L}[f_1]\,.$$

Damit ist der Faltungssatz bewiesen.   □

Bemerkung: Neben der großen Bedeutung des Faltungssatzes für die Anwendungen ist dieser auch häufig bei der Berechnung von Oberfunktionen f aus bekannten Unterfunktionen F nützlich. Wir zeigen dies anhand von

Beispiel 9.7:

Wir berechnen für $F(z) = \frac{1}{z} \cdot \frac{1}{z^2+4}$ die Inverse $\mathcal{L}^{-1}[F(z)] = f(t)$. Nach Beispiel 9.3 bzw. Beispiel 9.2 gilt

$$\mathcal{L}^{-1}\left[\frac{1}{z}\right] = 1 \quad\text{bzw.}\quad \mathcal{L}^{-1}\left[\frac{1}{z^2+4}\right] = \frac{1}{2}\mathcal{L}^{-1}\left[\frac{2}{z^2+2^2}\right] = \frac{1}{2}\sin 2t\,.$$

Hieraus ergibt sich nach Satz 9.5

$$\mathcal{L}^{-1}\left[\frac{1}{z}\cdot\frac{1}{z^2+4}\right] = \int_0^t 1\cdot\frac{1}{2}\sin 2u\,\mathrm{d}u = \frac{1}{4}(1-\cos 2t)\,.$$

9.3.4 Differentiation

Zur Lösung von Differentialgleichungsproblemen ist die Frage, wie sich die Differentiation bei Anwendung der Laplacetransformation überträgt, von entscheidender Bedeutung. Wie im Fall der Fouriertransformation gewinnen wir Sätze, die eine Algebraisierung bei gewöhnlichen Differentialgleichungsproblemen ermöglichen.

Satz 9.6:

Die Funktion f sei in $\mathbb{R}_0^+$ stetig, stückweise glatt und von exponentieller Ordnung γ. Dann gilt für $\mathrm{Re}\,z > \gamma$

$$\mathcal{L}[f'(t)] = z\cdot\mathcal{L}[f(t)] - f(0)\,. \tag{9.23}$$

Der Differentiation im Originalbereich entspricht also im Fall $f(0) = 0$ die Multiplikation mit dem Faktor z im Bildbereich.

Beweis:
Mittels partieller Integration ergibt sich

$$\mathcal{L}[f'(t)] = \int_0^\infty \mathrm{e}^{-zt}\,f'(t)\,\mathrm{d}t = \lim_{A\to\infty}\int_0^A \mathrm{e}^{-zt}\,f'(t)\,\mathrm{d}t$$

$$= \lim_{A\to\infty}\mathrm{e}^{-zt}\,f(t)\Big|_{t=0}^{t=A} + z\int_0^\infty \mathrm{e}^{-zt}\,f(t)\,\mathrm{d}t\,. \tag{9.24}$$

Da f von exponentieller Ordnung γ ist, folgt für $\mathrm{Re}\,z > \gamma$

$$\lim_{A\to\infty}\mathrm{e}^{-zA}\,f(A) = 0$$

und damit die Behauptung. $\qquad\Box$

Folgerung 9.1:

Die Voraussetzungen von Satz 9.6 seien erfüllt. Nur an der Stelle $t = a > 0$ liege eine Sprungstelle von f. Dann gilt

$$\mathcal{L}[f'(t)] = z\cdot\mathcal{L}[f(t)] - f(0) - [f(a+) - f(a-)]\,\mathrm{e}^{-az}\,. \tag{9.25}$$

Beweis:

Wir spalten das erste Integral in (9.24) in der Form

$$\int_0^{a-} \cdots + \int_{a+}^\infty \cdots$$

auf und verfahren wie im Beweis von Satz 9.6.   □

Für den Fall höherer Ableitungen gilt

Satz 9.7:

Sei f in $\mathbb{R}_0^+$ $(r-1)$-mal stetig differenzierbar und $f^{(r-1)}$ stückweise glatt. Ferner seien $f, f', \ldots, f^{(r-1)}$ von exponentieller Ordnung γ. Dann gilt für $\operatorname{Re} z > \gamma$

$$\mathfrak{L}[f^{(r)}(t)] = z^r \cdot \mathfrak{L}[f(t)] - z^{r-1} f(0) - z^{r-2} f'(0) - \cdots - f^{(r-1)}(0). \qquad (9.26)$$

Beweis:

Mit Hilfe vollständiger Induktion.

Bemerkung:

(a) Formel (9.26) trägt in natürlicher Weise den Anfangsbedingungen eines Anfangswertproblems bei gewöhnlichen DGln Rechnung, wenn der Anfangszeitpunkt $t_0 = 0$ ist.

(b) Schwächen wir die Stetigkeitsforderung in Satz 9.7 ab und verlangen wir stattdessen für $f, f', \ldots, f^{(r)}$ stückweise Stetigkeit, so sind in (9.26) entsprechende Korrekturterme zu berücksichtigen. Sind im Fall $r = 2$ etwa $a_1, \ldots, a_n$ bzw. $b_1, \ldots, b_m$ die Unstetigkeitsstellen von f bzw. f', so gilt

$$\begin{aligned}
\mathfrak{L}[f''(t)] = {} & z^2 \cdot \mathfrak{L}[f(t)] - z f(0) - f'(0) - z \sum_{k=1}^n [f(a_k+) - f(a_k-)] e^{-a_k z} \\
& - \sum_{l=1}^m [f'(b_l+) - f'(b_l-)] e^{-b_l z} .
\end{aligned} \qquad (9.27)$$

Beispiel 9.8:

Wir betrachten die DGl

$$y'' + \omega^2 y = 0$$

und wenden $\mathfrak{L}$ auf beiden Seiten an. Dies ergibt

$$0 = \mathfrak{L}[0] = \mathfrak{L}[y'' + \omega^2 y] = \mathfrak{L}[y''] + \omega^2 \cdot \mathfrak{L}[y],$$

und wir erhalten mit

$$\mathfrak{L}[y''] = z^2 \cdot \mathfrak{L}[y] - zy(0) - y'(0)$$

im Bildbereich die Lösung

$$\mathfrak{L}[y] = \frac{z}{z^2 + \omega^2} y(0) + \frac{1}{z^2 + \omega^2} y'(0) .$$

Beispiel 9.9:

Wir berechnen die Laplacetransformierte von $f(t) = \sin(\omega t + \varphi)$ unter Verwendung von Satz 9.7. Offensichtlich genügt f der DGl $f'' + \omega^2 f = 0$ und den Anfangsbedingungen $f(0) = \sin\varphi$, $f'(0) = \omega \cos\varphi$. Wie im Beispiel 9.8 folgt

$$0 = \mathfrak{L}[f''(t)] + \omega^2 \cdot \mathfrak{L}[f(t)] = z^2 \cdot \mathfrak{L}[f(t)] - z\sin\varphi - \omega\cos\varphi + \omega^2 \cdot \mathfrak{L}[f(t)]$$

und hieraus

$$\mathfrak{L}[f(t)] = \mathfrak{L}[\sin(\omega t + \varphi)] = \frac{z\sin\varphi + \omega\cos\varphi}{z^2 + \omega^2} .$$

Setzen wir $\varphi := \psi + \frac{\pi}{2}$, so erhalten wir

$$\mathfrak{L}[\cos(\omega t + \psi)] = \frac{z\cos\psi - \omega\sin\psi}{z^2 + \omega^2} .$$

9.3.5   Integration

Sei f in $\mathbb{R}_0^+$ stückweise stetig und von exponentieller Ordnung γ. Ferner sei g durch

$$g(t) := \int_0^t f(u)\,du \quad (t \geq 0)$$

erklärt. Dann erfüllt g die Voraussetzungen von Satz 9.6. Es gilt daher mit $g(0) = 0$

$$\mathfrak{L}[g'(t)] = z \cdot \mathfrak{L}[g] - g(0) = z \cdot \mathfrak{L}[g]$$

bzw.

$$\mathfrak{L}\left[\int_0^t f(u)\,du\right] = \frac{1}{z} \cdot \mathfrak{L}[f(t)]. \tag{9.28}$$

Der Integration im Originalbereich entspricht also im Bildbereich die Division durch z.

Beispiel 9.10:

Wir berechnen die Laplacetransformierten der Funktionen

$$f_1(t) = t, \quad f_2(t) = t^2, \quad \ldots, \quad f_n(t) = t^n \quad (n \in \mathbb{N}, \, t \geq 0).$$

Für Re $z > 0$ gilt

$$\mathcal{L}[t] = \mathcal{L}\left[\int_0^t 1 \, du\right] = \frac{1}{z} \cdot \mathcal{L}[1] = \frac{1}{z^2},$$

da $\mathcal{L}[1] = \frac{1}{z}$ (s. Beisp. 9.1) ist. Ebenso zeigt man

$$\mathcal{L}[t^2] = \frac{2}{z^3}.$$

Für ein festes $n \in \mathbb{N}$ gelte

$$\mathcal{L}[t^n] = \frac{n!}{z^{n+1}}.$$

Dann folgt

$$\mathcal{L}[t^{n+1}] = \mathcal{L}\left[(n+1)\int_0^t u^n \, du\right] = (n+1) \cdot \mathcal{L}\left[\int_0^t u^n \, du\right] = (n+1)\frac{1}{z} \cdot \mathcal{L}[t^n]$$

$$= (n+1)\frac{1}{z}\frac{n!}{z^{n+1}} = \frac{(n+1)!}{z^{n+2}}.$$

Nach dem Induktionsprinzip gilt somit für alle $n \in \mathbb{N}$

$$\mathcal{L}[t^n] = \frac{n!}{z^{n+1}}, \quad \text{Re } z > 0.$$

9.3.6   Laplacetransformation und periodische Funktionen

In den Anwendungen treten häufig periodische Vorgänge auf. Wir interessieren uns für die Laplacetransformierte der T-periodischen Funktion f, d.h. es gilt $f(t+T) = f(t)$ für $T > 0$ und $t \geq 0$ beliebig.

Satz 9.8:

Sei $f \colon \mathbb{R}_0^+ \to \mathbb{R}$ eine T-periodische stückweise stetige und beschränkte Funktion. Dann gilt für $\operatorname{Re} z > 0$

$$\mathcal{L}[f(t)] = \frac{1}{1 - e^{-zT}} \int\limits_0^T e^{-zu}\, f(u)\, du\,. \qquad (9.29)$$

Beweis:

Nach Voraussetzung ist f beschränkt. Es gibt daher ein $M > 0$ mit $|f(t)| \le M$ für alle $t \ge 0$. Für beliebige $\gamma \ge 0$ gilt somit die Abschätzung

$$|f(t)| \le M \le M\,e^{\gamma t}\,, \quad t \ge 0\,,$$

d.h. f ist von exponentieller Ordnung γ für alle $\gamma \ge 0$, so dass $\mathcal{L}[f]$ für $\operatorname{Re} z > 0$ existiert. Da f T-periodisch ist, gilt

$$f(u + kT) = f(u)\,, \quad k = 1, 2, \dots\,,$$

und damit

$$\mathcal{L}[f(t)] = \sum_{k=0}^{\infty} \int\limits_{kT}^{(k+1)T} e^{-zt}\, f(t)\, dt\,.$$

Verwenden wir die Substitution $t := u + kT$, so folgt hieraus

$$\mathcal{L}[f(t)] = \sum_{k=0}^{\infty} \int\limits_0^T e^{-z(u+kT)}\, f(u + kT)\, du$$

$$= \sum_{k=0}^{\infty} e^{-zkT} \int\limits_0^T e^{-zu}\, f(u + kT)\, du$$

$$= \sum_{k=0}^{\infty} e^{-zkT} \int\limits_0^T e^{-zu}\, f(u)\, du\,.$$

Mit

$$\sum_{k=0}^{\infty} \left(e^{-zT} \right)^k = \frac{1}{1 - e^{-zT}} \quad \text{(geometrische Reihe)}$$

ergibt sich daher die Behauptung.

Beispiel 9.11:

Sei f T-periodisch und für $0 \le t < T$ durch

$$f(t) := h(t) - 2h(t - \tfrac{T}{2})$$

erklärt (h: Heaviside-Funktion).

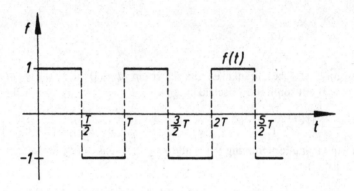

Fig. 9.7: T-periodische Rechteckschwingung

Mit Satz 9.8 erhalten wir für $\operatorname{Re} z > 0$

$$\mathcal{L}[f(t)] = \frac{1}{1-e^{-zT}} \int_0^T e^{-zu} f(u)\, du = \frac{1}{1-e^{-zT}} \left[\int_0^{\frac{T}{2}} e^{-zu}\, du - \int_{\frac{T}{2}}^T e^{-zu}\, du \right]$$

$$= \frac{1}{1-e^{-zT}} \cdot \frac{1}{z} \left(1 - 2e^{-z\frac{T}{2}} + e^{-zT} \right) = \frac{1}{z} \cdot \frac{\left(1-e^{-z\frac{T}{2}}\right)^2}{1-e^{-zT}}$$

$$= \frac{1}{z} \frac{1-e^{-z\frac{T}{2}}}{1+e^{-z\frac{T}{2}}} = \frac{1}{z} \frac{e^{z\frac{T}{4}}-e^{-z\frac{T}{4}}}{e^{z\frac{T}{4}}+e^{-z\frac{T}{4}}} = \frac{1}{z} \tanh\left(z\frac{T}{4}\right).$$

Insbesondere gilt daher für $T = 2\pi$

$$\mathcal{L}[f(t)] = \frac{1}{z} \tanh\left(\frac{\pi}{2}z\right), \quad \operatorname{Re} z > 0.$$

Bemerkung: Eine tabellarische Auflistung der Laplacetransformation wichtiger Funktionen findet sich am Ende von Abschnitt 9.4 (siehe Tabellen 9.1 und 9.2). Umfangreiche Tabellen, sowohl für die Fourier- als auch für die Laplacetransformation, finden sich z.B. in *Beyer* [6] und *Oberhettinger* [90].

9.4   Anwendungen auf gewöhnliche lineare Differentialgleichungen

Die Laplacetransformation ist ein hervorragendes Hilfsmittel bei der Lösung von DGln. Wir wollen dies anhand einiger Anfangs- und Randwertprobleme für gewöhnliche lineare DGln aufzeigen.

9.4.1   Differentialgleichungen mit konstanten Koeffizienten

Wir betrachten das Anfangswertproblem

$$y^{(n)} + a_{n-1}y^{(n-1)} + \cdots + a_0 y = g(x), \quad (a_n = 1)$$
$$y(0) = y_0^0, \quad y'(0) = y_1^0, \quad \ldots, \quad y^{(n-1)}(0) = y_{n-1}^0.$$
(9.30)

Wenden wir auf die DGl die Laplacetransformation an, so erhalten wir aufgrund der Linearität von $\mathfrak{L}$ und mit Satz 9.7

$$\mathfrak{L}\left[\sum_{k=0}^{\infty} a_k y^{(k)}\right] = \sum_{k=0}^{n} a_k \cdot \mathfrak{L}\left[y^{(k)}\right]$$

$$= a_0 \mathfrak{L}[y] + \sum_{k=1}^{n} a_k \left(z^k \cdot \mathfrak{L}[y] - \sum_{j=0}^{k-1} z^{k-1-j} y^{(j)}(0)\right) = \mathfrak{L}[g].$$

Hieraus folgt unter Beachtung der Anfangsbedingungen durch Auflösung nach $\mathfrak{L}[y]$

$$\mathfrak{L}[y] = \frac{1}{\sum_{k=0}^{n} a_k z^k}\left(\mathfrak{L}[g] + \sum_{k=1}^{n}\sum_{j=0}^{k-1} a_k z^{k-1-j} y_j^0\right).$$
(9.31)

Diese Lösung im Bildbereich wird anschließend in den Originalbereich zurücktransformiert. Durch Nachrechnen zeigt man dann, dass die so erhaltene Lösung tatsächlich dem Anfangswertproblem genügt.

Beispiel 9.12:
Wir betrachten das Anfangswertproblem

$$y'' + \omega^2 y = 0, \quad y(0) = 1, \quad y'(0) = \pi.$$

Laplacetransformation dieser DGl liefert unter Verwendung von Beispiel 9.8 im Bildbereich die Lösung

$$\mathfrak{L}[y] = y(0)\frac{z}{z^2 + \omega^2} + y'(0)\frac{1}{z^2 + \omega^2} = \frac{z}{z^2 + \omega^2} + \pi\frac{1}{z^2 + \omega^2}.$$

Benutzen wir Tabelle 9.1, so sehen wir, dass sich $\mathfrak{L}[y]$ in der Form

$$\mathfrak{L}[y] = \mathfrak{L}[\cos \omega x] + \frac{\pi}{\omega} \cdot \mathfrak{L}[\sin \omega x]$$

bzw. wegen der Linearität von $\mathfrak{L}$

$$\mathfrak{L}[y] = \mathfrak{L}[\cos \omega x + \tfrac{\pi}{\omega} \sin \omega x]$$

schreiben lässt. Hieraus erhalten wir mit dem Eindeutigkeitssatz die (formale) Lösung

$$y(x) = \cos \omega x + \frac{\pi}{\omega} \sin \omega x .$$

(Probe!)

Beispiel 9.13:

Wir lösen das Randwertproblem

$$y'' + 9y = \cos 2x , \quad y(0) = 1 , \quad y\left(\tfrac{\pi}{2}\right) = -1 .$$

Hierzu wenden wir $\mathfrak{L}$ auf die DGl an:

$$\mathfrak{L}[y'' + 9y] = \mathfrak{L}[y''] + 9\mathfrak{L}[y] = \mathfrak{L}[\cos 2x] .$$

Mit Hilfe der Ableitungsregel (Satz 9.7) folgt hieraus

$$z^2 \cdot \mathfrak{L}[y] - zy(0) - y'(0) + 9\mathfrak{L}[y] = \frac{z}{z^2 + 4}$$

bzw. mit $y(0) = 1$

$$(z^2 + 9)\mathfrak{L}[y] - z - y'(0) = \frac{z}{z^2 + 4} .$$

Für $\mathfrak{L}$ erhalten wir somit

$$\mathfrak{L}[y] = \frac{z + y'(0)}{z^2 + 9} + \frac{z}{(z^2 + 9)(z^2 + 4)} = \frac{4}{5} \frac{z}{z^2 + 9} + \frac{y'(0)}{z^2 + 9} + \frac{z}{5(z^2 + 4)}$$

bzw. mit Tabelle 9.1

$$\mathfrak{L}[y] = \frac{4}{5}\mathfrak{L}[\cos 3x] + \frac{y'(0)}{3} \cdot \mathfrak{L}[\sin 3x] + \frac{1}{5}\mathfrak{L}[\cos 2x]$$

$$= \mathfrak{L}\left[\frac{4}{5} \cos 3x + \frac{y'(0)}{3} \sin 3x + \frac{1}{5} \cos 2x\right] .$$

Hieraus folgt mit dem Eindeutigkeitssatz

$$y(x) = \frac{4}{5} \cos 3x + \frac{y'(0)}{3} \cdot \sin 3x + \frac{1}{5} \cos 2x .$$

Zur Bestimmung von $y'(0)$ benutzen wir die zweite Randbedingung $y\left(\frac{\pi}{2}\right) = -1$ und erhalten

$$-1 = -\frac{y'(0)}{3} - \frac{1}{5} \quad \text{oder} \quad y'(0) = \frac{12}{5},$$

woraus sich die (formale) Lösung

$$y(x) = \frac{4}{5} \cos 3x + \frac{4}{5} \sin 3x + \frac{1}{5} \cos 2x$$

ergibt (Probe!)

Auch bei der Lösung von Systemen von DGln erweist sich die Laplacetransformation häufig als vorteilhaft:

Beispiel 9.14:
Wir betrachten zwei induktiv verbundene Schaltkreise gemäß Figur 9.8 mit dem induktiven Widerstand M.

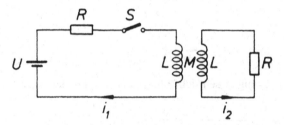

Fig. 9.8: Trafo-Schaltung

Zum Zeitpunkt $t = 0$ werde der Schalter S geschlossen. Wir wollen den Stromverlauf i_1 im Primärkreis bzw. i_2 im Sekundärkreis berechnen. Dies führt uns auf das DGl-System

$$Ri_1 + L\frac{di_1}{dt} + M\frac{di_2}{dt} = U$$
$$Ri_2 + L\frac{di_2}{dt} + M\frac{di_1}{dt} = 0 \tag{9.32}$$

und die Anfangsbedingungen

$$i_1(0) = i_2(0) = 0. \tag{9.33}$$

Wenden wir die Laplacetransformation auf das System (9.32) an, so folgt

$$R \cdot \mathcal{L}[i_1] + L\left(z \cdot \mathcal{L}[i_1] - i_1(0)\right) + M\left(z \cdot \mathcal{L}[i_2] - i_2(0)\right) = \frac{U}{z}$$
$$R \cdot \mathcal{L}[i_2] + L\left(z \cdot \mathcal{L}[i_2] - i_2(0)\right) + M\left(z \cdot \mathcal{L}[i_1] - i_1(0)\right) = 0,$$

so dass wir unter Beachtung der Anfangsbedingung (9.33) für $\mathfrak{L}[i_1]$, $\mathfrak{L}[i_2]$ das lineare Gleichungssystem

$$(Lz + R) \cdot \mathfrak{L}[i_1] + Mz \cdot \mathfrak{L}[i_2] = \frac{U}{z}$$
$$Mz \cdot \mathfrak{L}[i_1] + (Lz + R) \cdot \mathfrak{L}[i_2] = 0$$

erhalten. Dieses besitzt die Lösungen

$$\mathfrak{L}[i_1] = \frac{U(Lz + R)}{z\left[(L^2 - M^2)z^2 + 2RLz + R^2\right]}$$
$$\mathfrak{L}[i_2] = \frac{-UM}{(L^2 - M^2)z^2 + 2RLz + R^2} \, .$$

Das Polynom $P(z) := (L^2 - M^2)z^2 + 2RLz + R^2$ besitzt die Nullstellen

$$z_{1/2} = \frac{-2RL \pm \sqrt{4R^2L^2 - 4R^2(L^2 - M^2)}}{2(L^2 - M^2)} = \frac{-RL \pm RM}{L^2 - M^2} \, ,$$

d.h.

$$z_1 = -\frac{R}{L + M}, \quad z_2 = -\frac{R}{L - M} \, . \tag{9.34}$$

Durch Partialbruchzerlegung lassen sich daher $\mathfrak{L}[i_1]$, $\mathfrak{L}[i_2]$ in der Form

$$\mathfrak{L}[i_1] = -\frac{U}{2R}\frac{1}{z - z_1} - \frac{U}{2R}\frac{1}{z - z_2} + \frac{U}{Rz}$$
$$\mathfrak{L}[i_2] = -\frac{U}{2R}\frac{1}{z - z_1} + \frac{U}{2R}\frac{1}{z - z_2}$$

darstellen (zeigen!). Aufgrund der Beziehung $\mathfrak{L}[e^{\alpha t}] = \frac{1}{z - \alpha}$ (s. Beisp. 9.3) erhalten wir durch Rücktransformation in den Originalbereich

$$i_1(t) = -\frac{U}{2R}\left(e^{z_1 t} + e^{z_2 t}\right) + \frac{U}{R}$$
$$i_2(t) = -\frac{U}{2R}\left(e^{z_1 t} - e^{z_2 t}\right) \, .$$

Mit (9.34) ergeben sich daher die gesuchten Stromstärken zu

$$i_1(t) = -\frac{U}{2R}\left(e^{-\frac{R}{L+M}t} + e^{-\frac{R}{L-M}t}\right) + \frac{U}{R}$$
$$i_2(t) = -\frac{U}{2R}\left(e^{-\frac{R}{L+M}t} - e^{-\frac{R}{L-M}t}\right) \, . \tag{9.35}$$

(Probe!)

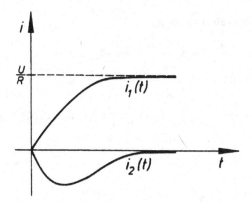

Fig. 9.9: Primär- und Sekundärstrom bei Trafoschaltung

9.4.2   Differentialgleichungen mit variablen Koeffizienten

Lineare DGln mit variablen Koeffizienten $a_k(x)$:

$$y^{(n)} + a_{n-1}(x)y^{(n-1)}(x) + \cdots + a_0(x)y(x) = f(x) \tag{9.36}$$

lassen sich in vielen Fällen mit Hilfe der Laplacetransformation lösen. Dies ist insbesondere dann möglich, wenn die Koeffizienten die Form

$$a_k(x) = x^{j_k}, \quad j_k \in \mathbb{N}, \quad (k = 0,1,\ldots,n-1) \tag{9.37}$$

besitzen. Es gilt nämlich

$$\mathfrak{L}[t^j f(t)] = (-1)^j \frac{\mathrm{d}^j}{\mathrm{d}z^j} \mathfrak{L}[f(t)], \quad j \in \mathbb{N}, \tag{9.38}$$

(vgl. Üb. 9.6), so dass die einzelnen Terme der DGl bei Anwendung der Laplacetransformation die Gestalt

$$(-1)^{j_k} \frac{\mathrm{d}^{j_k}}{\mathrm{d}z^{j_k}} \mathfrak{L}\left[y^{(k)}(x)\right] \tag{9.39}$$

erhalten. Wir verdeutlichen dies anhand eines Beispiels.

Beispiel 9.15:

Wir betrachten das Anfangswertproblem

$$\begin{aligned} &xy''(x) + y'(x) + 2xy(x) = 0 \\ &y(0) = 1, \quad y'(0) = 0. \end{aligned} \tag{9.40}$$

Anwendung der Laplacetransformation ergibt

$$\mathcal{L}[xy'' + y' + 2xy] = \mathcal{L}[xy''] + \mathcal{L}[y'] + 2\mathcal{L}[xy] = 0.$$

Mit (9.38) und Satz 9.7 folgt

$$\mathcal{L}[xy''(x)] = (-1)\frac{d}{dz}\mathcal{L}[y''(x)] = (-1)\frac{d}{dz}\{z^2\mathcal{L}[y(x)] - zy(0) - y'(0)\}$$

$$= -2z\mathcal{L}[y(x)] - z^2\frac{d}{dz}\mathcal{L}[y(x)] + 1$$

sowie

$$\mathcal{L}[y'(x)] = z \cdot \mathcal{L}[y(x)] - y(0) = z \cdot \mathcal{L}[y(x)] - 1$$

und

$$\mathcal{L}[xy(x)] = (-1)\frac{d}{dz}\mathcal{L}[y(x)].$$

Setzen wir $w(z) := \mathcal{L}[y(x)]$, so lautet die DGl

$$-2zw(z) - z^2\frac{dw(z)}{dz} + 1 + zw(z) - 1 - 2\frac{dw(z)}{dz} = 0$$

bzw.

$$(z^2 + 2)w' + zw = 0.$$

Diese DGl für $w(z)$ lässt sich sofort durch Separation lösen: Es gilt

$$\frac{dw}{w} = -\frac{z}{z^2 + 2}\,dz \quad \text{bzw.} \quad \ln|w| = -\frac{1}{2}\ln(z^2 + 2) + \ln K\,,$$

woraus sich

$$w(z) = \frac{K}{\sqrt{z^2 + 2}} = \mathcal{L}[y(x)]$$

ergibt. Nach Tabelle 9.2 ist damit

$$y(x) = K \cdot J_0\left(\sqrt{2}x\right),$$

wobei J_0 die Besselfunktion 0-ter Ordnung ist. Die Konstante K bestimmt sich wegen

$$y(0) = 1 = K \cdot J_0(0)\,, \quad J_0(0) = 1\,,$$

zu $K = 1$, so dass eine (formale) Lösung unseres Anfangswertproblems durch

$$y(x) = J_0\left(\sqrt{2}x\right) \tag{9.41}$$

gegeben ist (Probe!).

9.4.3   Differentialgleichungen mit unstetigen Inhomogenitäten

In vielen Anwendungen treten DGln auf, bei denen die Störfunktionen unstetig sind.

Beispiel 9.16:
Wir betrachten ein Schwingungssystem (Fig. 9.10), bestehend aus einem Massenpunkt (Masse $m = 1$) und einer Feder (Federkonstante $k = 1$).

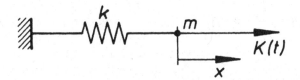

Fig. 9.10: Schwingungssystem Masse-Feder

Bis zum Zeitpunkt $t = 0$ befinde sich das System im Ruhezustand. Dann wirke während der Zeitspanne 1 die konstante Kraft $K = 1$ (Fig. 9.11). Gesucht ist die Bewegung $x(t)$ des Massenpunktes. Wir haben hierzu das folgende Anfangswertproblem zu lösen:

$$\begin{aligned}
\ddot{x}(t) + x(t) &= K(t)\\
x(0) &= \dot{x}(0) = 0,
\end{aligned} \tag{9.42}$$

wobei sich $K(t)$ mit Hilfe der Heaviside-Funktionen $h_0(t)$ bzw. $h_1(t)$ in der Form

$$K(t) = h_0(t) - h_1(t)$$

darstellen lässt. Wenden wir auf die DGl die Laplacetransformation an, und berücksichtigen wir die Anfangsbedingungen, so erhalten wir mit Satz 9.7

$$z^2 \cdot \mathfrak{L}[x(t)] - zx(0) - \dot{x}(0) + \mathfrak{L}[x(t)] = \mathfrak{L}[h_0(t)] - \mathfrak{L}[h_1(t)]$$

bzw. mit Beispiel 9.1

$$z^2 \cdot \mathfrak{L}[x(t)] + \mathfrak{L}[x(t)] = \frac{1}{z} - \frac{e^{-z}}{z}.$$

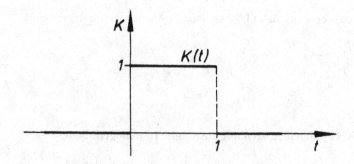

Fig. 9.11: Konstante äußere Kraft

Hieraus folgt

$$\mathcal{L}[x(t)] = \frac{1-\mathrm{e}^{-z}}{z(1+z^2)} = \frac{1}{z} - \frac{z}{1+z^2} - \frac{\mathrm{e}^{-z}}{z} + \frac{z\,\mathrm{e}^{-z}}{1+z^2}$$

$$= \mathcal{L}[h_0(t)] - \mathcal{L}[h_1(t)] - \mathcal{L}[\cos t] + \mathrm{e}^{-z}\cdot\mathcal{L}[\cos t]\,,$$

woraus sich mit

$$\mathrm{e}^{-z}\cdot\mathcal{L}[\cos t] = \mathcal{L}[h_1(t)\cos(t-1)]$$

(vgl. Satz 9.4, Formel (9.19)) aufgrund der Linearität von $\mathcal{L}$ die Beziehung

$$\mathcal{L}[x(t)] = \mathcal{L}[h_0(t) - h_1(t) - \cos t - h_1(t)\cos(t-1)]$$

ergibt. Nach Satz 9.3 folgt dann

$$x(t) = h_0(t) - h_1(t) - \cos t + h_1(t)\cos(t-1)\,.$$

Benutzen wir noch die Definition der Heaviside-Funktion, so erhalten wir die (formale) Lösung

$$x(t) = \begin{cases} 1 - \cos t & \text{für } 0 < t < 1 \\ -\cos t + \cos(t-1) & \text{für } t \geq 1\,. \end{cases} \tag{9.43}$$

(Probe!)

Tabelle 9.1: Zur Laplacetransformation

$f(t)$	$F(z)$
1	$\dfrac{1}{z}$
t	$\dfrac{1}{z^2}$
$t^n, \quad n \in \mathbb{N}$	$\dfrac{n!}{z^{n+1}}$
$t^a, \quad a > -1$	$\dfrac{\Gamma(a+1)}{z^{a+1}}$
e^{at}	$\dfrac{1}{z-a}$
$\delta(t-t_0) \quad \text{bzw.} \quad \delta(t)$	$e^{-zt_0} \quad \text{bzw.} \quad 1$
$\ln t$	$-\dfrac{1}{z}(c + \ln z)$
$\dfrac{t^{n-1} e^{at}}{(n-1)!}, \quad n \in \mathbb{N}$	$\dfrac{1}{(z-a)^n}$
$\dfrac{t^{\beta-1} e^{at}}{\Gamma(\beta)}, \quad \beta > 0$	$\dfrac{1}{(z-a)^{\beta}}$
$\sin at$	$\dfrac{a}{z^2 + a^2}$
$\cos at$	$\dfrac{z}{z^2 + a^2}$
$e^{bt} \sin at$	$\dfrac{a}{(z-b)^2 + a^2}$
$e^{bt} \cos at$	$\dfrac{z-b}{(z-b)^2 + a^2}$
$\sinh at$	$\dfrac{a}{z^2 - a^2}$
$\cosh at$	$\dfrac{z}{z^2 - a^2}$

Tabelle 9.2: Zur Laplacetransformation

$f(t)$	$F(z)$
$e^{bt}\sinh at$	$\dfrac{a}{(z-b)^2-a^2}$
$e^{bt}\cosh at$	$\dfrac{z-b}{(z-b)^2-a^2}$
$t\sin at$	$\dfrac{2az}{(z^2+a^2)^2}$
$t\cos at$	$\dfrac{z^2-a^2}{(z^2+a^2)^2}$
$f'(t)$	$zF(z)-f(0)$
$f^{(n)}(t),\quad n\in\mathbb{N}$	$z^n F(z)-z^{n-1}f(0)-\cdots-f^{(n-1)}(0)$
$\displaystyle\int_0^t f(u)\,du$	$\dfrac{F(z)}{z}$
$\displaystyle\int_t^\infty \frac{f(u)}{u}\,du$	$\dfrac{1}{z}\displaystyle\int_0^z F(w)\,dw$
$\displaystyle\int_0^t f_1(u)f_2(t-u)\,du$	$F_1(z)\cdot F_2(z)$
$(-1)^n t^n f(t),\quad n\in\mathbb{N}$	$F^{(n)}(z)$
$e^{-at}f(t)$	$F(z+a)$
$\dfrac{1}{a}f\left(\dfrac{t}{a}\right),\quad a>0$	$F(az)$
$af_1(t)+bf_2(t)$	$aF_1(z)+bF_2(z)$
$J_0(at)$	$\dfrac{1}{\sqrt{z^2+a^2}}$

Übungen

Übung 9.1*

Berechne die Laplacetransformierten der Funktionen

(a) $f(t) = \sinh(\alpha t)$, $\alpha \in \mathbb{R}$;   (b) $f(t) = t\,e^{\beta t}$, $\beta \in \mathbb{R}$.

Übung 9.2*

Bestimme die Residuen der Funktion

$$\frac{e^{zt}}{(z+1)(z-2)^2}$$

an den Stellen $z = -1$ und $z = 2$ und berechne mit ihrer Hilfe

$$\mathcal{L}^{-1}\left[\frac{1}{(z+1)(z-2)^2}\right].$$

Übung 9.3*

Berechne unter Verwendung von Satz 9.4

(a) $\mathcal{L}[-2t^2 + 3\cos 4t]$;   (b) $\mathcal{L}[e^{-3t}\sin t]$.

Übung 9.4*

Bestimme mit Hilfe des Faltungssatzes die zu den Funktionen

(a) $F(z) = \dfrac{1}{z(z-1)}$;   (b) $\dfrac{z}{(z-2)(z^2+9)}$

gehörenden Oberfunktionen. Für welche z gelten die gewonnenen Beziehungen?

Übung 9.5:

Sei f die in Figur 9.12 dargestellte T-periodische Funktion
Zeige:

$$\mathcal{L}[f(t)] = \frac{1}{z^2} \cdot \left(1 - \frac{2\,e^{-z\frac{T}{4}}}{1 + e^{-z\frac{T}{2}}}\right).$$

Übung 9.6*

Weise nach, dass unter geeigneten Voraussetzungen an f die Beziehung

$$\mathcal{L}[t^j f(t)] = (-1)^j \frac{d^j}{dz^j} \mathcal{L}[f(t)], \quad j \in \mathbb{N},$$

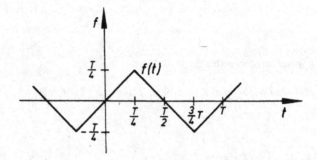

Fig. 9.12: T-periodische Sägezahnschwingung

gilt.

Übung 9.7*

Leite mit Hilfe von Übung 9.6 für die DGln

(a) $y'' - xy' - 4xy = 0$;   (b) $xy'' + 3xy' + 5y = 0$

möglichst einfache Gleichungen im Bildbereich der Laplacetransformierten her.

Übung 9.8*

Löse die Anfangswertprobleme

(a) $y'' - 2y' + y = x\,e^x$; $y(0) = y'(0) = 0$;

(b) $\begin{cases} \dot{x} = -x - 6y \\ \dot{y} = -5x - 2y \end{cases}$; $x(0) = 1$, $y(0) = 0$

durch Verwendung der Laplacetransformation.

10 $\mathfrak{Z}$-Transformation

In Abschnitt 8.5 haben wir die Diskrete Fouriertransformation (DFT) kennengelernt. Nun beschäftigen wir uns erneut mit einer für die Anwendungen wichtigen Transformation, die nur Funktionswerte an *diskreten* Stellen benutzt. Wie wir gesehen haben tritt in der Praxis eine solche Situation z.B. dann auf, wenn Messungen in gewissen zeitlichen Abständen durchgeführt werden, so dass anstelle einer kontinuierlichen Funktion eine Folge von Funktionswerten an diskreten Stellen (den Messpunkten) vorliegt.

Bei der Untersuchung von Vorgängen dieser Art spielt die $\mathfrak{Z}$-Transformation eine wichtige Rolle. Ob in der Systemtheorie (z.B. bei impulsgesteuerten Systemen oder digitalen Filtern), ob in der Elektrotechnik (z.B. bei elektrischen Netzwerken) oder in der Radartechnik oder in der Regelungstechnik (z.B. bei unstetig arbeitenden Regelungssystemen): die $\mathfrak{Z}$-Transformation erweist sich als starkes mathematisches Hilfsmittel. Dabei sind häufig *Differenzengleichungen* zu lösen. Die $\mathfrak{Z}$-Transformation leistet hierbei Ähnliches wie die Laplacetransformation bei der Lösung von Differentialgleichungsproblemen.

10.1   Motivierung und Definition

10.1.1   Einführende Betrachtungen

Bei der Übertragung von Informationen tritt häufig folgende Standardsituation auf: Ein zeitabhängiges vorgegebenes *Input-Signal*, beschrieben durch eine zeitabhängige Funktion $f(t)$, $0 \leq t < \infty$, wird einer Transformation H_T unterworfen und erscheint als *Output-Signal*, beschrieben durch eine Funktion $h(t)$. Dies lässt sich durch ein »black-box-diagram« veranschaulichen (s. Fig. 10.1).

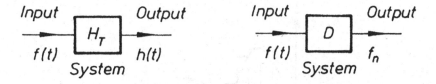

Fig. 10.1: Übertragung von Signalen   Fig. 10.2: Diskretisierung eines Signals

Hängt die Funktion $f(t)$ stetig von der Zeitvariablen t ab, so spricht man von einem *kontinuierlichen Signal*. Für den Fall, dass f nur an diskreten Stellen, z.B. den äquidistanten Stellen $t = t_n = n$, $n = 0, 1, 2, \ldots$ erklärt ist, nennt man das Signal *diskret* (s. Fig. 10.3 und 10.4).

Aus der stetigen Funktion $f(t)$ entsteht aufgrund der Diskretisierung eine *Folge*, z.B. die Folge $\{f_n\}$ mit

$$f_n := f(n), \quad n = 0, 1, 2, \ldots . \tag{10.1}$$

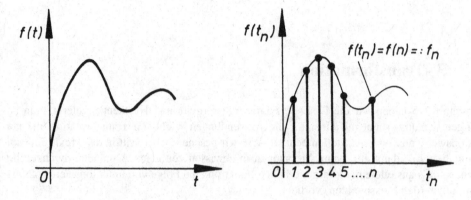

Fig. 10.3: Graph eines kontinuierlichen Signals   Fig. 10.4: Graph eines diskretisierten Signals

Dieser Vorgang – im Sinne unserer obigen Betrachtungsweise – ist in Figur 10.2 schematisch dargestellt. Die Transformation D »siebt« hierbei aus $f(t)$ zeitperiodisch die Werte f_n heraus.

Die Folgen $\{f_n\}$ (=diskrete Funktionen) sind Ausgangspunkt für unsere weiteren Untersuchungen.

10.1.2 $\mathcal{D}$-Transformation und Zusammenhang zur Laplacetransformation

Mit Hilfe der Folge $\{f_n\}$ bilden wir zunächst die Treppenfunktion

$$h_f(t) := f_n \quad \text{für} \quad t \in [n, n+1), \; n = 0, 1, 2, \ldots. \tag{10.2}$$

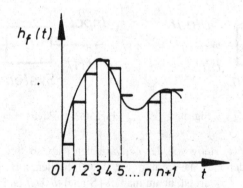

Fig. 10.5: $\{f_n\}$ zugeordnete Treppenfunktion h_f

Nun wenden wir auf diese Treppenfunktion $h_f(t)$ die Laplacetransformation an und erhalten für $s \neq 0$

$$\mathcal{L}[h_f(t)] = \int\limits_0^\infty e^{-st}\, h_f(t)\, dt = \sum_{n=0}^\infty \int\limits_n^{n+1} e^{-st}\, f_n\, dt$$

$$= \sum_{n=0}^\infty f_n \frac{1}{s}[e^{-ns} - e^{-(n+1)s}]$$

oder

$$\mathcal{L}[h_f(t)] = \frac{1 - e^{-s}}{s} \sum_{n=0}^\infty f_n\, e^{-ns}\,, \quad s \in \mathbb{C} - \{0\}\,. \tag{10.3}$$

Offensichtlich tritt der Faktor $\frac{1-e^{-s}}{s}$ bei Laplacetransformation einer *beliebigen* Treppenfunktion auf. Lässt man diesen Faktor in (10.3) ganz beiseite, so gelangt man zur sogenannten *diskreten Laplacetransformation*

$$\mathcal{D}\{f_n\} := \sum_{n=0}^\infty f_n\, e^{-ns}\,, \quad s \in \mathbb{C}\,. \tag{10.4}$$

Diese $\mathcal{D}$-*Transformation* lässt sich auch als Laplacetransformation einer geeigneten Distribution auffassen. Für den Nachweis kommen uns die im Abschnitt »Distributionen« gewonnenen Erkenntnisse sehr zu statten: Für $\varphi \in C_0^\infty(\mathbb{R})$ haben wir die Diracsche δ-Distribution in Abschnitt 6.2.2 bzw. 7.2.1 durch

$$\delta\varphi = \varphi(0) \quad \text{bzw.} \quad \delta(t - x)\varphi = \delta_x\varphi = \varphi(x)$$

definiert. Nun bilden wir den Ausdruck

$$\sum_{n=0}^\infty \delta(t - n)\,,$$

der ebenfalls eine Distribution im Sinne von Abschnitt 6.1.3 ist: Wir beachten, dass in der Reihe

$$\delta(t)\varphi + \delta(t - 1)\varphi + \cdots + \delta(t - n)\varphi + \ldots$$
$$= \varphi(0) + \varphi(1) + \cdots + \varphi(n) + \ldots$$

nur *endlich viele* Summanden auftreten, da φ kompakten Träger in $\mathbb{R}$ besitzt.

Nun bilden wir gemäß Abschnitt 7.1.1, (7.4) das Produktfunktional

$$f(t) \sum_{n=0}^\infty \delta(t - n)\,,$$

welches wir als Modulation von $\sum\limits_{n=0}^{\infty} \delta(t-n)$ mit $f(t)$ auffassen können. Es gilt

$$\left[f(t)\sum_{n=0}^{\infty}\delta(t-n)\right]\varphi(t)=\left[\sum_{n=0}^{\infty}\delta(t-n)\right](f(t)\varphi(t))$$

$$=\sum_{n=0}^{\infty}\delta(t-n)(f(t)\varphi(t)) \quad \text{(warum?)}$$

$$=\sum_{n=0}^{\infty}f(n)\varphi(n)=\sum_{n=0}^{\infty}f_n\delta(t-n)\varphi(t)$$

$$=\left[\sum_{n=0}^{\infty}f_n\delta(t-n)\right]\varphi(t) \quad \text{für alle} \quad \varphi\in C_0^{\infty}(\mathbb{R})$$

oder

$$f(t)\sum_{n=0}^{\infty}\delta(t-n)=\sum_{n=0}^{\infty}f_n\delta(t-n)=:f^*(t)\,. \tag{10.5}$$

Benutzen wir nun, dass die Laplacetransformierte der δ-Distribution durch

$$\mathfrak{L}[\delta(t-t_0)]=\mathrm{e}^{-t_0 s} \tag{10.6}$$

gegeben ist (s. Tab. 9.1), so ergibt sich aus (10.5), wenn wir die Laplacetransformation anwenden

$$\mathfrak{L}[f^*(t)]=\mathfrak{L}\left[\sum_{n=0}^{\infty}f_n\delta(t-n)\right]=\sum_{n=0}^{\infty}f_n\mathfrak{L}[\delta(t-n)]$$

$$=\sum_{n=0}^{\infty}f_n\,\mathrm{e}^{-ns}\,, \quad s\in\mathbb{C}$$

oder, mit (10.4)

$$\mathcal{D}\{f(n)\}=\mathcal{D}\{f_n\}=\mathfrak{L}[f^*(t)]\,. \tag{10.7}$$

10.1.3   Definition der $\mathfrak{Z}$-Transformation

So wie die $\mathcal{D}$-Transformation, führen wir auch die $\mathfrak{Z}$-Transformation als eine Transformation von Folgen $\{f_n\}$ ein. Ersetzen wir in (10.4) die Variable s mit Hilfe der Substitution

$$\mathrm{e}^s=:z\,, \tag{10.8}$$

so geht (10.4) in die Reihe

$$\sum_{n=0}^{\infty} f_n z^{-n} \qquad (10.9)$$

über. Man nennt Reihen dieser Art Laurentreihen[1]. Die Reihe (10.9) besitzt im Punkt $z = 0$ eine Singularität, und wenn überhaupt Konvergenz vorliegt, dann im Äußeren eines Kreises $K_R(0)$ in der komplexen Ebene um den Nullpunkt mit Radius R. Fassen wir die Reihe (10.9) als Potenzreihe in $w := \frac{1}{z}$ mit Konvergenzradius $\tilde{R}$ auf, so kann R aus den Folgenelementen f_n aufgrund der Formel

$$\frac{1}{R} = \tilde{R} = \frac{1}{\lim\limits_{n \to \infty} \sqrt[n]{f_n}} \qquad (10.10)$$

berechnet werden (s. Burg/Haf/Wille (Analysis) [13] bzw. Burg/Haf/Wille (Funktionentheorie) [14]). Die Reihe (10.9) konvergiert für

$|z| > R$ absolut

$|z| \geq R_0 > R$ gleichmäßig

und divergiert für $|z| < R$.

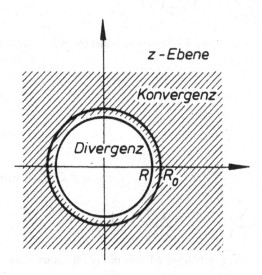

Fig. 10.6: Konvergenzbereich der Reihe (10.9)

Wir setzen im Folgenden stets voraus, dass für die betrachteten Folgen $\{f_n\}$ jeweils ein $R < \infty$ existiert und gelangen zu

---

1 s. hierzu Burg/Haf/Wille (Funktionentheorie) [14]

Definition 10.1:

Ordnet man den Elementen f_n der Folge $\{f_n\}$ aufgrund der Beziehung

$$F^*(z) = \sum_{n=0}^{\infty} f_n z^{-n} \qquad (10.11)$$

die Funktion F^* zu, so nennt man F^* $\mathfrak{Z}$-*Transformation*[2] von $\{f_n\}$. Neben $F^*(z)$ verwendet man auch die Schreibweise $\mathfrak{Z}\{f_n\}$.

Bemerkung: Mit funktionentheoretischen Hilfsmitteln (s. Burg/Haf/Wille (Funktionentheorie) [14]) wird rasch klar, dass $F^*(z)$ eine im Äußeren des Kreises $K_R(0)$ *holomorphe* Funktion ist. Außerdem ist die Zuordnung der Folge $\{f_n\}$ zu $F^*(z)$ *eindeutig*.

Beispiel 10.1:

Wir betrachten die (konstante) Folge $\{f_n\}$ mit $f_n = 1$ für $n = 0, 1, 2, \ldots$. Nach Definition 10.1 gilt dann

$$F^*(z) = \mathfrak{Z}\{1\} = \sum_{n=0}^{\infty} 1 \cdot z^{-n} = \sum_{n=0}^{\infty} \left(\frac{1}{z}\right)^n .$$

Es liegt hier also eine *geometrische Reihe* in $\frac{1}{z}$ vor. Ihre Reihensumme ist

$$\frac{1}{1 - \frac{1}{z}} = \frac{z}{z - 1}$$

und das zugehörige $R = 1$.

Beispiel 10.2:

Für die Folge $\{f_n\}$ mit $f_n = e^{\alpha n}$ für $n = 0, 1, 2, \ldots$ und $\alpha \in \mathbb{C}$ ergibt sich

$$F^*(z) = \mathfrak{Z}\{e^{\alpha n}\} = \sum_{n=0}^{\infty} e^{\alpha n} z^{-n} = \sum_{n=0}^{\infty} \left(e^{\alpha} \frac{1}{z}\right)^n ,$$

und wir erkennen wieder die geometrische Reihe mit der Reihensumme

$$\frac{1}{1 - e^{\alpha} \cdot \frac{1}{z}} = \frac{z}{z - e^{\alpha}}$$

und $R = e^{\operatorname{Re}\alpha}$.

---

2 Der Name $\mathfrak{Z}$-Transformation rührt von der in (10.11) auftretenden Variablen z her.

10.2   Eigenschaften der $\mathfrak{Z}$-Transformation

10.2.1   Grundlegende Operationen. Rechenregeln

Die folgenden Eigenschaften sind für den »praktischen Umgang« mit der $\mathfrak{Z}$-Transformation hilfreich. Wir stellen sie in einem Katalog zusammen und überlassen die recht einfachen Beweise dem Leser.

(i) **Linearität**

$$\mathfrak{Z}\{f_n + g_n\} = F^*(z) + G^*(z); \quad \mathfrak{Z}\{\alpha f_n\} = \alpha F^*(z) \quad (\alpha \in \mathbb{C}).$$

(ii) **Verschiebung**

$$\mathfrak{Z}\{f_{n-k}\} = z^{-k} F^*(z), \quad k \in \mathbb{N} \qquad (\textit{1. Verschiebungssatz});$$

$$\mathfrak{Z}\{f_{n+k}\} = z^k \left[F^*(z) - \sum_{v=0}^{k-1} f_v z^{-v} \right], \quad k \in \mathbb{N} \quad (\textit{2. Verschiebungssatz}).$$

(iii) **Dämpfung**

$$\mathfrak{Z}\{\alpha^n f_n\} = F^* \left(\frac{z}{\alpha} \right), \quad \alpha \in \mathbb{C} - \{0\} \qquad (\textit{Dämpfungssatz}).$$

(iv) **Summation**

$$\mathfrak{Z}\left\{ \sum_{v=0}^{n-1} f_v \right\} = \frac{F^*(z)}{z - 1}.$$

(v) **Differenzenbildung**: Unter einer *Differenz 1-ter Ordnung* versteht man den Ausdruck

$$\Delta f_n = f_{n+1} - f_n$$

und unter einer *Differenz k-ter Ordnung* entsprechend

$$\Delta^k f_n = \Delta^{k-1} f_{n+1} - \Delta^{k-1} f_n \quad (k \in \mathbb{N}), \quad \Delta^1 f_n = \Delta f_n, \quad \Delta^0 f_n = f_n.$$

Für diese Differenzen gilt die Regel

$$\mathfrak{Z}\{\Delta^k f_n\} = (z - 1)^k F^*(z) - z \sum_{v=0}^{k-1} (z - 1)^{k-v-1} \Delta^v f_0.$$

Insbesondere ergibt sich also

$$\mathfrak{Z}\{\Delta f_n\} = (z - 1) F^*(z) - z f_0$$
$$\mathfrak{Z}\{\Delta^2 f_n\} = (z - 1)^2 F^*(z) - z(z - 1) f_0 + z \Delta f_0.$$

(vi) **Faltungsprodukt**: Die *Faltung* zweier Folgen $\{f_n\}$ und $\{g_n\}$ ist durch

$$f_n * g_n = \sum_{\nu=0}^{n} f_\nu g_{n-\nu} \,,$$

also durch das Cauchy-Produkt der Reihen $\sum\limits_{\nu=0}^{\infty} f_\nu$ und $\sum\limits_{\nu=0}^{\infty} g_\nu$ (s. Burg/Haf/Wille (Analysis) [13]), erklärt. Für dieses gilt

$$\mathfrak{Z}\{f_n * g_n\} = F^*(z) \cdot G^*(z) \quad \textit{(Faltungssatz)}$$

Der Faltungssatz spielt eine wichtige Rolle bei der Lösung von Differenzengleichungen (s. hierzu Abschn. 10.3.1).

(vii) **Differentiation**

$$\mathfrak{Z}\{nf_n\} = -z\frac{\mathrm{d}F^*(z)}{\mathrm{d}z} \,.$$

Anhand von einigen Beispielen zeigen wir nun, wie sich die $\mathfrak{Z}$-Transformierten von gewissen Folgen recht einfach durch Verwendung dieser Regeln berechnen lassen.

Beispiel 10.3:

Es sollen die $\mathfrak{Z}$-Transformierten der zwei Folgen $\{\sin\omega n\}$ und $\{\cos\omega n\}$ bestimmt werden. Mit Hilfe der komplexen Darstellungen

$$\sin\omega n = \frac{1}{2\mathrm{i}}\left[\mathrm{e}^{\mathrm{i}\omega n} - \mathrm{e}^{-\mathrm{i}\omega n}\right], \quad \cos\omega n = \frac{1}{2}\left[\mathrm{e}^{\mathrm{i}\omega n} + \mathrm{e}^{-\mathrm{i}\omega n}\right]$$

(s. Burg/Haf/Wille (Analysis) [13]) der Folgenelemente ergibt sich (wir beachten Regel (i) und Beispiel 10.2)

$$\begin{aligned}
\mathfrak{Z}\{\sin\omega n\} &= \mathfrak{Z}\left\{\frac{1}{2\mathrm{i}}\left[\mathrm{e}^{\mathrm{i}\omega n} - \mathrm{e}^{-\mathrm{i}\omega n}\right]\right\} \\
&= \frac{1}{2\mathrm{i}}\left[\frac{z}{z - \cos\omega - \mathrm{i}\sin\omega} - \frac{z}{z - \cos\omega + \mathrm{i}\sin\omega}\right] \\
&= \frac{z\sin\omega}{z^2 - 2z\cos\omega + 1} \,.
\end{aligned} \tag{10.12}$$

Entsprechend ergibt sich

$$\mathfrak{Z}\{\cos\omega n\} = \frac{z(z - \cos\omega)}{z^2 - 2z\cos\omega + 1} \,. \tag{10.13}$$

Beide Ausdrücke sind für $|z| > |\mathrm{e}^{\mathrm{i}\omega}| = 1$ sinnvoll.

Beispiel 10.4:

Es sei $\{f_n\}$ eine Folge mit $f_n = e^{\alpha n}$ (s. Beisp. 10.2). Wir berechnen $\mathfrak{Z}\{f_{n+k}\}$. Mittels des zweiten Verschiebungssatzes folgt für $|z| > e^{\operatorname{Re}\alpha}$

$$\mathfrak{Z}\{f_{n+k}\} = z^k \left[F^*(z) - \sum_{\nu=0}^{k-1} f_\nu z^{-\nu} \right]$$

$$= z^k \left[\frac{z}{z - e^\alpha} - \sum_{\nu=0}^{k-1} e^{\alpha \nu} z^{-\nu} \right] \tag{10.14}$$

$$= z^k \left[\frac{z}{z - e^\alpha} - \sum_{\nu=0}^{k-1} \left(e^\alpha z^{-1} \right)^\nu \right]$$

und hieraus unter Verwendung der geometrischen Summenformel (s. Burg/Haf/Wille (Analysis) [13])

$$\mathfrak{Z}\{f_{n+k}\} = z^k \left[\frac{z}{z - e^\alpha} - \frac{1 - (e^\alpha z^{-1})^k}{1 - e^\alpha z^{-1}} \right] = \frac{z \, e^{\alpha k}}{z - e^\alpha} \, .$$

Entsprechend erhält man mit Hilfe des ersten Verschiebungssatzes

$$\mathfrak{Z}\{f_{n-k}\} = \frac{z^{1-k}}{z - e^\alpha} \, , \quad |z| > e^{\operatorname{Re}\alpha} \, . \tag{10.15}$$

Beispiel 10.5:

Wir betrachten die Folge $\{f_n\}$ mit $f_n = n$. Nach (v) gilt dann

$$\Delta f_n = (n+1) - n = 1 \, , \quad \Delta^2 f_n = \Delta f_{n+1} - \Delta f_n = 0$$

und allgemein

$$\Delta^k f_n = 0 \quad \text{für} \quad k \geq 3 \, .$$

Lösen wir die in (v) gewonnene Formel nach $F^*(z)$ auf:

$$F^*(z) = \frac{1}{(z-1)^k} \mathfrak{Z}\{\Delta^k f_n\} + \frac{z}{z-1} \sum_{\nu=0}^{k-1} \frac{\Delta^\nu f_0}{(z-1)^\nu} \, ,$$

so erhalten wir

$$\mathfrak{Z}\{f_n\} = \mathfrak{Z}\{n\} = 0 + \frac{z}{z-1} \frac{1}{z-1} = \frac{z}{(z-1)^2} \, . \tag{10.16}$$

Beispiel 10.6:

Mit dem Ergebnis von Beispiel 10.5 sowie der Differentiationsregel (vii) berechnen wir nun $\mathfrak{Z}\{n^{m-1}\}$, $m \in \mathbb{N}$ $(m > 1)$: Speziell erhält man

$$\mathfrak{Z}\{n^2\} = \mathfrak{Z}\{n \cdot n\} = -z\frac{\mathrm{d}}{\mathrm{d}z}\frac{z}{(z-1)^2} = \frac{z(z+1)}{(z-1)^3}$$

für $m = 3$ und

$$\mathfrak{Z}\{n^3\} = \mathfrak{Z}\{n \cdot n^2\} = -z\frac{\mathrm{d}}{\mathrm{d}z}\frac{z(z+1)}{(z-1)^3} = \frac{z(z^2+4z+1)}{(z-1)^4},$$

wenn $m = 4$ ist. Für beliebige m ergibt sich mittels vollständiger Induktion

$$\mathfrak{Z}\{n^{m-1}\} = \frac{P_{m-1}(z)}{(z-1)^m}, \qquad (10.17)$$

wobei $P_{m-1}(z)$ ein Polynom in z vom Grad $m - 1$ ist.

10.2.2   Umkehrung der $\mathfrak{Z}$-Transformation

Unser Ziel ist es nun, aus der Bildfunktion $F^*(z)$ die Urbildfolge $\{f_n\}$ zurück zu gewinnen. [3] Dies ist mit Hilfsmitteln der Funktionentheorie, auf die wir hier vorgreifen müssen, in *eindeutiger* Weise möglich (s. Burg/Haf/Wille (Funktionentheorie) [14]). Wir haben in Abschnitt 10.1.3 bereits darauf hingewiesen, dass die Reihe

$$\sum_{n=0}^{\infty} f_n z^{-n},$$

die der Definition der $\mathfrak{Z}$-Transformation zugrunde liegt, eine Laurentreihe ist. Nach Burg/Haf/-Wille (Funktionentheorie) [14] lauten die Koeffizienten f_n dieser Reihe

$$f_n = \frac{1}{2\pi\,\mathrm{i}} \int_{K_r(0)} F^*(z) z^{n-1}\,\mathrm{d}z, \qquad n = 0,1,2,\dots, \qquad (10.18)$$

wobei $K_r(0)$ ein beliebiger Kreis in der komplexen Ebene mit Mittelpunkt $z = 0$ und Radius $r > R$ ist. Satz 3.2 aus Burg/Haf/Wille (Funktionentheorie) [14] sichert die Eindeutigkeit der Koeffizienten.

Eine weitere Möglichkeit zur Bestimmung der Folgenglieder f_n ist durch die Formel

$$f_n = \frac{1}{n!}\frac{\mathrm{d}^n}{\mathrm{d}z^n}F^*\left(\frac{1}{z}\right)\Big|_{z=0}, \qquad n = 0,1,2,\dots \qquad (10.19)$$

---

3 Wie nicht anders zu erwarten, bezeichnet man die zu $\mathfrak{Z}$ inverse Transformation mit $\mathfrak{Z}^{-1}$.

gegeben (s. Burg/Haf/Wille (Funktionentheorie) [14]).

Beispiel 10.7:

Wir berechnen zu

$$F^*(z) = \ln \frac{z}{z-1}, \quad |z| > 1$$

die Urbildfolge $\{f_n\}$. Wegen

$$F^*\left(\frac{1}{z}\right) = \ln \frac{1}{1-z} \quad \text{und} \quad \frac{\mathrm{d}^n}{\mathrm{d}z^n} F^*\left(\frac{1}{z}\right) = \frac{(n-1)!}{(1-z)^n}, \quad n = 1,2,\dots$$

ergibt sich mit (10.19)

$$f_0 = 0 \quad \text{und} \quad f_n = \frac{1}{n!} \frac{\mathrm{d}^n}{\mathrm{d}z^n} F^*\left(\frac{1}{z}\right)\bigg|_{z=0} = \frac{1}{n!}(n-1)! = \frac{1}{n}, \quad n = 0,1,2,\dots . \quad (10.20)$$

Wie schon bei der Laplacetransformation (s. Abschn. 9.2.2) ermöglicht der *Residuensatz* auch hier für den Fall, dass $F^*(z)$ innerhalb des Kreises $K_r(0)$ nur Polstellen als Singularitäten besitzt, eine elegante Berechnung der Inversen. Es gilt dann nämlich (s. Burg/Haf/Wille (Funktionentheorie) [14])

$$\mathfrak{Z}^{-1}[F^*(z)] = f_n = \frac{1}{2\pi \mathrm{i}} \int\limits_{K_r(0)} F^*(z) z^{n-1}\, \mathrm{d}z = \sum_{j=1}^{m} \operatorname*{Res}_{z=z_j}\left(F^*(z) z^{n-1}\right) \qquad (10.21)$$

wobei $z_1, \dots, z_m$ die m (verschiedenen) Polstellen von $F^*(z)z^{n-1}$ in $K_r(0)$ sind.

Beispiel 10.8:

Es sei

$$F^*(z) = \frac{z(z-1)}{(z+1)(z-2)}, \quad |z| > 2.$$

Die Funktion

$$F^*(z)z^{n-1} = \frac{z-1}{(z+1)(z-2)} z^n$$

besitzt in $z = -1$ und $z = 2$ Polstellen der Ordnung 1. Formel (10.21) sowie Hilfssatz 3.1, Abschnitt 3.2.1 aus Burg/Haf/Wille (Funktionentheorie) [14] liefern daher

$$f_n = \operatorname*{Res}_{z=-1} \frac{z-1}{(z+1)(z-2)} z^n + \operatorname*{Res}_{z=2} \frac{z-1}{(z+1)(z-2)} z^n$$

$$= \lim_{z\to -1}\left[(z+1)\frac{z-1}{(z+1)(z-2)} z^n\right] + \lim_{z\to 2}\left[(z-2)\frac{z-1}{(z+1)(z-2)} z^n\right]$$

$$= \frac{2}{3}(-1)^n + \frac{1}{3}2^n = \frac{2}{3}\left[(-1)^n + 2^{n-1}\right], \quad n = 0,1,2,\ldots. \tag{10.22}$$

Bemerkung: Für diejenigen Leser, denen funktionentheoretische Methoden noch nicht geläufig sind, mag es einen gewissen Trost bedeuten, dass für die $\mathfrak{Z}$-Transformation umfangreiche Tabellen zur Verfügung stehen (s. z.B. *Vich* [115], pp. 217–228). Eine tabellarische Auflistung einiger wichtiger Funktionen findet sich am Ende dieses Abschnittes. Aus solchen Tabellen lassen sich häufig – nach entsprechenden Umformungen und Anwendung der Operationen aus Abschnitt 10.2.1 – die Folgenelemente f_n nach einem »Baukastenprinzip« zusammenfügen. Wir verdeutlichen die Vorgehensweise anhand eines Beispiels.

Beispiel 10.9:

Wir betrachten die Funktion

$$F^*(z) = \frac{z-1}{(z+1)(z-2)}, \quad |z| > 2.$$

Partialbruchzerlegung von $F^*(z)$ liefert (s. Burg/Haf/Wille (Analysis) [13] :

$$F^*(z) = \frac{z-1}{(z+1)(z-2)} = \frac{2}{3}\frac{1}{z+1} + \frac{1}{3}\frac{1}{z-2}, \quad |z| > 2.$$

Aus der Linearität von $\mathfrak{Z}^{-1}$ (Begründung!) und der Tabelle 10.1 folgt für $n = 1,2,\ldots$

$$\mathfrak{Z}^{-1}\left\{\frac{2}{3}\frac{1}{z+1}\right\} = \frac{2}{3}\mathfrak{Z}^{-1}\left\{\frac{1}{z+1}\right\} = \frac{2}{3}(-1)^{n-1}$$

$$\mathfrak{Z}^{-1}\left\{\frac{1}{3}\frac{1}{z-2}\right\} = \frac{1}{3}\mathfrak{Z}^{-1}\left\{\frac{1}{z-2}\right\} = \frac{1}{3}\cdot 2^{n-1}$$

und damit – wieder aus der Linearität von $\mathfrak{Z}^{-1}$ –

$$\mathfrak{Z}^{-1}[F^*(z)] = f_n = \frac{2}{3}(-1)^{n-1} + \frac{1}{3}\cdot 2^{n-1} \quad \text{für} \quad n = 1,2,\ldots. \tag{10.23}$$

Zur Bestimmung von f_0 verwenden wir den ersten der folgenden zwei *Grenzwertsätze*.

Satz 10.1:

(a) $F^*(z)$ existiere. Dann gilt

$$f_0 = \lim_{z \to \infty} F^*(z). \tag{10.24}$$

(b) Existiert der Grenzwert $\lim_{n \to \infty} f_n$, so gilt

$$\lim_{n \to \infty} f_n = \lim_{z \to 1+} (z-1)F^*(z). \tag{10.25}$$

Beweis:

s.z.B. *Doetsch* [29], S. 178.

Für f_0 aus dem obigen Beispiel ergibt sich mit (a): $f_0 = 0$.

10.3   Anwendungen

10.3.1   Lineare Differenzengleichungen

Zur Motivierung betrachten wir das in Figur 10.7 dargestellte, einfach überschaubare Netzwerk aus T-Vierpolen, das wir uns in idealisierter Weise unendlich ausgedehnt denken. An der Masche 1 sei die konstante Spannung u_0 angelegt. Zu bestimmen sind die Spannungen $u_1, u_2, \ldots,$ $u_n, \ldots$ an den Knoten $1, 2, \ldots, n, \ldots$.

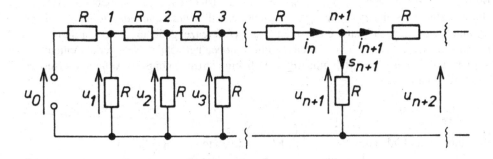

Fig. 10.7: Ein elektrisches Netzwerk

Wir greifen den T-Vierpol mit dem Knoten $n + 1$ heraus. Aus der Elektrostatik übernehmen wir die folgenden Beziehungen:

$$i_n - i_{n+1} - s_{n+1} = 0 \quad \text{(1. Kirchhoffscher Satz)} \tag{10.26}$$

und

$$i_n R = u_n - u_{n+1}, \quad i_{n+1} R = u_{n+1} - u_{n+2}, \quad s_{n+1} R = u_{n+1} \quad \text{(Ohmsches Gesetz)}. \tag{10.27}$$

Setzen wir die Ausdrücke für i_n, i_{n+1} und s_{n+1} aus (10.27) in (10.26) ein, so erhalten wir die Gleichung

$$u_{n+2} - 3u_{n+1} + u_n = 0 \tag{10.28}$$

für die zu bestimmende Folge $\{u_n\}$.

Diese Betrachtungen führen uns zu der folgenden

Definition 10.2:

Unter einer (inhomogenen) *linearen Differenzengleichung k-ter Ordnung* mit konstanten Koeffizienten versteht man eine Gleichung der Form

$$y_{n+k} + a_{k-1}y_{n+k-1} + \cdots + a_1 y_{n+1} + a_0 y_n = f_n, \tag{10.29}$$

wobei $a_0, a_1, \ldots, a_{k+1} \in \mathbb{R}$ oder $\mathbb{C}$ zusammen mit der Folge $\{f_n\}$ vorgegeben sind, und die Folge $\{y_n\}$ zu bestimmen ist. Insbesondere ist durch

$$y_{n+2} + a_1 y_{n+1} + a_0 y_n = f_n \tag{10.30}$$

eine Differenzengleichung 2-ter Ordnung gegeben.

Gleichung (10.28) stellt also eine (homogene) lineare Differenzengleichung 2-ter Ordnung dar.
Bemerkung: Bei den obigen Differenzengleichungen handelt es sich um Rekursionsformeln zur Bestimmung der Folgen $\{u_n\}$ bzw. $\{y_n\}$. Wie in der Theorie der gewöhnlichen Differentialgleichungen sind auch hier zusätzliche Vorgaben nötig, will man zu *eindeutig bestimmten* Lösungen gelangen. Zum Beispiel kann man im Falle der Differenzengleichung k-ter Ordnung die k *Anfangswerte* $y_0, y_1, \ldots, y_{k-1}$ vorschreiben. Für das oben betrachtete Netzwerk empfiehlt sich die Vorgabe von *Randwerten*. Man gibt z.B. u_0 beliebig vor (Spannung am Anfang des Netzwerkes) und fordert außerdem

$$\lim_{n \to \infty} u_n = 0$$

(Spannung am »Ende« des Netzwerkes: Randbedingung im Unendlichen).

Wie löst man nun konkret solche Differenzengleichungen? So, wie die Laplacetransformation im Zusammenhang mit Differentialgleichungen, stellt die $\mathfrak{Z}$-Transformation ein überaus griffiges Instrumentarium zur Lösung von *Differenzengleichungen* dar. Wir zeigen dies zunächst anhand unseres Netzwerkbeispiels:

$\mathfrak{Z}$-Transformation von Gleichung (10.28) liefert unter Beachtung der Linearität von $\mathfrak{Z}$

$$\mathfrak{Z}\{u_{n+2} - 3u_{n+1} + u_n\} = \mathfrak{Z}\{u_{n+2}\} - 3\mathfrak{Z}\{u_{n+1}\} + \mathfrak{Z}\{u_n\} = \mathfrak{Z}\{0\} = 0.$$

Wenden wir nun den 2. Verschiebungssatz (s. (ii)), Abschn. 10.2.1) an, so ergibt sich hieraus

$$z^2\left[U^*(z) - u_0 - u_1 \cdot \frac{1}{z} \right] - 3z[U^*(z) - u_0] + U^*(z) = 0$$

oder, wenn wir nach $U^*(z)$ auflösen,

$$U^*(z) = \frac{u_0 z + (u_1 - 3u_0)}{z^2 - 3z + 1} = \mathfrak{Z}\{u_n\}. \tag{10.31}$$

Zur Bestimmung der Inversen zerlegen wir (10.31) in einen Partialbruch: Die Nullstellen des

Nennerpolynoms sind durch

$$z_{1/2} = \frac{3}{2} \pm \frac{\sqrt{5}}{2} \tag{10.32}$$

gegeben. Der Ansatz

$$U^*(z) = \frac{Az}{z - z_1} + \frac{Bz}{z - z_2}$$

führt auf die Konstanten

$$A = \frac{1}{\sqrt{5}}(u_1 - u_0 z_2), \quad B = \frac{1}{\sqrt{5}}(u_0 z_1 - u_1). \tag{10.33}$$

Mit Hilfe von Tabelle 10.1 erhalten wir

$$u_n = 3^{-1}[U^*(z)] = A3^{-1}\left[\frac{z}{z - z_1}\right] + B3^{-1}\left[\frac{z}{z - z_2}\right]$$
$$= Az_1^n + Bz_2^n = \frac{1}{\sqrt{5}}(u_1 - u_0 z_2)z_1^n + \frac{1}{\sqrt{5}}(u_0 z_1 - u_1)z_2^n. \tag{10.34}$$

Diese Darstellung der Folgenglieder enthält zwar den vorgegebenen Wert u_0, daneben tritt aber noch der Wert u_1, den wir nicht kennen, auf. Wie kommen wir aus dieser Sackgasse heraus? Indem wir uns an die obige Forderung: $\lim_{n \to \infty} u_n = 0$, erinnern. Da

$$z_1 = \frac{3}{2} + \frac{\sqrt{5}}{2} > 1$$

ist, gilt $z_1^n \to \infty$ für $n \to \infty$, d.h. A muss notwendig 0 sein, damit diese Forderung erfüllt ist. Damit muss aber

$$0 = \frac{1}{\sqrt{5}}(u_1 - u_0 z_2) \quad \text{oder} \quad u_1 = u_0 z_2$$

erfüllt sein, was

$$B = \frac{1}{\sqrt{5}}(u_0 z_1 - u_0 z_2) = \frac{u_0}{\sqrt{5}}\left(\frac{3}{2} + \frac{\sqrt{5}}{2} - \frac{3}{2} + \frac{\sqrt{5}}{2}\right) = u_0 \tag{10.35}$$

nach sich zieht. Die gesuchte Lösungsfolge $\{u_n\}$ ist daher durch

$$u_n = Bz_2^n = \left(\frac{3}{2} - \frac{\sqrt{5}}{2}\right)^n u_0, \quad n = 1, 2, \ldots \tag{10.36}$$

gegeben.

Die allgemeine Differenzengleichung 2-ter-Art:

$$y_{n+2} + a_1 y_{n+1} + a_0 y_n = f_n \tag{10.37}$$

lässt sich ganz entsprechend behandeln. Sind z.B. y_0 und y_1 vorgegebene *Anfangswerte*, so erhält man nach Anwendung der $\mathfrak{Z}$-Transformation auf (10.37), anschließender Benutzung des 2. Verschiebungssatzes und Auflösung nach $Y^*(z)$

$$Y^*(z) = \frac{1}{z^2 + a_1 z + a_0} F^*(z) + \frac{z(z + a_1)}{z^2 + a_1 z + a_0} y_0 + \frac{z}{z^2 + a_1 z + a_0} y_1 \,. \tag{10.38}$$

Die Inverse kann dann z.B. wieder unter Zuhilfenahme der Partialbruchzerlegung bestimmt werden. Dabei sind für die weiteren Umformungen die beiden Verschiebungssätze und der Faltungssatz (s. Abschn. 10.2.1) von Nutzen. Für den Fall, dass z_1 und z_2 ($z_1 \neq z_2$) die Nullstellen des Nennerpolynoms auf der rechten Seite von (10.38) sind, ergibt sich die gesuchte Folge $\{y_n\}$ zu

$$
\begin{aligned}
y_n = &\sum_{\nu=2}^{n} \frac{z_1^{\nu-1} - z_2^{\nu-1}}{z_1 - z_2} - \left(\frac{z_1^{n+1} - z_2^{n+1}}{z_1 - z_2} + a_1 \frac{z_1^n - z_2^n}{z_1 - z_2} \right) y_0 \\
&+ \frac{z_1^n - z_2^n}{z_1 - z_2} y_1 \,, \quad n = 2,3,\ldots.
\end{aligned} \tag{10.39}
$$

Für $z_1 = z_2$ ergibt sich eine entsprechende Formel.

Bemerkung: Die Behandlung von linearen Differenzengleichungen k-ter Ordnung ist – wie nicht anders zu erwarten – aufwendiger. Sie lässt sich z.B. in *Doetsch* [29], § 40, nachlesen. Dort finden sich auch interessante Anwendungen auf endliche elektrische Netzwerke.

10.3.2   Impulsgesteuerte Systeme

In der Praxis des Ingenieurs und Naturwissenschaftlers tritt häufig folgende Situation auf: Mit Hilfe einer technischen Vorrichtung werden von einer (kontinuierlichen) Funktion $f(t)$ (t: Zeitvariable) Funktionswerte periodisch herausgegriffen (die Funktion $f(t)$ wird also gewissermaßen »abgetastet«), dann mit einer Konstanten multipliziert (»verstärkt«) und für ein kleines Zeitintervall festgehalten. Außerhalb der jeweiligen Zeitintervalle bleibt das Gerät ausgeschaltet. Eine Vorrichtung, die dies bewirkt, heißt *periodischer Taster* oder *Impulselement*.

Die Wirkungsweise eines periodischen Tasters lässt sich sehr einfach mathematisch beschreiben:

Wird die Eingangsfunktion (der »Input«) $f(t)$ in den diskreten äquidistanten Zeitpunkten nT ($n = 0,1,2,\ldots$) abgetastet, mit k ($k = $ const) multipliziert und während der Zeitdauer ϑ festgehalten, so ergibt sich als Ausgangsfunktion (der »Output«) die Treppenfunktion

$$f_T(t) = \begin{cases} kf(nT) & \text{für} \quad nT \leq t < nT + \vartheta \\ 0 & \text{für} \quad nT + \vartheta \leq t < (n+1)T \end{cases} \tag{10.40}$$

($n = 0,1,2,\ldots$). Man nennt T die *Impulsperiode*, k den *Verstärkungsgrad* und ϑ die *Impulsdauer* des Tasters. Wählt man k und ϑ so, dass $k\vartheta = 1$ ist, so besitzen die Flächeninhalte der von

$f_T(t)$ und der t-Achse begrenzten Rechtecke den Wert

$$f_T(t)\vartheta = kf(nT)\vartheta = f(nT)\,. \tag{10.41}$$

Der abgetastete Wert $f(nT)$ kann somit als Flächeninhalt des entsprechenden Rechteckes interpretiert werden.

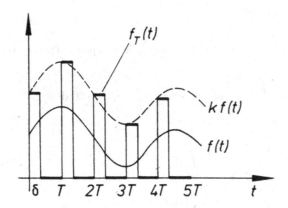

Fig. 10.8: Umwandlung von f in eine Treppenfunktion f_T

Da wir in der Regel davon ausgehen können, dass die Impulsdauer ϑ *klein* ist, empfiehlt es sich, den »Abtastvorgang« in idealisierter Weise mit Hilfe der Diracschen δ-Distribution zu beschreiben, und anstelle der Treppenfunktion $f_T(t)$ die *Distribution*

$$f^*(t) := f(t)\sum_{n=0}^{\infty}\delta(t-nT) = \sum_{n=0}^{\infty}f(nT)\delta(t-nT) \tag{10.42}$$

zu betrachten (vgl. auch Abschn. 10.1.2). Dieser Standpunkt erweist sich als sehr zweckmäßig.

Bei der Lösung von Problemen aus der Theorie impulsgesteuerter Systeme wird häufig sowohl mit der Laplace- als auch mit der $\mathfrak{Z}$-Transformation gearbeitet. In diesem Zusammenhang sind die beiden folgenden Beziehungen von Bedeutung:

(i) Wenden wir auf die Distribution $f^*(t)$ die Laplacetransformation an, so erhalten wir wegen

$$\mathfrak{L}[\delta(t-nT)] = e^{-znT}\quad\text{(s. Tab. 9.1)}$$

die Formel

$$\mathfrak{L}[f^*(t)] = \sum_{n=0}^{\infty}f(nT)\mathfrak{L}[\delta(t-nT)] = \sum_{n=0}^{\infty}f(nT)e^{-nTz}\,. \tag{10.43}$$

Mit der $\mathfrak{Z}$-Transformierten von $f(nT)$:

$$\mathfrak{Z}\{f(nT)\} = \sum_{n=0}^{\infty} f(nT)z^{-n} =: F^*(z) \tag{10.44}$$

folgt hieraus, wenn wir z durch e^{Tz} ersetzen und (10.43) beachten

$$\mathcal{L}[f^*(t)] = F^*(\mathrm{e}^{Tz}). \tag{10.45}$$

(ii) Anwendung der Laplacetransformation auf die Treppenfunktion $f_T(t)$ liefert

$$\mathcal{L}[f_T(t)] = \int_0^{\infty} \mathrm{e}^{-zt} \, f_T(t)\,\mathrm{d}t = \sum_{n=0}^{\infty} \int_{nT}^{nT+\vartheta} \mathrm{e}^{-zt} \, f_T(t)\,\mathrm{d}t$$

$$= k \sum_{n=0}^{\infty} f(nT) \int_{nT}^{nT+\vartheta} \mathrm{e}^{-zt}\,\mathrm{d}t \tag{10.46}$$

$$= k \frac{1-\mathrm{e}^{-\vartheta z}}{z} \sum_{n=0}^{\infty} f(nT)\,\mathrm{e}^{-nTz} .$$

Führen wir in (10.46) den Grenzübergang $\vartheta \to 0$ durch, so erhalten wir wegen $k\vartheta = 1$ und

$$k\vartheta \frac{1-\mathrm{e}^{-\vartheta z}}{\vartheta z} = 1 \cdot \frac{1-\mathrm{e}^{-\vartheta z}}{\vartheta z} \to 1 \quad \text{für} \quad \vartheta \to 0$$

ebenfalls $F^*(\mathrm{e}^{Tz})$:

$$\lim_{\vartheta \to 0} \mathcal{L}[f_T(t)] = \sum_{n=0}^{\infty} f(nT)\,\mathrm{e}^{-nTz} = F^*(\mathrm{e}^{Tz}).$$

Somit gilt:

$$\mathcal{L}[f^*(t)] = \lim_{\vartheta \to 0} \mathcal{L}[f_T(t)]. \tag{10.47}$$

Die Distribution $f^*(t)$ lässt sich, wie wir gesehen haben, aus $f(t)$ mit Hilfe von (10.42) bestimmen. Ebenso kann auch $\mathcal{L}[f^*(t)]$ aus $\mathcal{L}\{f(t)\}$ berechnet werden. Es gilt nämlich:

Besitzt $f(t)$ in jedem endlichen Intervall eine beschränkte Ableitung f' und existiert $\mathcal{L}[|f'(t)|]$, so ist

$$F^*(\mathrm{e}^{Tz}) = \frac{f(0)}{2} + \frac{1}{T} \sum_{m=-\infty}^{\infty} F\left(z + \mathrm{i}\,m\frac{2\pi}{T}\right). \tag{10.48}$$

Beweis:

s. z.B. *Doetsch* [29], S. 198 – 200.

Impulsgesteuerte Systeme treten häufig als Kombinationen von Systemelementen (periodischen Tastern) mit linearen Systemen (z.B. Netzwerken) auf. Dabei ist ein *lineares System* durch die ihm zugeordnete *Übertragungsfunktion* (oder *Systemfunktion*) $H(z)$ eindeutig festgelegt. Sie ist die Laplacetransformierte einer Funktion $h(t)$, die als *Gewichtsfunktion* (oder *Greensche Funktion*) des Systems bezeichnet wird. Diese charakterisiert das lineare System im Originalbereich.

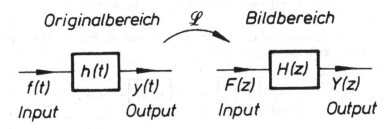

Fig. 10.9: Lineares System im Original- bzw. Bildbereich

Bei einem linearen System mit verschwindenden Anfangswerten bestehen zwischen Input und Output folgende Zusammenhänge:
Im *Originalbereich* gilt

$$y(t) = h(t) * f(t),\tag{10.49}$$

wobei

$$h(t) * f(t) = \int_0^t h(\tau) f(t-\tau)\, d\tau$$

die Faltung der Funktionen h und f ist.
Im *Bildbereich* gilt nach dem Faltungssatz

$$Y(z) = H(z) F(z).\tag{10.50}$$

Dieser Zusammenhang zwischen Input und Output im Bildbereich ist sehr einfach und daher für die mathematische Untersuchung von linearen Systemen besonders vorteilhaft. Dies macht den hohen Stellenwert der Laplacetransformation bei der Behandlung von linearen Systemen aus.
Für die Beschreibung von periodischen Tastern ist, wie wir gesehen haben, die $\mathfrak{Z}$-Transformation das angemessene Hilfsmittel.
Für die Zusammenschaltung von linearen Systemen, insbesondere mit periodischen Tastern, gibt es natürlich eine Fülle von Möglichkeiten. Zahlreiche interessante und anwendungsrelevante Beispiele finden sich z.B. in *Doetsch* [29], § 45, *Vich* [115], § 4–6 und *Muth* [84], 7.3–7.8.
Als Folge der Hintereinanderschaltung von zwei linearen Systemen mit den Übertragungsfunktionen $H_1(z)$ und $H_2(z)$ besitzt das resultierende System die Übertragungsfunktion $H_1(z)H_2(z)$.

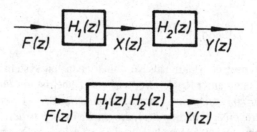

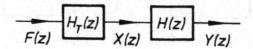

Fig. 10.10: Hintereinanderschaltung von linearen Systemen

Wir begnügen uns abschließend mit der Betrachtung eines Systems, bei dem einem linearen System ein periodischer Taster vorgeschaltet ist:

Fig. 10.11: Periodischer Taster vor einem linearen System

Wegen $X(z) = F^*(\mathrm{e}^{Tz})$ (s.o.) gilt

$$Y(z) = H(z)X(z) = H(z)F^*(\mathrm{e}^{Tz}) \,. \tag{10.51}$$

Wir berechnen noch den Output im Originalbereich. Hierzu schreiben wir (10.51) mit Hilfe von (10.44) in der Form

$$Y(z) = H(z) \sum_{n=0}^{\infty} f(nT)\,\mathrm{e}^{-nTz} = \sum_{n=0}^{\infty} f(nT)[\mathrm{e}^{-nTz}\,H(z)] \tag{10.52}$$

und wenden den ersten Verschiebungssatz der Laplacetransformation (s. Abschn. 9.3.2, (9.19); für die Heaviside-Funktion benutzen wir hier die Bezeichnung u) an. Wir erhalten dann

$$Y(z) = \sum_{n=0}^{\infty} f(nT)\mathfrak{L}\,[u_{nT}(t)h(t-nT)] \,. \tag{10.53}$$

Wegen $h(t-nT) = 0$ für $t-nT < 0$ sind in (10.53) alle Summanden mit $n > \frac{t}{T}$ Null. Bezeichnet $\left[\frac{t}{T}\right] =: n_0$ die größte ganze Zahl $\leq \frac{t}{T}$, so ergibt sich nach Rücktransformation von (10.53) in den Originalbereich

$$y(t) = \sum_{n=0}^{n_0} f(nT)h(t-nT) \,. \tag{10.54}$$

---

4 $P_{m-1}(z)$: Polynom vom Grad $m-1$

Tabelle 10.1: Zur $\mathfrak{Z}$-Transformation

f_n	$F^*(z)$
$f_0 = 1, \ f_n = 0 \ (n = 1, 2, \dots)$	1
1^n	$\dfrac{z}{z-1}$
$(-1)^n$	$\dfrac{z}{z+1}$
n	$\dfrac{z}{(z-1)^2}$
n^2	$\dfrac{z(z+1)}{(z-1)^3}$
n^{m-1}	$\dfrac{P_{m-1}(z)}{(z-1)^m}$ 4
$e^{\alpha n}$	$\dfrac{z}{z-e^\alpha}$
a^n	$\dfrac{z}{z-a}$
a^{n-1}	$\dfrac{1}{z-a}$
a^{n+1}	$\dfrac{za}{z-a}$
$\dbinom{n}{k}$	$\dfrac{z}{(z-1)^{k+1}}$
$a^n \sin \omega n$	$\dfrac{az \sin \omega}{z^2 - 2az \cos \omega + a^2}$
$a^n \cos \omega n$	$\dfrac{z(z - a \cos \omega)}{z^2 - 2az \cos \omega + a^2}$
$a^n \sinh \omega n$	$\dfrac{az \sinh \omega}{z^2 - 2az \cosh \omega + a^2}$
$a^n \cosh \omega n$	$\dfrac{z(z - a \cosh \omega)}{z^2 - 2az \cosh \omega + a^2}$
$\dfrac{a^n}{n!}$	$e^{\frac{a}{z}}$
$f_0 = 0, \ f_n = (-1)^{n-1}\dfrac{1}{n} \quad (n = 1, 2, \dots)$	$\ln\left(1 + \dfrac{1}{z}\right)$
$f_0 = 0, \ f_n = a^{n-1} \cdot \dfrac{1}{n} \quad (n = 1, 2, \dots)$	$\dfrac{1}{a} \ln \dfrac{z}{z-a}$

Übungen

Übung 10.1*

Berechne die $\mathfrak{Z}$-Transformierten der Folgen $\{f_n\}$ mit

(a) $f_n = \cos(\omega n + \beta)$;   (b) $f_n = \sin(\omega n + \beta)$;

(c) $f_n = e^{\alpha n} \cos(\omega n + \beta)$;   (d) $f_n = e^{\alpha n} \sin(\omega n + \beta)$.

Übung 10.2:

Zeige: Für die Faltung von Folgen $\{f_n\}$, $\{g_n\}$ und $\{h_n\}$ gelten die Gesetze

(a) $\{f_n * g_n\} = \{g_n * f_n\}$ (*Kommutativität*)

(b) $\{f_n * g_n\} * \{h_n\} = \{f_n\} * \{g_n * h_n\}$ (*Assoziativität*)

(c) $\{f_n + g_n\} * \{h_n\} = \{f_n * h_n\} + \{g_n * h_n\}$ (*Distributivität*).

Übung 10.3*

Wie lautet die $\mathfrak{Z}$-Transformierte der Folge $\{f_n\}$ mit

$$f_n = \binom{n}{k}, \quad k \in \mathbb{N}, \quad k \le n?$$

Übung 10.4*

Bestimme durch Rücktransformation der Funktionen $F(z)$ die entsprechenden Folgen $\{f_n\}$ im Originalbereich:

(a) $F^*(z) = \dfrac{z}{1 + z^2}$;   (b) $F^*(z) = \dfrac{2z^2 + 1}{(z + 2)(z - 1)}$.

Für welche z gelten die gewonnenen Formeln?

Übung 10.5*

Das in Abschnitt 10.3.1 betrachtete (unendliche) Netzwerk (s. Fig. 10.7) werde unmittelbar vor dem Knoten $n = k$ (k fest) abgeschnitten. Welche Spannungen $u_1, \ldots, u_{k-1}$ an den Knoten $1, \ldots, k - 1$ ergeben sich, wenn die Eingangsspannung $u_0 = $ const und die Ausgangsspannung $u_k = $ const vorgegeben sind?

Übung 10.6:

Bei einem linearen zeitdiskreten Übertragungssystem wurde zu einer Input-Folge

$$(1, 0, 1, 0, \ldots)$$

die Output-Folge

$$(1, 1, 1, 1, \ldots)$$

festgestellt. Berechne die Übertragungsfunktion.

Teil IV

Anhang

Anhang

Wir sind an mathematischen Sätzen interessiert, die uns Auskunft darüber geben, wann die folgenden Vertauschungsoperationen erlaubt sind:

(a)
$$\lim_{y \to y_0} \int_a^\infty f(x, y)\,dx = \int_a^\infty \lim_{y \to y_0} f(x, y)\,dx\,;$$

(b)
$$\frac{\partial}{\partial y} \int_a^\infty f(x, y)\,dx = \int_a^\infty \frac{\partial}{\partial y} f(x, y)\,dx\,;$$

(c)
$$\int_b^\infty \left[\int_a^\infty f(x, y)\,dx \right] dy = \int_a^\infty \left[\int_b^\infty f(x, y)\,dy \right] dx\,.$$

Von entscheidender Bedeutung hierfür ist der Begriff der gleichmäßigen Konvergenz. Dabei heißt das Integral $\int_a^\infty f(x, y)\,dx$ *gleichmäßig konvergent für* $b \le y \le c$, wenn es zu jedem $\varepsilon > 0$ ein $A = A(\varepsilon) > 0$ gibt, so dass

$$\left| \int_a^B f(x, y)\,dx - \int_a^\infty f(x, y)\,dx \right| = \left| \int_B^\infty f(x, y)\,dx \right| < \varepsilon$$

für alle $B > A$ und alle y mit $b \le y \le c$ gilt.

Ein bequemes Kriterium zum Nachweis der gleichmäßigen Konvergenz, das in vielen Fällen zum Ziel führt, ist gegeben durch den folgenden

Satz 1 *(Majorantenkriterium) Das Integral* $\int_a^\infty f(x, y)\,dx$ *konvergiere für* $b \le y \le c$. *Ferner sei* $M(x)$ *eine für* $a \le x < \infty$ *erklärte Funktion mit*

(i) $|f(x, y)| \le M(x)$ *für alle* x, y *mit* $a \le x < \infty$ *und* $b \le y \le c$;

(ii) $\int_a^\infty M(x)\,dx$ *konvergiere.*

Dann konvergiert $\int_a^\infty f(x, y)\,dx$ *gleichmäßig bezüglich* y *mit* $b \le y \le c$.

Beweis:

Wegen (ii) folgt aus dem Cauchy-Konvergenzkriterium für uneigentliche Integrale (s. Burg/Haf/-Wille (Analysis) [13], Abschn. 4.3.2): Zu jedem $\varepsilon > 0$ gibt es ein $A = A(\varepsilon) > 0$ mit

$$\int\limits_d^{d'} M(x)\,dx < \varepsilon$$

für alle d, d' mit $A < d < d'$. Nun verwenden wir (i) und erhalten

$$\left| \int\limits_d^{d'} f(x, y)\,dx \right| \leq \int\limits_d^{d'} |f(x, y)|\,dx \leq \int\limits_d^{d'} M(x)\,dx < \varepsilon$$

für alle d, d' mit $A < d < d'$ und alle $y \in [c, d]$, woraus mit dem Cauchy-Konvergenzkriterium (dieses gilt für gleichmäßige Konvergenz parameterabhängiger Integrale entsprechend) die Behauptung folgt. $\qquad\qquad\qquad\qquad\qquad\qquad\qquad\qquad\qquad\qquad\qquad\qquad\qquad\qquad\qquad$ $\square$

Mit den bereitgestellten Hilfsmitteln lässt sich das folgende Resultat beweisen:

Satz 2 *(Vertauschungssatz) Sei f stetig im Bereich $a \leq x < \infty, b \leq y \leq c$.*

(a) *Falls $\int\limits_a^{\infty} f(x, y)\,dx$ gleichmäßig für $b \leq y \leq c$ konvergiert, so stellt das Integral eine stetige Funktion von y auf $[b, c]$ dar, d.h. für $y_0 \in [b, c]$ beliebig gilt*

$$\lim_{y \to y_0} \int\limits_a^{\infty} f(x, y)\,dx = \int\limits_a^{\infty} \lim_{y \to y_0} f(x, y)\,dx = \int\limits_a^{\infty} f(x, y_0)\,dx\,.$$

(b) *Für $b \leq y \leq c, a \leq x < \infty$ sei $\frac{\partial f}{\partial y}$ stetig, $\int\limits_a^{\infty} f(x, y_0)\,dx$ konvergent und $\int\limits_a^{\infty} \frac{\partial f(x, y)}{\partial y}\,dx$ gleichmäßig konvergent. Dann gilt*

$$\frac{\partial}{\partial y} \int\limits_a^{\infty} f(x, y)\,dx = \int\limits_a^{\infty} \frac{\partial}{\partial y} f(x, y)\,dx\,.$$

(c) *Sei f stetig für $a \leq x < \infty, b \leq y < \infty$. Die Integrale*

$$\int\limits_c^{\infty} |f(x, y)|\,dx \quad und \quad \int\limits_b^{\infty} |f(x, y)|\,dy$$

seien gleichmäßig konvergent in allen endlichen Teilintervallen. Ferner konvergiere eines der beiden Integrale

$$\int\limits_{b}^{\infty}\left[\int\limits_{a}^{\infty}|f(x,y)|\,\mathrm{d}x\right]\mathrm{d}y\,,\quad \int\limits_{a}^{\infty}\left[\int\limits_{b}^{\infty}|f(x,y)|\,\mathrm{d}y\right]\mathrm{d}x\,.$$

Dann konvergiert auch das andere Integral, und es gilt

$$\int\limits_{b}^{\infty}\left[\int\limits_{a}^{\infty}f(x,y)\,\mathrm{d}x\right]\mathrm{d}y = \int\limits_{a}^{\infty}\left[\int\limits_{b}^{\infty}f(x,y)\,\mathrm{d}y\right]\mathrm{d}x\,.$$

Beweis:

(a) Da $\int\limits_{a}^{\infty}f(x,y)\,\mathrm{d}x$ gleichmäßig für $b \le y \le c$ konvergiert, ist die Folge der Funktionen

$$F_n(y) := \int\limits_{a}^{a+n}f(x,y)\,\mathrm{d}x\,,\quad n\in\mathbb{N}\,,$$

gleichmäßig konvergent auf $[b,c]$. Ferner ist jede Funktion F_n stetig auf $[b,c]$ (s. Burg/-Haf/Wille (Analysis) [13], Abschn. 7.3.1, Satz 7.17). Damit ist auch die Grenzfunktion

$$F(y) := \lim_{n\to\infty}F_n(y) = \int\limits_{a}^{\infty}f(x,y)\,\mathrm{d}x$$

für alle $y \in [b,c]$ stetig (s. Burg/Haf/Wille (Analysis) [13], Abschn. 5.1.2, Satz 5.2).[5]

(b) Seien $F_n(y)$ die in (a) erklärten Funktionen. Jede dieser Funktionen ist in $[b,c]$ differenzierbar (s. Burg/Haf/Wille (Analysis) [13], Abschn. 7.3.2, Satz 7.19), und es gilt

$$F_n'(y) = \int\limits_{a}^{a+n}\frac{\partial f(x,y)}{\partial y}\,\mathrm{d}x\,.$$

Die Folge $\{F_n\}$ erfüllt also die Voraussetzungen von Satz 5.3 (Abschn. 5.1.2, Burg/Haf/-Wille (Analysis) [13]), so dass die Aussage (b) folgt.

(c) Wir schreiben kurz: $\int\limits_{a}^{\infty}\int\limits_{b}^{\infty}f$ für $\int\limits_{a}^{\infty}\left[\int\limits_{b}^{\infty}f(x,y)\,\mathrm{d}x\right]\mathrm{d}y$ usw.

---

5 Bemerkung: $[b,c]$ kann durch ein beliebiges Intervall I ersetzt werden.

1. Fall: Sei $\int\limits_{b}^{\infty}\int\limits_{a}^{\infty} |f|$ konvergent. Dann konvergiert auch $\int\limits_{b}^{\infty}\int\limits_{a}^{\infty} f$ (warum?), und es gilt

$$\left| \int\limits_{b}^{\infty}\int\limits_{a}^{\infty} f - \int\limits_{a}^{t}\int\limits_{b}^{\infty} f \right| = \left| \int\limits_{b}^{s}\int\limits_{a}^{\infty} f + \int\limits_{s}^{\infty}\int\limits_{a}^{\infty} f - \int\limits_{a}^{t}\int\limits_{b}^{\infty} f \right|$$

$$= \left| \int\limits_{b}^{s}\int\limits_{a}^{t} f + \int\limits_{b}^{s}\int\limits_{t}^{\infty} f + \int\limits_{s}^{\infty}\int\limits_{a}^{\infty} f - \int\limits_{a}^{t}\int\limits_{b}^{s} f - \int\limits_{a}^{t}\int\limits_{s}^{\infty} f \right| .$$

Nach Satz 7.18 (Abschn. 7.3.1, Burg/Haf/Wille (Analysis) [13]) gilt $\int\limits_{b}^{s}\int\limits_{a}^{t} f = \int\limits_{a}^{t}\int\limits_{b}^{s} f$, und wir erhalten

$$\left| \int\limits_{b}^{\infty}\int\limits_{a}^{\infty} f - \int\limits_{a}^{t}\int\limits_{b}^{\infty} f \right| = \left| \int\limits_{b}^{s}\int\limits_{t}^{\infty} f + \int\limits_{s}^{\infty}\int\limits_{a}^{\infty} f - \int\limits_{a}^{t}\int\limits_{s}^{\infty} f \right|$$

$$\leq \int\limits_{b}^{s}\int\limits_{t}^{\infty} |f| + \left| \int\limits_{s}^{\infty}\int\limits_{a}^{\infty} f \right| + \int\limits_{a}^{t}\int\limits_{s}^{\infty} |f|$$

$$\leq \int\limits_{b}^{\infty}\int\limits_{t}^{\infty} |f| + \left| \int\limits_{s}^{\infty}\int\limits_{a}^{\infty} f \right| + \int\limits_{a}^{t}\int\limits_{s}^{\infty} |f| .$$

Wir schätzen nun die verbleibenden drei Integrale ab: Aus der Existenz von $\int\limits_{b}^{\infty}\int\limits_{a}^{\infty} f$ folgt, dass es zu jedem $\varepsilon > 0$ ein s_0 mit $\left| \int\limits_{s}^{\infty}\int\limits_{a}^{\infty} f \right| < \frac{\varepsilon}{3}$ für alle $s \geq s_0$ gibt. Aufgrund der Beziehung

$$\int\limits_{b}^{\infty}\int\limits_{t}^{\infty} |f| \to 0 \quad \text{für} \quad t \to \infty$$

(wir weisen sie ganz zum Schluss nach) lässt sich zu ε ein t_0 finden, so dass $\int\limits_{b}^{\infty}\int\limits_{t}^{\infty} |f| < \frac{\varepsilon}{3}$ für alle $t \geq t_0$ gilt. Schließlich wählen wir zu jedem $t > t_0$ ein $s > s_0$ mit $\int\limits_{a}^{t}\int\limits_{s}^{\infty} |f| \leq \frac{\varepsilon}{3}$. Dies ist aufgrund der Konvergenz von $\int\limits_{b}^{\infty} |f|$ möglich. Damit erhalten wir

$$\left| \int\limits_{b}^{\infty} \int\limits_{a}^{\infty} f - \int\limits_{a}^{t} \int\limits_{b}^{\infty} f \right| < \frac{\varepsilon}{3} + \frac{\varepsilon}{3} + \frac{\varepsilon}{3} = \varepsilon \quad \text{für alle} \quad t > t_0$$

und damit für $t \to \infty$ die Behauptung.

2. Fall: $\int\limits_{a}^{\infty} \int\limits_{b}^{\infty} |f|$ konvergent: Lässt sich analog zum 1. Fall behandeln.

Noch zu zeigen: $\int\limits_{b}^{\infty} \int\limits_{t}^{\infty} |f| \to 0$ für $t \to \infty$. Hierzu sei $\{t_n\}$ eine Folge mit $t_n \geq 0$ und $t_n \to \infty$ für $n \to \infty$. Wir setzen

$$G_n(y) := \int\limits_{t_n}^{\infty} |f(x, y)| \, dx \, .$$

Wegen der gleichmäßigen Konvergenz von $\int\limits^{\infty} |f(x, y)| \, dx$ konvergiert die Folge $\{G_n(y)\}$ gleichmäßig in $[b, \infty)$ gegen Null. Satz 5.4 (Abschn. 5.1.2, Burg/Haf/Wille (Analysis) [13]) liefert damit

$$\int\limits_{b}^{\eta} G_n(y) \, dy \to 0 \quad \text{für} \quad n \to \infty$$

für jedes Intervall $[b, \eta]$. Ferner gilt

$$\int\limits_{b}^{\infty} \int\limits_{t_n}^{\infty} |f| = \int\limits_{b}^{\eta} \int\limits_{t_n}^{\infty} |f| + \int\limits_{\eta}^{\infty} \int\limits_{t_n}^{\infty} |f| = \int\limits_{b}^{\eta} G_n(y) \, dy + \int\limits_{\eta}^{\infty} \int\limits_{t_n}^{\infty} |f| \, .$$

Zu beliebigem $\varepsilon > 0$ können wir nun ein η_0 finden, so dass $\int\limits_{\eta_0}^{\infty} \int\limits_{a}^{\infty} |f| < \frac{\varepsilon}{2}$ und daher auch $\int\limits_{\eta_0}^{\infty} \int\limits_{t_n}^{\infty} |f| < \frac{\varepsilon}{2}$ für alle n ist. Dazu wählen wir ein n_0 mit

$$\int\limits_{b}^{n_0} G_n(y) \, dy < \frac{\varepsilon}{2} \quad \text{für alle} \quad n > n_0 \, .$$

Insgesamt ist damit

$$\int\limits_{b}^{\infty} \int\limits_{t_n}^{\infty} |f| < \frac{\varepsilon}{2} + \frac{\varepsilon}{2} = \varepsilon \quad \text{für alle} \quad n > n_0 \, ,$$

was zu zeigen war. $\square$

Lösungen zu den Übungen

Zu den mit * versehenen Übungen werden Lösungen angegeben oder Lösungswege skizziert.

Zu Kapitel 1

Zu Übung 1.1:

(a) (α) $\ddot{x} + 4x = 0$, $x(0) = 10$, $\dot{x}(0) = 0$;

(β) $\ddot{x} + 4\dot{x} + 4x = 0$, $x(0) = 10$, $\dot{x}(0) = 0$.

Zu Übung 1.2: Aus $U_R + U_C = 0$ folgt mit $U_R = R \cdot \frac{dQ}{dt}$ und $U_C = \frac{1}{C}Q$: $R\frac{dQ}{dt} + \frac{1}{C}Q = 0$. Wegen $Q(t) = CU(t)$ folgt mit $U(0) = U_0$: $Q(0) = CU_0$.

Zu Übung 1.3: Mit der Reibungskonstanten η und der Erdbeschleunigung g ergibt sich: $m\ddot{x} + \eta\dot{x}^2 - mg = 0$.

Zu Übung 1.4: (a) Durch Zerlegung der Schwerkraft $m \cdot g$ in eine Komponente in Richtung des Fadens und in eine hierzu senkrechte (tangential zur Bahnkurve von m) erhält man aus dem Newtonschen Grundgesetz:

$$\ddot{\alpha} + \frac{g}{l}\sin\alpha = 0.$$

(b) Für kleine Winkel α kann $\sin\alpha$ näherungsweise durch α ersetzt werden: $\ddot{\alpha} + \frac{g}{l}\alpha = 0$.

Zu Übung 1.5: Da $\bar{y}$ Lösung der DGl ist, gilt

$$\frac{d}{dx}(\bar{y}(x)\,e^{-kx}) = \bar{y}'(x)\,e^{-kx} - k\bar{y}(x)\,e^{-kx}$$
$$= (\bar{y}'(x) - k\bar{y}(x))\,e^{-kx} = 0.$$

Damit erhalten wir $\bar{y}(x)\,e^{-kx} = \text{const} =: C$, also $\bar{y}(x) = C\,e^{kx}$.

Zu Übung 1.7: Im Fall (a) ja; im Fall (b) nur durch $[0,0]^T$. Mit $f(x,y) = \sqrt[3]{xy}$ folgt nämlich

$$\lim_{h\to 0}\frac{f(1,h) - f(1,0)}{h} = \lim_{h\to 0}\frac{\sqrt[3]{h}}{h} = \infty,$$

so dass $f_y(1,0)$ nicht existiert.

Zu Übung 1.8: (a) $y' = \dfrac{1-x}{2y}$, $y \neq 0$.

Zu Übung 1.9: Mit Hilfe vollständiger Induktion zeigt man

(a) $y_n(x) = -1 - x + 2\sum_{j=0}^{n}\dfrac{x^j}{j!} + \dfrac{x^{n+1}}{(n+1)!}$.

(b) $\begin{cases} (\alpha) \quad y_n(x) = e^x + \dfrac{x^2}{2!} + \dfrac{x^3}{3!} + \cdots + \dfrac{x^{n+1}}{(n+1)!}; \\[3mm] (\beta) \quad y_n(x) = 1 + x + 2\left[\dfrac{x^2}{2!} + \dfrac{x^3}{3!} + \cdots + \dfrac{x^{n+1}}{(n+1)!}\right]. \end{cases}$

Die Lösung des Anfangswertproblems lässt sich in der Form $y(x) = 2\,e^x - x - 1$ angeben (Grenzübergang $n \to \infty$!).

Zu Übung 1.10: (a) $\quad p(x) = p_0 \cdot \exp\left(-\frac{gM}{RT_0}x\right)$.
(b) $\quad p(T) = p_0\, e^{\frac{g_0}{R}\left(\frac{1}{T_0} - \frac{1}{T}\right)} T_0^{\frac{C - C_p}{R}}\, T^{\frac{C_p - C}{R}}$,

d.h. nur für $C_p > C$ folgt $p(T) \to \infty$ für $T \to \infty$.

Zu Übung 1.11: (a) $\quad y(x) = \left(\pi + \frac{3}{2}\right) e^{\frac{x^2}{2}} - \frac{3}{2}\, e^{-\frac{x^2}{2}} (x^2 + 1)$.
(b) $\quad y(x) = 2 - e^{-\frac{1}{2}\left(x + \frac{1}{2}\sin 2x\right)}$.

Zu Übung 1.12: (a) $\quad y(x) = x\, e^{1 + Cx}$; (b) $\quad y(x) = \frac{1}{2}[\tan(2x + C) - 2x + 1]$.

Zu Übung 1.13: $4y^3 = C\, e^{2x} - 2(x + 1) - 1$.

Zu Übung 1.14: $y(x) = x^2 + \dfrac{x^2}{1 + Cx}$.

Zu Übung 1.15: Wir betrachten die Differentialgleichung zum Zeitpunkt $t_{i+1} = t_i + \Delta t$, d.h.

$$y'(t_{i+1}) = f(t_{i+1}, y(t_{i+1})).$$

Approximation des Differentialquotienten durch

$$y'(t_{i+1}) \approx \frac{y(t_{i+1}) - y(t_i)}{\Delta t}$$

liefert das implizite Euler-Verfahren aus

$$\frac{y_{i+1} - y_i}{\Delta t} = f(t_{i+1}, y_{i+1}).$$

Zu Übung 1.16: Anwendung der beiden Verfahren liefert für $i = 0, 1, \dots$ die Darstellungen:

(a) Heun Verfahren

$$k_1 = y_i + \Delta t\,(ay_i + b)$$
$$y_{i+1} = y_i + \frac{\Delta t}{2}(ay_i + b + ak_1 + b)$$
$$= y_i + \frac{\Delta t}{2}(ay_i + b + ay_i + a\Delta t\,(ay_i + b) + b)$$
$$= y_i + \Delta t\,(ay_i + b) + a\frac{\Delta t^2}{2}(ay_i + b)$$

(b) Runge-Verfahren

$$k_1 = y_i + \frac{\Delta t}{2}(ay_i + b)$$
$$y_{i+1} = y_i + \Delta t\,(ak_1 + b)$$
$$= y_i + \Delta t\,(ay_i + a\frac{\Delta t}{2}(ay_i + b) + b)$$
$$= y_i + \Delta t\,(ay_i + b) + a\frac{\Delta t^2}{2}(ay_i + b).$$

Somit ergibt sich die behauptete Übereinstimmung der Methoden im Kontext linearer inhomogener Differentialgleichungen.

Zu Übung 1.17: Anwendung der betrachteten Methoden liefert für $i = 0, 1, \dots$ die Darstellungen:

(a) Implizite Trapezregel lautet

$$y_{i+1} = y_i + \frac{\Delta t}{2}(ay_i + b + ay_{i+1} + b).$$

Damit folgt durch einfaches Auflösen der Gleichung unter den Voraussetzungen $\Delta t \neq \frac{2}{a}, a \neq 0$

$$y_{i+1} = \frac{y_i + \frac{\Delta t}{2}(ay_i + 2b)}{1 - \frac{a\Delta t}{2}}.$$

(b) Implizite Mittelpunktregel

$$k_1 = y_i + \frac{\Delta t}{2}(ak_1 + b)$$

ergibt unter obigen Voraussetzungen

$$k_1 = \frac{y_i + \frac{\Delta t}{2}b}{1 - \frac{a\Delta t}{2}}.$$

Somit folgt aus

$$\begin{aligned}
y_{i+1} &= y_i + \Delta t(ak_1 + b) \\
&= y_i + \Delta t\left(a\frac{y_i + \frac{\Delta t}{2}b}{1 - \frac{a\Delta t}{2}} + b\right) \\
&= \frac{(1 + \frac{a\Delta t}{2})y_i + \Delta t b}{1 - \frac{a\Delta t}{2}}
\end{aligned}$$

die behauptete Übereinstimmung. Im Spezialfall $a = 0$ ergibt sich die Aussage ohne Bedingung an die Zeitschrittweite Δt auf analoge Weise.

Zu Übung 1.18: Mit $c_2 = \frac{1}{2}$ und $c_3 = 1$ erhalten wir

$$\begin{array}{c|ccc}
0 & & & \\
\frac{1}{2} & \frac{1}{2} & & \\
1 & -1 & 2 & \\
\hline
& \frac{1}{6} & \frac{2}{3} & \frac{1}{6}
\end{array}$$

und somit

$$\begin{aligned}
r_1 &= f(t_i, y_i) \\
r_2 &= f(t_i + \frac{1}{2}\Delta t, y_i + \frac{1}{2}\Delta t\, r_1) \\
r_3 &= f(t_i + \Delta t, y_i - \Delta t\, r_1 + 2\Delta t\, r_2) \\
y_{i+1} &= y_i + \frac{1}{6}\Delta t(r_1 + 4r_2 + r_3).
\end{aligned}$$

Zu Übung 1.19: Das Butcher-Array

$$\begin{array}{c|cc}
0 & 0 & 0 \\
1 & \frac{1}{2} & \frac{1}{2} \\
\hline
& \frac{1}{2} & \frac{1}{2}
\end{array}$$

liefert

$$\begin{aligned}
k_1 &= y_i \\
k_2 &= y_i + \frac{1}{2}\Delta t(f(t_i, k_1) + f(t_i + \Delta t, k_2)) \\
y_{i+1} &= y_i + \frac{1}{2}\Delta t(f(t_i, k_1) + f(t_i + \Delta t, k_2)) \\
&= k_2
\end{aligned}$$

und folglich äquivalent

$$y_{i+1} = y_i + \frac{1}{2}\Delta t\left(f(t_i, y_i) + f(t_i + \Delta t, y_{i+1})\right).$$

Das obige Butcher-Array repräsentiert demzufolge die implizite Trapezregel, wodurch offensichtlich wird, dass es sich bei der Trapezregel um eine DIRK-Methode handelt.

Zu Übung 1.20:

(a) $y(x) = \ln|x - 1|$;

(b) $y(x) = \frac{x}{2}\sqrt{4x^2 - 3} - \frac{3}{4}\ln\left(x + \frac{1}{2}\sqrt{4x^2 - 3}\right) + \frac{3}{2} + \frac{3}{4}\ln\frac{3}{2}$.

Zu Übung 1.21: $x(y) = \frac{3}{2}e^y - y - \frac{3}{2}$.

Zu Übung 1.22: (b) $\varphi'(\tau) = \varphi_1 = \varphi'(0)$;   (d) $\tau = l\int\limits_{o}^{2\pi}\dfrac{d\alpha}{\sqrt{\frac{2}{m}[E - mgl(1 - \cos\alpha)]}}$.

Zu Übung 1.23: $y(x) = -\left(\dfrac{-3x + 4}{\sqrt{2}}\right)^{\frac{2}{3}}$, $x \le \dfrac{4}{3}$.

Zu Übung 1.24: Spirale in der Phasenebene.

Zu Übung 1.25: Phasen-DGl:

$$\frac{dy}{dx} = -\frac{(c - dx)y}{(a - by)x}.$$

Die Orbits ergeben sich als Höhenlinien von

$$f(x, y) = (by - a\ln y) + (dx - c\ln x).$$

Zu Übung 1.26: Gleichgewichtspunkte: $(-2,0)$, $(1, -3)$, beide instabil. $(-2,0)$: Sattelpunkt; $(1, -3)$: instabiler Strudelpunkt.

Zu Übung 1.27: Die Linearisierung

$$\dot{x}_1 = -x_1 + x_2, \quad \dot{x}_2 = -x_2$$

besitzt den ausgearteten Knoten $x^* = [0,0]^T$ als Gleichgewichtspunkt (s. Fig. 1). Durch Einführung von Polarkoordinaten geht das nichtlineare System in

$$\dot{r} = -r\left[1 - \frac{1}{2}(1 - r^2\cos^2\varphi)\sin 2\varphi\right] < 0 \quad \text{für } r \text{ hinreichend klein}$$

$$\dot{\varphi} = -(\sin^2\varphi + r^2\cos^4\varphi) < 0$$

über. Dies bedeutet: $x^* = [0,0]^T$ ist ein (stabiler) Strudelpunkt des nichtlinearen Systems (s. Fig. 2).

Zu Übung 1.28: Mit $\varphi =: x_1$, $\dot{\varphi} =: x_2$ lässt sich die Pendelgleichung als autonomes System

$$\dot{x}_1 = x_2, \quad \dot{x}_2 = -\frac{g}{l}\sin x_1$$

schreiben. Gleichgewichtspunkte: $(k\pi,0)$ mit $k \in \mathbb{Z}$. Die Orbits ergeben sich als Höhenlinien von

$$f(x_1, x_2) = x_2^2 - 2\frac{g}{l}\cos x_1.$$

Die Gleichgewichtspunkte $(\pm\pi,0)$, $(\pm 3\pi,0)$ usw. sind durch heterokline Orbits verbunden. In ihrem Inneren sind Gleichgewichtspunkte und geschlossene Orbits; im Äußeren sind die Orbits (in der (x_1, x_2)-Ebene) unbeschränkt (s. Fig. 3).

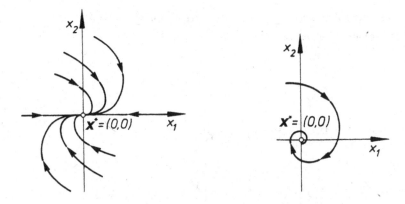

Fig. 1: ausgearteter Knoten   Fig. 2: Strudelpunkt

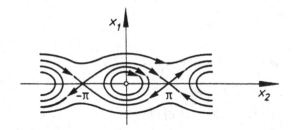

Fig. 3: Phasenporträt des ungedämpften Pendels

Abschnitt 2

Zu Übung 2.2:

$$
y(x) = \begin{bmatrix} -\dfrac{x^2}{4} + \dfrac{x^2}{2}\ln x - \dfrac{x^2}{2}(\ln x)^2 + \dfrac{x^4}{4} \\[2mm] \dfrac{3x}{4} + \dfrac{x}{2}\ln x + \dfrac{x}{2}(\ln x)^2 - \dfrac{3x^3}{4} \end{bmatrix}.
$$

Zu Übung 2.3: $y(x) = \dfrac{C_1}{x} + \dfrac{C_2}{x}\,e^{\frac{x^3}{3}} = \dfrac{1}{x}\left(C_1 + C_2\,e^{\frac{x^3}{3}}\right).$

Zu Übung 2.4: Fundamentalsystem: $y_1(x) = x + 3$, $y_2(x) = e^x(x^2 - 4x + 6)$.

Zu Übung 2.5: $y_1(x)$ ist eine Lösung der DGl. Ein Fundamentalsystem ergibt sich mit Hilfe des Reduktionsverfahrens zu $y_1(x) = x$, $y_2(x) = \frac{1}{x}$. Die allgemeine Lösung lautet daher $y(x) = C_1 x + \frac{C_2}{x}$.

Zu Übung 2.6:

(a) $x\sigma_x'' + 3\sigma_x' + (3 + \gamma)\varrho\omega^2 x = 0$ Typ: $\sigma_x'' = f(x, \sigma_x')$.

Allgemeine Lösung: $\sigma_x(x) = \dfrac{C_1}{x^2} + C_2 - \omega^2\varrho(3 + \gamma)\dfrac{x^2}{8}$.

(b) $\sigma_x(x)$ wie in (a); $\sigma_\varphi(x) = -\dfrac{C_1}{x^2} + C_2 - \dfrac{\varrho\omega^2 x^2}{8}(1 + 3\gamma)$.

Da σ_x und σ_φ für $x \to 0$ beschränkt sind, muss $C_1 = 0$ sein. Mit (β) ergibt sich $C_2 = \sigma_R + \omega^2 \varrho (3+\gamma)\frac{R^2}{8}$. σ_x und σ_φ sind für $x = 0$ maximal und stimmen überein: $\sigma_x(0) = \sigma_\varphi(0) = \sigma_R + \omega^2 \varrho (3+\gamma)\frac{R^2}{8}$.

Abschnitt 3

Zu Übung 3.3: $\varphi(t) = \varphi_0 \cos\sqrt{\frac{k}{J}}\,t$. Periode $T = 2\pi\sqrt{\frac{J}{k}} = \frac{1}{r^2}\sqrt{\frac{8\pi l J}{6}}$.

Zu Übung 3.4:

(a) $\;y(x) = C_1\,\mathrm{e}^{-x} + C_2 x\,\mathrm{e}^{-x} + C_3\,\mathrm{e}^{x} + C_4 x\,\mathrm{e}^{x} + \frac{3}{8}\,\mathrm{e}^{-x}\left(\frac{x^5}{10} + \frac{x^4}{2} + \frac{3x^3}{2} + 3x^2\right)$;

(b) $\;y(x) = C_1\,\mathrm{e}^{2x} + C_2\,\mathrm{e}^{-3x} + \frac{\mathrm{e}^{2x}}{338}(65x\sin x - 13x\cos x + \sin x + 70\cos x)$;

(c) $\;y(x) = C_1\,\mathrm{e}^{-3x} + C_2 x\,\mathrm{e}^{-3x} + \frac{\mathrm{e}^{4x}}{98} + \frac{\mathrm{e}^{2x}}{50}$.

Zu Übung 3.5: $y(x) = C_1 \sin x + C_2 \cos x - \cos x \cdot \ln\left|\tan\left(\frac{x}{2} + \frac{\pi}{4}\right)\right|$.

Zu Übung 3.6: Mit $\lambda_{1/2} = \frac{1}{2T_1}\left(-T_2 \pm \sqrt{T_2^2 - 4T_1}\right)$ gilt

$$x_a(t) = \begin{cases} 0 & \text{für } t \le 0 \\ C_1\,\mathrm{e}^{\lambda_1 t} + C_2\,\mathrm{e}^{\lambda_2 t} + K & \left(\text{bzw. } \dfrac{\lambda_2 K}{\lambda_1 - \lambda_2}\,\mathrm{e}^{\lambda_1 t} - \dfrac{\lambda_1 K}{\lambda_1 - \lambda_2}\,\mathrm{e}^{\lambda_2 t} + K\right) \quad \text{sonst}. \end{cases}$$

Zu Übung 3.7: $y(x) = C_1 x^2 + \frac{C_2}{\sqrt{x}}\cos\left(\frac{\sqrt{7}}{2}\ln x\right) + \frac{C_3}{\sqrt{x}}\sin\left(\frac{\sqrt{7}}{2}\ln x\right)$.

Zu Übung 3.9:

(a) $\;y(x) = C_1\begin{bmatrix} 1 \\ 1 \\ -1 \end{bmatrix}\mathrm{e}^{-x} + C_2\begin{bmatrix} 1 \\ 1 \\ 2 \end{bmatrix}\mathrm{e}^{2x} + C_3\begin{bmatrix} 1 \\ -1 \\ 0 \end{bmatrix}\mathrm{e}^{-2x}$;

(b) $\;x(t) = x_H(t) + x_p(t)$

$\qquad = C_1\begin{bmatrix} 2 \\ 1 \\ 2 \end{bmatrix}\mathrm{e}^{8t} + C_2\begin{bmatrix} -1 \\ 2 \\ 0 \end{bmatrix}\mathrm{e}^{-t} + C_3\begin{bmatrix} -4 \\ -2 \\ 5 \end{bmatrix}\mathrm{e}^{-t} + \frac{1}{8}\begin{bmatrix} 2 \\ 1 \\ 2 \end{bmatrix}\mathrm{e}^{8t}$.

Zu Übung 3.10: Eigenwerte: $\lambda_1 = 0$, $\lambda = \lambda_{2/3/4} = -1$. Eigenvektoren zu $\lambda_1 = 0$: $[1,1,0,0]^T$, zu $\lambda = -1$: $[1,0,-1,0]^T$. Hauptvektoren zu $\lambda = -1$: $[0,1,1,-1]^T$ (2. Stufe) und $[0,1,0,0]^T$ (3. Stufe). Ein Fundamentalsystem von $\dot z = Az$ ist gegeben durch

$$\begin{bmatrix} 1 \\ 1 \\ 0 \\ 0 \end{bmatrix},\quad \begin{bmatrix} 1 \\ 0 \\ -1 \\ 0 \end{bmatrix}\mathrm{e}^{-t},\quad \left(\begin{bmatrix} 0 \\ 1 \\ 1 \\ -1 \end{bmatrix} + t\begin{bmatrix} 1 \\ 0 \\ -1 \\ 0 \end{bmatrix}\right)\mathrm{e}^{-t},\quad \left(\begin{bmatrix} 0 \\ 1 \\ 0 \\ 0 \end{bmatrix} + t\begin{bmatrix} 0 \\ 1 \\ 1 \\ -1 \end{bmatrix} + \frac{t^2}{2}\begin{bmatrix} 1 \\ 0 \\ -1 \\ 0 \end{bmatrix}\right)\mathrm{e}^{-t}.$$

Zu Übung 3.11:

(a) $y(x) = C_1 \begin{bmatrix} 0 \\ 0 \\ 1 \end{bmatrix} e^x + C_2 \begin{bmatrix} -3 \\ 3 \\ 2 \end{bmatrix} e^{-2x} + C_3 \begin{bmatrix} -2 \\ -1 \\ 1 \end{bmatrix} e^{-2x} + C_3 \begin{bmatrix} -3 \\ 3 \\ 2 \end{bmatrix} x\, e^{-2x}$;

(b) $y(x) = C_1 \begin{bmatrix} -1 \\ 1 \\ 1 \end{bmatrix} e^{2x} + C_2 \left(\begin{bmatrix} 1 \\ 0 \\ 0 \end{bmatrix} + x \begin{bmatrix} -1 \\ 1 \\ 1 \end{bmatrix} \right) e^{2x}$

$$+ C_3 \left(\begin{bmatrix} 1 \\ 2 \\ 1 \end{bmatrix} + x \begin{bmatrix} 1 \\ 0 \\ 0 \end{bmatrix} + \frac{x^2}{2} \begin{bmatrix} -1 \\ 1 \\ 1 \end{bmatrix} \right) e^{2x} \ .$$

Zu Übung 3.12: $y(x) = \begin{bmatrix} -2 - x \\ 1 \\ -2 \end{bmatrix} e^{2x} + \begin{bmatrix} 3 \\ 0 \\ 3 \end{bmatrix} e^{3x}$.

Zu Übung 3.13: $x(t) = C_1 \cos t + C_2 \sin t - \dfrac{1}{3} \cos 2t \qquad y(t) = C_1 \sin t - C_2 \cos t + \dfrac{1}{3} \sin 2t$.

Zu Übung 3.14: Es sind die Fälle (i) $c > 0$, (ii) $c = 0$ und (iii) $c < 0$ zu unterscheiden. Als Lösungen der entsprechenden Anfangswertprobleme erhalten wir mit

$$\lambda_1 := \sqrt{\frac{c}{m_1}\left(1 + \frac{m_1}{m_2}\right)}, \quad \lambda_2 := \sqrt{-\frac{c}{m_1}\left(1 + \frac{m_1}{m_2}\right)} \ :$$

(i)
$$\begin{cases} x_1(t) = \begin{bmatrix} \dfrac{m_2}{m_1 + m_2} - \dfrac{m_2}{m_1 + m_2}\cos\lambda_1 t \\[2mm] \dfrac{m_2}{m_1 + m_2} - \dfrac{m_2}{\lambda(m_1 + m_2)}\sin\lambda_1 t \\[2mm] 0 \end{bmatrix} , \\[12mm] x_2(t) = \begin{bmatrix} \dfrac{m_2}{m_1 + m_2} + \dfrac{m_1}{m_1 + m_2}\cos\lambda_1 t \\[2mm] \dfrac{m_2}{m_1 + m_2}t + \dfrac{m_1}{\lambda_1(m_1 + m_2)}\sin\lambda_1 t \\[2mm] 0 \end{bmatrix} ; \end{cases}$$

(ii) $\quad x_1(t) = \begin{bmatrix} 0 \\ 0 \\ 0 \end{bmatrix} , \quad x_2(t) = \begin{bmatrix} 1 \\ t \\ 0 \end{bmatrix}$;

(iii)
$$\begin{cases} x_1(t) = \begin{bmatrix} \dfrac{m_2}{m_1 + m_2} - \dfrac{1}{2}\dfrac{m_2}{m_1 + m_2}e^{\lambda_2 t} - \dfrac{1}{2}\dfrac{m_2}{m_1 + m_2}e^{-\lambda_2 t} \\[2mm] \dfrac{m_2}{m_1 + m_2}t - \dfrac{1}{2}\dfrac{m_2}{\lambda_2(m_1 + m_2)}e^{\lambda_2 t} + \dfrac{1}{2}\dfrac{m_2}{\lambda_2(m_1 + m_2)}e^{-\lambda_2 t} \\[2mm] 0 \end{bmatrix} \\[14mm] x_2(t) = \begin{bmatrix} \dfrac{m_2}{m_1 + m_2} + \dfrac{1}{2}\dfrac{m_1}{m_1 + m_2}e^{\lambda_2 t} + \dfrac{1}{2}\dfrac{m_1}{m_1 + m_2}e^{-\lambda_2 t} \\[2mm] \dfrac{m_2}{m_1 + m_2}t + \dfrac{1}{2}\dfrac{m_1}{\lambda_2(m_1 + m_2)}e^{\lambda_2 t} - \dfrac{1}{2}\dfrac{m_1}{\lambda_2(m_1 + m_2)}e^{-\lambda_2 t} \\[2mm] 0 \end{bmatrix} \end{cases}$$

Für $m_1 = 3, m_2 = 1, c = 3$ ergeben sich die Lösungen

$$x_1(t) = \begin{bmatrix} \frac{1}{4} - \frac{1}{4}\cos 2t \\ \frac{1}{4}t - \frac{1}{8}\sin 2t \\ 0 \end{bmatrix}, \quad x_2(t) = \begin{bmatrix} \frac{1}{4} + \frac{3}{4}\cos 2t \\ \frac{1}{4}t + \frac{3}{8}\sin 2t \\ 0 \end{bmatrix}.$$

(Vgl. Fig. 4, 5)

Abschnitt 4

Zu Übung 4.1: (a) Für die Koeffizienten a_k der Potenzreihe von $y(x)$ ergibt sich die Rekursionsformel

$$a_{k+2} = \frac{(3-k)a_k}{(k+1)(k+2)}$$

und ein Fundamentalsystem zu $y_1(x) = x + \frac{1}{3}x^3$, $y_2(x) = 1 + \frac{3}{2}x^2 + \frac{1}{8}x^4 \mp \ldots$;

(b) $a_{k+2} = -\dfrac{a_{k-2}}{(k+1)(k+2)}$, $a_{2+4k} = 0$, $a_{3+4k} = 0$ $(k \in \mathbb{N}_0)$.
Fundamentalsystem:

$$y_1(x) = 1 - \frac{1}{3 \cdot 4}x^4 + \frac{1}{7 \cdot 8 \cdot 12}x^8 \mp \ldots,$$

$$y_2(x) = x - \frac{1}{4 \cdot 5}x^5 + \frac{1}{8 \cdot 9 \cdot 20}x^9 \mp \ldots.$$

Die Potenzreihen in (a) und (b) konvergieren in ganz $\mathbb{R}$.

Zu Übung 4.2: Lösung des Anfangswertproblems:

$$y(x) = 1 + \frac{1}{2}x^2 - \frac{1}{6}x^3 + \frac{1}{12}x^4 - \frac{1}{60}x^5 \pm \ldots.$$

Zu Übung 4.3: Aus $B_n(x) = \dfrac{1}{\pi} \displaystyle\int_0^\pi \cos(nt - x\sin t)\,dt$ folgt durch Differentiation unter dem Integral und anschließender partieller Integration

$$\frac{dB_n(x)}{dx} = \frac{n}{\pi} \int_0^\pi \cos t \cdot \cos(nt - x\sin t)\,dt - \frac{x}{\pi} \int_0^\pi \cos^2 t \cdot \cos(nt - x\sin t)\,dt$$

bzw. durch zweimalige Differentiation unter dem Integral

$$\frac{d^2 B_n(x)}{dx^2} = -\frac{1}{\pi} \int_0^\pi \sin^2 t \cdot \cos(nt - x\sin t)\,dt.$$

Setzt man diese Ausdrücke in die linke Seite der DGl ein, so ergibt sich

$$\frac{d^2 B_n(x)}{dx^2} + \frac{1}{x}\frac{dB_n(x)}{dx} + \left(1 - \frac{n^2}{x^2}\right)B_n(x) = \frac{n}{\pi x^2} \int_0^\pi \cos(nt - x\sin t)(x\cos t - n)\,dt.$$

Die Substitution $u := nt - x\sin t$ bzw. $du := -(x\cos t - n)\,dt$ liefert

$$\frac{n}{\pi x^2} \int_0^\pi \ldots dt = -\frac{n}{\pi x^2} \int_0^{n\pi} \cos u\,du = 0.$$

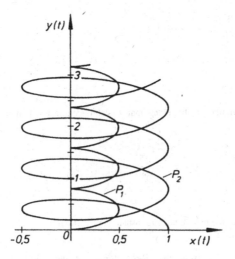

Fig. 4: Bahnkurven der Punkte P_1 und P_2

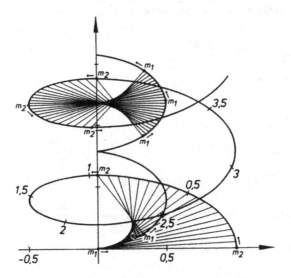

Fig. 5: Die einzelnen Phasen der Schwingung

Zu Übung 4.4: (a) Die Koeffizienten a_k von $y(x) = \sum\limits_{k=0}^{\infty} a_k x^k$ ergeben sich aus der Rekursionsformel

$$a_{k+2} = \frac{k(k+1) - \lambda(\lambda+1)}{(k+1)(k+2)} a_k \quad (a_0, a_1 \text{ beliebig});$$

(b) $y_1(x; 0) = 1$, $\quad y_2(x; 1) = x$, $\quad y_1(x; 2) = 1 - 3x^2$, $\quad y_2(x; 3) = x - \frac{5}{3}x^3$,

$$y_1(x; 4) = 1 - 10x^2 + \frac{35}{3}x^4;$$

(c) Durch Normierung der Polynome aus (b) gelangt man zu den Legendre-Polynomen

$$L_0(x) = 1, \quad L_1(x) = x, \quad L_2(x) = -\frac{1}{2} + \frac{3}{2}x^2,$$

$$L_3(x) = -\frac{3}{2}x + \frac{5}{2}x^3, \qquad L_4(x) = \frac{3}{8} - \frac{15}{4}x^2 + \frac{35}{8}x^4.$$

Abschnitt 5

Zu Übung 5.1: (a) nicht lösbar; (b) nicht eindeutig lösbar: $y(x) = C \sin x + x$, $C \in \mathbb{R}$ beliebig; (c) eindeutig lösbar: $y(x) = 2 \cos x + (-\frac{\pi}{2} - 3) \sin x + x$.

Zu Übung 5.2: Das Randwertproblem ist für alle $s \neq \frac{1}{2}(-1 \pm \sqrt{5})$ eindeutig lösbar:

$$y(x; s) = \frac{8s^2 - s - 12}{12(s^2 + s - 1)}x + \frac{4s + 13}{12(s^2 + s - 1)} + \frac{x^4}{12}.$$

Zu Übung 5.3: (a) Ein Fundamentalsystem der DGl $y'' = 0$ lautet: $y_1(x) = 1$, $y_2(x) = x$. Dies hat $D \neq 0$ zur Folge, d.h. das Randwertproblem ist eindeutig lösbar. Eine partikuläre Lösung von $y'' = f(x)$ ist durch

$$y_p(x) := \int\limits_0^x (x - z) f(z)\, dz, \quad x \in [0, \pi]$$

gegeben, die allgemeine Lösung der DGl also durch

$$y(x) = C_1 x + C_2 + \int\limits_0^x (x - z) f(z)\, dz, \quad x \in [0, \pi].$$

Für die Lösung des Randwertproblems ergibt sich

$$y_R(x) = -\left(\int\limits_0^\pi f(z)\, dz \right) x + \int\limits_0^x (x - z) f(z)\, dz, \quad x \in [0, \pi].$$

(b) Die in (a) gewonnene Lösung $y_R(x)$ lässt sich wie folgt aufspalten:

$$y_R(x) = -\int\limits_0^x f(z)\, dz \cdot x - \int\limits_x^\pi f(z)\, dz \cdot x + \int\limits_0^x (x - z) f(z)\, dz$$

$$= -\int\limits_0^x z f(z)\, dz - \int\limits_x^\pi x \cdot f(z)\, dz = \int\limits_0^\pi G(x, z) f(z)\, dz, \quad x \in [0, \pi].$$

Zu Übung 5.4: (a) DGl vom Euler-Typ. Fundamentalsystem (von λ abhängig):

$$y_1(x) = \cos\left(\sqrt{\lambda} \ln x\right), \quad y_2(x) = \sin\left(\sqrt{\lambda} \ln x\right);$$

(b)

$$\left.\begin{array}{ll} \text{Eigenwerte:} & \lambda_n = \dfrac{n^2}{4} \\[3mm] \text{Eigenfunktionen:} & y_n(x) = C \cdot \cos\left(\dfrac{n}{2}\ln x\right) \end{array}\right\} \quad n \in \mathbb{N}_0\,.$$

Abschnitt 7

Zu Übung 7.2: Sei $x(t) = 4\sin t \cdot h(t)$ und F_x das durch $x(t)$ induzierte Funktional

$$F_x\varphi = \int 4\sin t \cdot h(t)\cdot \varphi(t)\,\mathrm{d}t\,, \quad \varphi \in C_0^\infty(\mathbb{R})\,.$$

Für hinreichend großes $a > 0$ folgt nach Abschnitt 7.1.2

$$\frac{\mathrm{d}^2}{\mathrm{d}t^2}F_x(\varphi) = (-1)^2 F_x\left(\frac{\mathrm{d}^2}{\mathrm{d}t^2}\varphi\right) = 4\int \sin t \cdot h(t)\cdot \varphi''(t)\,\mathrm{d}t = 4\int\limits_0^a \sin t \cdot \varphi''(t)\,\mathrm{d}t\,.$$

Zweimalige partielle Integration liefert

$$\int\limits_0^a \sin t \cdot \varphi''(t)\,\mathrm{d}t = \underbrace{\sin t \cdot \varphi'(t)\Big|_0^a}_{=0} - \int\limits_0^a \cos t \cdot \varphi'(t)\,\mathrm{d}t$$

$$= -\cos t \cdot \varphi(t)\Big|_0^a - \int\limits_0^a \sin t \cdot \varphi(t)\,\mathrm{d}t = \varphi(0) - \int \sin t \cdot h(t)\varphi(t)\,\mathrm{d}t\,,$$

woraus sich

$$\frac{\mathrm{d}^2}{\mathrm{d}t^2}F_x\varphi = 4\delta\varphi - F_x\varphi$$

ergibt. Damit folgt für $\varphi \in C_0^\infty(\mathbb{R})$

$$\frac{\mathrm{d}^2}{\mathrm{d}t^2}F_x\varphi + F_x\varphi = 4\delta\varphi - F_x\varphi + F_x\varphi = 4\delta\varphi\,,$$

also

$$\frac{\mathrm{d}^2}{\mathrm{d}t^2}F_x + F_x = 4\delta \quad \text{oder} \quad \ddot{x} + x = 4\delta \quad \text{(im Distributionensinn)}.$$

Abschnitt 8

Zu Übung 8.2: Die Funktion

$$f(x) = \begin{cases} 1 & \text{für} \quad |x| \le a \\ 0 & \text{für} \quad |x| > a \end{cases}$$

besitzt die Fouriertransformierte

$$\hat{f}(s) = \begin{cases} \dfrac{\sin as}{s} & \text{für} \quad s \ne 0 \\[3mm] \dfrac{a}{\pi} & \text{für} \quad s = 0\,. \end{cases}$$

Der Umkehrsatz liefert dann

$$\lim_{A \to \infty} \int_{-A}^{A} \frac{\sin as}{s} (\cos xs + \mathrm{i} \sin xs) \, \mathrm{d}s$$

$$= \lim_{A \to \infty} \int_{-A}^{A} \frac{\sin as \cdot \cos xs}{s} \, \mathrm{d}s = \frac{\pi}{2} [f(x+) + f(x-)] = \begin{cases} \pi & \text{für} \quad |x| < a \\ \dfrac{\pi}{2} & \text{für} \quad |x| = a \\ 0 & \text{für} \quad |x| > a. \end{cases}$$

Zu Übung 8.5: (a) $\mathfrak{F}[y] = \dfrac{\mathfrak{F}[g]}{-s^2 + 2\mathrm{i}s - 6}$;   (b) $\mathfrak{F}[y] = \dfrac{\mathfrak{F}[g]}{s^4 + 3s^2 + 8}$.

Zu Übung 8.6: Die Integralgleichung lässt sich in der Form $f(x) = g(x) + 2\pi [(k * f)(x)]$ schreiben. Wenden wir auf diese Gleichung die Fouriertransformation an, so erhalten wir unter Ausnutzung des Faltungssatzes

$$\mathfrak{F}[f(x)] = \mathfrak{F}[g(x)] + 2\pi \cdot \mathfrak{F}[(k * f)(x)] = \mathfrak{F}[g(x)] + 2\pi \, \mathfrak{F}[k(x)] \cdot \mathfrak{F}[f(x)]$$

und hieraus mit

$$\mathfrak{F}[f(x)] = \frac{\mathfrak{F}[g(x)]}{1 - 2\pi \, \mathfrak{F}[k(x)]}$$

eine Lösung im Bildbereich. Der Umkehrsatz liefert dann eine Lösung $f(x)$ der Integralgleichung.

Abschnitt 9

Zu Übung 9.1: (a) Mit $\sinh(\alpha t) = \dfrac{\mathrm{e}^{\alpha t} - \mathrm{e}^{-\alpha t}}{2}$ und Beispiel 9.3 ergibt sich

$$\mathfrak{L}[\sinh(\alpha t)] = \frac{\alpha}{z^2 - \alpha^2}, \quad \operatorname{Re} z > |\alpha|.$$

(b) Mit Satz 9.4 und Beispiel 9.10 erhalten wir

$$\mathfrak{L}[t \, \mathrm{e}^{\beta t}] = F(z - \beta) = \frac{1}{(z - \beta)^2}, \quad \operatorname{Re} z > \beta.$$

Zu Übung 9.2: Die Residuen an den Stellen $z = -1$ bzw. $z = 2$ lauten $\dfrac{\mathrm{e}^{-t}}{9}$ bzw. $t \dfrac{\mathrm{e}^{2t}}{3} - \dfrac{\mathrm{e}^{2t}}{9}$. Damit folgt

$$\mathfrak{L}^{-1} \left[\frac{1}{(z+1)(z-2)^2} \right] = \sum \operatorname{Res} \left(\frac{\mathrm{e}^{zt}}{(z+1)(z-2)^2} \right) = \frac{\mathrm{e}^{-t}}{9} + \frac{t}{3} \mathrm{e}^{2t} - \frac{\mathrm{e}^{2t}}{9}.$$

Zu Übung 9.3: (a) $\mathfrak{L}[-2t^2 + 3\cos 4t] = -\dfrac{4}{z^3} + \dfrac{3z}{z^2 + 16}$;   (b) $\mathfrak{L}[\mathrm{e}^{-3t} \sin t] = \dfrac{1}{z^2 + 6z + 10}$.

Zu Übung 9.4:

(a) $\mathfrak{L}^{-1} \left[\dfrac{1}{z} \cdot \dfrac{1}{z-1} \right] = \displaystyle\int_0^t 1 \cdot \mathrm{e}^{-u} \, \mathrm{d}u = 1 - \mathrm{e}^{-t}$;

(b) $\mathfrak{L}^{-1} \left[\dfrac{1}{z-2} \cdot \dfrac{z}{z^2 + 9} \right] = \displaystyle\int_0^t \mathrm{e}^{2(t-u)} \cdot \cos 3u \, \mathrm{d}u = \dfrac{1}{13} \left(-2\cos 3t + 3\sin 3t + 2\mathrm{e}^{2t} \right)$.

Zu Übung 9.6: Falls f stückweise stetig und von exponentieller Ordnung ist, folgt mit Hilfe von Satz 2 (Anhang)

$$\frac{\mathrm{d}}{\mathrm{d}z} \int_0^\infty f(t)\,\mathrm{e}^{-zt}\,\mathrm{d}t = \int_0^\infty f(t)\frac{\partial}{\partial z}\left(\mathrm{e}^{-zt}\right)\mathrm{d}t = -\int_0^\infty tf(t)\cdot\mathrm{e}^{-zt}\,\mathrm{d}t = -\mathfrak{L}[tf(t)].$$

Die nachzuweisende Beziehung folgt dann mit Hilfe vollständiger Induktion nach j.

Zu Übung 9.7: Mit $\mathfrak{L}[y(x)] =: w(z)$ erhält man

$\quad$ (a) $\quad (z+4)w' + (z^2+1)w = z\cdot y(0) + y'(0)$;

$\quad$ (b) $\quad (z^2+3z)w' + (2z-2)w = y(0)$.

Zu Übung 9.8:

$\quad$ (a) $\quad y(x) = \dfrac{1}{6}x^3\,\mathrm{e}^x$;

$\quad$ (b) $\quad x(t) = \dfrac{6}{11}\,\mathrm{e}^{4t} + \dfrac{5}{11}\,\mathrm{e}^{-7t}$; $\quad y(t) = -\dfrac{5}{11}\,\mathrm{e}^{4t} + \dfrac{5}{11}\,\mathrm{e}^{-7t}$.

Abschnitt 10

Zu Übung 10.1: (b) Benutze das Additionstheorem

$$\sin(\omega n + \beta) = \sin\omega n\cos\beta + \cos\omega n\sin\beta$$

und Beispiel 10.3. Es ergibt sich

$$\mathfrak{Z}\{\sin(\omega n + \beta)\} = \frac{z(z\sin\beta + \sin(\omega - \beta))}{z^2 - 2z\cos\omega + 1} \;.$$

(d) Verwende den Dämpfungssatz (s. (iii), Abschn. 10.2.1) und Teil (b):

$$\mathfrak{Z}\{\mathrm{e}^{\alpha n}\sin(\omega n + \beta)\} = \frac{\left(\frac{z}{\mathrm{e}^\alpha}\right)\left[\left(\frac{z}{\mathrm{e}^\alpha}\right)\sin\beta + \sin(\omega - \beta)\right]}{\left(\frac{z}{\mathrm{e}^\alpha}\right)^2 - 2\left(\frac{z}{\mathrm{e}^\alpha}\right)\cos\omega + 1}$$

$$= \frac{z[z\sin\beta + \mathrm{e}^\alpha\sin(\omega - \beta)]}{z^2 - 2z\,\mathrm{e}^\alpha\cos\omega + \mathrm{e}^{2\alpha}} \;.$$

Zu Übung 10.3: Aus

$$\binom{n+1}{k} = \binom{n}{k-1} + \binom{n}{k}, \quad k \le n$$

folgt

$$\Delta f_n = f_{n+1} - f_n = \binom{n+1}{k} - \binom{n}{k} = \binom{n}{k-1}$$

$$\Delta^2 f_n = \Delta f_{n+1} - \Delta f_n = \binom{n+1}{k-1} - \binom{n}{k-1} = \binom{n}{k-2}$$

$$\vdots$$

$$\Delta^\nu f_n = \Delta^{\nu-1} f_{n+1} - \Delta^{\nu-1} f_n = \binom{n+1}{k-\nu+1} - \binom{n}{k-\nu+1} = \binom{n}{k-\nu}, \quad \nu \le k.$$

Also ist $\Delta^\nu f_0 = 0$ für $\nu < k$ und $\Delta^k f_n = 1$. Damit ergibt sich mit (v), Abschnitt 10.2.1 und Beispiel 10.1

$$\mathfrak{Z}\{\Delta^k f_n\} = \mathfrak{Z}\{1\} = \frac{z}{z-1} = (z-1)^k F(z)$$

oder

$$3\left\{\binom{n}{k}\right\} = \frac{z}{(z-1)^{k+1}}.$$

Zu Übung 10.4: (a) Aus der Partialbruchzerlegung von $F^*(z)$

$$F^*(z) = \frac{1}{2}\left(\frac{z}{z+i} + \frac{z}{z-i}\right)$$

und den Identitäten $i = e^{\frac{\pi}{2}i}$, $-i = e^{-\frac{\pi}{2}i}$ folgt

$$F^*(z) = \frac{1}{2}\left(\frac{z}{z - e^{-\frac{\pi}{2}i}} + \frac{z}{z - e^{\frac{\pi}{2}i}}\right).$$

Hieraus ergibt sich mit Beispiel 10.2

$$f_n = \frac{1}{2}\left(e^{-\frac{\pi}{2}i} + e^{\frac{\pi}{2}i}\right) = \cos\frac{\pi n}{2}.$$

(b) Partialbruchzerlegung von $\frac{F(z)}{z}$ liefert:

$$\frac{F(z)}{z} = \frac{A}{z} + \frac{B}{z-1} + \frac{C}{z+2} \quad \text{mit} \quad A = -\frac{1}{2},\ B = 1,\ C = \frac{3}{2}.$$

Damit ist

$$F(z) = -\frac{1}{2} + \frac{z}{z-1} + \frac{3}{2}\frac{z}{z+2},$$

und wir erhalten mit Tabelle 10.1

$$f_n = 1^n + \frac{3}{2}(-2)^n \quad \text{für} \quad n = 1, 2, \ldots$$

$$f_0 = -\frac{1}{2} + 1 + \frac{3}{2} = 2.$$

Zu Übung 10.5: Nach Abschnitt 10.3.1 ist $u_n = Az_1^n + Bz_2^n$ mit $z_{1/2} = \frac{3}{2} \pm \frac{\sqrt{5}}{2}$. A und B bestimmen sich nun aus dem linearen Gleichungssystem

$$\begin{cases} A + B = u_0 \\ z_1^k A + z_2^k B = u_k \end{cases}$$

zu

$$A = \frac{u_0 z_2^k - u_k}{z_2^k - z_1^k}, \quad B = -\frac{u_0 z_1^k - u_k}{z_2^k - z_1^k}.$$

Symbole

Einige Zeichen, die öfters verwendet werden, sind hier zusammengestellt.

$A \Rightarrow B$	aus A folgt B
$A \Leftrightarrow B$	A gilt genau dann, wenn B gilt
$x :=$	x ist definitionsgemäß gleich
$x \in M$	x ist Element der Menge M, kurz: »x aus M«
$x \notin M$	x ist nicht Element der Menge M
$\{x_1, x_2, \ldots, x_n\}$	Menge der Elemente $x_1, x_2, \ldots, x_n$
$\{x \mid x$ hat die Eigenschaft $E\}$	Menge aller Elemente x mit Eigenschaft E
$\{x \in N \mid x$ hat die Eigenschaft $E\}$	Menge aller Elemente $x \in N$ mit Eigenschaft E
$M \subset N, N \supset M$	M ist Teilmenge von N (d.h. $x \in M \Rightarrow x \in N$)
$M \cup N$	Vereinigungsmenge von M und N
$M \cap N$	Schnittmenge von M und N
$M \backslash A$	Restmenge von A in M
$\emptyset$	leere Menge
$A \times B$	cartesisches Produkt aus A und B
$A_1 \times A_2 \times \ldots \times A_n$	cartesisches Produkt aus $A_1, A_2, \ldots, A_n$
$\mathbb{N}$	Menge der natürlichen Zahlen $1, 2, 3, \ldots$

$\mathbb{Z}$	Menge der ganzen Zahlen
$\mathbb{Q}$	Menge der rationalen Zahlen
$\mathbb{R}$	Menge der reellen Zahlen
$(x_1, \ldots, x_n)$	n-Tupel
$[a, b], (a, b), [a, b), (a, b]$	beschränkte Intervalle
$[a, \infty), (a, \infty), (-\infty, a], (-\infty, a), \mathbb{R}$	unbeschränkte Intervalle
$\mathbb{C}$	Menge der komplexen Zahlen (s. Burg/Haf/Wille (Analysis) [13], Abschn. 2.5.2)
$\begin{bmatrix} x_1 \\ \vdots \\ x_n \end{bmatrix}$	Spaltenvektor der Dimension n (s. Burg/Haf/Wille (Lineare Algebra) [12], Abschn. 2.1.1)
$\mathbb{R}^n$	Menge aller Spaltenvektoren der Dimension n (wobei $x_1, x_2, \ldots, x_n \in \mathbb{R}$) (s. Burg/Haf/Wille (Lineare Algebra) [12], Abschn. 2.1.1)
$\mathbb{C}^n$	Menge aller Spaltenvektoren der Dimension n (wobei $x_1, x_2, \ldots, x_n \in \mathbb{C}$) (s. Burg/Haf/Wille (Lineare Algebra) [12], Abschn. 2.1.5)

Weitere Bezeichnungen

$f \sim g$	Abschn. 1.1.1
$\frac{d}{dt} m(t), m'(t), \dot{m}(t)$	Abschn. 1.1.1
DGl	Abschn. 1.1.2
$y(x)$	Abschn. 1.2.1
$\{y_n(x)\}$	Abschn. 1.2.2
$U_h(x_0)$	Abschn. 1.2.3
$\max\limits_{(x,y)\in D} \lvert f(x, y)\rvert$	Abschn. 1.2.3
$\min(\alpha, \beta)$	Abschn. 1.2.3
$f_x(x, y) \left(= \frac{\partial}{\partial x} f(x, y)\right)$	Abschn. 1.2.4
H^{-1}	Abschn. 1.2.5
$\mathcal{O}(g(h)), \mathcal{O}(h^2)$	Abschn. 1.2.6
$f(x, y)$	Abschn. 1.3
$x(y)$	Abschn. 1.3.3
$F\left(\frac{\alpha}{2}, u\right)$	Abschn. 1.3.3
$\mathrm{am}\left(\frac{\alpha}{2}, \sqrt{\frac{g}{l}}t\right)$	Abschn. 1.3.3
$\sin \mathrm{am}\left(\frac{\alpha}{2}, \sqrt{\frac{g}{l}}t\right)$	Abschn. 1.3.3
$I_{\max}$	Abschn. 1.4.1
$d((x, \varphi(x)), \partial D)$	Abschn. 1.4.1
$\gamma(x_0)$	Abschn. 1.4.2
$\gamma^+(x_0), \gamma^-(x_0)$	Abschn. 1.4.2

x^*	Abschn. 1.4.2
$\alpha(\gamma)$	Abschn. 1.4.2
$\omega(\gamma)$	Abschn. 1.4.2
$A = [a_{jk}]_{j,k=1,\ldots,n}$	Abschn. 2.1.1/3
$A(x)$	Abschn. 2.1.1
$x, [x_1, \ldots, x_n]^T$	Abschn. 2.1.1
$Y(x) = [y_1(x), \ldots, y_n(x)]$	Abschn. 2.1.2
$W(x) = \det Y(x)$	Abschn. 2.2.2 und 2.4.1
$Y^{-1}(x)$	Abschn. 2.3.2
$\int v(x)\, dx$	Abschn. 2.3.2
$\mathrm{adj}\, Y(x)$	Abschn. 2.3.2
$\left(\frac{d}{dx}\right)^k, \frac{d^k}{dx^k}$	Abschn. 3.1.1
$P(\lambda)$	Abschn. 3.1.1
$L[y]$	Abschn. 3.1.1
$p(x)$	Abschn. 3.1.2
$p\left(\frac{d}{dx}\right)$	Abschn. 3.1.2
$\left[p\left(\frac{d}{dx}\right)\right]^{-1}$	Abschn. 3.1.2
$x \cdot y$	Abschn. 3.2.2
$x_k^{(q)}$	Abschn. 3.2.3
J	Abschn. 3.2.3
$\exp A$	Abschn. 3.2.5

$X = \exp(Ax)$ Abschn. 3.2.5
X', $\frac{d}{dx}X$ Abschn. 3.2.5
$\omega \times v$ Abschn. 3.2.5
$H_n(x)$ Abschn. 4.1.2
$\mathbf{H}$ (Hamiltonoperator)   Abschn. 4.1.2
$\mathbf{p}_x$ (Impulsoperator)   Abschn. 4.1.2
$\mathbf{x}$ (Koordinatenoperator)   Abschn. 4.1.2
$L_n(x)$ Abschn. 4.2.1
$\Delta = \frac{\partial^2}{\partial x_1^2} + \cdots + \frac{\partial^2}{\partial x_n^2}$ (Laplaceoperator)   Abschn. 4.2.1
Γ Abschn. 4.2.2
J_p, J_{-p} Abschn. 4.2.2
$N_n(x)$ Abschn. 4.2.2
$u_0(x, t; y)$ Abschn. 6.1.1
Tr   Abschn. 6.1.2
$C_0(\mathbb{R}^n)$ Abschn. 6.1.2
$C_0^\infty(\mathbb{R}^n)$ Abschn. 6.1.2

$\int f(x)\,dx \left(= \int_{\mathbb{R}^n} f(x)\,dx \right)$ Abschn. 6.1.2

$\mathcal{L}(\mathbb{R}^n)$ Abschn. 6.1.3
F_f Abschn. 6.2.1
δ-Funktion, F_δ Abschn. 6.2.2
$\alpha \cdot F$ $(\alpha \in \mathbb{C})$ Abschn. 7.1.1
$\psi \cdot F$ $(\psi \in C^\infty(\mathbb{R}^n))$ Abschn. 7.1.1
$\frac{d}{dx}F$, $\frac{\partial}{\partial x_j}F$ Abschn. 7.1.2
$h(x)$ (Heavisidefunktion)   Abschn. 7.1.2
$f(x_0+)$, $f(x_0-)$ Abschn. 8.1.2

$\hat{f}(s)$ Abschn. 8.1.2
$\mathfrak{F}[f(t)]$ Abschn. 8.1.2
$\mathfrak{S}$ Abschn. 8.2.1
$\mathfrak{F}^{-1}[\hat{f}(s)]$ Abschn. 8.2.1
C. H. $\int_{-\infty}^{\infty} \ldots, \fint_{-\infty}^{\infty} \ldots$ Abschn. 8.2.2
$f_1 * f_2$ Abschn. 8.3.3/9.3.3
$\mathfrak{T}(\mathbb{R})$ Abschn. 8.3.5
$\hat{F}$ Abschn. 8.3.5
$\hat{\delta}$ Abschn. 8.3.5
$\mathcal{H}[f(t)]$ Abschn. 8.3.6
$\overline{f}_H(x)$ Abschn. 8.3.6
$\mathcal{H}^{-1}[\overline{f}_H(x)]$ Abschn. 8.3.6
DFT   Abschn. 8.5.1
IDFT   Abschn. 8.5.1
FFT   Abschn. 8.5.2
$F(z)$ Abschn. 9.1.2
$\mathfrak{L}[f(t)]$ Abschn. 9.1.2
$h_a(t)$ (Heavisidefunktion)   Abschn. 9.1.2
$\mathfrak{L}^{-1}[F(z)]$ Abschn. 9.2.1
Res $f(z)$ Abschn. 9.2.2
$f^*(z)$ Abschn. 10.1.2
$\mathcal{D}\{f_n\}$ Abschn. 10.1.2
$F^*(z)$ Abschn. 10.1.3
$\mathfrak{Z}\{f_n\}$ Abschn. 10.1.3
$\Delta^k f_n$ Abschn. 10.2.1
$f_n * g_n$ Abschn. 10.2.1
$\mathfrak{Z}^{-1}$ Abschn. 10.2.2

Literaturverzeichnis

[1] Amann, H.: *Gewöhnliche Differentialgleichungen*. de Gruyter, Berlin, 2 Aufl., 1995.

[2] Ameling, W.: *Laplace-Transformation*. Vieweg, Braunschweig, 3 Aufl., 1984.

[3] Aumann, G.: *Höhere Mathematik I – III*. Bibl. Inst., Mannheim, 1970 – 71.

[4] Bartsch, H.: *Taschenbuch Mathematischer Formeln*. Carl Hanser, München, 22 Aufl., 2011.

[5] Berz, E.: *Verallgemeinerte Funktionen und Operatoren*. Bibl. Inst., Mannheim, 1967.

[6] Beyer, W.: *CRC Handbook of Mathematical Sciences*. CRC Press, Palm Beach, 1978.

[7] Böhmer, K.: *Spline-Funktionen, Theorie und Anwendungen*. Teubner, Stuttgart, 1974.

[8] Brauch, W., Dreyer, H. und Haacke, W.: *Beispiele und Aufgaben zur Ingenieurmathematik*. Teubner, Stuttgart, 1984.

[9] Brauch, W., Dreyer, H. und Haacke, W.: *Mathematik für Ingenieure*. Teubner, Wiesbaden, 11 Aufl., 2006.

[10] Brenner, J.: *Mathematik für Ingenieure und Naturwissenschaftler I – IV*. Aula, Wiesbaden, 4 Aufl., 1989.

[11] Burg, C., Haf, H., Wille, F. und Meister, A.: *Höhere Mathematik für Ingenieure*, Bd. Partielle Differentialgleichungen und funktionalanalysische Grundlagen. Vieweg+Teubner, Wiesbaden, 5 Aufl., 2010.

[12] Burg, C., Haf, H., Wille, F. und Meister, A.: *Höhere Mathematik für Ingenieure*, Bd. 2: Lineare Algebra. Springer Vieweg, Wiesbaden, 7 Aufl., 2012.

[13] Burg, C., Haf, H., Wille, F. und Meister, A.: *Höhere Mathematik für Ingenieure*, Bd. 1: Analysis. Springer Vieweg, Wiesbaden, 10 Aufl., 2013.

[14] Burg, C., Haf, H., Wille, F. und Meister, A.: *Höhere Mathematik für Ingenieure*, Bd. Funktionentheorie. Springer Vieweg, Wiesbaden, 2 Aufl., 2013.

[15] Churchill, R.: *Fourier Series and Boundary Value Problems*. Mc Graw Hill, New-York, 1983.

[16] Collatz, L.: *Numerische Behandlung von Differentialgleichungen*. Springer, Berlin, 2 Aufl., 1955.

[17] Collatz, L.: *Eigenwertaufgaben mit technischen Anwendungen*. Akad. Verlagsges., Leipzig, 2 Aufl., 1963.

[18] Collatz, L.: *Differentialgleichungen*. Teubner, Stuttgart, 7 Aufl., 1990.

[19] Constantinescu, F.: *Distributionen und ihre Anwendungen in der Physik*. Teubner, Stuttgart, 1974.

[20] Cooley, J. und Tukey, J.: *An algorithm for the machine calculation of complex fourier series*. Math. Comp., 19:297 – 301, 1965.

[21] Courant, R.: *Vorlesungen über Differential- und Integralrechnung 1 – 2*. Springer, Berlin, 3 Aufl., 1969.

[22] Dallmann, H. und Elster, K.-H.: *Einführung in die Höhere Mathematik 1 – 3*. Stuttgart, UTB für Wissenschaft, 3 Aufl., 1991.

[23] Davies, B.: *Integral Transforms and their Applications*. Springer, New York, 1978.

[24] Dekker, K. und Verwer, J.: *Stability of Runge-Kutta methods for stiff nonlinear differential equations*. North-Holland, Amsterdam, 1984.

[25] Deuflhard, P. und Bornemann, F.: *Scientific Computing with Ordinary Differential Equations*. Springer, New York, 2002.

[26] Ditkin, V. und Prudnikow, A.: *Integral Transforms and Operational*. Pergamon Press, New York, 1965.

[27] Doerfling, R.: *Mathematik für Ingenieure und Techniker*. Oldenbourg, München, 11 Aufl., 1982.

[28] Doetsch, G.: *Handbuch der Laplace-Transformation 1 – 3*. Birkhäuser, Basel, 1971.

[29] Doetsch, G.: *Anleitung zum praktischen Gebrauch der Laplace-Transformation und der Z-Transformation*. Oldenbourg, München, 1976.

[30] Dreszer, J. (Hrsg.): *Mathematik-Handbuch für Technik und Naturwissenschaften*. Harri Deutsch, Zürich, 1975.

[31] Duschek, A.: *Vorlesungen über Höhere Mathematik 1 – 2, 4*. Springer, Wien, 1961 – 65.

[32] Dym, H. und Mc Keen, H.: *Fourier Series and Integrals*. Academic Press, New York, 1972.

[33] Endl, K. und Luh, W.: *Analysis I – III*. Aula, Wiesbaden, 8 Aufl., 1989 – 94.

[34] Engeln-Müllges, G. und Reutter, F.: *Formelsammlung zur numerischen Mathematik mit Standard-FORTRAN-Programmen*. Bibl. Inst., Mannheim, 7 Aufl., 1988.

[35] Erwe, F.: *Gewöhnliche Differentialgleichungen*. Bibl. Inst., Mannheim, 1967.

[36] Fetzer, A. und Fränkel, H.: *Mathematik 2*. Springer, Berlin, 5 Aufl., 1999.

[37] Fetzer, A. und Fränkel, H.: *Mathematik 1*. Springer Vieweg, Berlin, 11 Aufl., 2012.

[38] Fetzer, V.: *Integral-Transformationen*. Hüthig, Heidelberg, 1977.

[39] Föllinger, O.: *Laplace- und Fouriertransformation*. Elitera, Berlin, 1977.

[40] Goldberg, R.: *Fourier Transforms*. University Press, Cambridge, 1962.

[41] Grigorieff, R.: *Numerik gewöhnlicher Differentialgleichungen I–II*. Teubner, Stuttgart, 1972.

[42] Guckenheimer, J. und Holmes, P.: *Nonlinear Oszillations, Dynamical Systems and Bifurcations of Vector Fields*. Springer, New-York, 1983.

[43] Haacke, W., Hirle, M. und Maas, O.: *Mathematik für Bauingenieure.* Teubner, Stuttgart, 2 Aufl.,
      1980.

[44] Hahn, W.: *Stability of Motion.* Springer, New-York, 1967.

[45] Hainzl, J.: *Mathematik für Naturwissenschaftler.* Teubner, Stuttgart, 4 Aufl., 1985.

[46] Hairer, E., Norsett, S. und Wanner, G.: *Solving Ordinary Differential Equations I, Nonstiff
      Problems.* Springer, Berlin, 1993.

[47] Hairer, E. und Wanner, G.: *Solving Ordinary Differential Equations II, Stiff and Differential-
      Algebraic Problems.* Springer, Berlin, 1996.

[48] Halperin, I. und Schwartz, L.: *Introduction to the Theory of Distributions.* University of Toronto
      Press, Toronto, 1952.

[49] Hanke-Bourgeois, M.: *Grundlagen der Numerischen Mathematik und des Wissenschaftlichen
      Rechnens.* Vieweg+Teubner, Wiesbaden, 3. Aufl., 2008.

[50] Heidemann, M., Johnson, D. und Burns, C.: *Gauss and the history of the fast fourier transform.*
      Arch. Hist. Exact Sci., 34:265 – 277, 1985.

[51] Heinhold, J., Behringer, F., Gaede, K. und Riedmüller, B.: *Einführung in die Höhere Mathematik
      1 – 4.* Hanser, München, 1976.

[52] Henrici, P. und Jeltsch, R.: *Komplexe Analysis für Ingenieure 1.* Birkhäuser, Basel, 3 Aufl., 1998.

[53] Henrici, P. und Jeltsch, R.: *Komplexe Analysis für Ingenieure 2.* Birkhäuser, Basel, 2 Aufl., 1998.

[54] Heuser, H.: *Lehrbuch der Analysis*, Bd. 1. Vieweg+Teubner, Wiesbaden, 17 Aufl., 2008.

[55] Heuser, H.: *Lehrbuch der Analysis*, Bd. 2. Vieweg+Teubner, Wiesbaden, 14 Aufl., 2008.

[56] Hirsch, M. und Smale, S.: *Differential Equations, Dynamical Systems, and Linear Algebra.*
      Academic Press, New-York, 1974.

[57] Holbrook, J.: *Laplace-Transformation.* Vieweg, Braunschweig, 1973.

[58] Horn, J. und Wittich, H.: *Gewöhnliche Differentialgleichungen.* de Gruyter, Berlin, 1960.

[59] Hort, W. und Thoma, A.: *Die Differentialgleichungen der Technik und Physik.* I.A. Barth, Leipzig,
      1950.

[60] Hundsdorfer, W. und J.G., V.: *Numerical Solution of Time-Dependent Advection-Diffusion-
      Reaction Equations.* Springer, Berlin, 2003.

[61] Irretier, H.: *Experimentelle Modalanalyse.* Institut für Mechanik, Kassel, 3 Aufl., 2000.

[62] Jahnke, E., Emde, F. und Lösch, F.: *Tafeln höherer Funktionen.* Teubner, Stuttgart, 7 Aufl., 1966.

[63] Jantscher, L.: *Distributionen.* Springer, Berlin, 1971.

[64] Jeffrey, A.: *Mathematik für Naturwissenschaftler und Ingenieure 1 – 2.* Verlag Chemie, Weinheim,
      1973 – 1980.

[65] Joos, G.: *Lehrbuch der theoretischen Physik*. Aula, Wiesbaden, 15 Aufl., 1989.

[66] Jordan-Engeln, G. und Reutter, F.: *Numerische Mathematik für Ingenieure*. Bibl. Inst., Mannheim, 1984.

[67] Jänich, K.: *Analysis für Physiker und Ingenieure*. Springer, Berlin, 4 Aufl., 2001.

[68] Kamke, E.: *Differentialgleichungen. Lösungsmethoden und Lösungen*. Teubner, Stuttgart, 9 Aufl., 1977.

[69] Kamke, E.: *Differentialgleichungen 1*. Teubner, Stuttgart, 10 Aufl., 1983.

[70] Kirchgässner, K., Ritter, K. und Werner, P.: *Höhere Mathematik, Teil 4 (Differentialgleichungen)*. Simath-Reihe: Skripten zur HM, Stuttgart, 1984.

[71] Knobloch, H. und Kappel, F.: *Gewöhnliche Differentialgleichungen*. Teubner, Stuttgart, 1974.

[72] Krasnoselskii, M.: *Topological Methods in the Theory of Nonlinear Integral Equations*. Mc Millan, New-York, 1964.

[73] Kühnlein, T.: *Differentialrechnung II, Anwendungen*. Mentor-Verlag, München, 11 Aufl., 1975.

[74] Kühnlein, T.: *Integralrechnung II, Anwendungen*. Mentor-Verlag, München, 12 Aufl., 1977.

[75] Köckler, N.: *Numerische Algorithmen in Softwaresystemen*. Teubner, Stuttgart, 1990.

[76] Laugwitz, D.: *Ingenieur-Mathematik I – V*. Bibl. Inst., Mannheim, 1964 – 67.

[77] Martensen, E.: *Analysis I – IV*. Spektrum, Heidelberg, 1992 – 1995.

[78] Meinardus, G. und Merz, G.: *Praktische Mathematik I – II*. Bibl. Inst., Mannheim, 1979 – 82.

[79] Meister, A.: *Numerik Linearer Gleichungssysteme*. Vieweg+Teubner, Wiesbaden, 4 Aufl., 2011.

[80] Metzler, W.: *Dynamische Systeme in der Ökologie*. Teubner, Stuttgart, 1987.

[81] Meyberg, K. und Vachenauer, P.: *Höhere Mathematik 1*. Springer, Berlin, 1990.

[82] Morgenstern, D. und Szabó, I.: *Vorlesungen über Theoretische Mechanik*. Springer, Berlin, 1961.

[83] Müller, M.: *Approximationstheorie*. Akad. Verlagsges., Wiesbaden, 1978.

[84] Muth, E.: *Transform Methods with applications to engineering and operations research*. Prentice Hall, Englewood Cliffs, NJ, 1977.

[85] Neunzert, H.: *Mathematik für Physiker und Ingenieure. Analysis 1*. Springer, Berlin, 3 Aufl., 1996.

[86] Neunzert, H.: *Mathematik für Physiker und Ingenieure. Analysis 2*. Springer, Berlin, 3 Aufl., 1998.

[87] Nickel, K.: *Die numerische Berechnung eines Polynoms*. Numerische Math., 9:80 – 98, 1966.

[88] Nickel, K.: *Algorithmus 5: Die Nullstellen eines Polynoms*. Computing, 2:284 – 288, 1967.

[89] Nickel, K.: *Fehlerschranken zu Näherungswerten von Polynomwurzeln*. Computing, 6:9 – 29, 1970.

[90] Oberhettinger, F.: *Tables of Laplace transforms*. Springer, Berlin, 1973.

[91] Oberschelp, A.: *Aufbau des Zahlensystems*. Vandenhoek u. Ruprecht, Göttingen, 3 Aufl., 1976.

[92] Papoulis, A.: *The Fourier Integral and its applications*. McGraw Hill, New York, 1962.

[93] Peyerimhoff, A.: *Gewöhnliche Differentialgleichungen*. Akad. Verlagsges., Frankfurt, 1970.

[94] Plato, R.: *Numerische Mathematik kompakt*. Vieweg+Teubner, Wiesbaden, 4 Aufl., 2010.

[95] Rothe, R.: *Höhere Mathematik für Mathematiker, Physiker und Ingenieure*. Teubner, Stuttgart, 1960 – 65.

[96] Ryshik, I. und Gradstein, I.: *Summen-, Produkt- und Integraltafeln*. Harri Deutsch, Frankfurt, 5 Aufl., 1981.

[97] Sauer, R.: *Ingenieurmathematik 1 – 2*. Springer, Berlin, 1968 – 69.

[98] Sauer, R. und Szabó, I. (Hrsg.): *Mathematische Hilfsmittel des Ingenieurs*. Springer, Berlin, 1967.

[99] Schaefke, F.: *Einführung in die Theorie der speziellen Funktionen der mathematischen Physik*. Springer, Berlin, 1963.

[100] Schwartz, L.: *Théorie des distributions I-II*. Hermann, Paris, 1966.

[101] Seeley, R.: *An Introduction to Fourier Series and Integrals*. W.A. Benjamin, New York, 1966.

[102] Smirnow, W.: *Lehrgang der höheren Mathematik I – V*. Harri Deutsch, Berlin, 1994.

[103] Sneddon, I.: *Fourier Transforms*. McGraw Hill, New York, 1951.

[104] Sneddon, I.: *The use of Integral Transforms*. McGraw Hill, New York, 1972.

[105] Sommerfeld, A.: *Vorlesungen über theoretische Physik 1*. Harri Deutsch, Frankfurt, 8 Aufl., 1994.

[106] Sonar, T.: *Angewandte Mathematik, Modellbildung und Informatik*. Vieweg, Wiesbaden, 2001.

[107] Spiegel, M.: *Laplace-Transformationen. Theorie und Anwendungen*. McGraw Hill, Düsseldorf, 1977.

[108] Stepanow, W.: *Lehrbuch der Differentialgleichungen*. Deutscher Verl. d. Wiss., Berlin, 1963.

[109] Stoer, J. und Burlisch, R.: *Numerische Mathematik II*. Springer, Berlin, 5 Aufl., 2005.

[110] Stoer, J. und Burlisch, R.: *Numerische Mathematik I*. Springer, Berlin, 10 Aufl., 2007.

[111] Strubecker, K.: *Einführung in die Höhere Mathematik I – IV*. Oldenbourg, München, 1966 – 84.

[112] Titchmarsh, E.: *Introduction to the Theory of Fourier Integrals*. Clarendon Press, Oxford, 1937.

[113] Trinkaus, H.: *Probleme? Höhere Mathematik (Aufgabensammlung)*. Springer, Berlin, 1988.

[114] Verhulst, F.: *Nonlinear Differential Equations and Dynamical Systems*. Springer, Berlin, 1989.

[115] Vich, R.: $\mathfrak{Z}$-*Transform Theory and Applications*. D. Reidel. Publ. Comp., Dordrecht, 1987.

[116] Walter, W.: *Einführung in die Theorie der Distributionen.* Bibl. Inst., Mannheim, 1974.

[117] Walter, W.: *Gewöhnliche Differentialgleichungen.* Springer, Berlin, 7 Aufl., 2000.

[118] Wenzel, H.: *Gewöhnliche Differentialgleichungen.* Akad. Verlagsges., Leipzig, 3 Aufl., 1980.

[119] Wille, F.: *Analysis.* Teubner, Stuttgart, 1976.

[120] Wilson, H.: *Ordinary Differential Equations.* Addison-Wesley, Reading, 1971.

[121] Wolfram, S.: *The Mathematica book.* University Press, Cambridge, 4 Aufl., 1999.

[122] Wörle, H. und Rumpf, H.: *Ingenieur-Mathematik in Beispielen I–IV.* Oldenbourg, München, 1992–95.

[123] Zeidler, E. (Hrsg.): *Springer-Handbuch der Mathematik 1. Begr. v. I.N. Bronstein und K.A. Semendjajew. Weitergef. v. G. Grosche, V. Ziegler und D. Ziegler.* Springer Spektrum, Wiesbaden, 2013.

[124] Zeidler, E. (Hrsg.): *Springer-Handbuch der Mathematik 2. Begr. v. I.N. Bronstein und K.A. Semendjajew. Weitergef. v. G. Grosche, V. Ziegler und D. Ziegler.* Springer Spektrum, Wiesbaden, 2013.

Stichwortverzeichnis